安徽省高等学校“十三五”省级规划教材

大学物理

PHYSICS

上册 | 附微课视频

黄仙山 ◉ 主编

人 民 邮 电 出 版 社
北 京

图书在版编目（CIP）数据

大学物理. 上册 / 黄仙山主编. -- 北京 : 人民邮电出版社, 2019.12(2022.1重印)
ISBN 978-7-115-52325-9

Ⅰ. ①大… Ⅱ. ①黄… Ⅲ. ①物理学－高等学校－教材 Ⅳ. ①O4

中国版本图书馆CIP数据核字(2019)第275027号

内 容 提 要

本套书共上、下两册，本书为上册，主要内容有经典力学、热力学、机械振动与波、波动光学四篇共十章。在经典力学篇中主要内容有质点运动学、质点动力学以及刚体的转动等；在热力学篇中主要内容有气体分子运动理论和热力学基础等；在机械振动与波篇中主要内容有机械振动与机械波等；在波动光学篇中主要内容有光的干涉、光的衍射以及光的偏振等。

本书根据新工科人才培养目标，在内容方面增加了学科领域新成果介绍，在举例说明方面增加了知识点在工程技术中应用的例题，以满足支撑和达成专业人才培养的需要。

本书可以作为普通高等工科院校理工科专业本科生基础物理的教材，也可以供广大物理学爱好者自学使用。

◆ 主　　编　黄仙山
责任编辑　税梦玲
责任印制　王　郁　焦志炜

◆ 人民邮电出版社出版发行　　北京市丰台区成寿寺路 11 号
邮编　100164　　电子邮件　315@ptpress.com.cn
网址　http://www.ptpress.com.cn
三河市君旺印务有限公司印刷

◆ 开本：787×1092　1/16
印张：18　　　　　　　2019 年 12 月第 1 版
字数：418 千字　　　　2022 年 1 月河北第 5 次印刷

定价：49.80 元

读者服务热线：(010)81055256　印装质量热线：(010)81055316
反盗版热线：(010)81055315
广告经营许可证：京东市监广登字 20170147 号

前言 FOREWORD

大学物理是高等院校理工类本科专业的一门公共基础课程，其内容是学生学习自然科学和工程技术的重要基础。大学物理课程教学的目标在于培养学生科学的思维方式和提出问题、分析问题、解决问题的能力，拓宽学生的思路，激发学生勇于探索和创新的精神，提高学生的科学素养。

本套书是基于“以本为本、四个回归”根本理念，根据教育部高等学校非物理类专业物理基础课程教学指导委员会关于《非物理类理工学科大学物理课程教学基本要求》的精神，主动适应新工科建设需要，在总结和提炼课程组几十年一线教学宝贵经验的基础上编写而成的。本套书的编写是大学物理课程建设的重要环节，目的是培养学生的主动学习能力、保障学生的学习条件，构建课程育人体系。因此，本套书的编写工作不仅是落实一流本科教育目标定位在课程建设方面的具体需要，更是践行立德树人根本任务，融合课程思政元素，在基础物理课程、教材建设方面的一点新尝试。

本套书在知识结构上遵循基础物理教材的传统体系，分为经典力学、热力学、机械振动与波、波动光学、电磁学、近代物理学6篇，按上、下册结构编排。各篇章开始部分按照时间的先后顺序总结了重要科学发现的大事记，这些大事记展现了科学的发展，从中可以看到科学不断创新的过程。基础科学的发展是源头的创新，意义重大。本套书还在学科领域前沿的新进展和新成就等方面补充了大量内容，如引力波、量子通信、激光冷却原子、玻色-爱因斯坦凝聚等。书中的例题、阅读材料等，突出了基础物理科学在工程技术领域的应用，将课程知识与专业应用结合，以适应新工科人才培养的目标。此外，各篇章中增加了对人类历史上杰出物理学家成就的介绍，体现了他们敢于追求真理的科学精神与高尚的爱国品德。

本套书在编写时，以提高课程教学质量、打造“金课”为目标，加强学习过程的考核，以培养学生的主动学习意识。本套书在编写时还充分利用“互联网+”的优势，增加了信息化资源，方便学生课前、课下的学习。课程组结合多年实际教学经验，整理出33个重、难知识要点，并制作了视频进行讲解，每个视频在教材中都有相应的二维码，辅以网络资源平台建设，满足学生主动学习的需要。本教材力图逐步转变传统课程教学中的教师主导模式，实现以学生主动学习为中心的引导、探讨式教学改革。

本套书基于编者原教材结构紧凑、语言精练的特点，又吸收了国内外同类教材的长处，突出知识的物理及图像描述，力求说好物理故事，增强教材的可读性。本套书在编写上力求抓住从培养学生学会分析物理问题，到能够体会和借鉴如何用数学去描述物理问题，再到能够认识和理解物理问题这一基本主线，让学生真正学懂并掌握物理规律，而非仅会“公式+计算”的物理学习方式。

本套书在各章节的末尾安排了适量的典型习题，方便学生平时练习和自我检测。教师在组织教学时,可以根据具体教学任务需要,对书中的章节顺序以及重、难知识要点（标注*的章节）进行适当调整。

最后，本套书能够顺利出版，要衷心感谢课程组多年来一代又一代辛勤耕耘在物理教学一线的教师们，感谢大家的探索与坚守。时值本书出版之际，国家正在推动落实一流课程建设，本套书的出版也获得了安徽省高等学校2018年质量工程省级“一流教材”项目资助。作为编者,我们尽力做好本套书并希望它成为精品,从而为学生提供更好的帮助，但由于我们水平有限，书中难免有不足之处,恳请广大读者批评指正。

编者

2019年11月

目 录 CONTENTS

经典力学篇

第三章　刚体的转动　43

热力学篇

第四章　气体分子运动理论　67

第五章　热力学基础　103

机械振动与波篇

第六章　机械振动　139

第七章 机械波 164

波动光学篇

经典力学篇

作为“最古老”和“最完美”的物理学分支，力学贯穿了整个人类文明的发展历史，许多伟大历史人物的名字与它紧密相连。公元前 200 多年的古希腊数学家、物理学家阿基米德创立了“静态力学”，被誉为“力学之父”；而比他更早的古希腊哲学家亚里士多德提出的“力是维持物体运动状态的原因”这一重要观点更是统治了物理学近两千年时间，直到 17 世纪伽利略发现了其中的谬误。在中国，战国初期的著名思想家和自然科学家墨子阐述了他的力学观点，给出力的重要定义——“力，形之所以奋也”（使物体运动的作用叫作力），这一观点与后来伽利略和牛顿的观察研究相同，但时间上早了近两千年。墨子对杠杆、斜面、重心、滚动摩擦等力学问题进行了一系列的研究，并且在中国古代的工程建筑、兵器制造、机械制造等方面做出了创造性的贡献。2016 年中国将世界首颗量子科学实验卫星命名为“墨子号”，以纪念这位“中国科学家始祖”。

力学成为一门真正意义上的近代科学则始于 17 世纪伽利略对惯性运动的论述，继而牛顿以著名的牛顿运动定律奠定了经典力学的基础。经典力学研究的对象是物体的机械运动，有严谨的理论体系和完备的研究方法，如观察实验现象、分析和综合实验结果、建立物理模型、应用数学方程、做出推论和预言、实践检验和结果校正等。直到 20 世纪初，科学家们在高速和微观的物理世界中发现经典力学具有局限性，才使其在这两个领域分别被相对论和量子力学所取代。经历了 100 多年的发展，人类文明虽然在科学领域的成就已经远远超越了经典力学时代，例如广义相对论理论和粒子的标准模型，但是在大多数的工程技术领域中人类依然生活在经典力学时代，例如在机械制造、土木建筑、航空航天等工程技术中，经典力学依然是必不可少的重要理论基础。

经典力学以牛顿运动定律为基础，在宏观低速条件下研究物体运动的基本规律。经典力学可分为静力学、运动学和动力学，在数学表述上，从最初的经典力学矢量表述（又称矢量力学）发展到拉格朗日力学和哈密顿力学，深刻地影响着物理学的发展。本篇主要讲述质点力学和部分刚体力学，重点阐释动量、角动量和能量等概念及相应的守恒定律。

“自然演化自无穷，因为无穷永无止境，并不完美，而自然总是在想方设法地达到完美的境界。”

——亚里士多德

1 第一章 质点运动学

质点运动学从几何的角度（不涉及物体本身的物理性质和加在物体上的力）描述和研究了质点的空间位置随时间的变化规律。

本章重点阐述了质点运动的基本物理量（如位矢、位移、速度、加速度等），以及质点的基本运动规律。本章为第二章质点动力学和第三章刚体的转动提供相应的理论基础，同时也是物理学中研究一切物体运动的基础。

第一节 质点 参考系 坐标系

一、质点

实际物体的运动状况总是比较复杂的，一个重要的原因是实际的物体总是具有一定的形状和大小，而且物体也存在于不断变化的环境（条件）之中。不过在某些情况下，运动物体的形状、大小并不起主要作用。例如当你手中的一串钥匙滑落的时候，它一方面受到重力的作用，另一方面还受到空气阻力的作用。空气阻力是与物体的几何形状和速度相关的，但是当物体是重的金属球或者流线体时，阻力起到的作用很小，此时运动情况主要取决于重力。这时候，物体的运动状况就可以看作与其大小、形状无关。但是，一片树叶随风飘落的过程就不能这么简单地去看待。又如我们观察地球的运动，地球一方面在绕太阳沿椭圆轨道运动，另一方面还在自转。由于自转，地球上各点的运动情况并不完全相同，但是考虑到地球到太阳的平均距离是地球直径的 11 000 多倍，所以在研究地球公转的时候，地球上各点的运动情况可以基本看作相同的，这样就可以不考虑地球的大小和形状了。

从这类例子中我们可以概括出一个结论：在某些问题中，当物体的大小、形状与所研究的问题无关或者影响很小时，为了能够抓住主要因素，掌握物体运动的基本情况，有必要忽略物体的大小和形状，把物体看成**只有质量而无大小和形状的点**，这种理想化、抽象化了的对象，在物理学中被叫作**质点**。

几何学中的点不具有任何空间大小，而任何实际物体都有一定大小，因此绝对的质点在实际中是不存在的，它只能是一种**理想化模型**。应当指出，研究实际物理问题的时候，在一定条件下引入理想化模型代替实际物体作为研究对象，这种方法在物理研究中经常被采用。在本书中，读者还会接触到如刚体、理想气体、点电荷等理想化模型。

本篇前两章的内容都属于可以用质点模型处理的力学问题，通过分析质点的运动就可以弄清楚整个物体的运动。研究质点的运动是研究一切物体运动的基础。

二、参考系

宇宙间万物都在不停地运动。即使是平常看似静止的物体（如道路、房屋），也在随着地球一起转动，并随地球绕太阳运动，而太阳又绕着银河系的中心运动，银河系又相对其他星系在不停地运动。可见，**运动是绝对的，而静止只是相对的，绝对的静止是不存在的**。

在乘坐火车的时候，我们会观察到车厢是静止不动的，窗外的树木却在向后运动；而站在地面的人们看到树木是静止的，车厢则是在运动的。这个生活中的小例子说明，所选择的参考物体不同，观察结果就会不一样，这种同一物体对于不同参考物体运动状态不同的性质，被称为**运动描述的相对性**（爱因斯坦基于运动相对性的思考创立了狭义相对论）。因此在研究和描述任何物体运动的时候，首先必须选定一个物体作为参考，这个被选定作为参考的物体，称为**参考系**。最常见的参考系是地面参考系，我们研究物体在地面上的运动可以选择地面或者与地面保持相对静止的物体作为参考系。但有时候则未必如此，例如我们要研究火星的公转运动规律时，太阳则是我们应该选择的参考系。因此参考系的选择可以是不同的，主要由问题的性质和研究的方便决定。

三、坐标系

有了参考系之后，为了定量地描述运动，还需要选择一个固定的坐标系。我们常用的坐标系有**直角坐标系**、**极坐标系**、**球坐标系**和**自然坐标系**等。同样，坐标系的选择也是以方便处理问题为标准的。不同的坐标系间可以相互转换，这一点是线性代数里的知识点。

第二节　位矢与位移

一、位矢

通常用位置矢量（简称位矢）$\boldsymbol{r}$ 来确定质点的空间位置，它是从参考点（通常是坐标原点）指到质点所在位置的一个有向线段。在图 1-1 中，质点 P 在直角坐标系中的位置，既可以用空间坐标 x、y、z 来表示，为 $P(x, y, z)$，又可以用一个位矢 $\boldsymbol{r}$ 来表示。如果用 $\boldsymbol{i}$、$\boldsymbol{j}$、$\boldsymbol{k}$ 表示 Ox 轴、Oy 轴、Oz 轴的单位矢量，那么两者之间的关系可以写成

$$\boldsymbol{r} = x\boldsymbol{i} + y\boldsymbol{j} + z\boldsymbol{k} \tag{1-1}$$

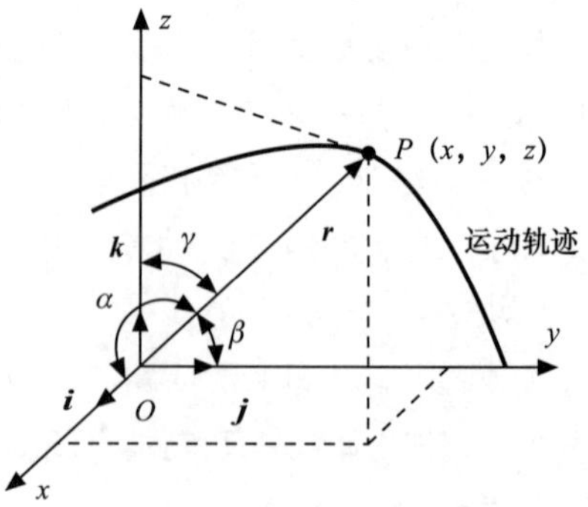

图 1-1　质点的位矢

$\boldsymbol{r}$ 的值（大小）为

$$r=|\boldsymbol{r}|=\sqrt{x^2+y^2+z^2} \tag{1-2}$$

它表示 P 点到 O 点的距离。

位矢 $\boldsymbol{r}$ 的方向由其与 x、y、z 轴夹角的 3 个余弦值来确定，即

$$\cos\alpha=\frac{x}{r},\cos\beta=\frac{y}{r},\cos\gamma=\frac{z}{r} \tag{1-3}$$

根据（1-2）式和（1-3）式可以得到

$$\cos^2\alpha+\cos^2\beta+\cos^2\gamma=1 \tag{1-4}$$

知道其中任意两个角度就可以求出第三个，只要方位与距离都知道，P 点的位置也就确定了。

二、质点的运动方程

质点运动时，它相对于坐标原点 O 的位矢 $\boldsymbol{r}$ 在随时间变化，因此质点的坐标 x、y、z 和位矢 $\boldsymbol{r}$ 是时间 t 的函数。该函数式可以写作

$$x=x(t),\quad y=y(t),\quad z=z(t) \tag{1-5}$$

或写作

$$\boldsymbol{r}(t)=x(t)\boldsymbol{i}+y(t)\boldsymbol{j}+z(t)\boldsymbol{k} \tag{1-6}$$

（1-5）式、（1-6）式都表示质点的**运动方程**，两者是等效的。从（1-5）式中可以看到质点的运动可以看作在 x 方向、y 方向和 z 方向的 3 个相互独立的分运动的叠加，这样的叠加原理被称为**运动的独立性原理**。知道了质点的运动方程，就能确定质点在任一时刻的位置，从而确定质点的运动规律。（1-6）式也称为质点运动轨迹的参数方程，从中消去参数 t 便可以得到运动轨迹的正交坐标方程（简称**轨迹方程**）

$$f(x,y,z)=0 \tag{1-7}$$

如果质点的运动轨迹是直线，则其运动就是**直线运动**；如果运动轨迹是曲线，则其运动就是**曲线运动**。对质点运动规律研究的重要任务之一就是找出各种具体运动所遵循的运动方程。

三、位移

假设质点沿图 1-2 所示的曲线运动，在 t 时刻质点位于 P_1 点，位矢为 $\boldsymbol{r}_1$；在 $t+\Delta t$ 时刻质点位于 P_2 点，位矢为 $\boldsymbol{r}_2$，则从 P_1 点指向 P_2 点的矢量 $\Delta\boldsymbol{r}$ 称为质点在 Δt 时间内的**位移**：

$$\Delta\boldsymbol{r}=\boldsymbol{r}_2-\boldsymbol{r}_1 \tag{1-8}$$

在直角坐标系中，位移可以写作

$$\Delta\boldsymbol{r}=(x_2\boldsymbol{i}+y_2\boldsymbol{j}+z_2\boldsymbol{k})-(x_1\boldsymbol{i}+y_1\boldsymbol{j}+z_1\boldsymbol{k}) \tag{1-9}$$

或

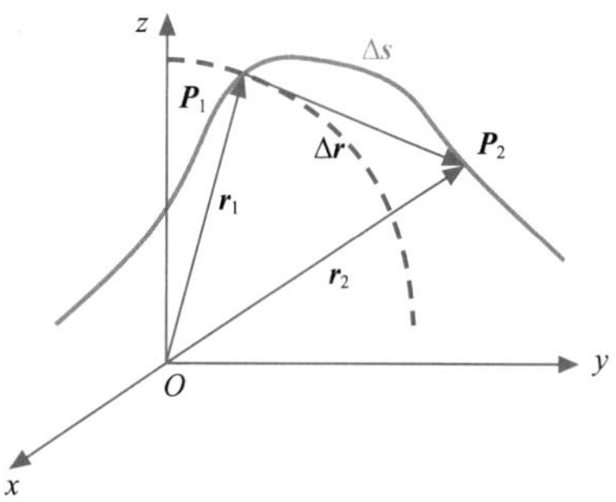

图 1-2　质点的位移

$$\Delta \boldsymbol{r} = (x_2 - x_1)\boldsymbol{i} + (y_2 - y_1)\boldsymbol{j} + (z_2 - z_1)\boldsymbol{k} \tag{1-10}$$

式中坐标 $(x_1,\ y_1,\ z_1)$ 对应于位矢 $\boldsymbol{r}_1$，坐标 $(x_2,\ y_2,\ z_2)$ 对应于位矢 $\boldsymbol{r}_2$。还可以将 $(x_2 - x_1)$ 代为 Δx，$(y_2 - y_1)$ 代为 Δy，$(z_2 - z_1)$ 代为 Δz，得到

$$\Delta \boldsymbol{r} = \Delta x\boldsymbol{i} + \Delta y\boldsymbol{j} + \Delta z\boldsymbol{k} \tag{1-11}$$

符号 Δ 表示该物理量的变化量或者增量，即相应物理量的末值减去初值。

关于位移的概念有以下几点需要注意。

（1）**质点的位移 $\Delta \boldsymbol{r}$ 是矢量**，它是由起点位置指向终点位置的矢量，大小为起点 P_1 到终点 P_2 的距离，记作 $|\Delta \boldsymbol{r}| = \boldsymbol{r} = |\boldsymbol{r}_2 - \boldsymbol{r}_1|$。

（2）位移的大小一般不等于位矢大小的增量，即 $|\Delta \boldsymbol{r}| = |\boldsymbol{r}_2 - \boldsymbol{r}_1| \neq |\boldsymbol{r}_2| - |\boldsymbol{r}_1|$。

（3）**位移与路程不同**，根据位移的定义，位移仅与质点的始末位置有关，而与质点实际经历的路程无关。由图 1-2 可以看出路程 Δs 与位移 $\Delta \boldsymbol{r}$ 是不等的，并且路程是标量而位移是矢量。只有当 Δt 趋向 0 时，路程 Δs 与位移大小 $|\Delta \boldsymbol{r}|$ 才可视为相等，即 $|\mathrm{d}\boldsymbol{r}| = \mathrm{d}s$。注意，即使在直线运动中，位移和路程也是截然不同的两个概念。例如一质点沿直线从 A 点运动到 B 点又折回到 A 点，显然路程是 AB 间距离的两倍，而位移则是零。

例 1-1 一只蜜蜂在 $Oxyz$ 坐标系中，从 (2,-2,4) 处飞到 (6,-2,-4) 处，若用单位矢量法表示，它的位移是多少？

解 根据题目给出的起点和终点的坐标，可以写出起点的位矢 $\boldsymbol{r}_1$ 和终点的位矢 $\boldsymbol{r}_2$。根据矢量运算可以得到位移的矢量 $\Delta \boldsymbol{r}$ 为

$$\Delta \boldsymbol{r} = \boldsymbol{r}_2 - \boldsymbol{r}_1 = (6-2)\boldsymbol{i} + [-2-(-2)]\boldsymbol{j} + (-4-4)\boldsymbol{k} = 4\boldsymbol{i} - 8\boldsymbol{k}$$

结果中不含 $\boldsymbol{j}$ 矢量，说明 $\Delta \boldsymbol{r}$ 与 xz 轴的坐标平面平行。

第三节　速度

在研究质点的运动时，不仅要知道质点在任一时刻的位置，还要了解质点在每一时刻的运动方向和运动的快慢程度，也就是它的速度。只有位矢和速度同时确定时，质点的运动状态才能确定，因此位矢和速度是描述质点运动状态的两个物理量。

一、质点的平均速度

图 1-2 所示的质点沿图中曲线运动，在 Δt 的时间内质点从 P_1 位置运动到了 P_2 位置，位移是 $\Delta \boldsymbol{r}$。则该质点在这段时间内的**平均速度 $\bar{\boldsymbol{v}}$** 为

$$\bar{\boldsymbol{v}} = \frac{\Delta \boldsymbol{r}}{\Delta t} \tag{1-12}$$

平均速度是**矢量**，方向与位移 $\Delta \boldsymbol{r}$ 的方向相同。在描述质点运动时，有时我们也采用速率这一

物理量，我们把路程 Δs 与时间 Δt 的比值称为质点在这段时间内的**平均速率**。平均速率是标量，等于质点在单位时间内通过的路程，不考虑运动的方向，因此不能把平均速率和平均速度 $\bar{\boldsymbol{v}}$ 混为一谈。例如，在一段时间内，质点经过一个闭合路径回到起点，它的平均速度等于 0，而平均速率显然不等于 0。

二、质点的瞬时速度

在描述质点运动快慢的时候，平均速度只能给出一段时间内的运动快慢平均值。为了能够更精确地描述质点在某一时刻的运动状态，我们应该使用质点的**瞬时速度**。所谓**瞬时速度**就是指时间间隔 Δt 趋近于 0 时 $\bar{\boldsymbol{v}}$ 的极限值，应用极限和微积分的概念，可将瞬时速度 $\boldsymbol{v}$ 写作

$$\boldsymbol{v}=\lim_{\Delta t\to 0}\frac{\Delta \boldsymbol{r}}{\Delta t}=\frac{\mathrm{d}\boldsymbol{r}}{\mathrm{d}t} \tag{1-13}$$

在图 1-2 中，为了求出质点在 P_1 位置时的瞬时速度，我们使 Δt 在 t 附近趋近于 0，这样产生了以下 3 个结果。

（1）位矢 $\boldsymbol{r}_2$ 转向 $\boldsymbol{r}_1$，使得位移 $\Delta\boldsymbol{r}$ 趋向于 0。

（2）平均速度的方向趋于质点路径在位置 P_1 处的切线方向，切线指向质点运动方向。

（3）平均速度的大小会趋近于 t 时刻的瞬时速度大小。

（1-13）式在直角坐标系中可以表示为

$$\boldsymbol{v}=\frac{\mathrm{d}(x\boldsymbol{i}+y\boldsymbol{j}+z\boldsymbol{k})}{\mathrm{d}t}=\frac{\mathrm{d}x}{\mathrm{d}t}\boldsymbol{i}+\frac{\mathrm{d}y}{\mathrm{d}t}\boldsymbol{j}+\frac{\mathrm{d}z}{\mathrm{d}t}\boldsymbol{k} \tag{1-14}$$

$$\boldsymbol{v}=v_x\boldsymbol{i}+v_y\boldsymbol{j}+v_z\boldsymbol{k} \tag{1-15}$$

v_x、v_y、v_z 表示速度矢量 $\boldsymbol{v}$ 在 x 方向、y 方向、z 方向的分量。这 3 个方向分量与瞬时速度的大小关系是

$$|\boldsymbol{v}|=\sqrt{{v_x}^2+{v_y}^2+{v_z}^2} \tag{1-16}$$

瞬时速度的大小称为瞬时速率，以 v 表示，于是有

$$v=|\boldsymbol{v}|=\left|\frac{\mathrm{d}\boldsymbol{r}}{\mathrm{d}t}\right|=\lim_{\Delta t\to 0}\frac{|\Delta\boldsymbol{r}|}{\Delta t} \tag{1-17}$$

当 $\Delta t\to 0$ 时，$|\Delta\boldsymbol{r}|$ 和 Δs 趋于相同，即 $|\mathrm{d}\boldsymbol{r}|=\mathrm{d}s$，可得到

$$v=|\boldsymbol{v}|=\frac{\mathrm{d}s}{\mathrm{d}t} \tag{1-18}$$

瞬时速率除了等于瞬时速度的大小，也等于质点所通过的路程随时间的变化率。速率是标量，表示物体运动的快慢。例如汽车的速度表测不出汽车的行驶方向，它显示的其实是速率而非速度。在国际单位制（SI）中，速度的单位是 m/s。

第四节　加速度

从上节知道，描述质点运动状态的物理量——速度是个矢量，因此速度的大小和方向只要有一个改变或者两者均变，都意味着速度发生了变化，即质点的运动状态发生了改变。为了描述速度的变化情况，需要引入加速度的概念。

当质点在 Δt 的时间内，速度从 v_1 改变到 v_2 时，它在这段时间间隔内的**平均加速度** $\bar{\boldsymbol{a}}$ 为

$$\bar{\boldsymbol{a}}=\frac{\boldsymbol{v}_2-\boldsymbol{v}_1}{\Delta t}=\frac{\Delta \boldsymbol{v}}{\Delta t} \tag{1-19}$$

如果使 Δt 趋近于 0，则平均加速度 $\bar{\boldsymbol{a}}$ 的极限就是该时刻的**瞬时加速度** $\boldsymbol{a}$，即

$$\boldsymbol{a}=\lim_{\Delta t\to 0}\frac{\Delta \boldsymbol{v}}{\Delta t}=\frac{\mathrm{d}\boldsymbol{v}}{\mathrm{d}t}=\frac{\mathrm{d}^2\boldsymbol{r}}{\mathrm{d}t^2} \tag{1-20}$$

结合（1-14）式和（1-15）式，可以用 $\boldsymbol{i}$、$\boldsymbol{j}$、$\boldsymbol{k}$ 单位矢量式表示加速度为

$$\boldsymbol{a}=\frac{\mathrm{d}\boldsymbol{v}}{\mathrm{d}t}=\frac{\mathrm{d}(v_x\boldsymbol{i}+v_y\boldsymbol{j}+v_z\boldsymbol{k})}{\mathrm{d}t}=\frac{\mathrm{d}v_x}{\mathrm{d}t}\boldsymbol{i}+\frac{\mathrm{d}v_y}{\mathrm{d}t}\boldsymbol{j}+\frac{\mathrm{d}v_z}{\mathrm{d}t}\boldsymbol{k} \tag{1-21}$$

或

$$\boldsymbol{a}=\frac{\mathrm{d}\boldsymbol{v}}{\mathrm{d}t}=\frac{\mathrm{d}}{\mathrm{d}t}\left(\frac{\mathrm{d}\boldsymbol{r}}{\mathrm{d}t}\right)=\frac{\mathrm{d}^2\boldsymbol{r}}{\mathrm{d}t^2}=\frac{\mathrm{d}^2x}{\mathrm{d}t^2}\boldsymbol{i}+\frac{\mathrm{d}^2y}{\mathrm{d}t^2}\boldsymbol{j}+\frac{\mathrm{d}^2z}{\mathrm{d}t^2}\boldsymbol{k} \tag{1-22}$$

此式还可以写为

$$\boldsymbol{a}=a_x\boldsymbol{i}+a_y\boldsymbol{j}+a_z\boldsymbol{k} \tag{1-23}$$

由此可见，我们可以通过对 $\boldsymbol{v}$ 和 $\boldsymbol{r}$ 的各个分量求微分来计算出 $\boldsymbol{a}$ 的各个分量。这些分量与加速度大小的关系是

$$|\boldsymbol{a}|=\sqrt{a_x^2+a_y^2+a_z^2} \tag{1-24}$$

加速度的方向一般不与速度方向相同，而是沿着 $\Delta\boldsymbol{v}$ 的极限方向。当 Δt 足够小时，$\Delta\boldsymbol{v}$ 总是指向轨道曲线凹的一侧，因此加速度的方向总是指向轨道曲线凹的一侧。

例 1-2　一只蜜蜂在 $Oxyz$ 坐标系中的运动方程为 $\boldsymbol{r}=3t\boldsymbol{i}+2t^2\boldsymbol{j}-4\boldsymbol{k}$ (SI)。

（1）求蜜蜂运动的轨迹方程。

（2）求它在 1s 和 2s 时刻的位矢和这段时间间隔的位移。

（3）求它在这段时间内平均速度和速度方程。

（4）求它在 1s 时刻的瞬时速度和瞬时加速度。

解　（1）根据题目给出的运动方程，消去参数 t 可以写出蜜蜂运动的轨迹方程

$$\begin{cases}x=3t\\ y=2t^2\\ z=-4\end{cases}$$

$$y=\frac{2}{9}x^2,\ z=-4$$

这是在 z 等于 –4 处与 xOy 平面平行的平面内的一条抛物线。

（2）将 1s 和 2s 代入运动方程可以得到相应时刻的位矢，根据矢量运算可以得到位移的矢量 $\Delta\boldsymbol{r}$ 。

$$\boldsymbol{r}_1=3\boldsymbol{i}+2\boldsymbol{j}-4\boldsymbol{k},\ \boldsymbol{r}_2=6\boldsymbol{i}+8\boldsymbol{j}-4\boldsymbol{k}$$

$$\Delta\boldsymbol{r}=\boldsymbol{r}_2-\boldsymbol{r}_1=(6-3)\boldsymbol{i}+(8-2)\boldsymbol{j}+[-4-(-4)]\boldsymbol{k}=3\boldsymbol{i}+6\boldsymbol{j}$$

结果中不含 $\boldsymbol{k}$ 矢量，说明 $\Delta\boldsymbol{r}$ 与 xy 轴的坐标平面平行。

（3）平均速度根据定义有

$$\bar{\boldsymbol{v}}=\frac{\Delta\boldsymbol{r}}{\Delta t}=\frac{3\boldsymbol{i}+6\boldsymbol{j}}{2-1}=3\boldsymbol{i}+6\boldsymbol{j}$$

注意：平均速度是矢量。

将运动方程对时间 t 求一阶导数可以得到质点的速度方程

$$\boldsymbol{v}=\frac{\mathrm{d}\boldsymbol{r}}{\mathrm{d}t}=3\boldsymbol{i}+4t\boldsymbol{j}$$

速度方程含时间 t，说明速度在随时间变化，存在加速度。

（4）将 1s 代入到速度方程可得 1s 时刻的瞬时速度

$$\boldsymbol{v}_1=3\boldsymbol{i}+4\boldsymbol{j}$$

将速度方程对时间 t 再求一阶导数，可以得到质点的加速度方程

$$\boldsymbol{a}=\frac{\mathrm{d}\boldsymbol{v}}{\mathrm{d}t}=4\boldsymbol{j}$$

加速度方程不含时间 t，说明加速度在任何时刻都是一个常数，质点在做匀加速运动。

从上题可见，知道了质点运动方程就掌握了质点的运动规律，原则上可以求出与运动有关的一切物理量，如运动轨迹、运动速度、加速度等。

阅读材料

图 1-3 所示的是人们乘电梯上楼过程中加速度的变化示意图（加速度变化时间很短，这里忽略了加速度的变化过程），下方的人脸显示了人在电梯里的感受。在电梯最初的加速阶段（2 ～ 4s），人会感觉被向下推压；而当电梯制动要停时（11 ～ 13s），人又似乎被向上提拉；在这两个过程以外，人无论是运动还是静止都没有什么特别的感受。此现象说明，人体对加速度有反应（是一个加速度计），但是对速度没有感觉（不是一个速度计）。一些公园的娱乐项目会让人感到兴奋刺激的原因，部分就来自人所经历的速度的迅速变化，加速度会让人体肾上腺激素高度分泌。图 1-4 所示的一组照片显示了不同加速度对人的影响。

有时人们将很大的加速度用 g（$1g=9.8\text{m/s}^2$）为单位表示。当云霄飞车俯冲而下时短时间内加速度达到 $4g$（约 39m/s^2），这时人会产生头晕、恶心的感觉。过大的加速度会显

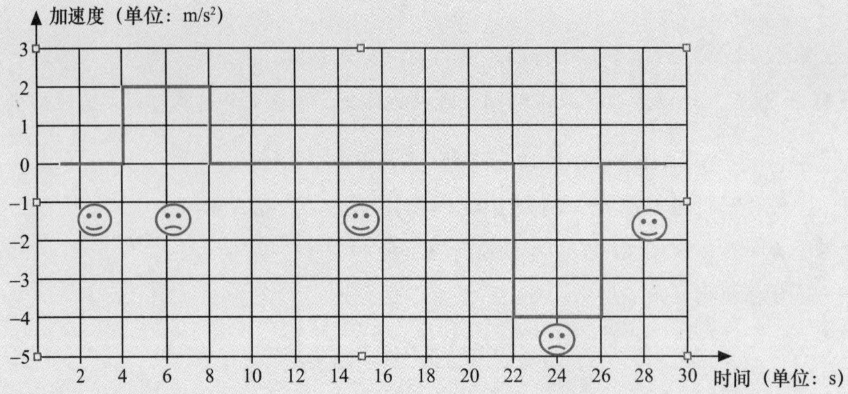

图 1-3　电梯的加速度变化示意图

著影响人体甚至对其造成永久性损害，因为人体就像一支装满饮料的饮料瓶，这饮料就是血液，当存在很大的加速度时，血液和人体脏器之间会产生巨大的压力变化。人体对平行于人体方向的加速度最为敏感，身体保持垂直状态在 $4g$ ～ $5g$ 的环境 5s ～ 10s，就会引起黑视（头部血液大量涌向下肢造成脑部失血视野发黑），进而失去知觉。战斗机在做大角度机动飞行的时候加速度最大可以达到 $9g$，宇宙飞船在起飞和降落阶段加速度会达到 $5g$ ～ $8g$，因此战斗机飞行员和航天员们不可避免地会遇到黑视甚至昏厥的问题。为应对此类问题，一方面可通过专业训练强化人体对加速度的耐受力，例如离心机训练（相当于一台超级云霄飞车），可以模拟最大 $30g$ 的加速度；另一方面可开发相应的防护设备，例如抗荷服——通过对下肢施加压力减少头部失血，提高人体对加速度的承受能力。

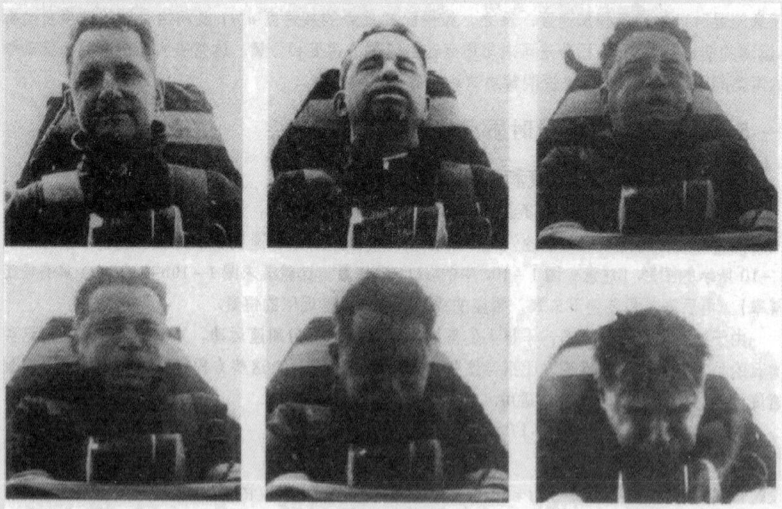

图 1-4　加速度对人的影响

第五节　圆周运动

圆周运动是曲线运动中一个重要的特例，掌握了圆周运动的规律，再去探讨一般的曲线运动就会方便许多。例如，在研究物体绕定轴转动时，物体上各个质点都绕该轴圆周运动，因此研究质点的圆周运动也是研究物体转动的基础。

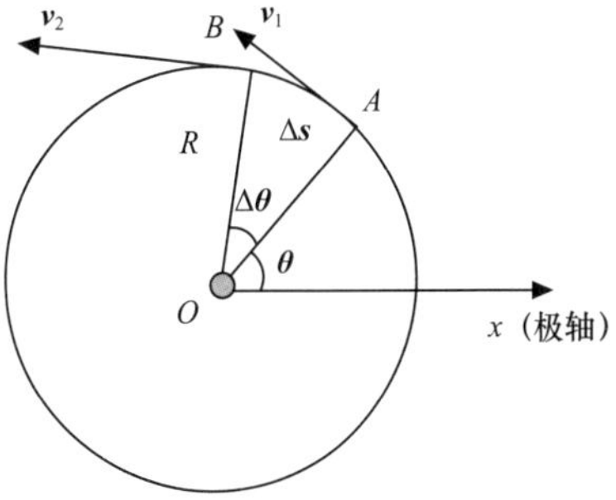

图 1-5　质点的圆周运动

如果质点以恒定的速率做圆周运动，我们说该质点在做匀速圆周运动。虽然它的速度大小不变，但是速度的方向每时每刻都在变化，所以匀速圆周运动中存在加速度。为了更好地描述圆周运动，这里我们采用极坐标系。图 1-5 所示是在极坐标系下一质点做逆时针的圆周运动示意图。

这里 O 是极坐标的极点，x 是极坐标的极轴，逆时针方向为角度的正方向。在 t 时刻质点位于图中 A 点位置，距离 O 点的距离是 R。因为是圆周运动，所以 R 在整个运动中始终是一个常数，OA 与极轴的夹角用 $\boldsymbol{\theta}$ 表示。在 $t+\Delta t$ 时刻质点位于图中 B 点位置，OB 与极轴的夹角用 $\boldsymbol{\theta}+\Delta\boldsymbol{\theta}$ 表示。与我们之前质点运动中位置矢量的概念类似，我们可以将 $\boldsymbol{\theta}$ 看作质点的角位置，如果保留矢量概念亦可以看作角位置矢量 $\boldsymbol{\theta}$。显然角位置矢量 $\boldsymbol{\theta}$ 同样是时刻 t 的函数，可记作 $\boldsymbol{\theta}(t)$，这相当于之前描述质点运动的运动方程 $\boldsymbol{r}(t)$。$\Delta\boldsymbol{\theta}$ 则表示 Δt 时间内的角位移矢量，相当于之前的质点位移矢量 $\Delta\boldsymbol{r}$。

角位置的方向依赖于人们的规定，沿逆时针转动时 $\boldsymbol{\theta}$ 取正值，沿顺时针转动时 $\boldsymbol{\theta}$ 取负值。方向可以通过右手螺旋定则判断，右手四指弯曲代表转动方向，大拇指方向就是 $\boldsymbol{\theta}$ 方向。

与（1-13）式瞬时速度的定义类似，角速度可以定义为

$$\boldsymbol{\omega}=\lim_{\Delta t\to 0}\frac{\Delta\boldsymbol{\theta}}{\Delta t}=\frac{\mathrm{d}\boldsymbol{\theta}}{\mathrm{d}t} \tag{1-25}$$

SI 下，角速度单位是 rad/s，表示 t 时刻质点角位置变化的快慢。逆时针转动时值为正，矢量方向向外（用 ⊙ 表示）；顺时针转动时值为负，矢量方向向里（用 ⊗ 表示）。角速度与速率之间存在转换关系，质点做匀速圆周运动时速度 $\boldsymbol{v}$ 的大小不变、方向在变，而角速度 ω 却始终不变，则大小关系为

$$v=\frac{\mathrm{d}s}{\mathrm{d}t}=\frac{R\mathrm{d}\theta}{\mathrm{d}t}=R\omega \tag{1-26}$$

图 1-6 所示的质点在做匀速圆周运动。假设 t 时刻质点在 A 点，速度为 $\boldsymbol{v}_1$，经过 Δt 时间后质点运动到了 B 点，速度为 $\boldsymbol{v}_2$，在 Δt 时间内速度的增量为

$$\Delta\boldsymbol{v}=\boldsymbol{v}_2-\boldsymbol{v}_1$$

根据加速度定义有

$$\boldsymbol{a}=\lim_{\Delta t\to 0}\frac{\Delta\boldsymbol{v}}{\Delta t}$$

由于是匀速圆周运动，矢量 $\boldsymbol{v}_2$、$\boldsymbol{v}_1$ 和 $\Delta\boldsymbol{v}$ 构成一等腰三角形，如图 1-6 所示。

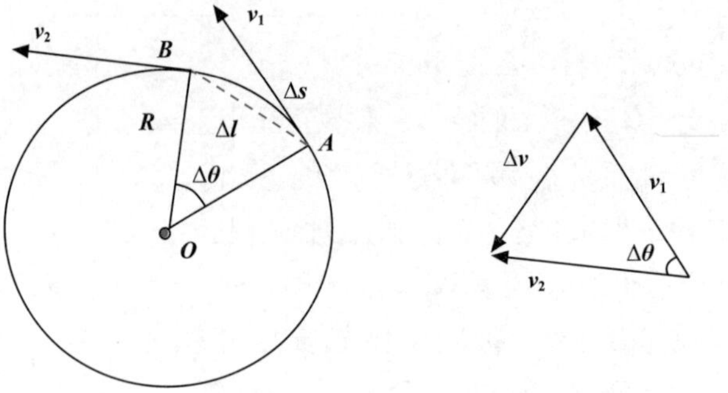

图 1-6　匀速圆周运动速度矢量图

因为 $\boldsymbol{v}_2$ 和 $\boldsymbol{v}_1$ 的方向是圆的切线方向，与半径垂直，因此两者夹角与∠ BOA 相等，为 $\Delta\boldsymbol{\theta}$。根据相似三角形原理有

$$\frac{|\Delta\boldsymbol{v}|}{|\boldsymbol{v}|}=\frac{\Delta l}{R}$$

Δl 为 AB 点间距离，当 $\Delta t\to 0$ 时，弦长 Δl 趋近于弧长 Δs，故有

$$|\boldsymbol{a}|=\lim_{\Delta t\to 0}\frac{|\Delta\boldsymbol{v}|}{\Delta t}=\lim_{\Delta t\to 0}\frac{\Delta\boldsymbol{s}|\boldsymbol{v}|}{\Delta tR}=\frac{|\boldsymbol{v}|^2}{R} \tag{1-27}$$

这就是匀速圆周运动中加速度的大小，它的方向是 $\Delta\boldsymbol{v}$ 的极限方向，当 $\Delta t\to 0$ 时，$\Delta\boldsymbol{\theta}\to 0$，$\Delta\boldsymbol{v}$ 趋近于与 $\boldsymbol{v}_1$ 垂直，故 P 点加速度方向沿半径方向并指向圆心。因此在匀速圆周运动中，质点的加速度始终指向圆心，称为向心加速度。此加速度只改变速度方向不改变速度的大小。（1-26）式结合（1-27）式可以得到向心加速的两种表示方法

$$|\boldsymbol{a}|=\frac{|\boldsymbol{v}|^2}{R}=R\omega^2 \tag{1-28}$$

如果质点在圆周上各点的速率随时间改变，这种运动称为**变速圆周运动**。此种运动存在两种加速度：**切向加速度**和**法向加速度**。设质点在 A 点和 B 点速度分别为 $\boldsymbol{v}_1$ 和 $\boldsymbol{v}_2$，与匀速圆周运动不同，$\boldsymbol{v}_1$ 和 $\boldsymbol{v}_2$ 的方向和大小皆不相同，如图 1-7 所示。在 Δt 时间内的速度增量为 $\Delta\boldsymbol{v}=\boldsymbol{v}_2-\boldsymbol{v}_1$。

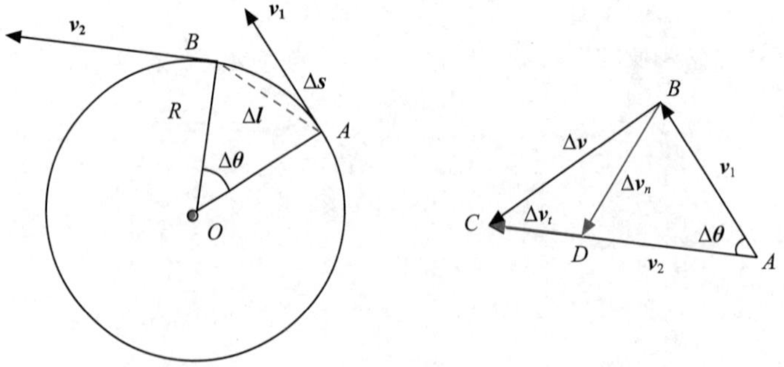

图 1-7　变速圆周运动速度矢量图

在 $\boldsymbol{v}_2$ 上取一点使 $AB=AD$，这样可以把 $\Delta\boldsymbol{v}$ 分解为两个分矢量 $\Delta\boldsymbol{v}_n$ 和 $\Delta\boldsymbol{v}_t$，根据矢量三角形法则有

$$\Delta\boldsymbol{v}=\Delta\boldsymbol{v}_n+\Delta\boldsymbol{v}_t \tag{1-29}$$

其中 $\Delta\boldsymbol{v}_n$ 为因速度方向改变而引起的速度增量，$\Delta\boldsymbol{v}_t$ 为因速度大小改变而引起的速度增量，因此加速度可以表示为

$$\boldsymbol{a}=\lim_{\Delta t\to 0}\frac{\Delta\boldsymbol{v}}{\Delta t}=\lim_{\Delta t\to 0}\frac{\Delta\boldsymbol{v}_n}{\Delta t}+\lim_{\Delta t\to 0}\frac{\Delta\boldsymbol{v}_t}{\Delta t}=\boldsymbol{a}_n+\boldsymbol{a}_t \tag{1-30}$$

其中 $\boldsymbol{a}_n$ 表示因速度方向变化引起的加速度，当 $\Delta t\to 0$ 时，$\Delta\boldsymbol{\theta}\to 0$，$\Delta\boldsymbol{v}$ 趋近于与 v_1 垂直，故这部分加速度方向沿半径方向并指向圆心，称为**法向加速度**，与匀速圆周运动的向心加速度相同，即

$$|\boldsymbol{a}_n|=\frac{|\boldsymbol{v}|^2}{R}=R\omega^2 \tag{1-31}$$

第二个分矢量 $\Delta\boldsymbol{v}_t$ 的极限方向与 $\boldsymbol{v}_2$ 方向一致，即在 B 点的切线方向上，因此 $\boldsymbol{a}_t$ 表示因速度大小变化引起的加速度，称为**切向加速度**，即

$$|\boldsymbol{a}_t|=\frac{|\mathrm{d}v|}{\mathrm{d}t}=R\frac{\mathrm{d}\omega}{\mathrm{d}t}=R\beta \tag{1-32}$$

其中

$$\boldsymbol{\beta}=\frac{\mathrm{d}\boldsymbol{\omega}}{\mathrm{d}t} \tag{1-33}$$

$\boldsymbol{\beta}$ 称为**角加速度**。在 SI 下，角加速度单位是 rad/s²，表示 t 时刻质点角速度 ω 变化的快慢，逆时针加速转动或顺时针减速转动时值为正，矢量方向向外（用⊙表示）；顺时针加速转动或者逆时针减速转动时值为负，矢量方向向里（用⊗表示）。

质点在变速圆周运动中，任意时刻的瞬时加速度（或称**总加速度**）$\boldsymbol{a}$ 可以分解为法向加速度和切向加速度两部分，即

$$\boldsymbol{a}=\boldsymbol{a}_n+\boldsymbol{a}_t \tag{1-34}$$

（1-34）式中 3 矢量的关系如图 1-8 所示，它们的量值由（1-35）式决定。

$$\begin{cases} a=\sqrt{a_n^2+a_t^2} \\ a_n=\dfrac{v^2}{R}，\ a_t=\dfrac{\mathrm{d}v}{\mathrm{d}t} \\ \varphi=\tan^{-1}\left(\dfrac{a_n}{a_t}\right) \end{cases} \tag{1-35}$$

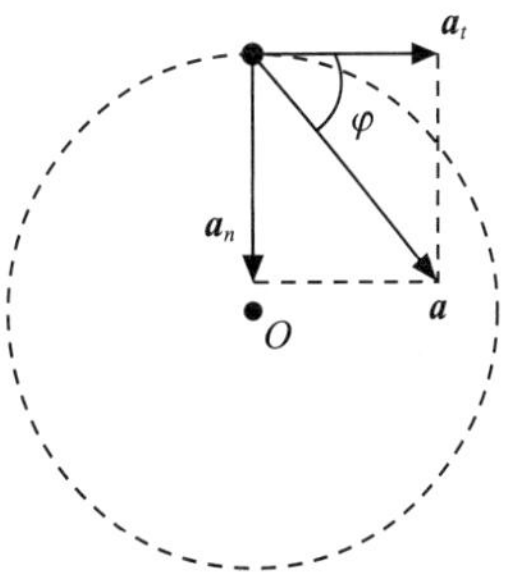

图 1-8　变速圆周运动的加速度

需要特别注意，（1-35）式中的 v 为质点的**瞬时速率**。以上所得的质点的变速圆周运动关系可以推广到一般的曲线运动中，如图 1-9 所示。这时只要将一段足够小的曲线看作一段圆弧，包含这段圆弧的圆周被称为曲线在给定点 P 的曲率圆，从而用曲率半径 ρ 取代（1-35）式中的圆周半径 R，由此可得到质点在任一点的总加速度。

这里有两点需要特别说明。

（1）图 1-9 所示的这种以动点 P 为原点，以法向单位矢量 $\boldsymbol{n}$ 和切向单位矢量 $\boldsymbol{t}$ 为垂直轴的二维坐标系称为**自然坐标系**。在讨论圆周运动及曲线运动时采用这种坐标系比较方便。

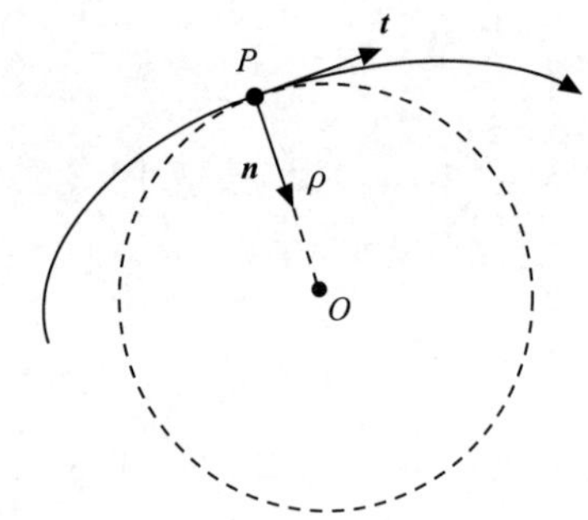

图 1-9　任意曲线运动

（2）由（1-35）式可以看出，曲线运动中总加速度的大小不等于速率随时间的变化率，速率的变化率只是加速度中的切向分量 $\boldsymbol{a}_t$ 的大小，对此应予以注意。

从本节内容可以看到，我们描述质点的圆周运动和之前描述质点的一般运动类似，同样使用了位置矢量、位移、速度、加速度的概念，只不过在这些物理量的名称前增加了一个“角”字——角位置矢量、角位移、角速度、角加速度。我们将上面带“角”字的物理量称为角量，而把之前没有“角”字的物理量称为线量。显然角量和线量之间是一一对应的。

例 1-3　图 1-10 所示的列车在半径 R=1 500m 的圆弧轨道上由静止开始做匀加速圆周运动。已知列车离开车站后 $t_1=100\text{s}$ 时，列车的瞬时速率为 $v_1=20\text{m/s}$。求列车离开车站 $t_2=150\text{s}$ 时以下各物理量。

（1）列车的切向加速度 $\boldsymbol{a}_t$。

（2）列车此时的法向加速度 $\boldsymbol{a}_n$。

（3）列车此时的总加速度 $\boldsymbol{a}$。

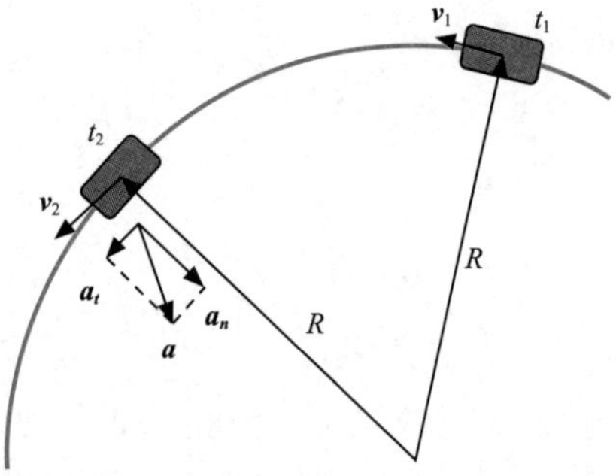

图 1-10　列车匀加速圆周运动

解　列车做的是匀加速运动，切向加速度大小 $\boldsymbol{a}_t$ 是一个常量。

$v_1=\boldsymbol{a}_t t_1 \Rightarrow$ 切向加速度 $\boldsymbol{a}_t=\dfrac{v_1}{t_1}=\dfrac{20}{100}\text{m/s}^2=0.2\text{m/s}^2$。

$\boldsymbol{a}_t$ 方向为圆弧切向方向，指向和瞬时速度方向一致。

$v_2=\boldsymbol{a}_t t_2=0.2\times150\text{m/s}=30\text{m/s} \Rightarrow$ 法向加速度 $\boldsymbol{a}_n=\dfrac{v_2^2}{R}=\dfrac{900}{1\,500}\text{m/s}^2=0.6\text{m/s}^2$。

$\boldsymbol{a}_n$ 方向垂直于 $\boldsymbol{a}_t$ 指向圆弧的圆心。

$\boldsymbol{a}_n$ 和 $\boldsymbol{a}_t$ 两个垂直矢量的合成总加速度大小 $a=\sqrt{a_t^{\,2}+a_n^{\,2}}=\sqrt{0.2^2+0.6^2}\text{m/s}^2=0.63\text{m/s}^2$

$\boldsymbol{a}$ 方向与切向加速度 $\boldsymbol{a}_t$ 夹角为 $\beta=\tan^{-1}\dfrac{a_n}{a_t}=\tan^{-1}\dfrac{0.6}{0.2}=71.6°$。

*第六节　质点的相对运动

对于不同的参考系，同一物体（看作质点）的速率、速度，甚至位移和加速度都可能不同，而在研究力学问题时，又经常需要在不同参考系中描述同一质点的运动。因此有必要推导出描述运动的物理量在两个相对做平动的参考系之间的变换关系。

图 1-11 所示为两个观察者分别从参考系 A 与 B 的原点观察质点 P 的运动，其中参考系 B 以速度 $\boldsymbol{v}_{BA}$ 相对于参考系 A 运动，两个参考系的相应坐标轴保持平行。$\boldsymbol{r}_{PA}$ 和 $\boldsymbol{r}_{PB}$ 表示在某一时刻质点 P 在两个参考系中的位矢，$\boldsymbol{r}_{BA}$ 表示此时两参考系原点之间的位矢，可以得到它们之间的关系为

$$\boldsymbol{r}_{PA}=\boldsymbol{r}_{PB}+\boldsymbol{r}_{BA} \tag{1-36}$$

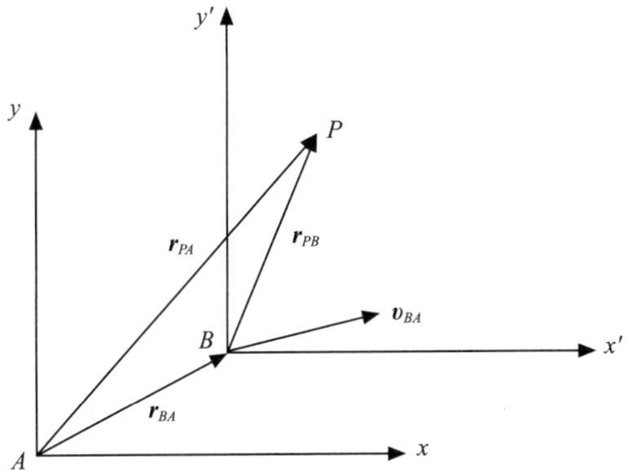

图 1-11　质点的相对运动

求（1-36）式对时间的导数，可以得到质点 P 相对于两参考系的速度 $\boldsymbol{v}_{PA}$与$\boldsymbol{v}_{PB}$的关系，即

$$\boldsymbol{v}_{PA}=\boldsymbol{v}_{PB}+\boldsymbol{v}_{BA} \tag{1-37}$$

如果以 $\boldsymbol{v}$ 表示质点 P 相对于参考系 A 的速度，以 $\boldsymbol{v}'$ 表示质点 P 相对于参考系 B 的速度，$\boldsymbol{u}$ 表示参考系 B 相对于 A 的平动速度，则上式可用一般形式表示为

$$\boldsymbol{v}=\boldsymbol{v}'+\boldsymbol{u} \tag{1-38}$$

同一质点相对于两个相对平动参考系的这一速度关系叫作**伽利略速度变换**。

将（1-38）式再对时间求导数，又可以得到质点 P 相对于两参考系的加速度关系式，即

$$\boldsymbol{a}_{PA}=\boldsymbol{a}_{PB}+\boldsymbol{a}_{BA} \tag{1-39}$$

当参考系 B 以恒定速度相对于参考系 A 运动时，速度 $\boldsymbol{v}_{BA}$（也即速度 $\boldsymbol{u}$）为常量，对时间 t 的导数为 0，因此得到

$$\boldsymbol{a}_{PA}=\boldsymbol{a}_{PB} \tag{1-40}$$

此式表明：在以恒定速度相对运动的不同参考系内的观察者所测得的同一质点运动的加速度相同。

本章小结

1. 质点

把物体看成只有质量而无大小和形状的点，这种理想化、抽象化的对象，在物理学中被叫作质点，它是最简单、最基本的物理模型。

2. 参考系与坐标系

在研究和描述任何物体运动的时候，首先必须选定一个物体作为参考，这个被选定作为参考的物体，称为**参考系**。有了参考系之后，为了定量地描述运动，还需要选择一个固定的坐标系。我们常用的坐标系有**直角坐标系**、**极坐标系**、**球坐标系**和**自然坐标系**等。

3. 位矢与运动方程

通常用位置矢量（简称位矢）$\boldsymbol{r}$ 来确定质点的空间位置，它是从参考点（通常是坐标原点）指到质点所在位置的一个有向线段。位矢与时间的关系式代表质点的运动方程 $\boldsymbol{r}(t)$。质点的运动方程确定了质点的运动规律，可以用运动方程计算质点在任意时刻的位置、速度和加速度；质点在任何一段时间的位移、路程、运动轨迹和运动的平均速度等。

4. 位移、速度和加速度

（1）**位移**　位移是个矢量，它是描述在某一段时间内，质点空间位置变化的物理量，由质点在起始时刻的位置指向终点时刻的位置，可以表示为质点位矢在某段时间内的增量，即

$$\Delta\boldsymbol{r}=\boldsymbol{r}_2(t+\Delta t)-\boldsymbol{r}_1(t)$$

（2）**速度**　速度是个矢量，它的大小是速率，速率描述了质点运动的快慢，方向表示了质点的运动方向（沿运动轨迹的切线，指向质点前进的方向）。瞬时速度是位矢在时间上的一阶导数，即

$$\boldsymbol{v}=\lim_{\Delta t\to 0}\frac{\Delta\boldsymbol{r}}{\Delta t}=\frac{\mathrm{d}\boldsymbol{r}}{\mathrm{d}t}$$

（3）**加速度**　加速度也是矢量，是描述速度大小和方向变化的物理量。瞬时加速度是速度在时间上的一阶导数，或者是位矢在时间上的二阶导数，即

$$\boldsymbol{a}=\lim_{\Delta t\to 0}\frac{\Delta\boldsymbol{v}}{\Delta t}=\frac{\mathrm{d}\boldsymbol{v}}{\mathrm{d}t}=\frac{\mathrm{d}^2\boldsymbol{r}}{\mathrm{d}t^2}$$

5. 质点的圆周运动

圆周运动是曲线运动中一个重要的特例，逆时针的转动方向定义为正方向，在描述圆周运动时使用角量更常见、更方便，如下。

角位置	$\boldsymbol{\theta}$
角位移	$\Delta\boldsymbol{\theta}$
角速度	$\boldsymbol{\omega}=\lim_{\Delta t\to 0}\frac{\Delta\boldsymbol{\theta}}{\Delta t}=\frac{\mathrm{d}\boldsymbol{\theta}}{\mathrm{d}t}$
角加速度	$\boldsymbol{\beta}=\frac{\mathrm{d}\boldsymbol{\omega}}{\mathrm{d}t}=\frac{\mathrm{d}^2\boldsymbol{\theta}}{\mathrm{d}t^2}$

圆周运动中角量与线量可以相互转换，它们的关系如下。

线速度大小 v	$v=\frac{ds}{dt}=\frac{Rd\theta}{dt}=R\omega$
法向加速度大小 $\|\boldsymbol{a}_n\|$	$\|\boldsymbol{a}_n\|=\frac{\|v\|^2}{R}=R\omega^2$
切向加速度大小 $\|\boldsymbol{a}_t\|$	$\|\boldsymbol{a}_t\|=\frac{\|dv\|}{dt}=R\frac{d\omega}{dt}=R\beta$

6. 质点的相对运动

对于不同的参考系，同一物体（看作质点）的速率、速度，甚至位移和加速度都可能不同，而在研究力学问题时，又经常需要从不同参考系描述同一质点的运动。因此有必要推导出描述运动的物理量在两个相对做平动的参考系的变换关系。这种变换关系称作伽利略变换关系如下。

坐标变换关系	$\boldsymbol{r}_{PA}=\boldsymbol{r}_{PB}+\boldsymbol{r}_{BA}$
速度变换关系	$\boldsymbol{v}_{PA}=\boldsymbol{v}_{PB}+\boldsymbol{v}_{BA}$
加速度变换关系	$\boldsymbol{a}_{PA}=\boldsymbol{a}_{PB}$

从上面 3 个式中可以看出，质点的坐标和速度与参考系的选取相关，而质点的加速度在一切静止和做匀速直线运动的参考系中都相同。

习题

1. 某质点做直线运动的运动学方程为 $x=4t-5t^4+6$ (SI)，则该质点做（　　）。

（A）匀加速直线运动，加速度沿 x 轴正方向

（B）匀加速直线运动，加速度沿 x 轴负方向

（C）变加速直线运动，加速度沿 x 轴正方向

（D）变加速直线运动，加速度沿 x 轴负方向

2. 一质点在平面上运动，已知质点位置矢量的表示式为 $\boldsymbol{r}=4t^2\boldsymbol{i}+5t^2\boldsymbol{j}$，则该质点做（　　）。

（A）匀速直线运动　　（B）变速直线运动

（C）抛物线运动　　（D）一般曲线运动

3. 一运动质点在某瞬时位于矢径 $\boldsymbol{r}(x,y)$ 的端点处，其速度大小为（　　）。

（A）$d\boldsymbol{r}/dt$　　（B）dr/dt　　（C）$d|\boldsymbol{r}|/dt$　　（D）$\sqrt{\left(\frac{dx}{dt}\right)^2+\left(\frac{dy}{dt}\right)^2}$

4. 质点沿半径为 R 的圆周做匀速率运动，每 T s 转一圈。在 $2T$ 时间间隔中，其平均速度大小与平均速率大小分别为（　　）。

（A）$2\pi R/T$、$2\pi R/T$　（B）0、$2\pi R/T$　（C）0、0　（D）$2\pi R/T$、0

5. 以下 5 种运动形式中，$\boldsymbol{a}$ 保持不变的运动是（　　）。

（A）单摆的运动　（B）匀速率圆周运动

（C）行星的椭圆轨道运动　（D）抛体运动　（E）圆锥摆运动

6. 对于沿曲线运动的物体，以下几种说法中哪一种是正确的？（　　）

（A）切向加速度必不为零

（B）法向加速度必不为零（拐点处除外）

（C）由于速度沿切线方向，法向分速度必为零，因此法向加速度必为零

（D）若物体做匀速率运动，其总加速度必为零

（E）若物体的加速度 $\boldsymbol{a}$ 为恒矢量，它一定做匀变速率运动

7. 质点做曲线运动，$\boldsymbol{r}$ 表示位置矢量，$\boldsymbol{v}$ 表示速度，$\boldsymbol{a}$ 表示加速度，$\boldsymbol{S}$ 表示路程，a_t 表示切向加速度，下列表达式中，（　　）。

① $\mathrm{d}v/\mathrm{d}t = a$　② $\mathrm{d}r/\mathrm{d}t = v$　③ $\mathrm{d}S/\mathrm{d}t = v$　④ $\mathrm{d}v/\mathrm{d}t = a_t$

（A）只有①、④是对的　（B）只有②、④是对的

（C）只有②是对的　（D）只有③是对的

8. 某物体的运动规律为 $\mathrm{d}v/\mathrm{d}t = -kv^2 t$，式中的 k 为大于零的常量。当 $t = 0$ 时，初速为 v_0，则速率 v 与时间 t 的函数关系是（　　）。

（A）$v = \frac{1}{2}kt^2 + v_0$　（B）$v = -\frac{1}{2}kt^2 + v_0$

（C）$\frac{1}{v} = \frac{1}{2}kt^2 + \frac{1}{v_0}$　（D）$\frac{1}{v} = -\frac{1}{2}kt^2 + \frac{1}{v_0}$

9. 在相对地面静止的坐标系内，A、B 二船都以 2m/s 的速率匀速行驶，A 船沿 x 轴正方向，B 船沿 y 轴正方向。现在 A 船上设置与静止坐标系方向相同的坐标系（x、y 方向单位矢用 $\boldsymbol{i}$ 、$\boldsymbol{j}$ 表示），那么在 A 船上的坐标系中，B 船的速度（以 m/s 为单位）为（　　）。

（A）$2\boldsymbol{i}+2\boldsymbol{j}$　（B）$-2\boldsymbol{i}+2\boldsymbol{j}$　（C）$-2\boldsymbol{i}-2\boldsymbol{j}$　（D）$2\boldsymbol{i}-2\boldsymbol{j}$

10. 质点做半径为 R 的变速圆周运动时的加速度大小为（v 表示任一时刻质点的速率）（　　）。

（A）$\frac{\mathrm{d}v}{\mathrm{d}t}$　（B）$\frac{v^2}{R}$　（C）$\frac{\mathrm{d}v}{\mathrm{d}t}+\frac{v^2}{R}$　（D）$\left[\left(\frac{\mathrm{d}v}{\mathrm{d}t}\right)^2+\left(\frac{v^4}{R^2}\right)\right]^{\frac{1}{2}}$

11. 一质点沿 x 轴正方向运动，其加速度随时间变化关系为 $a=3+2t$ (SI)，如果初始时质点的速度 $\boldsymbol{v}_0$ 为 5m/s，则当 t 为 3s 时，质点的速度 $\boldsymbol{v}$ =__________。

12. 一质点沿直线运动，其坐标 x 与时间 t 有如下关系：$x = A\mathrm{e}^{-\beta t}\cos\omega t$ (SI)（A、β 皆为常数）。（1）任意时刻 t 质点的加速度 a =______________________；（2）质点通过原点的时刻 t =________________。

13. 灯距地面高度为 h_1，一个人身高为 h_2，在灯下以匀速率 v 沿水平直线行走，如图 1-12 所示。他的头顶在地上的影子 M 点沿地面移动的速率为 v_M =______。

14. 图 1-13 所示的 3 条直线都表示同一类型的运动。

（1）Ⅰ、Ⅱ、Ⅲ 3 条直线表示的是 ____________________________ 运动。

（2）__________ 直线所表示的运动的加速度最大。

15. 质点沿半径为 R 的圆周运动，运动学方程为 $\theta = 3 + 2t^2$ (SI)，则 t 时刻质点的法向加速度大小为 a_n=_______；角加速度 β=______。

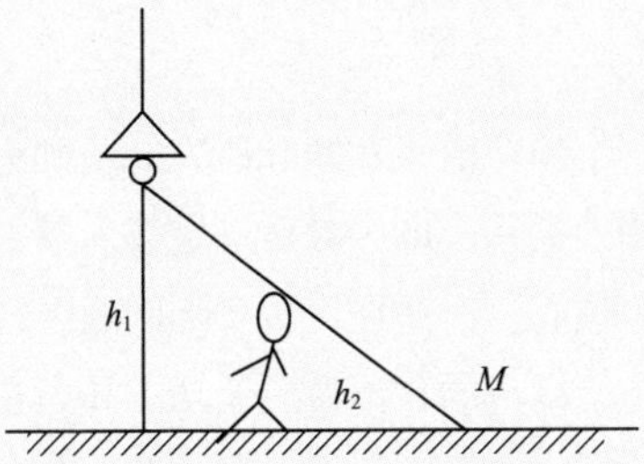

图 1-12　第 13 题图

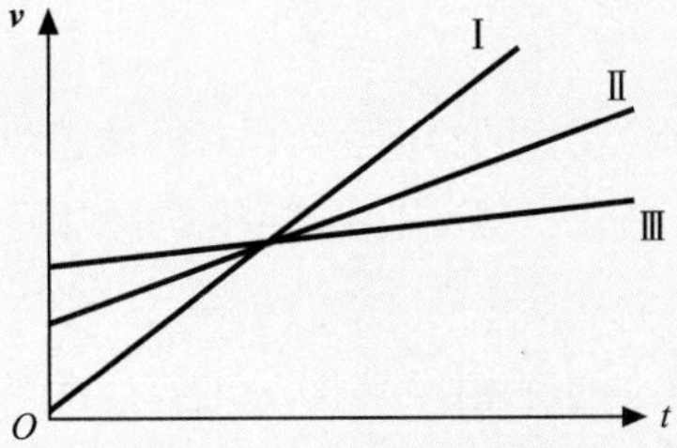

图 1-13　第 14 题图

2 第二章 质点动力学

动力学研究物体间的相互作用对物体运动的影响。牛顿在前人实践和研究的基础上，经过分析和总结提出了物体机械运动状态变化与物体间相互作用的关系，即牛顿运动定律。其中牛顿第二定律是力与物体状态变化间的动力学关系，是牛顿力学的核心。但是在大量实际问题中，物体运动状态的改变是与力的持续作用相联系的，这就产生了力在空间上的积累效应（功）和力在时间上的积累效应（冲量）。这两种积累作用将会使质点或者质点系的动量、动能或能量发生变化或转移，而在一定条件下，质点系内的动量或能量将保持守恒。动量和能量的守恒定律不仅适用于机械运动，而且适用于物理学中各种运动形式。可以说，它们是自然界中重要的守恒定律。在第三章刚体转动中还会阐述角动量守恒定律。本章的主要内容有：牛顿定律、动量与动量守恒、功和能量。

第一节　牛顿运动定律

1687 年，牛顿在他历史性的著作《自然哲学的数学原理》中发表了他的 3 个运动定律。下面我们分别介绍这 3 个定律的内容并逐一加以分析。

一、牛顿第一定律

任何物体都保持静止或匀速直线运动状态，直到其他物体所作用的力迫使它改变这种状态为止。牛顿第一定律阐明了物体具有**惯性**这一根本属性。当物体不受其他物体的外力作用时，物体将保持静止或匀速直线运动状态，这表明任何物体都有保持运动状态不改变的性质，这种物体本身具有的内禀特性，称为**惯性**。惯性是物体保持运动状态不变的原因，因此牛顿第一定律又称为**惯性定律**。根据牛顿第一定律，要改变物体的运动状态，必须有其他物体对其施以力的作用，这种作用可以使物体速度发生改变从而产生加速度，因此**力是物体运动状态改变的原因**。需要指出的一点是，由于自然界中完全不受其他物体作用的物体是不存在的，因此牛顿第一定律不能简单地用实验直接加以验证，它是一条建立在大量的经验事实的积累上，通过推理而抽象概括出来的公理性的物理定律。

它的数学表达式为

$$\boldsymbol{F}=0\text{时，}\boldsymbol{v}=\text{恒矢量} \tag{2-1}$$

在第一章中我们明确，任何物体的运动状态都是相对于某个参考系而言的。如果物体在某一参考系中，不受其他物体的作用而保持静止或者匀速直线运动状态，那么这个参考系就称为**惯性系**；若有另一参考系以恒定速度相对惯性系运动，显然该参考系也是惯性系。（牛顿运动定律在任何惯性参考系中都可以表达成相同的形式，这一点在后面的狭义相对论中还会详细论述。）但是若有一参考系相对某惯性系有加速度，那么该参考系就是**非惯性系**。在非惯性系中，牛顿运动定律不再适用，因此我们也可以将惯性系定义为牛顿运动定律可以成立的参考系，牛顿运动定律不成立的参考系就是非惯性系。

例 2-1 人在驾驶一辆轿车相对地面加速行驶，人与车保持相对静止，如图 2-1 所示。现在选择汽车作为参考系，问：在此参考系中牛顿第一定律是否成立？

图 2-1　人驾驶汽车加速

解 虽然人在汽车参考系中保持静止状态，但是人时刻感受到汽车座椅推后背的作用力（这种推背往往带来驾驶乐趣），**因此在此参考系中牛顿第一定律不成立，该参考系是非惯性系**。

通过这一小问题，可以看到牛顿运动定律只能适用于惯性系，而我们身边总是存在大量的非惯性系。为了让牛顿运动定律可以应用于这些非惯性系，我们可以引入虚拟的作用力：除了相互作用所引起的力之外还受到一种由非惯性系引起的**惯性力**。例如当公交车刹车时，车上的人因为惯性而向前倾，仿佛有一股力量将他们向前推，这就是惯性力。然而这种力实际上并不存在，这只是惯性在不同参考系下的表现。

那么在例 2-1 中有没有一个参考系，牛顿第一定律是可以成立的呢？答案是有，这个参考系就是地面。我们研究物理问题、做物理实验，绝大多数情况下都是在地球表面。虽然严格意义上来说，地球也不是一个惯性系，但我们研究的物体尺度比地球的尺度小得多，因此地球可以看作是近似的惯性系，但当物体的运动距离较长，相对于地球不能忽略时，就不能把地球看作惯性系了。例如一架飞机从上海飞往纽约，就必须考虑地球自转因素的影响。

二、牛顿第二定律

按照牛顿第一定律，惯性是物体本身所具有的保持运动状态不变的性质。物体受到外力作用是物体运动状态改变的原因，因此，物体运动状态的改变既和外力有关，也和它自身的惯性有关，这表明了物体加速度必然和外力和惯性有关，它们三者之间的定量关系即是牛顿第二定律的内容。通过对物体所受合外力和质点的加速度及质点质量关系的实验研究，可得在国际单位制下，**作用于物体上的合外力等于物体的质量与它的加速度的乘积**，即

$$\boldsymbol{F}=m\boldsymbol{a} \tag{2-2}$$

（2-2）式中的 $\boldsymbol{F}$ 应是物体所受的合外力，即作用在物体上的所有外力的矢量和。国际单位是 N；m 是物体的质量，国际单位是 kg（在物理上，质量的大小是物体惯性大小的量度）；$\boldsymbol{a}$ 是物体的加速度，是矢量，方向与合外力 $\boldsymbol{F}$ 的方向相同，国际单位是 m/s^2 。

（2-2）式是牛顿第二定律的数学表达式，是质点动力学的基本方程，是牛顿力学的核心，这个方程也称为牛顿质点动力学方程。

物体在运动时的速度与其质量的乘积可以定义为一个新的物理量——**动量**，用 $\boldsymbol{p}$ 来表示，即

$$\boldsymbol{p}=m\boldsymbol{v} \tag{2-3}$$

动量也是一个矢量，其方向与速度相同，和速度一样也是描述物体的运动状态的物理量，但动量比速度的含义更为广泛，意义更为重要。根据（2-2）式和（2-3）式，牛顿第二定律还可以写成

$$\boldsymbol{F}=\frac{\mathrm{d}\boldsymbol{p}}{\mathrm{d}t}=\frac{\mathrm{d}(m\boldsymbol{v})}{\mathrm{d}t} \tag{2-4}$$

（2-4）式表明，**物体动量随时间的变化率 $\mathrm{d}\boldsymbol{p}/\mathrm{d}t$ 等于作用于物体的合外力 $\boldsymbol{F}$**。在宏观低速的情况下，（2-2）式和（2-4）式具有一致性；但是在物体速度接近光速的情况下，需要考虑相对论效应即运动物体的质量和物体的运动速度相关，那么只有（2-4）式才是正确的。

应用牛顿第二定律解决力学问题时，需要注意以下几点。

① 牛顿第二定律只适用于研究**质点**的运动。物体做平动时，物体可以视为质点，整个物体的质量全部集中在质点上。在本章中如不作特别的说明，讨论物体的平动时，皆把物体看作质点。

② 当物体受到不止一个外力作用时，需要用到**力的叠加原理**，物体所受到的合外力所产生的加速度等于物体每个外力产生的加速度的矢量和。

③ 合外力与加速度的关系是**瞬时对应关系**，在数学形式上是微分关系，又称为质点的动力学方程。

三、牛顿第三定律

牛顿第三定律说明力具有物体间相互作用的性质。两物体间的作用力 $\boldsymbol{F}$ 和反作用力 $\boldsymbol{F}'$ 总是沿同一直线、大小相等、方向相反，分别作用在两个物体上。第三定律的数学表达式为

$$\boldsymbol{F}=-\boldsymbol{F}' \tag{2-5}$$

应用牛顿第三定律分析物体受力时需要注意以下几点。

① 作用力和反作用力是互以对方为己方存在条件的，二者同时产生、同时变化、同时消失，任何一方都不能孤立存在。

② 作用力与反作用力分别作用在两个物体上，它们属于同种性质的力。例如作用力是万有引力，反作用力也一定是万有引力。

四、牛顿定律应用举例

牛顿定律是物体做机械运动的基本定律，在实践中有非常广泛的应用，下面将举例说明如何利用牛顿定律分析解决问题。一般求解质点的动力学问题会有两类：一类是已知质点的受力情况，求解质点的运动状态；另一类是已知质点的运动状态，求解作用于质点的力。一般的求解过程是：根据题目的已知条件选定恰当的坐标系和坐标轴，分析物体受力并作受力分析图，根据牛顿定律列出方程，求出代数解，再代入数值求出数值解。这样解题简单明了，物理意义清晰，又避免了不必要的计算。

例 2-2 设有一辆质量为 2 000kg 的汽车，在平直的高速公路上以 100km/h 的速度行驶，如图 2-2 所示。现在驾驶者启动汽车的刹车装置，若汽车刹车的阻力的大小随时间线性增加，即 $F_f = -bt$，其中 $b = 5\,000\text{N/s}$，试求此车完全停下来需要的刹车时间和刹车距离。

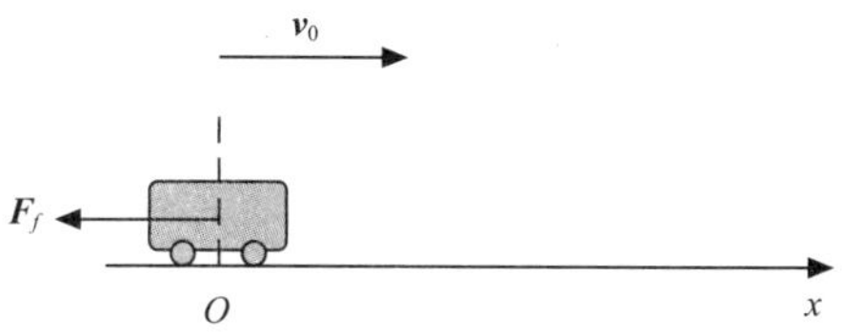

图 2-2　汽车在平直高速公路刹车

解　此题属于动力学的第一类问题，知道质点受力求解质点运动状态。设汽车在 t=0s 时的速度为 $\boldsymbol{v}_0$，化成国际单位制为 27.78m/s，沿 x 轴正向行驶，0s 时的位置为坐标原点。

根据牛顿第二定律，汽车所受的合外力就是刹车阻力 F_f，根据 $F = ma$，可以得到汽车在 t 时刻的瞬时加速度为

$$a(t) = \frac{\mathrm{d}v}{\mathrm{d}t} = -\frac{bt}{m}$$

其中 v、t 是变量，b、m 是常数，根据题目给的已知条件，可以将上面的微分方程分离变量后积分得到

$$\int_{v_0}^{0} \mathrm{d}v = \int_0^t \left(-\frac{bt}{m}\right)\mathrm{d}t$$

求解得到

$$0 - v_0 = -\frac{b}{m} \cdot \frac{t^2}{2}$$

化简可得

$$t=\sqrt{\frac{2mv_0}{b}}$$

代入数值可得 t=4.71s。

刹车距离的计算，需要先计算出 $v(t)$ 的函数，即瞬时速率与时间的关系

$$v(t)-v(0)=\int_0^t a(t)\mathrm{d}t=\int_0^t\left(-\frac{bt}{m}\right)\mathrm{d}t$$

$$v(t)=-\frac{b}{m}\cdot\frac{t^2}{2}+v_0$$

下面计算刹车开始到汽车完全停止，汽车走过的距离 s。已知

$$v(t)=\frac{\mathrm{d}s}{\mathrm{d}t}=-\frac{b}{m}\cdot\frac{t^2}{2}+v_0$$

根据题目给的已知条件有

$$\int_0^s\mathrm{d}s=\int_0^t\left(-\frac{b}{m}\cdot\frac{t^2}{2}+v_0\right)\mathrm{d}t$$

化简可得

$$s=v_0t-\frac{b}{2m}\cdot\frac{1}{3}t^3$$

代入数值可得 s=87.29m。

阅读材料

如何提高汽车刹车时的安全性？

在上题中汽车刹车阻力可以随时间线性增加，但事实上汽车刹车阻力受到轮胎与地面的摩擦力的限制，不可能无限制地增加下去。一旦突破了极限，车轮会被汽车刹车装置抱死，此时轮胎与地面的滚动摩擦就会变成滑动摩擦，车轮与地面的阻力会大大减小，汽车的制动距离会明显增加。更加致命的一点是，负荷车辆的车轮一旦抱死，汽车会彻底失去控制转向的能力，可能会无法避开障碍，造成严重的交通事故。

为了提高车辆制动时的安全性，尤其是在雨雪天摩擦力较小的路面上的安全性，现在绝大多数汽车都会安装防抱死制动系统（Anti-lock Brake System, ABS）。它可以确保汽车在任何情况下都不会出现车轮抱死的情况，这样汽车在刹车时车轮仍然可以保持一定的转向能力，从而有可能避开障碍物。这项技术从 20 世纪 50 年代开始应用到汽车上，发展到今天它已经应用到了几乎每一辆汽车之上，被认为是汽车在主动安全性方面所取得的重要的技术成就之一。据估计每年有数万人因为 ABS 的保护避免了交通事故的发生。随着汽车工业发展，近年来汽车开始装备更先进的（Electronic Stability Program，ESP）系统，它可以

实时监控汽车的行驶状态，在发生危险时主动介入，对一个或者多个车轮施加制动力，从而帮助驾驶者更好地控制车辆，进一步减少车辆失控的风险。目前世界上多个国家和地区的法律法规已经要求所有销售的新车上必须装备 ESP 系统，以提高车辆的安全性能。

例 2-3 为了保证高台跳水运动员的安全，跳台跳水的泳池要比普通游泳的泳池深，如何确定跳台跳水泳池的水深呢？已知液体中的阻力公式 $F=-c\rho Av^2=-kv^2$，阻力大小与速度的平方成正比，其中 c 是阻力系数，取 0.25，ρ 是液体的密度，A 是物体的横截面积。

解 跳水者使用的跳台越高，到达水面的速度越大，因此对泳池的深度要求越高。以 10m 高台跳水为例，假设运动员自起跳到落水时的运动是自由落体运动，将运动员看成质点，落到水面时的速率 v_0 为

$$v_0=\sqrt{2gH}=\sqrt{2\times9.8\times10}\text{m/s}=14\text{m/s}$$

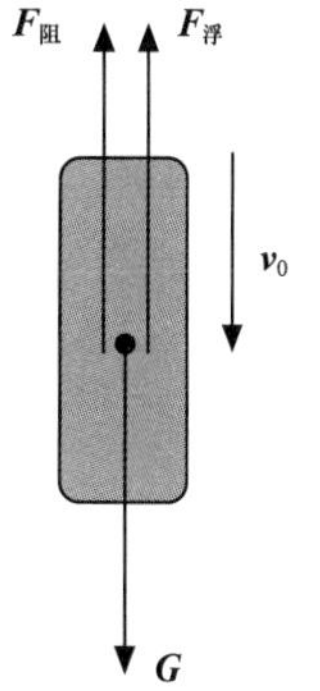

图 2-3 运动员入水后的受力分析

对运动员入水后进行受力分析，如图 2-3 所示，其中重力与浮力的大小几乎相等（人体的密度与水的密度近似相等），则运动员所受到的合外力就是水的阻力。由阻力公式得

$$F=-c\rho Av^2=-kv^2$$

其中 ρ 是水的密度，为 $1.0\times10^3\text{kg}/\text{m}^3$；$A$ 是运动员身体的横截面积，可以估算为 0.08 m^2；c 是阻力系数，由于人几乎是以铅直方向入水，阻力较小，取 c=0.25，则 $k=c\rho A=20\text{kg/m}$。

选择入水处水面为坐标原点，铅直向下的方向为 x 轴正方向，根据牛顿第二定律有

$$m\frac{\mathrm{d}v}{\mathrm{d}t}=-kv^2$$

将 $\mathrm{d}t=\mathrm{d}x/v$ 代入上式，得

$$\frac{\mathrm{d}v}{v}=-\frac{k}{m}\mathrm{d}x$$

根据已知条件，对上式两边进行定积分，即

$$\int_{v_0}^{v}\frac{\mathrm{d}v}{v}=-\int_0^x\frac{k}{m}\mathrm{d}x$$

得

$$x=\frac{m}{k}\ln\frac{v_0}{v}$$

如果运动员体重为 50kg，运动员速度减小到 $v=2.0\text{m/s}$ 时翻身上浮，并以脚蹬池底上浮，则求出

$$x=4.9\text{m}$$

事实上运动员从 10m 跳台跳下，会深入到水中 4.8 ～ 5.0m，因此国际泳联的规则要求，10m 跳台的泳池水深为 4.5 ～ 5m。水深太浅对运动员不安全，太深不利于运动员顺利完成翻身后脚蹬池底上浮的动作。

第二节　动量和动量守恒

牛顿第二定律是力与质点运动状态变化间的瞬时关系式，但是在大量实际问题中，状态的改变是与力的作用过程相联系的。本节将讨论力在时间上的积累效应，下节将会讨论力在空间上的积累效应。

一、冲量 动量定理

在上节的牛顿第二定律中，力可以写成

$$\boldsymbol{F}=\frac{\mathrm{d}\boldsymbol{p}}{\mathrm{d}t}=\frac{\mathrm{d}(m\boldsymbol{v})}{\mathrm{d}t} \tag{2-6}$$

将 dt 移到等号左边可以写成 $\boldsymbol{F}\mathrm{d}t=\mathrm{d}\boldsymbol{p}=\mathrm{d}(m\boldsymbol{v})$，在经典力学范围，$m$ 可视为常量，故 $\mathrm{d}(m\boldsymbol{v})=m\mathrm{d}\boldsymbol{v}$，将上式两边进行积分，从 $t_1\to t_2$，则

$$\int_{t_1}^{t_2}\boldsymbol{F}\mathrm{d}t=\int_{\boldsymbol{p}_1}^{\boldsymbol{p}_2}\mathrm{d}\boldsymbol{p}=\boldsymbol{p}_2-\boldsymbol{p}_1=m\boldsymbol{v}_2-m\boldsymbol{v}_1 \tag{2-7}$$

（2-7）式中 $\boldsymbol{p}_2$ 和 $\boldsymbol{v}_2$ 表示质点在 t_2 时刻的动量和速度，$\boldsymbol{p}_1$ 和 $\boldsymbol{v}_1$ 表示质点在 t_1 时刻的动量和速度。等式左边的积分表示力在时间上的积累结果，称为**冲量**，冲量也是矢量，用符号 I 表示。（2-7）式的积分的结果如图 2-4 所示，它的物理意义是：**在 $t_1\to t_2$ 这段时间内，作用在质点上的外力 $\boldsymbol{F}$ 所产生的冲量，等于质点在此段时间内的动量的增量**。

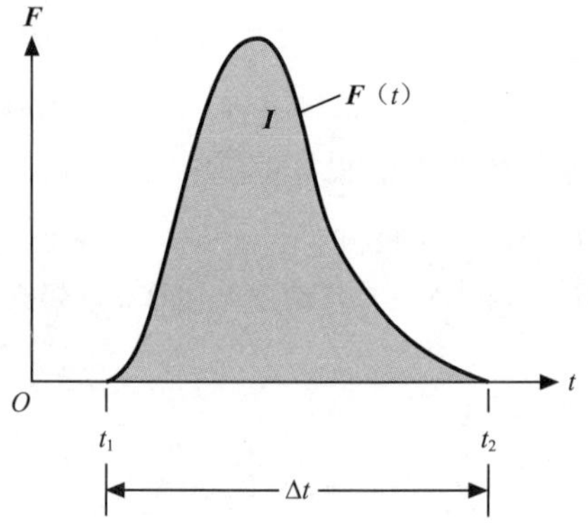

图 2-4　冲量——力对时间的积累效应

（2-7）式既是冲量的定义也是**质点的动量定理**。由于它是矢量积分，在直角坐标系下可以分解到 x、y、z 轴 3 个方向分量的标量积分，其分量式为

$$\begin{cases} I_x=\int_{t_1}^{t_2}F_x\mathrm{d}t=mv_{2x}-mv_{1x} \\ I_y=\int_{t_1}^{t_2}F_y\mathrm{d}t=mv_{2y}-mv_{1y} \\ I_z=\int_{t_1}^{t_2}F_z\mathrm{d}t=mv_{2z}-mv_{1z} \end{cases} \tag{2-8}$$

（2-8）式表明质点在某一方向上的动量增量仅与该质点在此方向上所受外力的冲量有关。

质点的动量定理反映的是一个质点的动量变化与作用在该质点上力的关系，但是在实际的问题中，我们还经常需要研究多个质点所构成的质点系的动量变化与作用在质点系上的力之间的关系。

图 2-5 所示在质点系 S 中任意选择了两个质点 1 和 2 组成一个系统，它们的质量分别为 m_1 和 m_2，系统外的质点对它们的作用力称为外力，系统内两质点间的相互作用力称为内力。

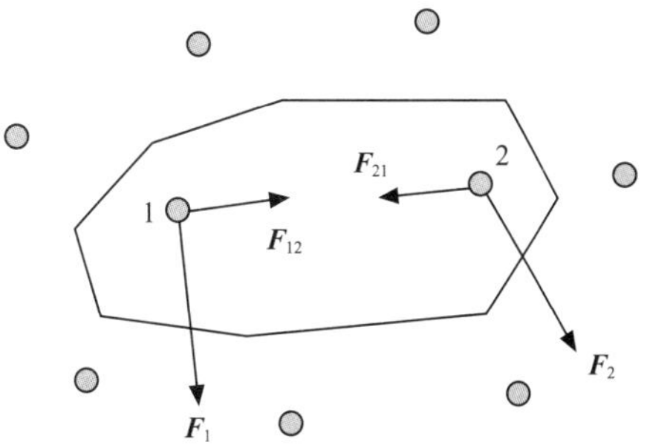

图 2-5　质点系中的内力和外力

根据（2-7）式的质点的动量定理，在 $t_1 \to t_2$ 的时间间隔，质点 1 和 2 所受到的冲量分别是

质点 1　$$\boldsymbol{I}_1 = \int_{t_1}^{t_2} (\boldsymbol{F}_1 + \boldsymbol{F}_{12}) \mathrm{d}t = m\boldsymbol{v}_1 - m\boldsymbol{v}_{10} \quad (2\text{-}9)$$

质点2　$$\boldsymbol{I}_2 = \int_{t_1}^{t_2} (\boldsymbol{F}_2 + \boldsymbol{F}_{21}) \mathrm{d}t = m\boldsymbol{v}_2 - m\boldsymbol{v}_{20} \quad (2\text{-}10)$$

将两式相加，有

$$\boldsymbol{I}_1 + \boldsymbol{I}_2 = \int_{t_1}^{t_2} (\boldsymbol{F}_1 + \boldsymbol{F}_2) \mathrm{d}t + \int_{t_1}^{t_2} (\boldsymbol{F}_{12} + \boldsymbol{F}_{21}) \mathrm{d}t = (m\boldsymbol{v}_1 + m\boldsymbol{v}_2) - (m\boldsymbol{v}_{10} + m\boldsymbol{v}_{20}) \quad (2\text{-}11)$$

由牛顿第三定律知 $\boldsymbol{F}_{12} = -\boldsymbol{F}_{21}$，故（2-11）式可以简化为

$$\boldsymbol{I}_1 + \boldsymbol{I}_2 = \int_{t_1}^{t_2} (\boldsymbol{F}_1 + \boldsymbol{F}_2) \mathrm{d}t = (m\boldsymbol{v}_1 + m\boldsymbol{v}_2) - (m\boldsymbol{v}_{10} + m\boldsymbol{v}_{20}) \quad (2\text{-}12)$$

（2-12）式表明，作用在两个质点组成系统的合外力的冲量等于系统内两质点动量之和的增量，即系统动量的增量。该结论可以很容易推广到由 n 个质点组成的任意质点系，即

$$\sum_{i=1}^{n} \boldsymbol{I} = \sum_{i=1}^{n} m_i \boldsymbol{v}_i - \sum_{i=1}^{n} m_i \boldsymbol{v}_{i0} = \boldsymbol{p} - \boldsymbol{p}_0 \quad (2\text{-}13)$$

（2-13）式表明，**作用于系统的合外力的冲量等于系统的总动量的增量，系统的内力对系统的总动量没有贡献，只是将动量在质点系内部的质点上进行重新分配**，这就是**质点系的动量定理**。

例 2-4　一质量为 0.5kg 的小球以 10m/s 的速度，与刚性墙壁相撞，入射角度为 $\alpha = 45°$，并以相同的速率和角度反弹，如图 2-6 所示。设小球与墙壁的接触时间为 0.05s，求在此碰撞时间内墙壁受到的平均冲击力。

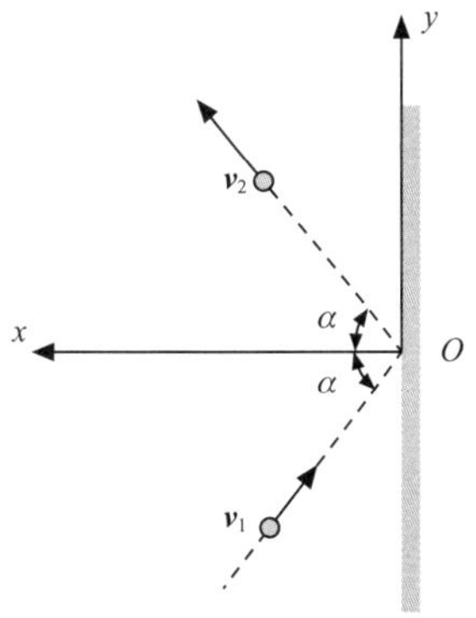

图 2-6　小球与刚性墙壁碰撞

解　在计算平均冲击力之前，先建立起直角坐标系，如图 2-6 所示。根据小球**质点的动量定理**建立方程

$$\int_{t_1}^{t_2} \boldsymbol{F} \mathrm{d}t = \overline{\boldsymbol{F}} \cdot \Delta t = m\boldsymbol{v}_2 - m\boldsymbol{v}_1$$

其中小球所受合外力的冲量可以看成碰撞时间 Δt 乘以平均作用力 $\overline{\boldsymbol{F}}$。

上式的积分是矢量积分，从图上可知末动量与初动量大小相等但方向不同，因此需要将动量分解到 x 和 y 轴两个方向上，分别计算动量分量的增量，即

$$\overline{F}_x \cdot \Delta t = mv_{2x} - mv_{1x} = 2mv\cos\alpha$$

$$\overline{F}_y \cdot \Delta t = mv_{2y} - mv_{1y} = 0$$

因此小球所受到的外力为

$$\overline{F}=\overline{F}_x=\frac{2mv\cos\alpha}{\Delta t}$$

代入已知数据得 $\overline{F}=141\text{N}$，可见 $\overline{F}$ 是远大于小球的自身重力 4.9N 的，因此在碰撞的这段时间，可以忽略小球自身重力的影响，小球所受合外力可全部视为墙壁对小球的作用力。

根据牛顿第三定律，墙壁所受平均冲击力大小等于小球所受合外力，方向相反，故墙壁所受平均冲击力为 141N，方向沿 x 轴负方向。

上题是典型的刚性物体间的碰撞问题，这些碰撞的时间都非常短暂，因此可以形成非常大的平均冲击力。这种巨大的平均冲击力有时候是我们所需要的，例如较大质量的铁锤可以轻易地将钉子钉进木板，较小质量的塑料吸管只要用较快的速度就可以轻易地戳破酸奶盒上的塑料膜；而有些时候碰撞引起的冲击力也会造成巨大的伤害，例如高速行驶的汽车一旦发生碰撞，车辆巨大的动量如果在瞬间降低，会带来超乎我们想象的平均冲击力，这种力量是人体的骨骼肌肉所无法承受的。现代的汽车工业通过多方面的汽车安全性设计和成千上万次的安全性测试，正在努力降低这种物理伤害的风险。

阅读材料

冲击力与汽车的被动安全设计

在车祸中，高速行驶的汽车由于碰撞会在极短的时间内停下，根据动量定理，这会产生的极大冲击力。这种冲击力如果直接作用在人体上，将会对车内人员造成多种足以致命的伤害，例如脑外伤、胸部创伤和各类骨折等。所谓汽车的被动安全设计，是为了防止或减轻人员在车祸中受到伤害而采取的安全设计，例如安全带、安全气囊、车身的前后溃缩吸能区、车门防撞钢梁等都属被动安全设计。它们都是在车祸发生后才起作用的。

更轻更坚固的车身可以减少汽车碰撞时的动量。更大更合理的溃缩区设计，使汽车发生碰撞时有更长的溃缩时间，从而最大程度地减少驾驶者座舱空间的形变程度，保护乘员的生存空间。图 2-7 所示为汽车车身的被动安全设计，可以看到车头部位并没有设计得非

图 2-7　汽车车身的被动安全设计

常坚固，而是有一个明显的溃缩吸能区，它在碰撞瞬间会通过自身的形变吸收大部分的碰撞能量。

当车辆正面发生强烈碰撞时，正面的安全气囊就会瞬间弹出，垫在方向盘与驾驶人之间，防止驾驶人的头部和胸部撞击到方向盘或仪表板等硬物上。当车辆侧面发生强烈撞击时，座椅侧面的气囊和车窗的侧气帘就会弹出，垫在车门和侧窗玻璃与驾驶人之间，防止驾驶人的头部和身体侧面撞击到车门和侧窗玻璃等硬物上。大多数车型都只配备了主、副驾驶安全气囊、侧气囊等，其实车辆在真正发生正面碰撞时，人体下肢的膝部与中控台的距离最短，是最易造成骨折损伤的部位，膝部的安全气囊可以显著降低车内饰对乘员膝部的伤害。多方位多角度的安全气囊系统可以有效地减少车内乘员的头部、胸部、脊椎、膝部等要害部位在碰撞中所受到的伤害。

在车辆的剧烈碰撞中，如果身体没有安全带的约束，以上的车身安全设计和安全气囊都将失去效用，身体会在惯性的作用下与车内的硬物发生严重的碰撞，甚至有可能被甩出车外，因此汽车的每一个座位都配备了一根安全带（如图 2-8 所示）。虽然安全带在汽车所有的主被动安全配置中非常不起眼，但它是在可怕的车祸碰撞中挽救乘员生命的最后一道屏障。现在的汽车一般装备的是预紧式三点安全带，当汽车发生碰撞事故的一瞬间，乘员身体尚未向前移动，安全带就会首先被拉紧，立即将乘员紧紧地绑在座椅上，然后以一个适当力量锁紧安全带，防止乘员身体过度前倾，从而有效保护乘员的安全。

图 2-8　安全带

二、动量守恒定律

从质点系的动量定理（2-13）式中可以看出，当系统所受合外力为 0 时，即

$$\boldsymbol{F}_{外}=\sum \boldsymbol{F}_i=0 \tag{2-14}$$

系统的总动量的增量必然也为 0，这时候系统的总动量保持不变，即

$$p=\sum_{i=1}^{n}m_i v_i=\text{恒矢量} \tag{2-15}$$

这就是动量守恒定律，它的表述为：当系统所受合外力为 0 时，系统的总动量将保持恒定。

动量作为一个矢量是可以分解的，例如可以分解为 x、y、z 轴上的 3 个分量。那么如果在某一分量方向上的合外力为 0，则在该方向上的动量分量也必然保持守恒。

应用动量守恒定律时，需要注意以下几点。

① 系统的动量守恒是指系统的**总动量**不变，系统内任一物体的动量是可变的，此外各物体的动量必须相对于同一个惯性参考系。

② 如果系统所受外力的矢量和不为 0，但是合外力在某个坐标轴上的分矢量为 0，此时系统总动量不守恒，但是在该分动量方向上却是守恒的。

③ 动量守恒定律是比牛顿定律更普适的最基本的定律。虽然动量守恒定律是从表述宏观低速物体运动的牛顿定律推导出来的，但是近代的科学实验和理论分析都表明，无论是宏观还是微观领域，物质间的相互作用虽然不一定遵循牛顿定律，却始终遵循动量守恒定律。它和能量守恒定律一样是自然界中最普适、最基本的定律之一。

④ 有时系统所受合外力不为 0，但是 $F_{外}\ll F_{内}$ 时，可忽略外力的作用，近似认为系统的动量守恒。例如碰撞、打击、爆炸等问题中，由于碰撞时间短，系统内物体间相互作用力远大于一般的外力（如重力、摩擦力、空气阻力等），因此外力可以忽略不计，可视为系统动量守恒。

例 2-5 一质量为 m 的微粒，以速率 v_0 向 x 轴正方向运动，如图 2-9 所示。运动过程中，微粒突然裂变成两个部分。一个部分质量为 $m/3$，以速率 $2v_0$ 沿 y 轴正方向运动，求另一部分的速度。

解 根据动量守恒定律，粒子分裂前分裂后都不受外力作用，故满足守恒条件

$$mv_0\boldsymbol{i}=\frac{m}{3}\cdot 2v_0\boldsymbol{j}+\frac{2m}{3}\boldsymbol{v}$$

求解可得另一部分速度的矢量形式

$$\boldsymbol{v}=\frac{3}{2}v_0\boldsymbol{i}-v_0\boldsymbol{j}$$

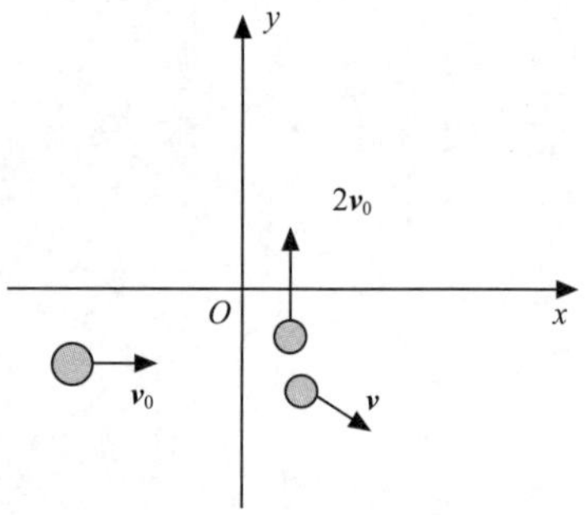

图 2-9 运动微粒裂变成两部分

第三节 功与能量

在本节中，我们将讨论力对空间的积累效应——功，以及质点机械运动能量的两种形式——动能和势能，并由此引出本节中两个重要的守恒定律——机械能守恒和能量守恒。

一、功

首先，我们考虑质点做直线运动时，恒力做功的情况。图 2-10 所示的质点 M 在恒力 $\boldsymbol{F}$ 的作用

下，沿路径 AB 做直线运动，位移为 $\boldsymbol{S}$，在这一过程中力 $\boldsymbol{F}$ 对物体所做的功为

$$W = FS\cos\theta \tag{2-16}$$

根据矢量点乘的定义，上式还可以写成

$$W = \boldsymbol{F}\cdot\boldsymbol{S} \tag{2-17}$$

下面我们来讨论质点做曲线运动时，变力做功的问题。图 2-11 所示的质点在变力作用下沿曲线路径 ab 运动，在图上某一位置时，质点所受的力为 $\boldsymbol{F}$，发生的元位移为 $\mathrm{d}\boldsymbol{r}$，$\boldsymbol{F}$ 与 $\mathrm{d}\boldsymbol{r}$ 之间的夹角为 θ。在这一段位移中，力 $\boldsymbol{F}$ 所做的元功为

变力做功

$$\mathrm{d}W = F|\mathrm{d}\boldsymbol{r}|\cos\theta \tag{2-18}$$

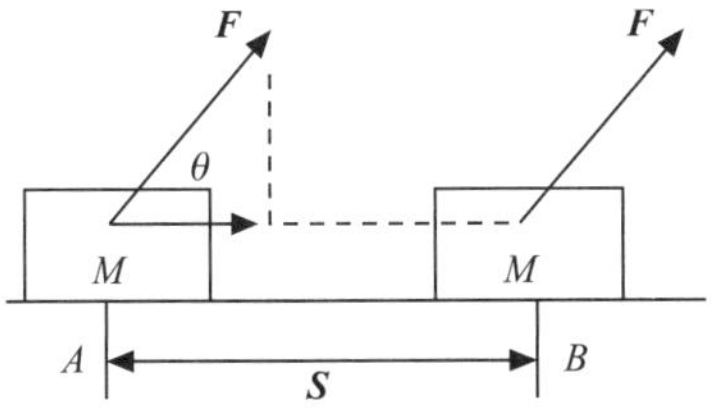

图 2-10 恒力做功

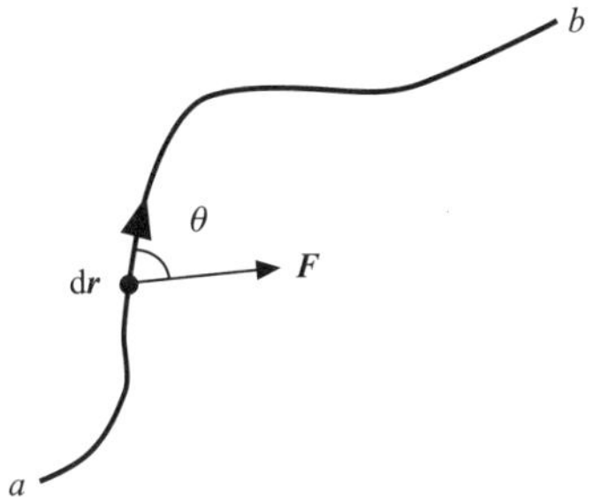

图 2-11 变力做功

从（2-18）式可以看出功的正负与夹角 θ 的大小有关，当 $0°<\theta<90°$ 时，功为正值；当 $90°<\theta\leqslant 180°$ 时，功为负值。由于力 $\boldsymbol{F}$ 和位移 $\mathrm{d}\boldsymbol{r}$ 均为矢量，故（2-18）式亦可以写成

$$\mathrm{d}W = \boldsymbol{F}\cdot\mathrm{d}\boldsymbol{r} \tag{2-19}$$

（2-19）式可以看作功的定义式的微分形式，由于是两个矢量的点乘关系，所以**功是个标量**，具有标量的代数可加性。

如果将整条路径上的每一个元位移的元功代数相加，即对（2-19）式等号的两边进行积分，可以计算出变力 $\boldsymbol{F}$ 在整个过程中所做的总功为

$$W = \int_a^b \mathrm{d}W = \int_a^b \boldsymbol{F}\cdot\mathrm{d}\boldsymbol{r} \tag{2-20}$$

（2-20）式为功的定义式的积分形式，反映出**功是力在空间上的积累效果**。作为矢量的积分运算，参与积分的矢量 $\boldsymbol{F}$ 和 $\mathrm{d}\boldsymbol{r}$ 可以分解到直角坐标系中的 3 个分量上，即

$$\boldsymbol{F} = F_x\boldsymbol{i} + F_y\boldsymbol{j} + F_z\boldsymbol{k} \tag{2-21}$$

$$\mathrm{d}\boldsymbol{r} = \mathrm{d}x\boldsymbol{i} + \mathrm{d}y\boldsymbol{j} + \mathrm{d}z\boldsymbol{k} \tag{2-22}$$

根据点乘运算规则 $\boldsymbol{i}\cdot\boldsymbol{i}=\boldsymbol{j}\cdot\boldsymbol{j}=\boldsymbol{k}\cdot\boldsymbol{k}=1$，$\boldsymbol{i}\cdot\boldsymbol{j}=\boldsymbol{j}\cdot\boldsymbol{k}=\boldsymbol{k}\cdot\boldsymbol{i}=0$，（2-20）式可以写为

$$W = \int_a^b \mathrm{d}W = \int_a^b (F_x\mathrm{d}x + F_y\mathrm{d}y + F_z\mathrm{d}z) \tag{2-23}$$

（2-23）式给出了在直角坐标系下，变力做功的积分计算方法。对于多个外力作用于同一个质点

上的情况，设合力 $\boldsymbol{F}=\boldsymbol{F}_1+\boldsymbol{F}_2+\boldsymbol{F}_3+\cdots$，则合力 $\boldsymbol{F}$ 所做的功为

$$W=\int_a^b \boldsymbol{F}\cdot \mathrm{d}\boldsymbol{r}=\int_a^b (\boldsymbol{F}_1+\boldsymbol{F}_2+\boldsymbol{F}_3+\cdots)\cdot \mathrm{d}\boldsymbol{r} \tag{2-24}$$

再根据矢量点乘的分配律，可以将式（2-24）分解为

$$W=\int_a^b \boldsymbol{F}_1\cdot \mathrm{d}\boldsymbol{r}+\int_a^b \boldsymbol{F}_2\cdot \mathrm{d}\boldsymbol{r}+\int_a^b \boldsymbol{F}_3\cdot \mathrm{d}\boldsymbol{r}+\cdots=W_1+W_2+W_3+\cdots \tag{2-25}$$

（2-25）式表明，合力对质点所做的功等于每个分力所做功的代数和，显然（2-25）式的结果是依据力的独立作用原理得出的。

在国际单位制中，力的单位是 N，位移的单位是 m，故功的单位就是 $\mathrm{N\cdot m}$。为了纪念著名的英国物理学家焦耳，我们将这一单位命名为焦耳，符号是 J。

关于功的性质，有以下几点需要注意。

（1）功是**标量**（代数量），$W>0$，力对物体做功；$W<0$，物体反抗阻力做功；$W=0$，力的作用点无位移或者力与位移方向垂直。

（2）功是**过程量**，与力的作用点始末位置有关，还和质点的位移过程相关。

（3）功是**相对量**，由于位移与参考系的选择相关，故一个力所做的功也与参考系的选择相关。例如图 2-12 中，在一个相对地面运动的电梯上，如果选择地面为参考系，人所受的重力做功显然不等于 0；而如果选择电梯为参考系，人所受重力做功就等于 0。

（4）**一对作用力和反作用力做功的代数和不一定为** 0。如图 2-13 中，子弹与箱子之间的摩擦力是一对作用力和反作用力，大小相等方向相反，但是从子弹射入到子弹和箱子保持相对静止的过程中，两个力的位移并不相同，所以作用力的功和反作用力的功的代数和在此时并不为 0。

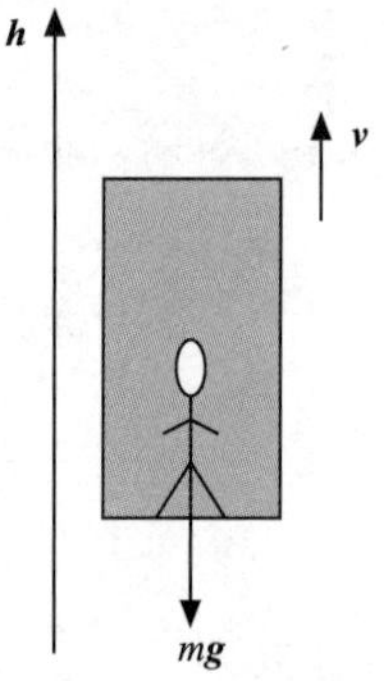

图 2-12　运动的电梯

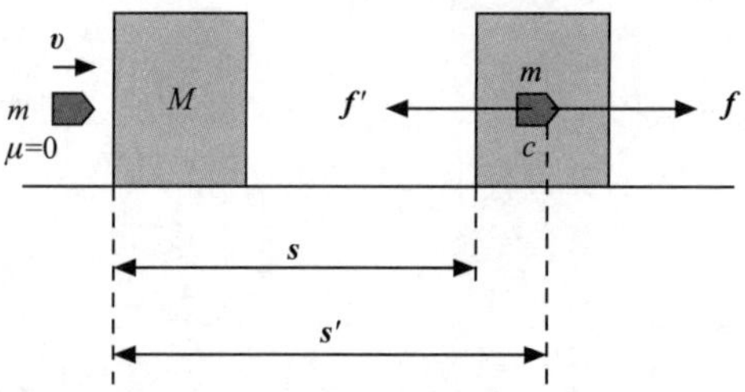

图 2-13　子弹击中箱子运动

在更多的生产实践环节中，我们需要知道力在单位时间内所做的功，因此我们定义了功对时间的变化率——**功率**，用 P 表示，即

$$P=\frac{\mathrm{d}W}{\mathrm{d}t} \tag{2-26}$$

将（2-19）式代入其中可以得到

$$P=\frac{\mathrm{d}W}{\mathrm{d}t}=\boldsymbol{F}\cdot\frac{\mathrm{d}\boldsymbol{r}}{\mathrm{d}t}=\boldsymbol{F}\cdot\boldsymbol{v} \tag{2-27}$$

功率的国际单位是 W（瓦特——为纪念英国著名的工程师瓦特），由于 1W 的功率在工业上比较小，另外还有常用的工业单位 kW（千瓦）和英制单位 hp（马力），即

$$1\mathrm{W}=1\mathrm{J/s}=1\mathrm{N\cdot m\cdot s^{-1}}$$

$$1\mathrm{hp}=746\mathrm{W}=0.746\mathrm{kW}$$

根据（2-27）式可见，在汽车发动机功率一定的情况下，车速越低，汽车发动机所产生的牵引力也就越大；车速越高，发动机所产生的牵引力越小。因此汽车在平路加速时，随着车速增加，发动机的牵引力减小，汽车的加速度会越来越小，最后当牵引力等于车辆行驶时的阻力的时候，加速度减小为 0，汽车速度达到最大值。如果此时汽车遇到爬坡路面，在发动机功率不变的情况下，车速会降低从而获得更大的牵引力，克服坡面所带来的更大阻力，最终汽车会在一个较低的速度上重新达到牵引力和阻力的平衡。

例 2-6 在图 2-14 所示的圆周运动中，有一变力 $\boldsymbol{F}=F_0(x\boldsymbol{i}+y\boldsymbol{j})$ 作用在质点上，质点由原点经半径为 R 的圆弧到达 P（0,2R）点，则在此过程中 F 对质点所做的功是多少？

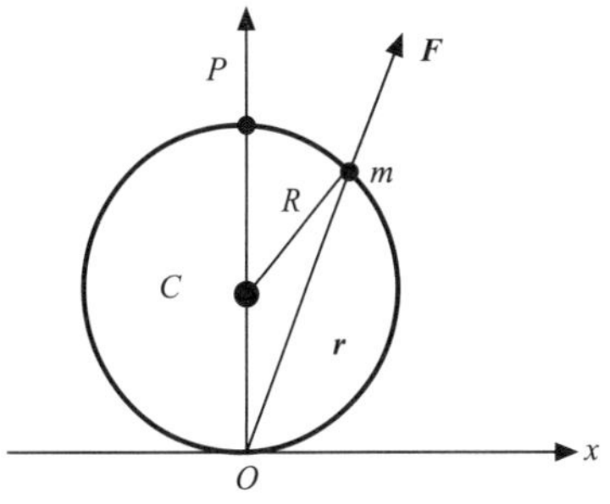

图 2-14 质点做圆周运动

解 根据（2-23）式在直角坐标系下变力曲线做功的计算

$$W=\int_a^b \mathrm{d}W=\int_a^b (F_x\mathrm{d}x+F_y\mathrm{d}y+F_z\mathrm{d}z)$$

已知 $F_x=F_0x$，$F_y=F_0y$，$F_z=0$，积分的起点和终点分别是（0，0）和（0,2R），代入上式可得

$$W=\int_0^0 F_0x\mathrm{d}x+\int_0^{2R} F_0y\mathrm{d}y=2F_0R^2$$

二、动能定理

一个质量为 m 的质点在合外力 $\boldsymbol{F}$ 的作用下，自 a 点沿曲线运动到 b 点，如图 2-15 所示。已知它在 a 点和 b 点的速率分别为 v_a 和 v_b，求合外力 $\boldsymbol{F}$ 在此过程中所做的总功。

根据功的定义（2-20）式，即

$$W=\int_a^b \mathrm{d}W=\int_a^b \boldsymbol{F}\cdot\mathrm{d}\boldsymbol{r}$$

其中合外力 $\boldsymbol{F}$ 可以用牛顿第二定律（2-4）式，即

$$\boldsymbol{F}=\frac{\mathrm{d}\boldsymbol{p}}{\mathrm{d}t}=\frac{\mathrm{d}(m\boldsymbol{v})}{\mathrm{d}t}$$

代入可得

$$W=\int_a^b \mathrm{d}W=\int_a^b \frac{\mathrm{d}(m\boldsymbol{v})}{\mathrm{d}t}\cdot\mathrm{d}\boldsymbol{r}$$

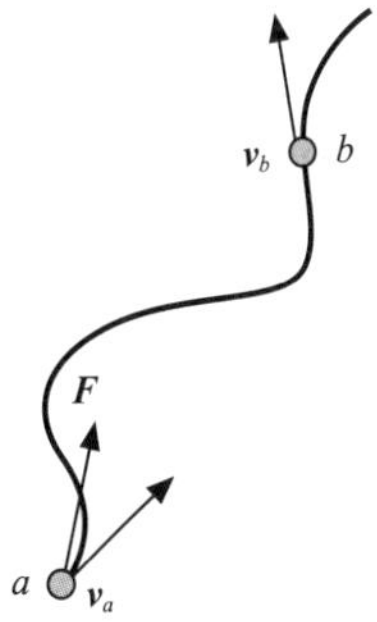

图 2-15 质点的动能定理

其中 $\frac{\mathrm{d}\boldsymbol{r}}{\mathrm{d}t}$ 等于质点的瞬时速度 $\boldsymbol{v}$，于是上式的积分可以写成

$$W=\int_a^b \mathrm{d}W=\int_{v_a}^{v_b}\boldsymbol{v}\cdot\mathrm{d}(m\boldsymbol{v})$$

在牛顿力学范围内，m 是常数，速度与速度的点乘等于速率的平方 $\boldsymbol{v}\cdot\boldsymbol{v}=v^2$，故上式积分可得

$$W=\int_{v_a}^{v_b}\boldsymbol{v}\cdot d(m\boldsymbol{v})=\frac{1}{2}mv_b^2-\frac{1}{2}mv_a^2 \tag{2-28}$$

式（2-28）中的 $\frac{1}{2}mv^2$ 是与质点的运动状态有关的物理量，称为质点的动能，用符号 E_{k} 表示。这样 $E_{\mathrm{k}a}=\frac{1}{2}mv_a^2$，$E_{\mathrm{k}b}=\frac{1}{2}mv_b^2$ 分别表示质点在起点位置和终点位置时的动能，（2-28）式可以写成

$$W=E_{\mathrm{k}b}-E_{\mathrm{k}a}=\Delta E_{\mathrm{k}} \tag{2-29}$$

（2-29）式表明：**合外力对质点所做的功等于质点动能的增量**。这一结论就是质点的**动能定理**。

关于质点的动能定理还有以下几个特点需要注意。

（1）功与动能的联系与区别。只有合外力做功才会使动能发生变化，功是能量变化的量度，它的量值与质点的位移过程及合外力的变化过程有关，因此功是**过程量**；而动能是质点运动状态的函数，它的量值取决于质点的质量和瞬时速率，故它是**状态量**。

（2）动能定理是由牛顿第二定律推出，因此它适用于惯性系。此外在不同惯性系下位移和速度是不同的，因此**功和动能都依赖惯性系的选取，但在所有的惯性系中，动能定理的形式相同**。

（3）如果将质点扩展到质点系，同样可以得到**质点系下的动能定理**，质点系的动能可以写成

$$\sum W_{\text{外力}}+\sum W_{\text{内力}}=\sum E_{\mathrm{k}\text{末}}-\sum E_{\mathrm{k}\text{初}} \tag{2-30}$$

其中

$$\sum E_{\mathrm{k}}=\sum_i \frac{1}{2}m_i v_i^2 \tag{2-31}$$

质点系所有外力做功的代数和加上所有内力做功的代数和等于质点系总的动能增量。

（4）应用动能定理时，计算作用在质点上的变力的曲线积分（例如投掷的纸飞机在空中飞行时，空气阻力所做的功）往往是非常困难的。但是总有一些特别的力，它们的曲线积分与路径无关，只与质点的始末位置有关，这些力就是下一小节要讨论的保守力。

三、保守力做功与势能

在上一小节，我们提到有些力的曲线积分（做功）与积分路径（做功路径）无关，只与质点的始末位置有关，这些力被称为**保守力**。根据高中的物理知识，我们知道常见的保守力包括万有引力、由万有引力产生的重力、遵循胡克定律的弹性力以及在静电场中的电场力。

保守力做功表达如表 2-1 所示。

表 2-1　重力、弹性力和万有引力做功

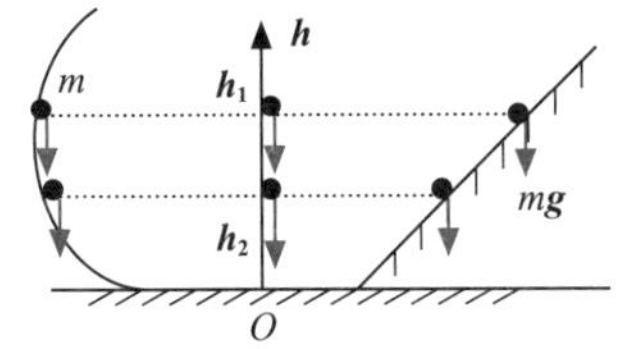 重力做功	$\boldsymbol{F}=m\boldsymbol{g}$ $W=-(mgh_2-mgh_1)$
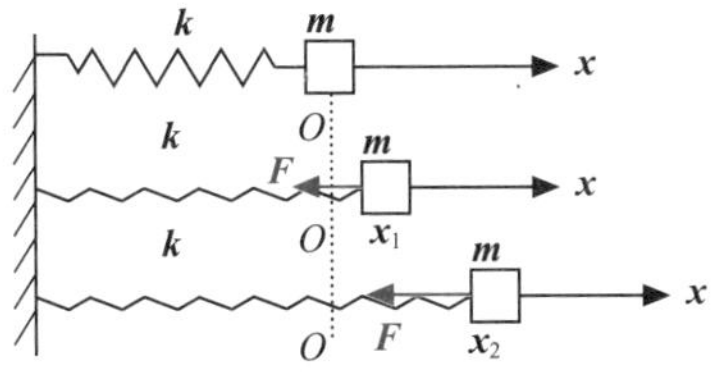 弹性力做功	$\boldsymbol{F}=-k\boldsymbol{x}$ $W=\int_{x_1}^{x_2}\boldsymbol{F}\cdot \mathrm{d}\boldsymbol{x}=\int_{x_1}^{x_2}-kx\mathrm{d}x$ $=-\left(\frac{1}{2}kx_2^2-\frac{1}{2}kx_1^2\right)$
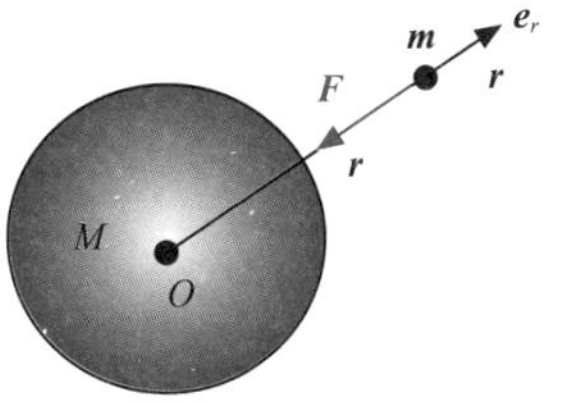 万有引力做功	$\boldsymbol{F}=-G\frac{mM}{r^2}\boldsymbol{e}_r$ $W=\int_{r_1}^{r_2}\boldsymbol{F}\cdot \mathrm{d}\boldsymbol{r}=\int_{r_1}^{r_2}-G\frac{mM}{r^2}\mathrm{d}r$ $=-\left[\left(-G\frac{mM}{r_2}\right)-\left(-G\frac{mM}{r_1}\right)\right]$

从上表中可见，这些力做功的共同特点如下。

（1）做功与路径无关，只与始末点位置有关。

（2）根据势能的定义，表中保守力的功可以统一表示为

$$W=-(E_{\text{p末}}-E_{\text{p初}})=-\Delta E_{\text{p}} \tag{2-32}$$

（2-32）式表明保守力对物体做功等于**物体势能增量的负值**。

（3）3 种保守力分别对应 3 种势能。

$$\begin{cases} \text{重力}\boldsymbol{F}=m\boldsymbol{g}, & \text{重力势能}E_{\text{p}}=mgy \\ \text{弹性力}\boldsymbol{F}=-k\boldsymbol{x}, & \text{弹性势能}E_{\text{p}}=\frac{1}{2}kx^2 \\ \text{万有引力}\boldsymbol{F}=-G_0\frac{mM}{r^2}\boldsymbol{e}_r & \text{引力势能}E_{\text{p}}=-G_0\frac{mM}{r} \end{cases} \tag{2-33}$$

势能和动能一起构成了物体的机械能。为加深对势能的物理意义的理解，需要强调以下 3 点。

（1）在（2-33）式中可以看到，虽然不同的保守力作用的情况下势能的表达式各不相同，但是都与路径无关。**势能是位置坐标的单值函数**，即 $E_{\text{p}}=E_{\text{p}}(x,y,z)$ 。

（2）势能的**相对性**。**势能的值与零势能位置的选取有关**，原则上重力势能选取地面为零势能，

弹性势能选取物体的平衡位置为零势能，引力势能选取无穷远处为零势能。

（3）**势能是属于系统的**。**势能是由于系统内物体间的保守力作用而存在的**，撇开系统单独谈单个物体的势能是没有意义的。例如重力势能属于地球和物体组成的系统，虽然在平常的叙述中，常将物体和地球系统的重力势能说成物体的重力势能，但这只是为了叙述上的简便，实际上重力势能还是属于地球和物体的系统的。弹性势能和引力势能也是如此。

四、功能原理与机械能守恒

根据之前的质点系动能定理，由（2-30）式，为简化起见令

$$\sum W_{外力}=W^{ex},\ \sum W_{内力}=W^{in} \tag{2-34}$$

则（2-30）式可以简写成

$$W^{ex}+W^{in}=\sum E_{k末}-\sum E_{k初} \tag{2-35}$$

即**质点系的动能增量等于作用于质点系的一切外力所做的功与一切内力所做的功之和**。再将作用在质点系的内力分为保守力和非保守力，以 W_e^{in} 表示质点系内各**保守内力**做功的代数和，以 W_{ne}^{in} 表示质点系内各**非保守内力**做功的代数和，则质点系内一切内力所做的功为

$$W^{in}=W_e^{in}+W_{ne}^{in} \tag{2-36}$$

根据保守力做功的表达式（2-32）式，系统内一切保守内力所做的功为

$$W_e^{in}=-\left(\sum_i E_{pi末}-\sum_i E_{pi初}\right) \tag{2-37}$$

结合（2-35）式可得

$$W^{ex}+W_{ne}^{in}=\left(\sum E_{k末}+\sum_i E_{pi末}\right)-\left(\sum E_{k初}+\sum_i E_{pi初}\right) \tag{2-38}$$

若以

$$\sum E_{k末}+\sum_i E_{pi末}=E,\ \sum E_{k初}+\sum_i E_{pi初}=E_0 \tag{2-39}$$

表示系统末状态和初状态时的机械能，则（2-38）式可以写成

$$W^{ex}+W_{ne}^{in}=E-E_0 \tag{2-40}$$

（2-40）式表明，质点系的机械能的增量等于外力和非保守内力所做功之和，这就是质点系的功能原理。

功能原理和动能定理、功和能量都是重要的物理概念，需要注意它们的区别与联系。

（1）由于保守力的功已经反映在势能的改变中，运用功能原理时，只需要计算所有非保守力的功，而动能定理则需要计算全部的力的功。

（2）功和能量的单位与量纲都相同，但功是过程量，能量是状态量，功是能量传递和转化的一种方式和量度。

从功能原理的表达（2-40）式可以看出，当系统满足条件 $W^{ex}+W_{ne}^{in}=0$ 时，即只有系统保守力

做功、非保守力做功为零时，系统的总机械能保持恒定，即

$$E = E_0 \tag{2-41}$$

这就是机械能守恒定律。

结合（2-39）式将动能项和势能项分开，机械能守恒定律的表达式还可以写成

$$\left(\sum E_{\text{k末}} - \sum E_{\text{k初}}\right) = -\left(\sum_i E_{\text{p}i\text{末}} - \sum_i E_{\text{p}i\text{初}}\right) \tag{2-42}$$

即

$$\Delta E_{\text{k}} = -\Delta E_{\text{p}} \tag{2-43}$$

可见，在满足机械能守恒的条件下，动能和势能之间可以相互转换，而它们的总和（系统的机械能）不会改变。

例 2-7 质量为 m 的子弹以速率 v_0 水平射入一质量为 M 的木块中，如图 2-16 所示，木块被一不计质量的细绳静止悬挂，绳子长度为 L，子弹进入木块后与木块保持相对静止，求木块摆起的最大高度。

解 因为子弹与木块的碰撞过程涉及摩擦阻力，情况非常复杂，为简化问题可以把子弹和木块看成由两个质点所组成的系统。该系统经历了以下两个阶段。

第一阶段是子弹与木块的碰撞，碰撞过程时间很短，这个阶段系统所受合外力为 0，系统动量守恒。碰撞后子弹和木块速度相等，则

$$mv_0 = (m+M)v_1$$

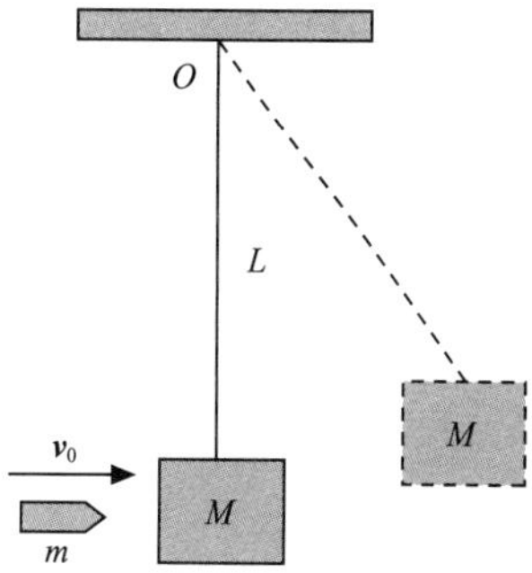

图 2-16 子弹射入木块

求出

$$v_1 = \frac{mv_0}{m+M}$$

第二阶段是木块和子弹的上摆阶段，此阶段只有保守力重力在做功，故系统的机械能守恒。选取木块的最低点作为零势能点，初始位置处的机械能全部是动能，没有势能；最大高度处的机械能全部是势能，没有动能。

$$\frac{1}{2}(m+M)\,v_1^2 = (m+M)gH_{\max}$$

$$H_{\max} = \frac{v_1^2}{2g} = \frac{m^2 v_0^2}{2(m+M)^2 g}$$

例 2-7 是一道经典的质点系动量守恒结合机械能守恒应用的问题。由于摩擦阻力这一非保守力在做负功，整个系统的机械能实际上是在减小的。根据质点系的功能原理，系统机械能的增量等于非保守力所做的功，可以计算出摩擦阻力将多少机械能转化成为其他形式的能量，即能量是守恒的。**在一个孤立系统内可能发生的各种过程中，能量不能被创造，也不能被消灭，只能从一种形式转换**

为另一种形式，而各种形式的能量的总和保持不变。

本章小结

1. 牛顿运动定律

（1）牛顿第一定律

任何物体在不受外力的作用时，具有保持静止或匀速直线运动状态不变的性质，又称为惯性定律。

（2）牛顿第二定律

惯性是物体本身所具有的保持运动状态不变的性质，而**力**是物体运动状态改变的原因。因此，物体运动状态的改变既和外力有关，也和它自身的惯性有关。这表明了物体加速度必然和外力和惯性有关，它们三者之间的定量关系即是牛顿第二定律的内容。通过对物体所受合外力和质点的加速度及质点质量关系的实验研究，可得在国际单位制下，**作用于物体上的合外力等于物体的质量与它的加速度的乘积**，其数学表达式为

$$\boldsymbol{F} = m\boldsymbol{a}$$

（3）牛顿第三定律

牛顿第三定律说明力具有物体间相互作用的性质。两物体间的作用力 $\boldsymbol{F}$ 和反作用力 $\boldsymbol{F}'$ 总是沿同一直线、大小相等、方向相反，分别作用在两个物体上。牛顿第三定律的数学表达式为

$$\boldsymbol{F} = -\boldsymbol{F}'$$

2. 力在时间上的积累效应

（1）冲量与动量

冲量是描述力在时间上的积累效果的物理量，可以表示为

$$\boldsymbol{I} = \int_{t_1}^{t_2} \boldsymbol{F}\mathrm{d}t$$

动量是描述物体运动状态的又一个物理量，它等于质点的质量与速度的乘积

$$\boldsymbol{p} = m\boldsymbol{v}$$

冲量和动量都是矢量，既有大小也有方向，它们之间的关系就是动量定理。

（2）动量定理

$$\int_{t_1}^{t_2} \boldsymbol{F}\mathrm{d}t = \int_{\boldsymbol{p}_1}^{\boldsymbol{p}_2} \mathrm{d}\boldsymbol{p} = \boldsymbol{p}_2 - \boldsymbol{p}_1 = m\boldsymbol{v}_2 - m\boldsymbol{v}_1$$

即质点所受合外力的冲量等于质点动量的增量。该式也可以扩展到质点系的动量定理

$$\sum_{i=1}^{n}\boldsymbol{I} = \sum_{i=1}^{n} m_i\boldsymbol{v}_i - \sum_{i=1}^{n} m_i\boldsymbol{v}_{i0} = \boldsymbol{p} - \boldsymbol{p}_0$$

即质点系所受合外力的冲量等于质点系总动量的增量。

（3）动量守恒定律

当系统所受合外力为 0 时，系统的总动量的增量也必然为 0，这时候系统的总动量保持不变，即

$$\boldsymbol{p}=\sum_{i=1}^{n} m_i \boldsymbol{v}_i = \text{恒矢量}$$

这就是**动量守恒定律**，它的表述为：**当系统所受合外力为 0 时，系统的总动量将保持恒定**。动量守恒定律最初是牛顿运动定律的推论，但后来人们发现它的适用范围远大于牛顿定律，是基本的时空性质，反映了空间平移的不变性。

3. 力在空间上的积累效应

（1）功与动能

功是描述力在空间上的积累效应的物理量，可以表示为

$$W=\int_a^b \mathrm{d}W=\int_a^b \boldsymbol{F}\cdot \mathrm{d}\boldsymbol{r}$$

虽然 $\boldsymbol{F}$ 和 $\mathrm{d}\boldsymbol{r}$ 均为矢量，且功存在正负，但是**功却是个标量**，具有标量的代数可加性。在经典力学范围内，上述积分式可以化解为

$$W=\int_{v_a}^{v_b} \boldsymbol{v}\cdot \mathrm{d}(m\boldsymbol{v})=\frac{1}{2}mv_b^2-\frac{1}{2}mv_a^2$$

上式表明：**合外力对质点所做功等于质点动能的增量。这一结论就是质点的动能定理。**该式也可以扩展到质点系的动能定理

$$\sum W_{\text{外力}}+\sum W_{\text{内力}}=\sum E_{\text{k末}}-\sum E_{\text{k初}}$$

即质点系所有外力做功的代数和加上所有内力做功的代数和等于质点系总的动能增量。

（2）保守力的功与势能

在所有做功的外力中，有一种外力所做的功只与质点的始末位置有关，与做功的路径无关，这种特殊的力称为保守力。保守力做功的表达式为

$$W=-(E_{\text{p末}}-E_{\text{p初}})=-\Delta E_{\text{p}}$$

（3）功能原理与机械能守恒

$$W^{\text{ex}}+W_{\text{ne}}^{\text{in}}=E-E_0$$

即质点系的机械能的增量等于外力和非保守内力所做功之和。这就是质点系的功能原理。

当系统满足条件 $W^{\text{ex}}+W_{\text{ne}}^{\text{in}}=0$ 时，即只有系统保守力做功，非保守力做功为 0 时，系统的总机械能保持恒定，即

$$E=E_0$$

习题

1. 质点以速率 $v=4+t^2$(m/s) 沿 x 轴做直线运动，已知 t=3s 时，质点位于 x=9m 处，则该质点的运动学方程为（　　）。

（A）$x=2t$　　（B）$x=4t+\frac{1}{2}t^2$　　（C）$x=4t+\frac{1}{3}t^3+12$　　（D）$x=4t+\frac{1}{3}t^3-12$

2. 一个质点同时在几个力的作用下的位移为 $\Delta\boldsymbol{r}=4\boldsymbol{i}-5\boldsymbol{j}+6\boldsymbol{k}$ (SI)，其中一个力为恒力 $\boldsymbol{F}=-3\boldsymbol{i}-5\boldsymbol{j}+9\boldsymbol{k}$ (SI)，则此力在该位移过程中所做的功为（　　）。

（A）−67J　　（B）17J　　（C）67J　　（D）91J

3. 一质点在图 2-17 所示的平面内做圆周运动，有一力 $\boldsymbol{F}=F_0(x\boldsymbol{i}+y\boldsymbol{j})$ 作用在质点上。质点从坐标原点运动到 (0，2R) 位置过程中，力 $\boldsymbol{F}$ 对它所做的功为（　　）。

（A）$4F_0R^2$　　（B）$3F_0R^2$

（C）$2F_0R^2$　　（D）F_0R^2

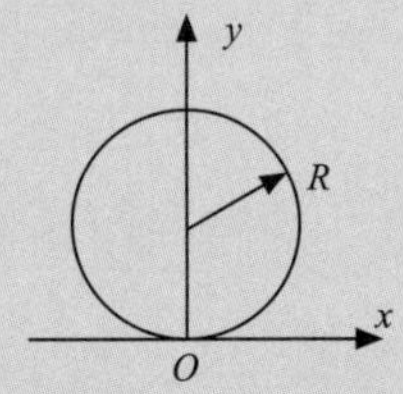

图 2-17　第 3 题图

4. 一子弹以水平速度 $\boldsymbol{v}_0$ 射入一静止于光滑水平面上的木块后，随木块一起运动。对于这一过程，正确的分析是（　　）。

（A）子弹、木块组成的系统机械能守恒

（B）子弹、木块组成的系统水平方向的动量守恒

（C）子弹所受的冲量等于木块所受的冲量

（D）子弹动能的减少等于木块动能的增加

5. 对于一个物体系来说，在下列的哪种情况下系统的机械能守恒？（　　）

（A）合外力为 0　　（B）合外力不做功

（C）外力和非保守内力都不做功　　（D）外力和保守内力都不做功

6. 一质点在几个外力同时作用下运动时，下述哪种说法正确？（　　）

（A）质点的动量改变时，质点的动能一定改变

（B）质点的动能不变时，质点的动量也一定不变

（C）外力的冲量是零，外力的功一定为零

（D）外力的功为零，外力的冲量一定为零

7. 如图 2-18 所示，一物体挂在一弹簧下面，平衡位置在 O 点，现用手向下拉物体，第一次把物体由 O 点拉到 M 点，第二次由 O 点拉到 N 点，再由 N 点送回 M 点，则在这两个过程中（　　）。

（A）弹性力做的功相等，重力做的功不相等

（B）弹性力做的功相等，重力做的功也相等

（C）弹性力做的功不相等，重力做的功相等

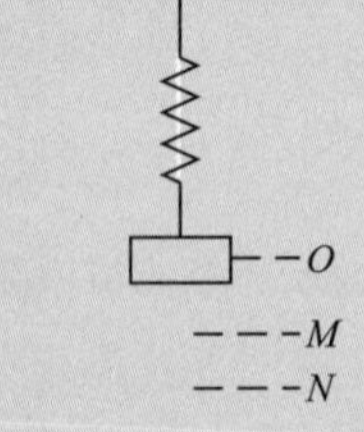

图 2-18　第 7 题图

（D）弹性力做的功不相等，重力做的功也不相等

8. 一质点在力 $F=5m(5-2t)$ (SI) 的作用下，$t=0$ 时从静止开始做直线运动，m 为质点的质量，t 为时间，则当 $t=5\text{s}$ 时，质点的速率为（　　）。

（A）$50\text{m}\cdot\text{s}^{-1}$　（B）$25\text{m}\cdot\text{s}^{-1}$　（C）0　（D）$-50\text{m}\cdot\text{s}^{-1}$

9. 一个做直线运动的物体，其速率 v 与时间 t 的关系曲线如图 2-19 所示。设时刻 t_1 至 t_2 间外力做功为 W_1；时刻 t_2 至 t_3 间外力做功为 W_2；时刻 t_3 至 t_4 间外力做功为 W_3，则（　　）。

（A）$W_1>0$，$W_2<0$，$W_3<0$　（B）$W_1>0$，$W_2<0$，$W_3>0$

（C）$W_1=0$，$W_2<0$，$W_3>0$　（D）$W_1=0$，$W_2<0$，$W_3<0$

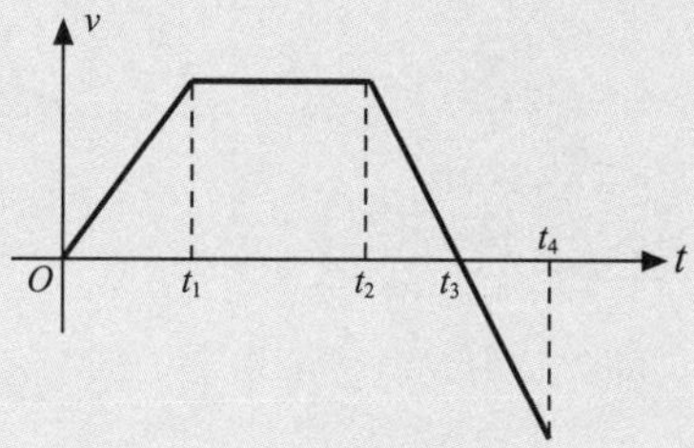

图 2-19　第 9 题图

10. 质量为 m 的质点在外力作用下，其运动方程为 $\boldsymbol{r}=A\cos\omega t\boldsymbol{i}+B\sin\omega t\boldsymbol{j}$，式中 A、B、ω 都是正的常量。由此可知外力在 $t=0$ 到 $t=\pi/(2\omega)$ 这段时间内所做的功为（　　）。

（A）$\frac{1}{2}m\omega^2(A^2+B^2)$　（B）$m\omega^2(A^2+B^2)$

（C）$\frac{1}{2}m\omega^2(A^2-B^2)$　（D）$\frac{1}{2}m\omega^2(B^2-A^2)$

11. 如图 2-20 所示，一人造地球卫星到地球中心 O 的最大距离和最小距离分别是 R_A 和 R_B。设卫星对应的角动量大小分别是 L_A、L_B，动能分别是 E_{kA}、E_{kB}，则有（　　）。

（A）$L_B>L_A$，$E_{kA}>E_{kB}$　（B）$L_B>L_A$，$E_{kA}=E_{kB}$

（C）$L_B=L_A$，$E_{kA}=E_{kB}$　（D）$L_B<L_A$，$E_{kA}=E_{kB}$

（E）$L_B=L_A$，$E_{kA}<E_{kB}$

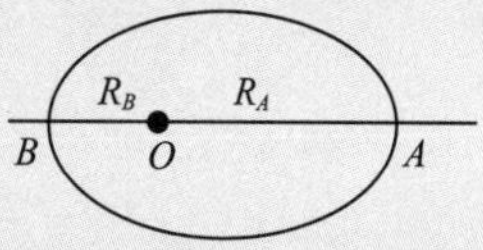

图 2-20　第 11 题图

12. 小球沿斜面向上运动，运动方程为 $s=5+4t-t^2$（SI），则小球运动到最高点的时刻为____s。

13. 一颗子弹在枪筒里前进时所受的合力大小为 $F=500-10^5t$ (SI)，子弹从枪口射出时的速率为 500m/s。假设子弹离开枪口时合力刚好为零。

（1）子弹走完枪筒全长所用的时间 $t=$__________ s。

（2）子弹在枪筒中所受力的冲量 $I=$__________ N · s。

（3）子弹的质量 $m=$__________kg。

14. 一质量为 5kg 的物体，其所受的作用力 F 随时间的变化关系如图 2-21 所示。设物体从静止开始沿直线运动，则 20s 末物体的速率 v=____m/s。

15. 图 2-22 所示为一圆锥摆，质量为 m 的小球在水平面内以角速度 $\boldsymbol{\omega}$ 匀速转动。在小球转动一周的过程中：

（1）小球动量增量的大小等于 ________________；

（2）小球所受重力的冲量的大小等于 ________________；

（3）小球所受绳子拉力的冲量大小等于 ________________。

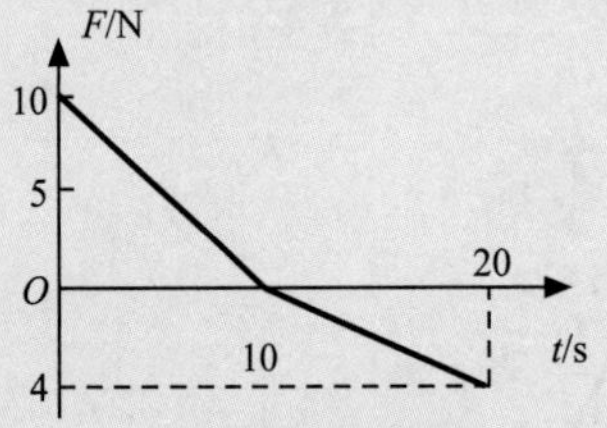

图 2-21　第 14 题图

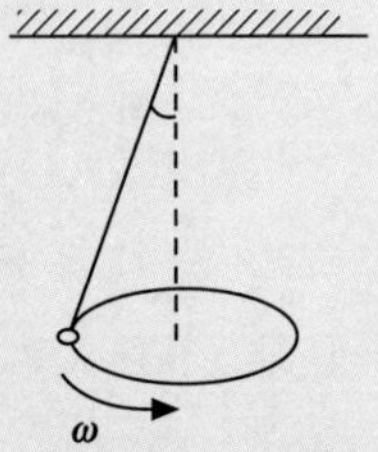

图 2-22　第 15 题图

3 第三章 刚体的转动

前两章我们学习了质点模型的运动学和动力学。我们忽略了物体的形状和大小，把物体看作质点，用质点的运动代替整个物体的运动。但现实中的物体有形状和大小，可以做平动、转动甚至更为复杂的运动，显然仅局限于质点模型是不够的，质点的运动只能代表物体的平动。

此外，当物体在运动中受到外力作用时，其形状、大小都会发生变化，这就会使力学问题变得更加复杂。为了使这类问题得到简化，我们假设存在这样一种理想物体，其在**受力时形状和体积不发生任何变化**，或者在受外力作用时，组成物体的各质量元（或**质元**）之间的相对位置保持不变，这种物体即为**刚体**。显然绝对的刚体是不存在的。当物体受力不大或者其质料坚硬，在外力作用下形状变化不明显时，可以把物体看成刚体。刚体与之前引入的质点模型一样，也是实际物体的理想化模型，但是相对于质点，刚体模型没有忽略物体的形状和大小，仅仅忽略了物体的形变，因此它是一种更接近于实际物体的模型，适用于对更复杂的运动形式的描述。

本章以刚体为主要研究对象，将刚体看作一种特殊的质点系，结合和应用之前关于质点系的概念和规律，分析并讨论刚体的转动规律，尤其注重研究刚体绕固定轴转动的规律，从而为进一步分析、了解更复杂的机械运动问题奠定基础。

第一节　刚体运动的描述

一、刚体的运动形式

刚体的运动可以是平动、转动，或者是两者的结合。平动的特点是刚体中各质元在同一时刻的速度和加速度都相等，因此其上任何一点的运动可完全代表整个刚体的运动。从这个意义上讲，质点力学的研究方法和规律完全适用于刚体的平动。

刚体各部分都绕同一直线做圆周运动，则该运动称为**转动**，这条直线称为**转轴**。齿轮、轮子、钟表的指针、喷气发动机的涡轮风扇等都是转动的例子。转轴可以是运动的，例如车轮的转轴；也可以是固定的，例如风车的转轴。转轴固定的转动称为**定轴转动**，当然还存在非定轴转动。刚体的一般运动可以看作平动和绕某一转轴转动的结合。关于平动的部分，前面几章我们已经较为详细地讨论了，本章将重点讨论转动中最基本也最简单的情形——刚体定轴转动。

二、描述刚体转动的物理量（角量）

当刚体绕定轴转动时，构成刚体的各质元都在围绕定轴做圆周运动（如图 3-1 所示）。下面我们来讨论适合描述转动运动的物理量。在刚体内先任取一个垂直于转轴的截面，截面与转轴的交点为 c 点，再在截面上任意取一个质元 m_i，选取 c 点作为坐标原点。根据质点运动学的描述，该质元在某一时刻的运动状态——位置矢量为 $\boldsymbol{r}_i$，切向的瞬时速度（线速度）为 $\boldsymbol{v}_i$，切向的瞬时加速度（线加速度）为 $\boldsymbol{a}_i$。这些物理量称为线量且都带有下标 i，显然对于刚体上不同的质元来说这些线量都是不同的。如果刚体的转动需要用组成刚体的各质元的运动来描述的话，那么质元的线量将会是无穷多组，这会给刚体转动的描述带来麻烦。

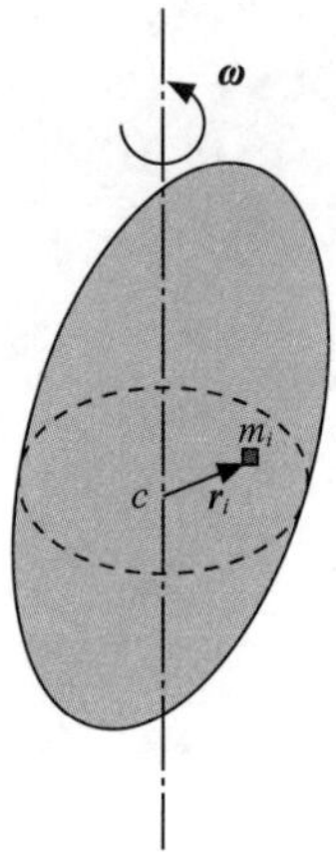

图 3-1 定轴转动的刚体

根据刚体定轴转动的性质，刚体中各质元做圆周运动的同时都保持相对静止，那么相同的时间间隔，刚体上所有质元转过的角度是一样的。选取 t=0 时刻刚体转动的起始位置作为**零角位置**，并选取一个转动方向作为正方向，t 时刻质元 m_i 的位置使用**角位置** $\boldsymbol{\theta}(t)$ 来表示。角位置的作用和位置矢量 $\boldsymbol{r}_i$ 相同，都是描述质元在 t 时刻的位置，但是角位置 $\boldsymbol{\theta}$ 不需要下标 i，因为刚体上所有的质元在相同时间转过的角度都是一样的，这个角度称为**角位移** $\Delta\boldsymbol{\theta}$。同时**角位置** $\boldsymbol{\theta}$ **是**时间 t 的函数。对于定轴转动而言，如果给出了 $\boldsymbol{\theta}(t)$ 的方程，我们原则上就掌握了一个刚体转动的一切运动规律。

同理，由**角位移** $\Delta\boldsymbol{\theta}$ 可以定义**角速度** $\boldsymbol{\omega}$ 和**角加速度** $\boldsymbol{\beta}$，方法和第一章质点运动学中关于质点的速度和加速度的定义类似。为方便物理量之间的比较，相对应的物理量定义式如表 3-1 所示。

表 3-1 描述平动线量和转动的角量

描述质点平动的线量		描述刚体定轴转动的角量	
位矢 $\boldsymbol{r}$	平动运动方程 $\boldsymbol{r}(t)$	角位置 $\boldsymbol{\theta}$	转动运动方程 $\boldsymbol{\theta}(t)$
位移 $\Delta\boldsymbol{r}$	位移的微元 $\mathrm{d}\boldsymbol{r}$	角位移 $\Delta\boldsymbol{\theta}$	角位移的微元 $\mathrm{d}\boldsymbol{\theta}$
速度 $\boldsymbol{v}$	$\boldsymbol{v}=\lim\limits_{\Delta t\to 0}\dfrac{\Delta\boldsymbol{r}}{\Delta t}=\dfrac{\mathrm{d}\boldsymbol{r}}{\mathrm{d}t}$	角速度 $\boldsymbol{\omega}$	$\boldsymbol{\omega}=\lim\limits_{\Delta t\to 0}\dfrac{\Delta\boldsymbol{\theta}}{\Delta t}=\dfrac{\mathrm{d}\boldsymbol{\theta}}{\mathrm{d}t}$　（3-1）
加速度 $\boldsymbol{a}$	$\boldsymbol{a}=\lim\limits_{\Delta t\to 0}\dfrac{\Delta\boldsymbol{v}}{\Delta t}=\dfrac{\mathrm{d}\boldsymbol{v}}{\mathrm{d}t}$	角加速度 $\boldsymbol{\beta}$	$\boldsymbol{\beta}=\lim\limits_{\Delta t\to 0}\dfrac{\Delta\boldsymbol{\omega}}{\Delta t}=\dfrac{\mathrm{d}\boldsymbol{\omega}}{\mathrm{d}t}$　（3-2）

在刚体定轴转动中角位置、角位移、角速度和角加速度统称为**角量**，平动中的位矢、位移、速度和加速度统称为**线量**，从表 3-1 中可以看到两种物理量之间是一一对应的关系。刚体上不同质元的线量值各有不同，而刚体上的角量值则只有一组，显然在描述刚体定轴转动时角量比线量更简便。线量和角量的对应关系贯穿整个刚体定轴转动的内容，将新概念与老概念对比学习可以起到事半功

倍的效果。

在第一章第五节的圆周运动中，我们曾经给出了速度与角速度、加速度与角加速度之间的转换关系，现将线量与角量的数值对应关系列于表 3-2 中。

表 3–2　线量和角量的数值对应关系

弧长的微元 ds	$\mathrm{d}s = R\mathrm{d}\theta$	角位移的微元 dθ
切向速度的大小 v	$v = \dfrac{\mathrm{d}s}{\mathrm{d}t} = \dfrac{R\mathrm{d}\theta}{\mathrm{d}t} = R\omega$	角速度的大小 ω
切向加速度的大小 a_t	$a_t = \dfrac{\mathrm{d}v}{\mathrm{d}t} = R\dfrac{\mathrm{d}\omega}{\mathrm{d}t} = R\beta$	角加速度的大小 β
法向加速度的大小 a_n	$a_n = \dfrac{v^2}{R} = R\omega^2$	

需要特别说明的是，线量的加速度可以分解为切向加速度 a_t 和法向加速度 a_n，切向加速度改变速度大小，法向加速度改变速度方向；而在角量中只有角加速度 β，角加速度改变角速度大小。在刚体定轴转动中，由于转轴保持静止，故角速度方向始终在转轴所在直线上，只需要考虑角速度大小的运算。

第二节　刚体的转动动能与转动惯量

一、转动动能

高速旋转的车轮（刚体）由于转动而具有动能，该如何表示此时的动能呢？显然不能简单地套用质点的动能公式 $E_\mathrm{k} = \dfrac{1}{2}mv^2$，因为此式只能给出车轮质心的平动动能，若质心不动的话则平动动能为零。为求出车轮转动时的动能，可以把车轮看成由许多质点所组成的质点系，把所有质点的动能加起来求出整个刚体的转动动能，即

$$E_\mathrm{k} = \frac{1}{2}m_1v_1^2 + \frac{1}{2}m_2v_2^2 + \frac{1}{2}m_3v_3^2 + \cdots = \sum_i \frac{1}{2}m_iv_i^2 \tag{3-3}$$

（3-3）式中 m_i 表示第 i 个质点的质量，v_i 是它的速率，对于每个质点它的 v_i 通常是不同的，而角速率 ω 则都是相同的。为了简化（3-3）式的求和运算，可以将 v_i 用 $r_i\omega$ 替代，即

$$E_\mathrm{k} = \sum_i \frac{1}{2}m_iv_i^2 = \sum_i \frac{1}{2}m_i(r_i\omega)^2 = \frac{1}{2}\left(\sum_i m_ir_i^2\right)\omega^2 \tag{3-4}$$

（3-4）式中，r_i 表示第 i 个质点与转轴的垂直距离，对于（3-4）式中的 $\sum_i m_ir_i^2$ 这一项可用符号 J 来表示（有些教材用 I 来表示），即

$$J = \sum_i m_ir_i^2 \tag{3-5}$$

则（3-4）式最终可以简化为

$$E_{\mathrm{k}}=\sum\frac{1}{2}m_i v_i^{\,2}=\frac{1}{2}J\omega^2 \tag{3-6}$$

这就是**刚体转动动能**的表达式。

二、转动惯量

转动惯量

在（3-5）式中，$\sum_i m_i r_i^2$ 代表组成整个刚体的每个质元的质量 m_i 与其与转轴的垂直距离的平方 r_i^2 的乘积的总和。对于给定转轴的刚体来说，各质元与转轴的距离不随刚体的转动而变化，所以这个总和具有一个确定的值，这个值称为刚体对于给定轴的转动惯量 J（要使 J 有明确的物理含义，必须指明是刚体相对于哪个转轴而言的）。将刚体的转动动能 $\frac{1}{2}J\omega^2$ 与平动动能 $\frac{1}{2}mv^2$ 相比较，J 相当于 m，可见在刚体转动中，转动惯量是刚体在转动时惯性大小的量度。对同一个刚体而言，其转动惯量 J 的大小与转轴的位置有关。如果我们将两个动能的公式形式放在一起比较，会发现两者的形式是一样的：速度和角速度都表示速度，只不过一个是线量、另一个是角量；而质量和转动惯量都表示惯性，同样一个是线量、另一个是角量。因此转动动能也可以看成是平动动能的角量形式，这样的相似性贯穿我们整个刚体定轴转动的学习。

由转动惯量的定义（3-5）式可以看出，转动惯量的数值不仅取决于刚体的质量大小，还和质量相对于转轴的分布有关，即与刚体的形状、大小有关系。同一个刚体绕不同轴转动，其转动惯量的数值通常不相同。在 SI 中转动惯量的单位是 $\mathrm{kg\cdot m^2}$。

对于转动惯量的计算，如果刚体是由若干质点组成的质点系，可以利用（3-5）式求出每个质元的转动惯量，再对它们求和；如果刚体的质量是连续分布的（例如一个旋转的齿轮），（3-5）式应该改成积分式，用 $\mathrm{d}m$（刚体中任意取的质元）取代 m_i，用 r（$\mathrm{d}m$ 到转轴的垂直距离）取代 r_i，同时将求和运算改成积分，则有

$$J=\int r^2\mathrm{d}m \tag{3-7}$$

其中 $\mathrm{d}m$ 可以根据刚体的形状特点写成一定的形式，见式（3-8）

$$\mathrm{d}m=\begin{cases}\rho\mathrm{d}V，\text{其中}\mathrm{d}V\text{表示刚体的体积元，}\rho\text{表示体积元}\mathrm{d}V\text{处的质量体密度}\\ \sigma\mathrm{d}s，\text{其中}\mathrm{d}s\text{表示刚体的面积元，}\sigma\text{表示面积元}\mathrm{d}s\text{处的质量面密度}\\ \lambda\mathrm{d}l，\text{其中}\mathrm{d}l\text{表示刚体的线元长度，}\lambda\text{表示线元}\mathrm{d}l\text{处的质量线密度}\end{cases} \tag{3-8}$$

利用（3-7）式和（3-8）式就可以计算出一些呈简单几何形状且密度均匀的刚体的转动惯量。

例 3-1 如图 3-2 所示，计算质量为 m，长度为 l 的均匀细棒分别绕端点和中点时的转动惯量。

解 分别设定端点和中点为坐标原点，将细棒水平放置在 x 轴上，如图 3-2 所示。由于细棒是线状结构，故选择（3-8）式的第三个形式即 $\mathrm{d}m=\lambda\mathrm{d}l$。由于细棒质量均匀，质量线密度 $\lambda=m/l$。

在细棒上任取一位置坐标为 x 的质元 $\mathrm{d}m$，其线元长度 $\mathrm{d}l=\mathrm{d}x$，其与转轴的距离 $r=|x|$，则有

$$J = \int r^2 \mathrm{d}m = \int x^2 \frac{m}{l} \mathrm{d}x$$

根据转轴位置的不同，该定积分有不同的上下限，其中绕端点为 $O \to l$，绕中点为 $-0.5l \to 0.5l$。故积分结果为

$$J_{端} = \int_0^l x^2 \frac{m}{l} \mathrm{d}x = \frac{1}{3} ml^2$$

$$J_{中} = \int_{-\frac{l}{2}}^{\frac{l}{2}} x^2 \frac{m}{l} \mathrm{d}x = \frac{1}{12} ml^2$$

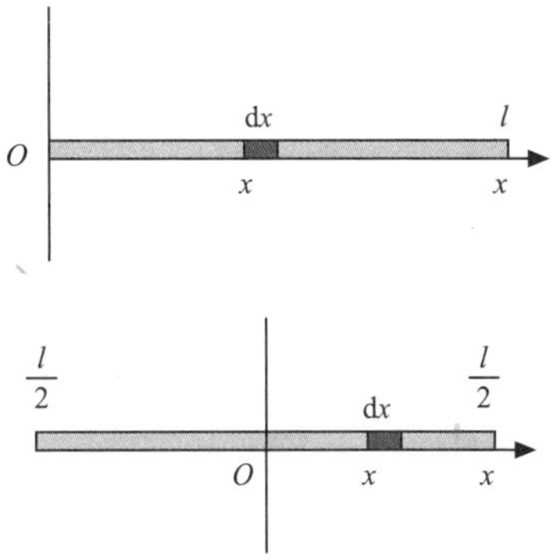

图 3–2　细棒两种握法简化示意

根据上面的积分结果，我们可以回答图 3-3 的问题，显然绕端点时的转动惯量更大。只要转轴与之前的转轴平行，改变转轴位置只是改变定积分的上下限，同样通过上面的定积分可以计算出在其他转轴位置该刚体的转动惯量。甚至可以进一步指出，在所有这些平行的转轴中，绕细棒中点（即该刚体质心）转轴的转动惯量最小。

一般来说，只有质量分布具有较好的对称性的刚体，才能用（3-7）式和（3-8）式的积分方法求出其转动惯量；而对于质量分布不具有良好对称性的刚体，其转动惯量基本不能由定积分求出解析解，一般是通过计算机软件编程计算出数值积分解。在实际工作中还可以通过三线摆实验测定部分形状刚体的转动惯量，具体的实验原理和方法可以参见大学物理实验的课程。表 3-3 列出了常见的一些密度均匀、形状对称的刚体绕其几何中心（质心）的转动惯量。

表 3–3　部分常见刚体的转动惯量

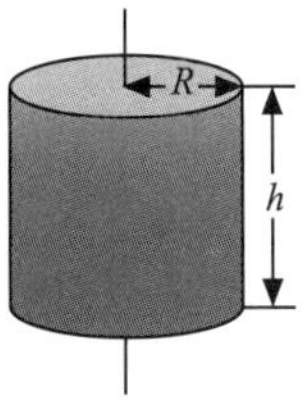	绕中心轴的圆柱（或圆盘） $J = \frac{1}{2} mR^2$
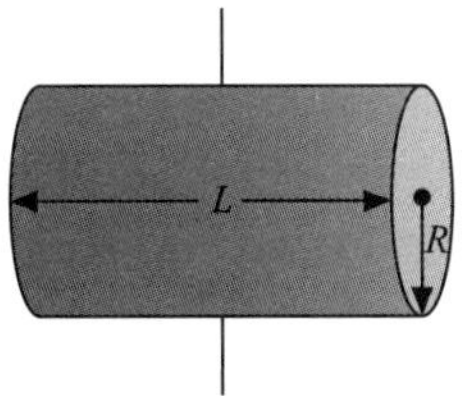	绕中心直径的圆柱（或圆盘） $J = \frac{1}{4} mR^2 + \frac{1}{12} mL^2$
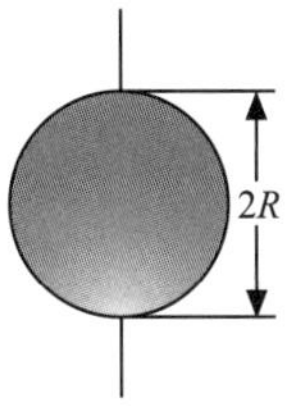	绕任意直径的球体 $J = \frac{2}{5} mR^2$

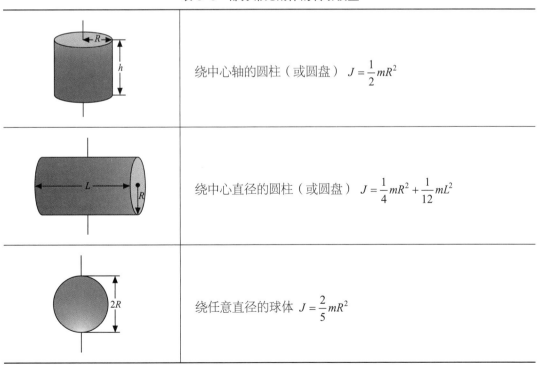

续表

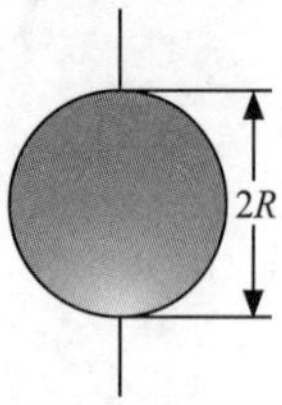	绕任意直径的薄球壳 $J=\frac{2}{3}mR^2$
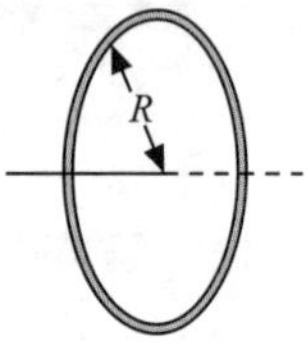	绕中心轴的薄圆环 $J=mR^2$
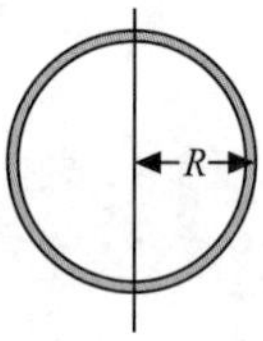	绕任意直径的薄圆环 $J=\frac{1}{2}mR^2$
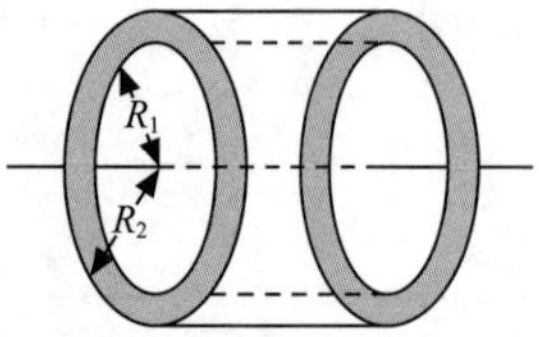	绕中心轴的圆筒（或圆环） $J=\frac{1}{2}m(R_1^2+R_2^2)$

在实际中，人们还常用一个简便的方法计算转动惯量，即如果已知刚体绕通过其质心的一个平行轴的转动惯量 J_{com}，令 d 为给定轴与通过质心的轴之间的距离（这两个轴必须平行），则绕给定轴的转动惯量为

$$J=J_{com}+md^2 \tag{3-9}$$

这一公式称为**平行轴定理**。在证明该定理之前我们先用例 3-1 的两个相互平行的转轴的转动惯量值来验证一下。由于密度均匀的细棒中点就是其质心，因此

$$J_{com}=\frac{1}{12}ml^2$$

$$J_{端}=\frac{1}{3}ml^2=J_{com}+m\left(\frac{l}{2}\right)^2$$

显然结论满足平行轴定理（3-9）式。

下面来验证任意刚体中的平行轴定理。设 O 点是图 3-3 所示横截面的任意形状刚体的**质心**，以 O 点为坐标原点建

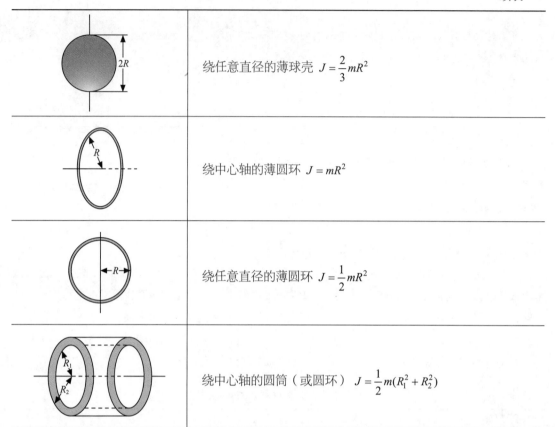

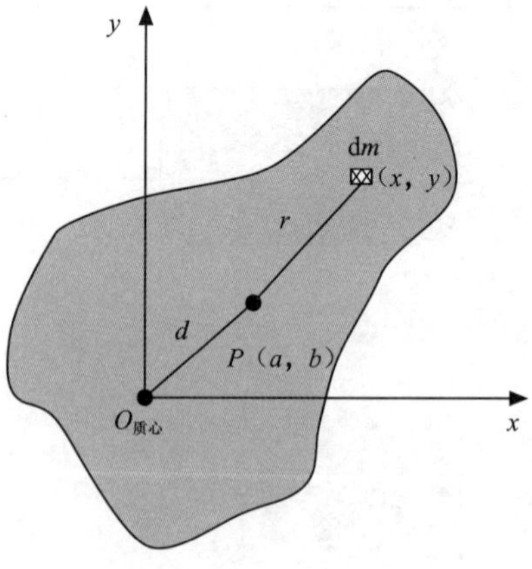

图 3-3　平行轴定理

立坐标系，其过质心的转轴通过 O 点并与 xy 轴的平面垂直。现任意选择一条转轴与通过质心的转轴平行，该转轴通过图上 P 点，令 P 点坐标为（a，b）。

根据转动惯量的定义（3-7）式，在刚体的该横截面上任意选取一个质元 dm，坐标为（x，y），则刚体对 P 点转轴的转动惯量为

$$J = \int r^2 \mathrm{d}m = \int [(x-a)^2 + (y-b)^2] \mathrm{d}m \tag{3-10}$$

重新整理可得

$$J = \int (x^2 + y^2) \mathrm{d}m - 2a\int x\mathrm{d}m - 2b\int y\mathrm{d}m + \int (a^2 + b^2) \mathrm{d}m \tag{3-11}$$

根据质心的定义，（3-11）式其中间两项积分求出的就是质心的坐标（乘以一个常量），由于本题的坐标原点位于刚体的质心（0,0），因此它们都等于 0。第一项积分中 $x^2 + y^2$ 等于质元 dm 与质心 O 点距离的平方，显然第一项积分就是刚体质心轴的转动惯量 J_{com}。第四项积分中 $a^2 + b^2 = d^2$ 等于 P 点与 O 点距离的平方，它是一个与 dm 位置无关的常数，因此第四项积分可以写成

$$\int (a^2 + b^2) \mathrm{d}m = md^2 \tag{3-12}$$

其中 m 为刚体的总质量，因此（3-11）式可最终化简为（3-9）式，正是我们所要验证的平行轴定理，即

$$J = J_{\mathrm{com}} + md^2$$

例 3-2 有一辆质量为 1 000kg 的小汽车从高度为 50m 的斜坡顶向坡底行驶，若到达坡底时的速度为 36km/h，求此过程汽车重力所做的功和汽车在坡底时的动能。若下坡时过剩的机械能可以全部储存在一个质量为 20kg、半径为 50cm 的圆盘上，则此圆盘的转速可以达到多少？

解 在坡底时汽车的速度写成国际单位为 10m/s，此时动能为

$$E_{\mathrm{k}} = \frac{1}{2}mv^2 = 5 \times 10^4 \mathrm{J}$$

设重力加速度为 $10\mathrm{m/s^2}$，汽车重力所做的功为

$$A = mgh = 5 \times 10^5 \mathrm{J}$$

显然在汽车下坡过程中有大量的机械能被白白浪费掉，它们在汽车刹车时转化成了热量。如果可以通过机械能回收装置回收转换为一个圆盘的转动动能，在需要的时候可以再次释放出来。根据刚体的转动动能（3-5）式，有

$$A - E_{\mathrm{k}} = \frac{1}{2}J\omega^2 = 4.5 \times 10^5 \mathrm{J}$$

根据表 3-3 中圆盘转动惯量的公式

$$J = \frac{1}{2}mR^2 = \frac{1}{2} \times 20 \times 0.5^2 \mathrm{kg \cdot m^2} = 2.5 \mathrm{kg \cdot m^2}$$

$$\omega = \sqrt{\frac{2 \times 4.5 \times 10^5}{2.5}} = 600 \mathrm{rad/s} \approx 95.5 \text{圈/秒}$$

此类系统如果安装在汽车上，每当汽车需要制动时，就可以把过剩的动能通过刚体的转动动能储存起来，从而实现机械能的高效回收与利用，可以大幅度地提升汽车的燃油利用效率和动力表现。

阅读材料

汽车动能回收系统

动能回收系统（KERS, Kinetic Energy Recovery Systems）是国际汽车联合会在 F1 赛车上使用的一项新技术。其原理是：通过技术手段将车身制动能量存储起来，并在赛车加速过程中再将其作为辅助动力释放利用。这其中飞轮式 KERS 系统就是利用纯机械能的储存和释放来进行的，无论是从质量、体积还是转换效率上都十分令人心动，并且逐渐从赛车领域走入普通乘用车领域。

飞轮式 KERS 系统的原理类似于我们小时候可能都玩过的那种惯性玩具车，在地面上反复蹭几下车轮，车内与车轮连接的惯性飞轮就会高速旋转，这时将小车放在地上，小车就会“嗖”一声跑出去好远。其原理如图 3-4 所示。这类玩具往往是借助于巨大的铁飞轮，铁飞轮几乎占据了玩具自重的 90% 以上，这样才能储存足够多的动能。虽然原理上大同小异，但是实际实现起来不可能用那样不切实际的做法，毕竟无论是 F1 赛车还是普通的乘用车，都必须保证飞轮足够轻量化和小型化，才可能让这种技术得到普及应用。同时，飞轮式 KERS 系统还必须面对使用其他技术原理的动能回收系统的竞争。例如使用电机—电池技术的动能回收系统，典型代表是丰田公司的普锐斯——全球第一种量产的油电混合动力汽车（HEV），从 1997 年开始，到目前累计销量已经突破 400 万辆。

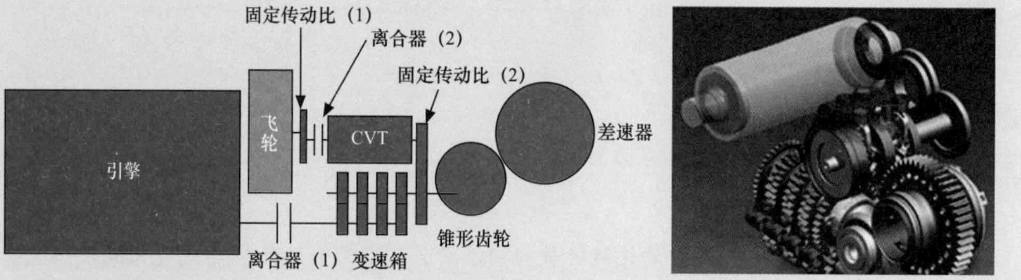

图 3-4　飞轮动能回收系统的原理图

上图是 Flybrid 公司提供的飞轮动能回收系统原理图（右图为 CAD 三维图效果图）其结构简单总共由一套高转速飞轮、两套固定传动比齿轮组，一台无级变速箱和一套离合器构成（离合器 2）。

当赛车在制动的过程中，车身动能会通过无级变速箱传入飞轮，此时飞轮被驱动、高速旋转积蓄能量。而当赛车在出弯时，飞轮积蓄的能量则通过无级变速箱反向释放。

为实现整套系统的小型化和轻量化，飞轮采用碳纤维材质，既轻便又结实，质量只有 6kg，直径只有 20cm，这与使用硕大笨重的电池组的新能源汽车形成鲜明对比（全电动汽车 Tesla 的电池组质量是 450kg，几乎占满了整个汽车底盘；油电混合汽车普锐斯的电池组质量也达到了 53.3kg，接近一个成年人的体重）。碳纤维飞轮的转动惯量是如此地小，在汽车减速过程中，制动力会令飞轮高速地旋转，甚至达到 60 000r/min 的超高速！这一转速是个什么概念呢？简单理解，普通汽车发动机的极限转速通常不会超过 8 000r/min，F1 赛车发动机的极限转速也不会超过 19 000r/min。飞轮如此之高的转速会带来一系列难以克服的困难：其一，空气摩擦阻力会非常惊人，因此需要制造一个内部真空的外壳，减少空气阻力同时隔绝噪音；其二，普通的机械轴承根本无法承受超高转速带来的摩擦热和震动，同时轴承与外壳间的缝隙会破坏内部的真空环境，所以必须采用新型的磁悬浮轴承和磁液密封技术来减小摩擦热和隔绝空气。

另外一个核心——超大变速比的 CVT 变速模块由一套启动离合器与齿轮组组成，负责动能回收过程与释放过程的适时切换。这样一来，一套几乎完全由传统机械结构组成的飞轮式 KERS 动能回收系统，仅用齿轮组、碳纤维飞轮、少量电控设备就实现了原本油电混合动力系统中电池组、电动机、齿轮组、复杂电控设备这样庞杂机构的相同功能，并且可靠性、耐久性以及易维护性都更上一层楼。

KERS 系统能同时为汽车带来燃油经济性和动力两方面的提升，即使是日常行驶中不断重复的走走停停，飞轮系统也可以充分回收能量，带来至少 20% 的油耗降低；当高速飞轮的储能集中释放，不到 30kg 的系统能为汽车带来 80 马力的瞬时功率，几乎相当于增加了一台 1.2L 的普通汽油发动机，极大提升了驾驶乐趣。

第三节 角动量 角动量定理和力矩 刚体转动定律

一、角动量

与之前的动量的概念类似，在转动中我们引入了一个新的物理量——角动量。首先我们来定义质点 m 对某一固定点 c 的角动量，如图 3-5 所示。

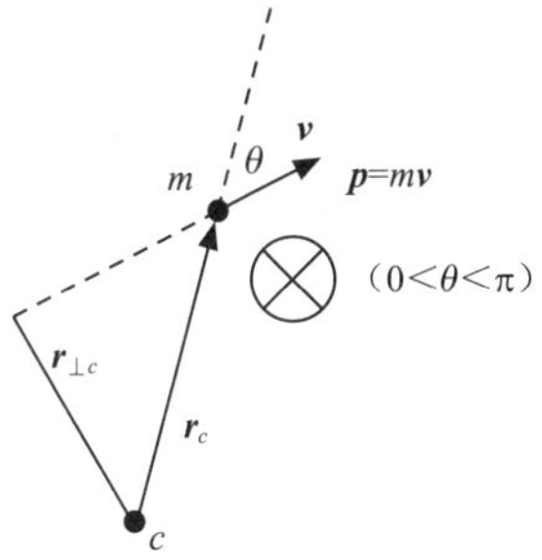

图 3-5 质点的角动量

已知质点在 t 时刻的动量为 $\boldsymbol{p}=m\boldsymbol{v}$，质点相对于 c 点的位矢为 $\boldsymbol{r}_c$，则质点**对于固定点 c 的角动量**为

$$\boldsymbol{L}_c=\boldsymbol{r}_c\times\boldsymbol{p}=\boldsymbol{r}_c\times(m\boldsymbol{v}) \qquad (3\text{-}13)$$

由于质点在 t 时刻的位置是由位矢来表示的，而位矢的大小和方向与固定点 c 的选取有关，因此需要特别强调：**描述质点的角动量时，必须指明参考点才有实际意义**。

角动量的定义式中出现了**叉乘运算**，因此角动量的大小为

$$|\boldsymbol{L}_c|=mvr_c\sin\theta=mvr_{\perp c} \qquad (3\text{-}14)$$

其中 θ 表示位矢和动量两个矢量的夹角（ $0<\theta<\pi$ ）。

角动量方向服从**右手螺旋法则**，右手四指弯曲由叉乘运算的前一个矢量 $\boldsymbol{r}_c$ 转到后一个矢量 $\boldsymbol{p}$，

大拇指的方向即为角动量方向（图 3-6 所示的角动量方向指向纸面以内）。

若 $\boldsymbol{v}\perp\boldsymbol{r}_c$，此时角动量大小 $|\boldsymbol{L}_c|=mvr_c$；若 $\boldsymbol{v}//\boldsymbol{r}_c$，此时角动量大小为 $|\boldsymbol{L}_c|=0$。角动量是转动中与动量对应的概念，是描述物体转动状态的物理量，又称**动量矩**。

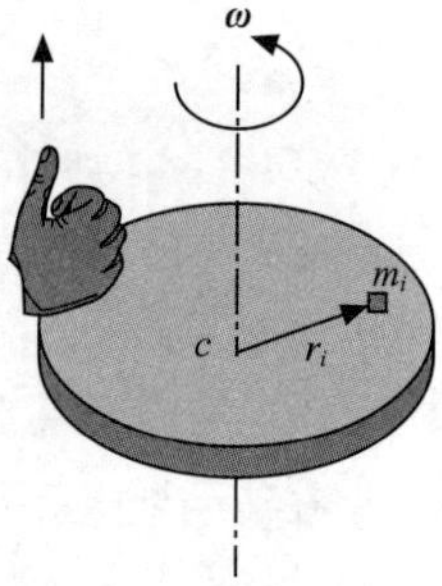

图 3-6　刚体角动量

图 3-6 中，刚体定轴转动时，组成刚体的每个质元均在各自的转动平面内，做角速度大小方向均相同的圆周运动，因此每个质点的角动量具有相同的方向（由右手螺旋法则判断方向向上）。这些质点角动量的矢量（代数）和就构成了刚体定轴转动时的总角动量。在刚体上任意取一质元 m_i，对应的半径为 r_i，质元的切向速度 $v_i=r_i\omega$，切向速度与半径相互垂直，根据叉乘运算，质元的角动量为

$$L_i=m_iv_ir_i=m_ir_i^2\omega \tag{3-15}$$

则求矢量（代数）和得**刚体的总角动量**为

$$L=\sum_i L_i=\left(\sum_i m_ir_i^2\right)\omega \tag{3-16}$$

其中括弧里的量就是刚体绕 c 轴的转动惯量 J，因此（3-16）式可以化简为

$$\boldsymbol{L}=J\boldsymbol{\omega} \tag{3-17}$$

刚体的角动量是刚体动力学中与动量对应的概念，描述的是质点（刚体）转动运动的状态，它的大小取决于刚体转动的角速率和刚体的转动惯量，方向是角速度 **$\boldsymbol{\omega}$ 的方向**。角动量公式在形式上与动量的公式 $\boldsymbol{p}=m\boldsymbol{v}$ 一致，只是用角速度取代了线速度，转动惯量取代了质量。角动量的国际单位是 $\mathrm{kg\cdot m^2/s}$，它是一个轴矢量（或者伪矢量），方向由人为规定的右手螺旋法则确定。

二、角动量定理和力矩

角动量定理及角动量守恒

质点的角动量 $\boldsymbol{L}$ 是时间 t 的函数，那么将其对时间 t 求一阶导数可以得到角动量随时间的变化率

$$\frac{\mathrm{d}\boldsymbol{L}_c}{\mathrm{d}t}=\frac{\mathrm{d}(\boldsymbol{r}_c\times\boldsymbol{p})}{\mathrm{d}t} \tag{3-18}$$

根据叉乘的微分法则可将（3-18）式写成

$$\frac{\mathrm{d}\boldsymbol{L}_c}{\mathrm{d}t}=\frac{\mathrm{d}\boldsymbol{r}_c}{\mathrm{d}t}\times\boldsymbol{p}+\boldsymbol{r}_c\times\frac{\mathrm{d}\boldsymbol{p}}{\mathrm{d}t} \tag{3-19}$$

根据速度的定义式和牛顿第二定律，（3-19）式可以写成

$$\frac{\mathrm{d}\boldsymbol{L}_c}{\mathrm{d}t}=\boldsymbol{v}\times\boldsymbol{p}+\boldsymbol{r}_c\times\boldsymbol{F} \tag{3-20}$$

由于 $\boldsymbol{v}//\boldsymbol{p}$，第一项两个矢量叉乘为 0，因此（3-20）式只留第二项得

$$\frac{\mathrm{d}\boldsymbol{L}_c}{\mathrm{d}t}=\boldsymbol{r}_c\times\boldsymbol{F} \tag{3-21}$$

在之前的定义中，角动量 $\boldsymbol{r}_c \times \boldsymbol{p}$ 也被称为**动量矩**，与此类似，$\boldsymbol{r}_c \times \boldsymbol{F}$ 被定义为**力矩**，写作 $\boldsymbol{M}_c$，即质点相对于固定点 c 所受到的合力的力矩，表达式为

$$\boldsymbol{M}_c = \boldsymbol{r}_c \times \boldsymbol{F} = \frac{\mathrm{d}\boldsymbol{L}_c}{\mathrm{d}t} \tag{3-22}$$

力矩的概念起源于阿基米德对杠杆的研究，如图 3-7 所示，在 P 点的作用力 $\boldsymbol{F}$ 相对于转动点 c 产生的力矩大小为 $M_c = Fr_c\sin\theta$，其中 $r_c\sin\theta$ 等于 c 点到力作用线的垂直距离，称为**力臂**。利用右手螺旋法则判定力矩方向向上（图中大拇指的方向）。根据力矩的定义（3-22）式可知，合力矩的作用效果是**改变质点转动的运动状态，即改变角动量**（如果是定轴转动就只改变大小，如果是非定轴转动则还会改变角动量的方向），将合力矩对时间 t 积分可得

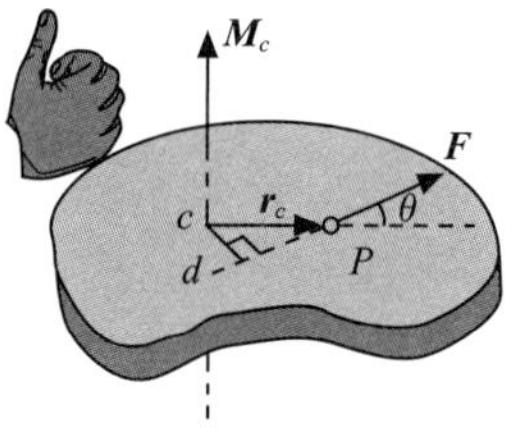

图 3-7　力矩

$$\int_{t_1}^{t_2} \boldsymbol{M}\mathrm{d}t = \boldsymbol{L}_2 - \boldsymbol{L}_1 \tag{3-23}$$

（3-23）式就是**质点的角动量定理**，将第二章中质点的动量定理（2-7）式

$$\int_{t_1}^{t_2} \boldsymbol{F}\mathrm{d}t = \boldsymbol{p}_2 - \boldsymbol{p}_1$$

放在一起比较，可以发现两个公式的形式是一样的。力在时间上的积累造成质点动量的改变，而**力矩在时间上的积累造成质点角动量的改变**。

下面讨论质点系中的情况，设质点系内所有质点对同一参考点角动量的矢量和为

$$\boldsymbol{L} = \sum_i \boldsymbol{L}_i \tag{3-24}$$

将质点系的总角动量 $\boldsymbol{L}$ 对时间 t 求导数得

$$\frac{\mathrm{d}\boldsymbol{L}}{\mathrm{d}t} = \frac{\mathrm{d}}{\mathrm{d}t}\sum_i \boldsymbol{L}_i = \sum_i \frac{\mathrm{d}\boldsymbol{L}_i}{\mathrm{d}t} = \sum_i \boldsymbol{M}_i^{内} + \sum_i \boldsymbol{M}_i^{外} \tag{3-25}$$

其中，$\sum_i \boldsymbol{M}_i^{内}$ 表示质点系中质点所受系统内力矩的矢量和，$\sum_i \boldsymbol{M}_i^{外}$ 表示质点系中质点所受外力矩的矢量和。根据牛顿第三定律，系统的内力总是成对出现，大小相等方向相反，那么，作用力和反作用力相对于同一固定点的合力矩为 0（$\sum_i \boldsymbol{M}_i^{内} = 0$）。因此可得

$$\frac{\mathrm{d}\boldsymbol{L}}{\mathrm{d}t} = \sum_i \boldsymbol{M}_i^{外} = \boldsymbol{M}_{外} \tag{3-26}$$

写成积分形式为

$$\int_{t_1}^{t_2} \boldsymbol{M}_{外}\mathrm{d}t = \boldsymbol{L}_2 - \boldsymbol{L}_1 \tag{3-27}$$

（3-26）式和（3-27）式称为**质点系的角动量定理**。

三、刚体转动定律

上一小节我们讨论了质点和质点系的角动量定理以及角动量和力矩的关系，现在我们进一步讨论刚体的角动量。由于刚体是质点系，故可以将刚体的角动量 $\boldsymbol{L} = J\boldsymbol{\omega}$ 代入（3-26）式得

$$M=\frac{\mathrm{d}L}{\mathrm{d}t}=\frac{\mathrm{d}(J\omega)}{\mathrm{d}t}=J\frac{\mathrm{d}\omega}{\mathrm{d}t}=J\beta \quad (3\text{-}28)$$

刚体定轴转动时，刚体的转动惯量 J 是常数，（3-28）式中的 $\mathrm{d}\omega/\mathrm{d}t=\beta$ 是刚体转动的角加速度。（3-28）式称为**刚体的转动定律**，将质点的牛顿第二定律

$$F=\frac{\mathrm{d}p}{\mathrm{d}t}=\frac{\mathrm{d}(mv)}{\mathrm{d}t}=m\frac{\mathrm{d}v}{\mathrm{d}t}=ma \quad (3\text{-}29)$$

放在一起比较，可以发现两个公式的形式是一样的，质点所受合外力与质点的加速度成正比，而刚体所受合外力矩与刚体的角加速度成正比。同牛顿第二定律是解决质点运动问题的基本定律一样，转动定律是解决刚体定轴转动问题的基本定律。

例 3-3 图 3-8 所示的单摆是大家非常熟悉的一个物理模型，用一根长度不变、质量可忽略不计的线悬挂一个质点，在重力作用下，在铅垂平面内做周期运动，就成为单摆。单摆在摆角小于 5° 的条件下振动时，可近似看作简谐振动。求单摆简谐振动时的振动周期。如果用一直径和单摆摆长相等的、质量均匀的刚性圆环（例如一个呼啦圈）取代摆线和质点，求此摆的周期。

解 无论是求单摆还是求呼啦圈摆的摆动周期，都需要先写出摆的**运动方程**，此两种摆的运动实际上是质点（刚体）在合外力矩作用下的定轴转动，可以利用刚体转动定律列方程求解。设铅垂位置的角位置 0，选择逆时针方向为摆动的正方向，t 时刻两个摆偏离平衡位置的角位置为 $\theta(t)$。此时小球和圆环所受的重力如图 3-9 所示。在摆动中只有重力产生力矩，因此合外力的力矩就是重力的力矩，其中对于质量均匀的刚性圆环，质心在圆环的圆心，故重力力矩的作用点也在圆心。

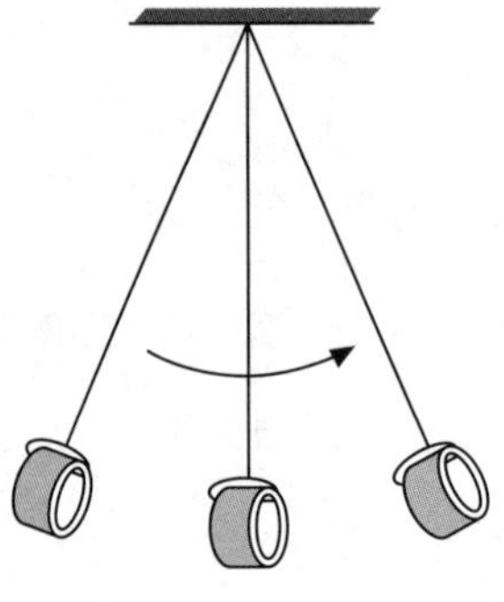

图 3-8 单摆

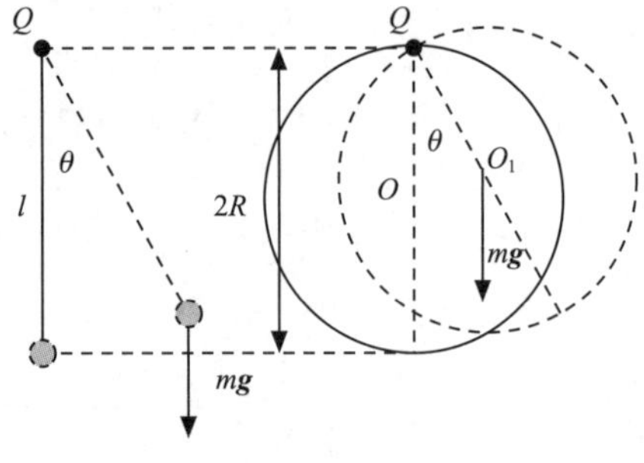

图 3-9 单摆和圆环摆

根据（3-22）式和（3-28）式列出方程

$$M=r\times F=J\beta$$

对于单摆 $M=-mgl\sin\theta$，对于圆环摆 $M=-mgR\sin\theta$。这里的负号说明力矩方向要使摆顺时针转动，与之前规定的逆时针正方向相反。当摆角 $\theta<5°$ 时，可以让 $\sin\theta\approx\theta$，且角加速度为

$$\beta=\frac{\mathrm{d}^2\theta}{\mathrm{d}t^2}$$

因此方程可以写成

单摆的转动定律

$$J\frac{\mathrm{d}^2\theta}{\mathrm{d}t^2}=-mgl\theta$$

质点绕 Q 点的转动惯量为

$$J=ml^2$$

代入方程化简可得

$$\frac{\mathrm{d}^2\theta}{\mathrm{d}t^2}+\frac{g}{l}\theta=0$$

圆环摆的转动定律

$$J\frac{\mathrm{d}^2\theta}{\mathrm{d}t^2}=-mgR\theta$$

计算圆环绕 Q 点的转动惯量需要用到平行轴定理

$$J_Q=J_O+mR^2=2mR^2$$

代入方程化简可得

$$\frac{\mathrm{d}^2\theta}{\mathrm{d}t^2}+\frac{g}{2R}\theta=0$$

由于题目给定的条件，单摆的摆长等于圆环的直径，即

$$\frac{g}{l}=\frac{g}{2R}$$

因此，两个摆的微分运动方程实际是一个方程，该方程是一个简谐振动的微分方程，令

$$\omega^2=\frac{g}{l}$$

其中

$$\omega=\sqrt{\frac{g}{l}}$$

称为简谐振动的固有圆频率（注意此时的 ω 并不表示转动的角速度的大小，而是一个简谐振动的特征常数）。求解出微分方程的一个通解 $\theta(t)=\theta_{\max}\cos(\omega t+\varphi)$，振动周期 T 与圆频率 ω 之间存在关系

$$T=\frac{2\pi}{\omega}=2\pi\sqrt{\frac{l}{g}}$$

从计算的结果来看，这两种摆具有相同的周期。不仅如此，任何一个刚体的转动所构成的摆，都可以同理求出运动方程和摆的周期。与单摆的名称相对应，这类由刚体绕固定的水平轴在重力作用下所形成的摆称为**复摆**（又称**物理摆**）。

第四节　角动量守恒及应用

根据（3-26）式质点系的角动量定理，当系统相对于某一参考点的合外力矩为 0 时，即

$$\boldsymbol{M}=\frac{\mathrm{d}\boldsymbol{L}}{\mathrm{d}t}=0 \qquad (3\text{-}30)$$

则系统的角动量

$$\boldsymbol{L}=\text{恒矢量} \qquad (3\text{-}31)$$

这就是质点系的**角动量守恒定律——当质点系所受外力对某参考点的力矩的矢量和为 0 时，则质点系对该参考点的角动量守恒**。角动量守恒定律和动量守恒定律一样，也是自然界的一条最基本

的定律。大到天体运动，小到微观粒子运动，角动量守恒定律都起着重要作用。

由力矩的公式 $\boldsymbol{M}=\boldsymbol{r}\times\boldsymbol{F}$，可知合外力矩为 0，既可能是系统所受外力为 0，也可能外力不为 0，但是合力通过固定点使合力矩为 0。例如研究行星公转运动时，由于行星所受恒星的引力始终通过恒星，因此如果以恒星为固定点，则行星的角动量是守恒的。著名的开普勒第二定律就是通过行星的角动量守恒来证明的。

将刚体定轴转动角动量的表达式 $\boldsymbol{L}=J\boldsymbol{\omega}$ 代入角动量守恒公式（3-31）式中，可以得到**刚体的角动量守恒定律。当刚体所受合外力的力矩为 0 时有**

$$J\boldsymbol{\omega}=\text{恒量} \qquad \text{或} \qquad J_1\boldsymbol{\omega}_1=J_2\boldsymbol{\omega}_2 \tag{3-32}$$

和动量守恒定律一样，角动量守恒定律适用范围远远超出牛顿力学的限制范围，它们还适用于高速运动的粒子，如光子，并且在亚原子粒子领域也同样正确。

关于刚体的角动量守恒有很多应用的例子。

（1）图 3-10 所示为一名实验者坐在一只可以绕竖直轴自由旋转的椅子上，以一个不大的角速率 ω_i 开始转动。当他收回两臂使质量更靠近转轴时，相应地，他的转动惯量从初值 J_i 减小到一个较小的值 J_f，因而可以看到他转动的速率显著增加，从 ω_i 变为 ω_f。旋转者还可以再次伸直手臂使转动慢下来。产生此现象的原因在于旋转者、转椅和哑铃组成的系统所受的相对于转轴的合外力力矩为 0，因此无论旋转者怎么移动哑铃，系统的角动量必然守恒。类似这样通过改变肢体的伸缩状态改变转动惯量进而改变角速率的例子还有花样滑冰运动员的直体加速旋转动作和跳水运动员的各种空翻动作（如图 3-11 所示）等。

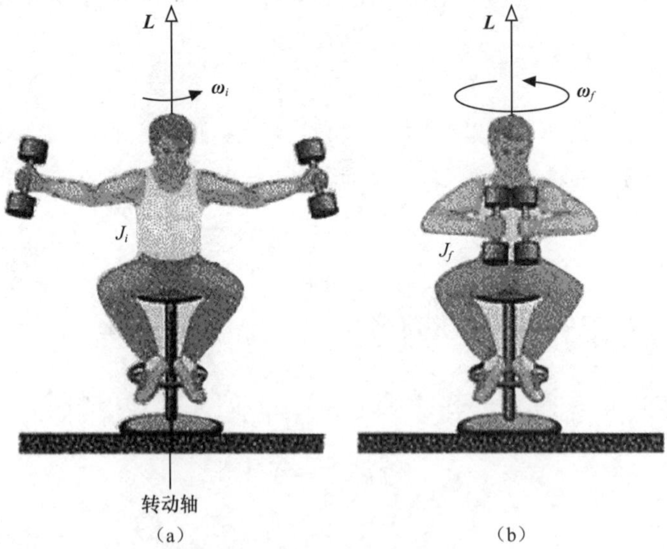

图 3-10　旋转者的角动量守恒

（2）当一颗恒星内部的核燃料逐渐燃烧殆尽时，在自身巨大的引力作用下，恒星开始进入它最后的阶段——坍缩。这种坍缩可以使恒星的半径从像太阳那样的大小减小到几千米，有可能变成一个中子星（物质的亚原子形态），即被压缩成一团密度极大的中子。在坍缩过程中，恒星是一个孤立系统，它的角动量不可能改变，由于转动惯量极大地减小，它的角速率相应地大大增加（如图 3-12 所示），自转周期会缩短到秒级。人类发现的第一颗中子星的自转周期是 1.337s，在 1967 年由乔瑟琳·贝尔首先发现。

（3）图 3-13 所示为一个安装有飞轮的宇宙飞船，图中说明了一种飞船方向控制的原理。**宇宙飞船和飞轮**组成一个系统，由于在太空中系统所受合外力较小，合外力矩也可以近似看作 0，因此整个系统的角动量守恒。为改变飞船的方向，可以先使飞轮转动起来，飞船将沿相反方向转动以保持系统的角动量守恒。此后飞轮停止转动，飞船也将停止转动，但是飞船已经改变了方向。

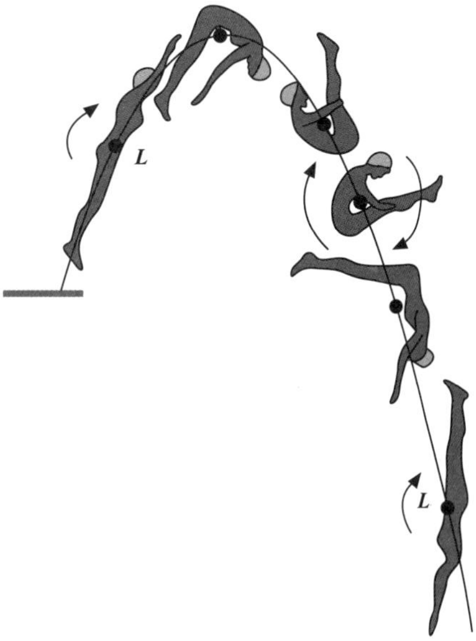

图 3-11　跳水中的角动量守恒

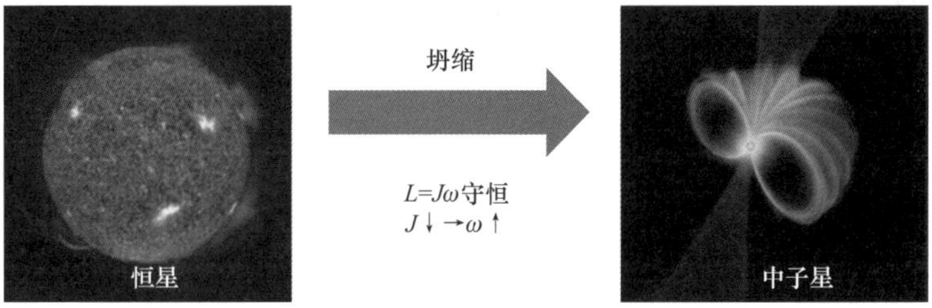

图 3-12　恒星坍缩示意图

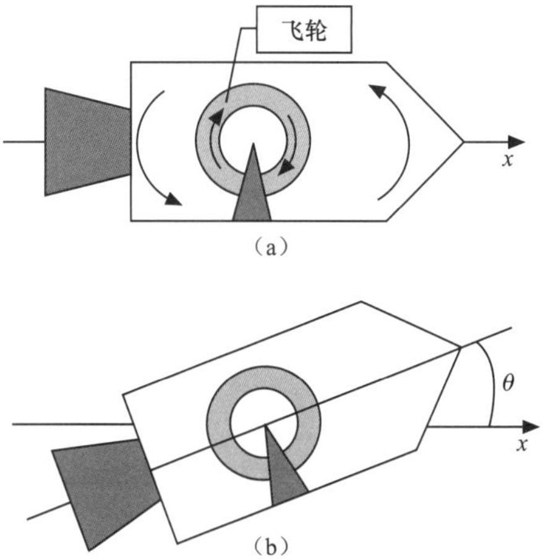

图 3-13　飞轮定向示意图

（4）图 3-14 所示为炮管中的膛线。膛线是炮管及枪管内呈螺旋状的凹凸的线，弹头形状一般设计为圆锥状。在发射时，火药的爆炸推力和膛线的挤压作用使得弹头出膛以后螺旋飞行（质心的平动 + 自身的轴向自转）。尽管弹头飞出枪管后会受到重力和空气阻力的作用，但是这些力不形成力矩，不会改变子弹角动量的方向（切向的摩擦力会使角动量数值减小，但方向不变）。所以只要弹头在转动，角动量的方向就始终向前，那么弹头在飞行时就越稳定，受到的空气阻力就越小。膛线有利于提升子弹的稳定性、准确性、杀伤力和射程。

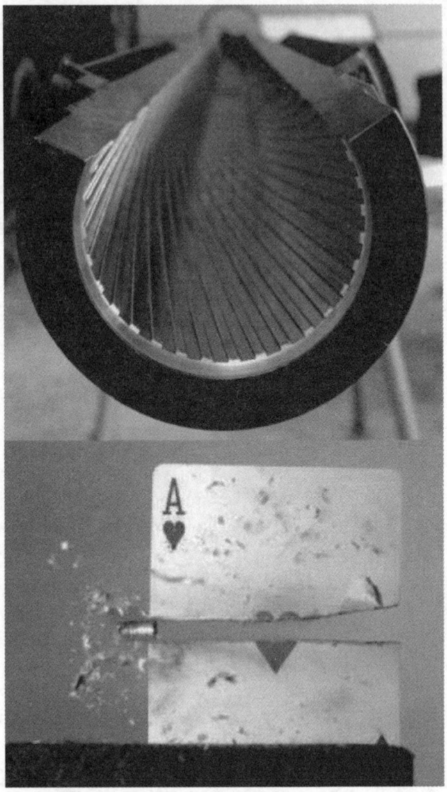

图 3-14　膛线与子弹

例 3-4　质量为 m、长度为 l 的均匀细棒，可以绕一端的水平轴 O 自由转动，如图 3-15 所示。现将棒由水平位置释放，当棒摆动到最低点时与物体 M 发生完全弹性碰撞。已知物体与水平面的滑动摩擦系数为 μ，求物体向右滑动的最终距离 s。

解　整个过程有 3 个阶段。

第一阶段：棒由水平位置下落到竖直位置时，棒和地球组成的系统机械能守恒。选取水平面作零势能面，棒末机械能等于初机械能，即

$$mg\frac{l}{2}+\frac{1}{2}J\omega^2=mgl$$

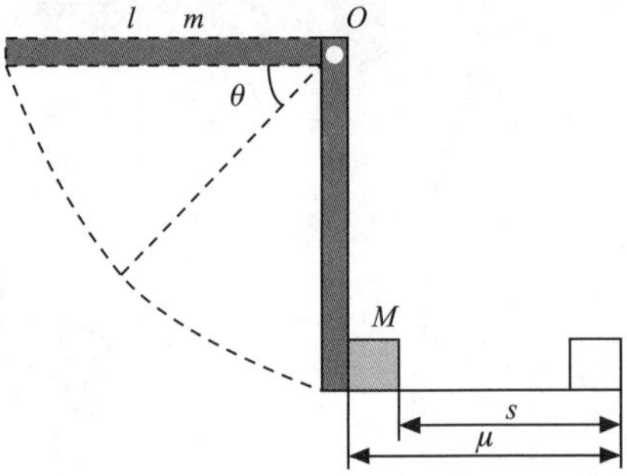

图 3-15　均匀细棒绕轴旋转

其中质量均匀细棒绕端点的转动惯量在之前的例 3-1 中计算过，即 $J=1/3ml^2$，代入上式中，得棒在最低点时的角速率

$$\omega=\sqrt{\frac{3g}{l}}$$

第二阶段：因为棒与物体的碰撞是完全弹性碰撞，所以棒和物体的系统机械能守恒。选取水平面作零势能面，棒和物体的碰撞前的机械能等于碰撞后的机械能，即

$$\frac{1}{2}J\omega^2+mg\frac{l}{2}=\frac{1}{2}J\omega_1{}^2+mg\frac{l}{2}+\frac{1}{2}Mv^2$$

且碰撞时合外力相对固定点 O 的力矩为 0，所以棒和物体的系统角动量守恒，碰撞前棒的角动量等于碰撞后棒和物体的角动量，即

$$J\omega=J\omega_1+Mlv$$

联立以上两个守恒定律的方程，求解出物体碰撞后的速度大小，得

$$v=\frac{2Jl\omega}{Ml^2+J}=\frac{2m\omega l}{3M+m}$$

第三阶段：物体在水平面滑行中，只有滑动摩擦力做负功，物体满足动能定理

$$-Mg\mu s=0-\frac{1}{2}Mv^2$$

求出

$$s=\frac{v^2}{2\mu g}$$

将之前求出的v和ω代入上式中，得

$$s=\frac{v^2}{2\mu g}=\frac{6m^2 l}{\mu(3M+m)^2}$$

第五节　刚体转动中的功与能量

一、力矩的功

质点在外力作用下在空间上发生位置变动时，我们说力对质点做了功；当刚体在外力矩作用下绕定轴转动而发生角位置变化时，我们说力矩对刚体做了功（例如我们用手推开一扇门，手对门轴的力矩做了功）。可见力矩的功是力矩在空间上的积累作用。

设m在力$\boldsymbol{F}$的作用下移动了位移元$\mathrm{d}\boldsymbol{s}$，如图3-16所示，切向分力F_t所做功为

$$\mathrm{d}W=F_t\mathrm{d}s=F_t r\mathrm{d}\theta \tag{3-33}$$

由于外力$\boldsymbol{F}$对于转轴O点产生的力矩为$M=F_t r$，所以

$$\mathrm{d}W=\boldsymbol{M}\cdot\mathrm{d}\boldsymbol{\theta} \tag{3-34}$$

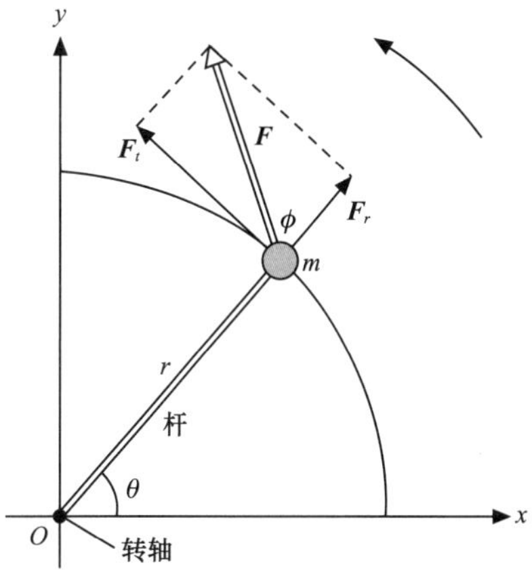

图3-16　力矩做功

（3-34）式表明，**力矩所做的元功$\mathrm{d}W$等于力矩$\boldsymbol{M}$与角位移$\mathrm{d}\boldsymbol{\theta}$的乘积**。设刚体定轴转动的初末角位置分别为$\theta_1$和$\theta_2$，在转动过程中力矩所做功为

$$W=\int_{\theta_1}^{\theta_2}\mathrm{d}W=\int_{\theta_1}^{\theta_2}M\mathrm{d}\theta \tag{3-35}$$

如果力矩M为恒力矩，则可以把力矩M提到积分号以外，可得

$$W=M\int_{\theta_1}^{\theta_2}\mathrm{d}\theta=M(\theta_2-\theta_1)=M\Delta\theta \tag{3-36}$$

根据功率的定义得

$$P=\frac{dW}{dt}=M\frac{d\theta}{dt}=M\omega \tag{3-37}$$

（3-37）式表明，当刚体在定轴转动时，**力矩的功率等于力矩与角速率的乘积**。当功率一定时，转速和力矩成反比，汽车的变速箱就是利用力矩的功率的这一特点制造的。汽车的发动机是高转速、低扭矩的动力源（1.6L 排量小汽车的最大扭矩一般在 150 N·m 左右），通常地面静摩擦力作用于车轮上的阻力矩（一般车轮与地面的静摩擦力约为车重的 $\frac{1}{5}$，假设车轮半径为 0.5m，车的质量为 1 000kg，摩擦力的阻力矩约为 1 000 N·m ）远大于发动机产生的动力矩。显然如果将发动机的曲轴直接连接到汽车的驱动轮上，车轮是无法转动的。而利用汽车变速箱的减速齿轮组降低转速增加输出到车轮上的扭矩，则可以克服车轮与地面静摩擦的阻力矩，从而带动汽车驱动轮转动。

二、刚体定轴转动的动能定理

将（3-34）式中的力矩 M 用刚体转动定律的表达式代入可得

$$dW=Md\theta=J\frac{d\omega}{dt}d\theta \tag{3-38}$$

其中 $d\theta/dt=\omega$，（3-38）式可以化简为

$$dW=J\omega d\omega \tag{3-39}$$

将（3-39）式两边分别积分，转动惯量 J 可视为常量得

$$W=\int_{\omega_1}^{\omega_2}J\omega d\omega=\frac{1}{2}J\omega_2^2-\frac{1}{2}J\omega_1^2 \tag{3-40}$$

（3-40）式表明**合外力矩对绕定轴转动刚体所做的功等于刚体转动动能的增量**，这就是**刚体定轴转动的动能定理**。如果与之前质点的动能定理相比较，显然两者的形式和概念的描述具有一致性，有非常好的规律性。为了更好地理解刚体定轴转动的规律性，我们把两种运动的一些重要物理量和重要的公式类比列出如表 3-4 所示，供大家参考。

表 3–4　质点运动规律与刚体定轴转动规律对照表

质点的平动	刚体的定轴转动
力 $\boldsymbol{F}$　质量 m	力矩 $\boldsymbol{M}$　转动惯量　$J=\int r^2dm$
牛顿第二定律 $\boldsymbol{F}=\frac{d\boldsymbol{p}}{dt}=m\boldsymbol{a}$	刚体转动定律 $\boldsymbol{M}=\frac{d\boldsymbol{L}}{dt}=J\boldsymbol{\beta}$
动量　$\boldsymbol{p}=m\boldsymbol{v}$	角动量　$\boldsymbol{L}=\boldsymbol{r}\times m\boldsymbol{v}=J\boldsymbol{\omega}$
动量定理（力在时间上的积累效应） $\int_{t_1}^{t_2}\boldsymbol{F}dt=\boldsymbol{p}_2-\boldsymbol{p}_1$	角动量定理（力矩在时间上的积累效应） $\int_{t_1}^{t_2}\boldsymbol{M}dt=\boldsymbol{L}_2-\boldsymbol{L}_1$

续表

质点的平动	刚体的定轴转动
动量守恒定律（合外力为 0） $p=\sum_{i=1}^{n}m_i v_i=$恒矢量	角动量守恒定律（合外力矩为 0） $L=\sum_{i=1}^{n}J_i \omega_i=$恒矢量
力的功（力在空间上的积累效应） $W=\int dW=\int F\cdot dr$	力矩的功（力矩在空间上的积累效应） $W=\int dW=\int M\cdot d\theta$
动能定理 $W=\frac{1}{2}mv_b{}^2-\frac{1}{2}mv_a{}^2$	动能定理 $W=\frac{1}{2}J\omega_2{}^2-\frac{1}{2}J\omega_1{}^2$

本章小结

1. 描述刚体转动的角量

与质点运动学中使用线量描述质点平动类似，在描述刚体的转动时我们使用的是角量，表 3-5 所示记录了描述运动的线量与角量。

表 3–5　运动的线量与角量

描述质点平动的线量		描述刚体定轴转动的角量	
位置矢量 $\boldsymbol{r}$	平动运动方程 $\boldsymbol{r}(t)$	角位置 $\boldsymbol{\theta}$	转动运动方程 $\boldsymbol{\theta}(t)$
位移 $\Delta\boldsymbol{r}$	位移的微元 $d\boldsymbol{r}$	角位移 $\Delta\boldsymbol{\theta}$	角位移的微元 $d\boldsymbol{\theta}$
速度 $\boldsymbol{v}$	$\boldsymbol{v}=\lim\limits_{\Delta t\to 0}\frac{\Delta\boldsymbol{r}}{\Delta t}=\frac{d\boldsymbol{r}}{dt}$	角速度 $\boldsymbol{\omega}$	$\boldsymbol{\omega}=\lim\limits_{\Delta t\to 0}\frac{\Delta\boldsymbol{\theta}}{\Delta t}=\frac{d\boldsymbol{\theta}}{dt}$
加速度 $\boldsymbol{a}$	$\boldsymbol{a}=\lim\limits_{\Delta t\to 0}\frac{\Delta\boldsymbol{v}}{\Delta t}=\frac{d\boldsymbol{v}}{dt}$	角加速度 $\boldsymbol{\beta}$	$\boldsymbol{\beta}=\lim\limits_{\Delta t\to 0}\frac{\Delta\boldsymbol{\omega}}{\Delta t}=\frac{d\boldsymbol{\omega}}{dt}$

为方便在本章中使用角量来描述其他物理量，将线量与角量的数值对应关系呈现于表 3-6 中。

表 3–6　线量与角量的数值对应关系

弧长的微元 ds	$ds=Rd\theta$	角位移的微元 $d\theta$
切向速度的大小v	$v=\frac{ds}{dt}=\frac{Rd\theta}{dt}=R\omega$	角速度的大小 ω
切向加速度的大小 a_t	$a_t=\frac{dv}{dt}=R\frac{d\omega}{dt}=R\beta$	角加速度的大小 β
法向加速度的大小 a_n	$a_n=\frac{v^2}{R}=R\omega^2$	

2. 刚体的转动动能与转动惯量

刚体的转动动能可以看作组成刚体的各质元的平动动能的和，将各质元的线速度转换成角速度，可得用角量描述的动能——刚体的转动动能，即

$$E_k = \sum \frac{1}{2} m_i v_i^2 = \frac{1}{2} J\omega^2 \text{。}$$

其中 J 是刚体的转动惯量，对于质量连续分布的刚体，定义式为

$$J = \int r^2 \mathrm{d}m \text{。}$$

将刚体的转动动能 $\frac{1}{2}J\omega^2$ 与平动动能 $\frac{1}{2}mv^2$ 的公式相比较，J 的作用相当于 m，它是刚体在转动时惯性大小的量度。由转动惯量的定义式可以看出，转动惯量的数值不仅取决于刚体的质量大小，还和质量相对于转轴的分布有关，也即与刚体的形状、大小有关系。同一个刚体绕不同轴转动，其转动惯量的数值通常不相同。在 SI 中转动惯量的国际单位是 $\mathrm{kg \cdot m^2}$ 。

3. 刚体定轴转动的动力学规律

刚体定轴转动中的动力学规律和相关物理量都可以用角量来表示，例如：力矩、角动量、角动量定理等。这些公式的形式与之前的质点动力学的公式形式相同，为了便于掌握，表 3-7 所示为将刚体定轴转动与质点平动的一些重要的公式对比。

表 3–7　刚体定轴转动与质点平动的公式对比

质点的平动	刚体的定轴转动
力 $\boldsymbol{F}$　质量 m	力矩 $\boldsymbol{M}$　转动惯量 $J = \int r^2 \mathrm{d}m$
牛顿第二定律 $\boldsymbol{F} = \frac{\mathrm{d}\boldsymbol{p}}{\mathrm{d}t} = m\boldsymbol{a}$	刚体转动定律 $\boldsymbol{M} = \frac{\mathrm{d}\boldsymbol{L}}{\mathrm{d}t} = J\boldsymbol{\beta}$
动量 $\boldsymbol{p} = m\boldsymbol{v}$	角动量 $\boldsymbol{L} = \boldsymbol{r} \times m\boldsymbol{v} = J\boldsymbol{\omega}$
动量定理（力在时间上的积累效应）$\int_{t_1}^{t_2} \boldsymbol{F}\mathrm{d}t = \boldsymbol{p}_2 - \boldsymbol{p}_1$	角动量定理（力矩在时间上的积累效应）$\int_{t_1}^{t_2} \boldsymbol{M}\mathrm{d}t = \boldsymbol{L}_2 - \boldsymbol{L}_1$
动量守恒定律（合外力为0）$\boldsymbol{p} = \sum_{i=1}^{n} m_i \boldsymbol{v}_i =$ 恒矢量	角动量守恒定律(合外力矩为0) $\boldsymbol{L} = \sum_{i=1}^{n} J_i \boldsymbol{\omega}_i =$ 恒矢量
力的功（力在空间上的积累效应）$W = \int \mathrm{d}W = \int \boldsymbol{F} \cdot \mathrm{d}\boldsymbol{r}$	力矩的功（力矩在空间上的积累效应）$W = \int \mathrm{d}W = \int \boldsymbol{M} \cdot \mathrm{d}\boldsymbol{\theta}$
功率 $P = \boldsymbol{F} \cdot \boldsymbol{v}$	功率 $P = M\omega$

续表

质点的平动	刚体的定轴转动
动能定理 $$W=\frac{1}{2}mv_b{}^2-\frac{1}{2}mv_a{}^2$$	动能定理 $$W=\frac{1}{2}J\omega_2^2-\frac{1}{2}J\omega_1^2$$

习题

1. 一质点做匀速率圆周运动时（　　）。

（A）它的动量不变，对圆心的角动量也不变

（B）它的动量不变，对圆心的角动量不断改变

（C）它的动量不断改变，对圆心的角动量不变

（D）它的动量不断改变，对圆心的角动量不断改变

2. 均匀细棒可绕通过其一端 O 而与棒垂直的水平固定光滑轴转动，如图 3-17 所示，现使棒从水平位置由静止开始自由下落，在棒摆动到竖直位置的过程中，下述说法正确的是（　　）。

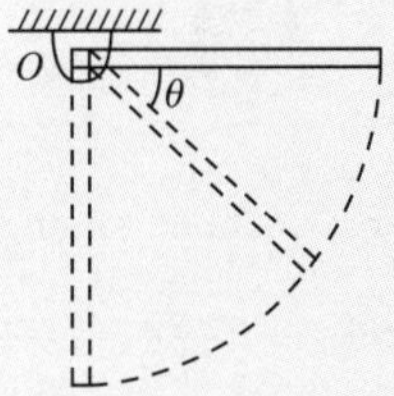

图 3-17　第 2 题图

（A）角速度从小到大，角加速度从大到小

（B）角速度从小到大，角加速度从小到大

（C）角速度从大到小，角加速度从大到小

（D）角速度从大到小，角加速度从小到大

3. 一圆盘绕过盘心且与盘面垂直的光滑固定轴 O 以角速度 $\boldsymbol{\omega}$ 按图 3-18 所示方向转动。若如图 3-18 所示的情况那样，将两个大小相等方向相反但不在同一条直线的力 $\boldsymbol{F}$ 沿盘面同时作用到圆盘上，则圆盘的角速度 $\boldsymbol{\omega}$ 的大小（　　）。

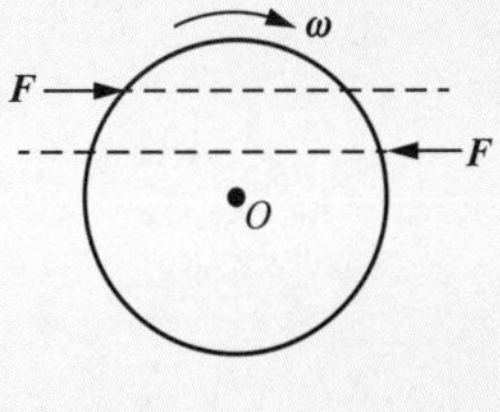

图 3-18　第 3 题图

（A）必然增大

（B）必然减少

（C）不会改变

（D）如何变化，不能确定

4. 关于刚体对轴的转动惯量，下列说法中正确的是（　　）。

（A）只取决于刚体的质量，与质量的空间分布和轴的位置无关

（B）取决于刚体的质量和质量的空间分布，与轴的位置无关

（C）取决于刚体的质量、质量的空间分布和轴的位置

（D）只取决于转轴的位置，与刚体的质量和质量的空间分布无关

5. 一轻绳绕在有水平轴的定滑轮上，滑轮的转动惯量为 J，绳下端挂一物体。物体所受

重力为 $\boldsymbol{P}$，滑轮的角加速度为 $\boldsymbol{\alpha}$。若将物体去掉而以与 $\boldsymbol{P}$ 大小相等的力直接向下拉绳子，滑轮的角加速度 $\boldsymbol{\alpha}$ 的大小将（　　）。

（A）不变　　（B）变小　　（C）变大　　（D）如何变化无法判断

6. 花样滑冰运动员绕通过自身的竖直轴转动，开始时两臂伸开，转动惯量为 J_0，角速度大小为 ω_0。然后她将两臂收回，使转动惯量减少为 $\frac{1}{3}J_0$。这时她转动的角速度大小变为（　　）。

（A）$\frac{1}{3}\omega_0$　　（B）$(1/\sqrt{3})\omega_0$　　（C）$\sqrt{3}\omega_0$　　（D）$3\omega_0$

7. 一水平圆盘可绕通过其中心的固定竖直轴转动，盘上站着一个人。把人和圆盘看作一个系统，当此人在盘上随意走动时，若忽略轴的摩擦，此系统（　　）。

（A）动量守恒　　（B）机械能守恒　　（C）对转轴的角动量守恒

（D）动量、机械能和角动量都守恒　　（E）动量、机械能和角动量都不守恒

8. 刚体角动量守恒的充分而必要的条件是（　　）。

（A）刚体不受外力矩的作用

（B）刚体所受合外力矩为零

（C）刚体所受的合外力和合外力矩均为零

（D）刚体的转动惯量和角速度大小均保持不变

9. 一质量为 m 的质点沿一条曲线运动，其位置矢量在空间直角坐标系中的表达式为 $\boldsymbol{r}=a\cos\omega t\boldsymbol{i}+b\sin\omega t\boldsymbol{j}$，其中 a、b、ω 皆为常量，t 表示时间，则此质点对原点的角动量 L =________________；此质点所受对原点的力矩 $\boldsymbol{M}$= ____________。

10. 一飞轮以 600 转 /min 的转速旋转，转动惯量为 $2.5\text{kg}\cdot\text{m}^2$，现加一恒定的制动力矩使飞轮在 1s 内停止转动，则该恒定制动力矩的大小为______$\text{N}\cdot\text{m}$。

11. 一轴承光滑的定滑轮，质量为 M=2.00kg，半径为 R=0.100m，一根不能伸长的轻绳，一端固定在定滑轮上，另一端系有一质量为 m=5.00kg 的物体，如图 3-19 所示。已知定滑轮的转动惯量为 $J=\frac{1}{2}MR^2$，其初角速度的大小为 ω =10.0rad/s，方向垂直纸面向里。求：

（1）定滑轮的角加速度的大小和方向；

（2）定滑轮的角速度的大小变化到 $\omega_0=0$ 时，物体上升的高度；

（3）当物体回到原来位置时，定滑轮的角速度的大小和方向。

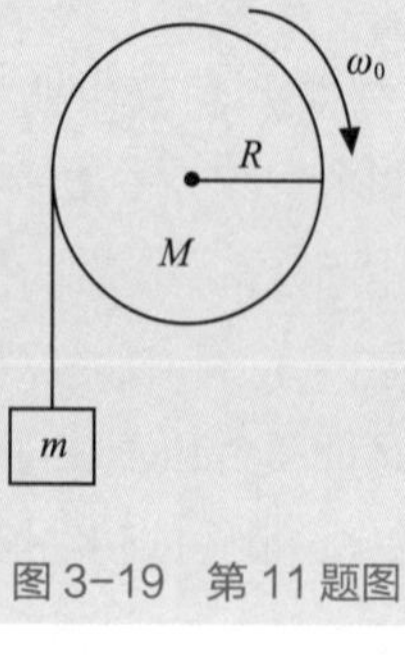

图 3-19　第 11 题图

热力学篇

热力学发展大致可以划分为 4 个时期。热力学发展的早期，从 17 世纪末到 19 世纪中叶，通过大量的实验和观察事实，人们对热的本性展开了研究和争论，为热力学理论的建立做了前期准备。19 世纪上半叶，围绕功、热相互转化研究的热机理论和热功相当原理为热力学发展奠定了基本思想。

第二个时期是 19 世纪中叶到 19 世纪 70 年代末，热学领域主要的发展是唯象热力学和分子运动论。热功相当原理奠定了热力学第一定律的基础，即包含热量在内的能量转化与守恒定律。能量转化与守恒定律是自然界基本规律之一，恩格斯把它和达尔文进化论及细胞学说并列为三大自然发现，能量转化与守恒定律这个名称就是恩格斯首先提出来的。1824 年卡诺发表了著名论文《关于火的动力及适于发展这一动力的机器的思考》，提出了在热机理论中有重要地位的卡诺定理，推动了热力学第二定律的形成。热功相当原理与微粒说结合则推动了分子运动论的建立，但是这段时期内的唯象热力学和分子运动论的发展还是彼此独立的。

第三个时期是 19 世纪 70 年代末至 20 世纪初。1877 年，玻尔兹曼进一步研究了热力学第二定律的统计解释。唯象热力学概念和分子运动论概念结合的结果，最终推动了统计热力学的产生。1876 年，吉布斯提出了使用力学定律和统计方法来阐述热力学的思想。他期望将“热力学建立在力学的一个分支上”，从而“热力学定律能够轻易地从统计力学的原理得出”。在麦克斯韦和玻尔兹曼等人的研究基础上，1901 年，吉布斯写成了《统计力学的基本原理》，构建了热力学统计物理的基础。

从 20 世纪 30 年代起，热力学和统计物理学进入了第四个时期，这个时期内出现了量子统计物理学和非平衡态理论，是现代理论物理学最重要的领域之一。

> “热是人类最早发现的一种自然力，是地球上一切生命的源泉。”
>
> ——恩格斯

4 第四章 气体分子运动理论

气体由大量分子组成，分子做永不停息的无规则热运动。分子间存在作用力，分子的运动遵循牛顿力学。19 世纪中叶，气体分子运动理论（kinetic theory of gases）建立，它是以气体热现象为主要研究对象的经典微观统计理论，采用统计方法来考察大量分子的集体行为，为气体的宏观热学性质和规律，如压强、温度、状态方程、内能、比热以及输运过程（扩散、热传导、黏滞性）等提供定量的微观解释。

气体分子运动理论揭示了气体宏观热学性质和过程的微观本质，给出了气体系统宏观量与微观量之间的关系，为我们构建了气体分子的集体运动和相互作用的物理图像。19 世纪由克劳修斯（R.J.E.Clausius）、麦克斯韦（J.C.Maxwell）、玻尔兹曼（L.Boltzmann）、吉布斯（J.W.Gibbs）等科学家在经典力学基础上建立起经典统计物理学。20 世纪初期，由于量子力学的建立，狄拉克（P.A.M.Dirac）、爱因斯坦（A.Einstein)、费米（E.Fermi）、玻色（S.N.Bose）等科学家又创立了量子统计物理学。

本章主要内容有：平衡态和温度的概念，理想气体，气体压强的统计解释，温度的统计解释，内能、能量均分定理，麦克斯韦速率分布律，玻尔兹曼分布律，气体分子平均碰撞频率和平均自由程，气体中的输运过程简介等。

第一节　平衡态和温度的概念

一、平衡态、准静态过程

气体系统分子的数目很大，标准状况下每立方厘米中有 ~ 10^{19} 个分子，也就是千亿个分子；分子在热运动过程中又总是伴随着非常频繁的无规则碰撞，每秒钟分子平均碰撞 ~ 10^{10} 次。因此，针对气体系统研究时对单个分子的运动情况进行追踪不仅困难大，而且意义不大。对气体系统进行分析的时候，我们更关注温度、压强等宏观性质，而并不具体到哪个分子是怎么运动的。虽然单个分子气体的运动具有无序性，但是大量气体分子的整体行为却具有统计性规律。在本章中，我们将根据理想气体分子模型，利用统计的方法，研究气体的宏观规律及其表现出来的物理性质。

热力学对微观粒子组成的宏观系统进行研究，我们把所研究的系统称为热力学系统，简称系统。在实际情况中，所有的热力学系统都并非孤立系统（孤立系统与外界之间没有物质和能量的交换）。如果系统不能和外界交换物质，但是可以交换能量，这样的系统叫作封闭系统；如果既可以交换能量，也可以交换物质，这样的系统叫作开放系统。

将水装在杯子中，杯盖打开，杯子中的水可以和外界（空气）交换物质（水分子），也可以交换能量（热量），此时杯子中的水是一个开放系统；如果将杯盖拧紧，则杯子中的水不能和外界交换物质，但是可以交换能量，此时杯子中的水是一个封闭系统；如果将做杯子的材料（包括盖子）都换成绝热材料，则杯子中的水就称为一个孤立系统。

众多的物理事实表明，一个孤立系统，不论其初始状态如何，经过足够长的时间以后，最终会自发演化到一种均匀的状态并保持稳定（不再随时间变化），这样的状态被称为热力学平衡态，简称平衡态。平衡态要求系统各种宏观性质都达到均衡和稳定。平衡态是一个理想的概念，是在一定条件下对实际问题的概括处理。在许多实际问题中，可以把系统的实际状态近似看作平衡态来处理。如果系统的宏观性质随时间发生改变，我们就把这一过程称为一个热力学过程，简称过程。根据热力学过程的中间状态的不同，热力学过程可以分为准静态过程和非静态过程。

设一个系统从最初的平衡态开始，经过一系列的变化达到另一平衡态。一般情况下，初末这两个平衡态之间的热力学过程所经历的状态是非平衡态，我们把中间过程存在非平衡态的热力学过程称为非静态过程。如果一个热力学过程进行得无限缓慢，其经历的中间状态都可以近似看作平衡态处理，我们称这一热力学过程为准静态过程。下面通过图4-1所示的例子来对准静态过程进行分析。

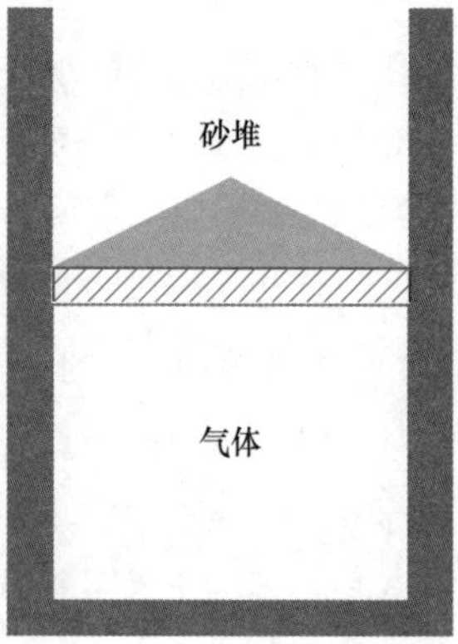

图 4-1 准静态过程

图中带有活塞的容器储有一定量气体，假设活塞与器壁之间不存在摩擦，开始时把一些砂粒放在活塞上，容器内气体处于平衡状态（P_1、V_1、T_1），把砂粒一粒粒缓慢地移走，气体最终的状态参量变为P_2、V_2、T_2。由于整个移走砂粒的过程是非常平缓的，因此在这一过程中可以近似认为容器中的气体在这一过程中始终处于平衡态（有确定的压强、体积和温度）。而在实际过程中，活塞的运动不可能做到无限平缓，因此准静态过程是对实际过程进行理想化处理得到的，这种过程对热力学的理论研究有非常重要的意义。本章中如无特别说明，所讨论的过程都是准静态过程。

根据热力学系统理想气体状态方程 $PV=\dfrac{M}{M_{\text{mol}}}RT$，系统的压强、体积、温度中任意两个量一定，就可确定系统的状态，因此常用P-V图中的一条曲线来表示系统的准静态过程，曲线上任一点都表示气体的一个平衡态，这种图叫状态图，如图4-2所示。热力学中常用到的状态图

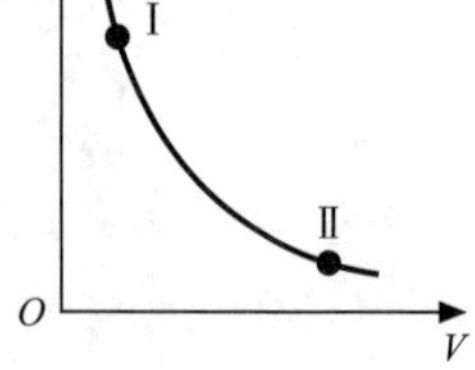

图 4-2 准静态过程的状态图

还有 P-T 图和 V-T 图，同样，图上的每个点表示的都是平衡态，每一个状态过程曲线表示的都是准静态过程。

二、温度

在生活中，我们很容易发现，各种物质都有相对冷热的现象，物理上衡量相对冷热的高低的物理量被称为温度。如用手触摸冰激凌会觉得很冷，而触摸沸水则觉得很烫，这种冷热的感觉都来源于"热"的作用，分别被称为温度低和温度高，是相对的概念。历史上，人们对物体相对冷热的表现有过错误的认识，错误地以为是物体所含"热质"的多少决定了物体的冷热，也就是温度的高低。一个错误的认识是：热会从热质多的物体传向热质少的物体。但实际上，热量只会从相对高温的物体向低温的物体传递。例如，很大一块冰的内能显然比很小一块烧红的铁块的内能要大，但是如果两者接触，热量显然可以自发地从铁块传向冰块，而不是由内能大的传给内能小的。

温度的定义是物体相对冷热程度的一种量度，它与测量是不可分割的。事实上，温度计的制作就是利用了物质在受热（或者受冷）时候表现出来的物理特征，典型的比如一些物质的热胀冷缩现象。当然，这必须选择热胀冷缩现象比较明显的物质才行，而且在常见的温度区间内，其体积随温度的变化最好是线性相关且不要发生突变。一些受热后比较容易膨胀的金属（如水银）就可以用来制作温度计，而水则不太适合用来制作这样的温度计，这不仅是因为在常温下水的热胀冷缩不明显，更重要的是水在 0℃就结冰、而在 100℃就变成气体了。

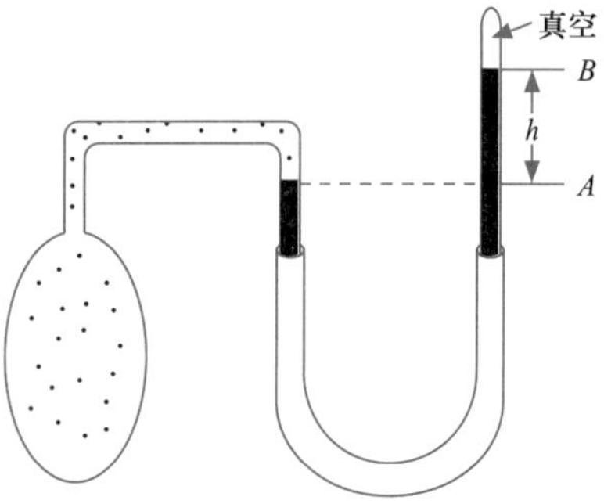

图 4-3　定容气压温度计

除了热胀冷缩，也可以利用气体的压强随着温度变化的原理来制作温度计。图 4-3 所示的气压温度计，右边的竖直管可以上下移动，以保持液面 A 固定，从而使得气体的体积保持恒定。由 A、B 面的高度差 h 即可计算出气体的压强，进而计算出气体的温度（压强越高，温度越高）。这一温度计实际上利用了气体的压强随着温度变化的定律，即

$$T \propto P \tag{4-1}$$

当然，（4-1）式只能在体积恒定的条件下成立，并且严格来说只对理想气体成立。

可以看到，温度只能通过物体随温度变化的某些特性来间接测量，而用来量度物体温度数值的标尺叫温标。（4-2）式定义了一个热力学温标（开尔文温标，也是国际单位制温标），其单位符号为 K。我们日常所熟悉的摄氏温标是以一个标准大气压条件下，冰水混合物的温度为 0℃，而以水的沸点为 100℃，两点间进行 100 等分，每一份变化称为 1 摄氏度，记作 1℃。摄氏温标和热力学温标的换算关系是

$$T(℃)=T(\mathrm{K})-273.15。\tag{4-2}$$

此外，在有些国家还使用华氏温标，其记号为℉。华氏温标和摄氏温标的换算公式为

$$T(℉)=\frac{9}{5}T(℃)+32 \tag{4-3}$$

人们通过温标的确立测定（反映）了物体的冷热区别，因此，温度是被测定系统的宏观物理性质，其微观物理性质是由系统内分子热运动所决定的，我们将在后面的内容中说明这点。

大家都知道，当两个可以相互接触的物体（或某个物体与其环境之间）的温度不一样时，高温的物体必然会自发地向低温物体传热，最终两者会达到热平衡。通常，这种现象发生的过程有热传导、热对流和热辐射 3 种形式，过程中能量转移的量在物理上称为热量。热量是个过程量，是热传递能量多少的量度。

如果两个热力学系统中的每一个都与第三个热力学系统处于热平衡（温度相同），则它们彼此也必定处于热平衡。这一结论称作热力学第零定律（Zeroth Law of Thermodynamics）。相当于有 3 个物体 A、B、C，如果 A 物体和 B 物体彼此热平衡，B 物体和 C 物体彼此热平衡，则 C 物体和 A 物体必然热平衡，3 个物体具有共同的物理特征：温度相同。因此，热力学第零定律在数学上是一种等价关系，也是温度测量的理论基础。

第二节　理想气体

众所周知，物质是由无数分子或原子组成的。分子或原子间存在空隙，以及相互作用的引力与斥力，实际表现出来的分子力是引力和斥力的合力，其与分子间的相互距离有关，如图 4-4 所示。

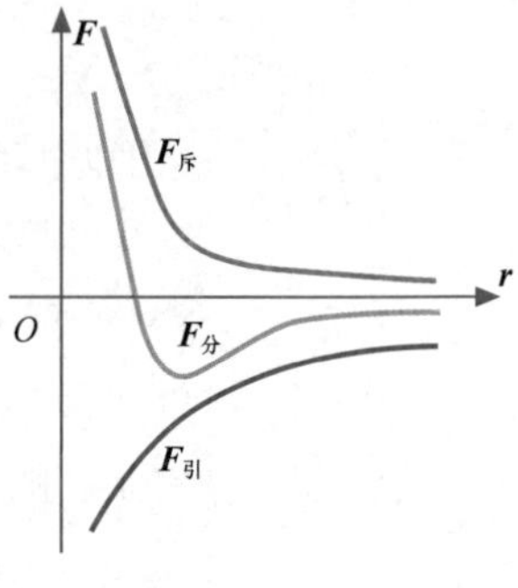

图 4-4　分子间相互作用力与距离的关系

分子间作用力是固、液、气 3 种状态物质的物理性质产生的重要原因之一，但分子间作用力通常表现复杂且难以测量。因此，简化处理物质分子间作用力是研究物质物理性质的普遍方法。但是一般来说，气体分子间的作用力要明显比固体和液体分子间的作用力小得多，这就是气体总是会轻易地扩散或逃逸的原因所在。常温常压状态下的绝大多数气体分子之间的作用力都是很弱的，弱到几乎可以忽略不计，这一性质会为气体的研究带来很大方便。

本章主要关注气体分子运动理论，在讨论气体系统的宏观物理特征与其微观分子热运动之间的关系时，对真实气体系统内分子之间的相互作用进行了简化处理，提出了理想气体的概念。

1. 理想气体的分子可以看作质点，单个分子的运动遵从牛顿定律。

我们知道，真实的气体分子必然存在一定的质量和体积，但在气体的分子数密度不是很大的情况下，分子间距离要远大于分子体积。因此，理想气体是把真实气体分子看作质点，忽略了分子的体积所带来的影响。当然，如果针对气体系统内单个分子的运动规律进行研究，这种假设显然是不合适的。

2. 理想气体的分子之间除了弹性碰撞之外没有相互作用。

除碰撞瞬间外，分子间的相互作用力可忽略不计，重力的影响也可忽略不计。因此在相邻两次碰撞之间，分子做匀速直线运动。在气体的分子数密度不是很大的情况下（如标准状态下），分子间的平均距离约是分子直径的 50 倍，这表示气体内部其实是很“空”的，所以相互作用很弱。理想气体把分子看成接触瞬间完成完全弹性碰撞且无体积的“小球”，从而保证了系统能量不会因为碰撞造成损失。实际气体分子间终究是有相互作用的，这使得实际气体和理想气体有一个本质上的区别：实际气体在温度足够低的时候能够液化，这是低温时候分子间相互作用力增强导致的结果；而理想气体无论温度多低都没有液化的概念。

3. 关于理想气体的统计假设。

含有大量分子的理想气体中，每个分子都在做永不停息的热运动和碰撞，这看起来似乎非常“杂乱无章”。但实际情况是，大量分子的整体行为有确定的规律性，这是一种统计平均结果。下面是关于分子热运动的统计假设。

（1）系统内分子的速度各不相同，而且通过碰撞不断变化着。

（2）平衡态时系统内分子位置的分布是均匀的，即分子数密度处处相等。没有外力作用下，某个气体分子在空间各处出现的概率相同，即

$$n=\frac{\mathrm{d}N}{\mathrm{d}V}=\frac{N}{V} \tag{4-4}$$

n 是单位体积内分子的个数。

（3）平衡态时分子的速度按方向的分布是各向均匀的。

对于某个气体分子而言，在平衡态下，它可以向任意一个方向运动，不存在某个方向更具优势的情况。所以，平均速率在各个方向的分量必然是都相等的。在三维笛卡儿坐标下，上述结果可以写成如下两个式子。

$$\overline{v_x}=\overline{v_y}=\overline{v_z} \tag{4-5}$$

$$\overline{v_x^2}=\overline{v_y^2}=\overline{v_z^2}=\frac{1}{3}\overline{v^2} \tag{4-6}$$

第三节　气体压强的统计解释

一、气体的压强

地球的周围有大气层，空气中的气体分子可以自由流动，同时它们也受到重力作用。空气内部向各个方向都有压强，称为大气压。大气压在日常生活中有着重要的应用。气体是如何产生压强的呢？这其实也归因于气体分子的热运动。以一箱子气体为例，将里面的气体视为理想气体，运动的气体分子会不断撞击容器壁。单个气体分子质量很小，速度在常温常压下约为每秒几百米，所以单

个分子的动量也很小，由动量定理我们知道它撞击容器壁时产生的冲击力也是非常小的。假如一个分子运动撞击在你的身体上，你是觉察不到它的存在的。我们也应该感谢大自然没有让我们的耳朵进化得过于灵敏，因为耳膜是和空气直接接触的，如果耳膜的灵敏度太高，我们就会因为空气分子的撞击持续不断地听到无规则的噪声。你可以想象这是多么糟糕的情况。

但是前面我们已经说过，单位体积气体分子的数目是非常巨大的，以摩尔数为量级的分子撞击在一定的面积上的时候，产生的宏观效应就不可忽略了。以上论述无非是要说明一点：气体的压强是由于气体分子不断撞击容器壁产生的。接下来，我们需要进一步定量分析气体压强产生的物理原因。

二、理想气体的压强

微观上看，单个分子对容器壁的碰撞是间断、随机的，而大量分子不停地碰撞是连续、恒定的，即气体对容器壁的压强是大量分子对容器壁作用的统计平均结果，我们可以利用力学规律计算方法分析理想气体每个分子对容器壁的作用。

气体压强的统计解释

假设在边长 l_1、l_2、l_3 的长方体容器中有 N 个同类分子做无规则热运动，质量均为 m，各向运动机会均等，如图 4-5 所示。在平衡状态下，由分子热运动碰撞容器壁 6 个面产生的压强各处相等。如选择 A_1 面，计算其所受压强。

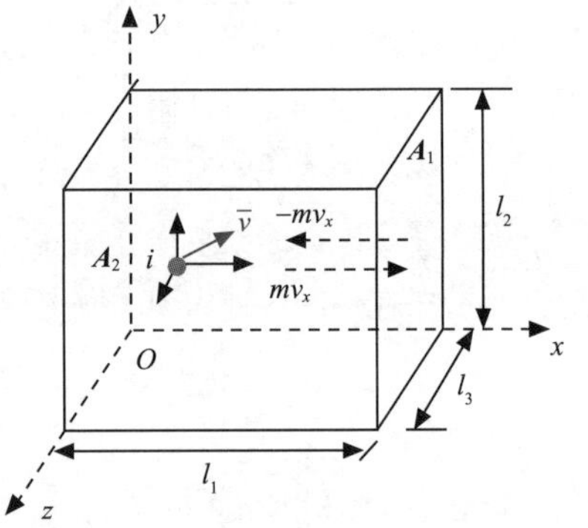

图 4-5　分子热运动碰撞容器壁产生压强

在系统分子中，任选一个分子 $\boldsymbol{i}$，设其速度为

$$\bar{\boldsymbol{v}} = v_x\boldsymbol{i} + v_y\boldsymbol{j} + v_z\boldsymbol{k} \tag{4-7}$$

理想气体分子 i 与容器壁 A_1 碰撞时，由于碰撞是完全弹性的，故该分子在 x 方向的速度分量 v_x 变为 $-v_x$，在碰撞过程中 i 分子对 A_1 面产生的平均冲击力为

$$\bar{F}_{ix} = \frac{2mv_{ix}}{\Delta t} = \frac{2mv_{ix}}{2l_1/v_{ix}} = \frac{mv_{ix}^2}{l_1} \tag{4-8}$$

系统中所有 N 个分子对 A_1 面的总的平均作用力为

$$\bar{F} = \sum \bar{F}_{ix} = \frac{1}{l_1}\sum_1^N mv_{ix}^2 = \frac{Nm}{3l_1}\overline{v^2} \tag{4-9}$$

所有气体分子对 A_1 面碰撞产生的压强为

$$P = \frac{\bar{F}}{S} = \frac{Nm}{3l_1l_2l_3}\overline{v^2} \tag{4-10}$$

令 $n = \dfrac{N}{l_1l_2l_3} = \dfrac{N}{V}$ 为分子数密度，即单位体积内分子的个数，则（4-10）式可整理得到

$$P = \frac{2}{3}n\left(\frac{1}{2}m\overline{v^2}\right) \tag{4-11}$$

令 $\bar{\omega}=\frac{1}{2}m\overline{v^2}$，$\bar{\omega}$ 表示分子的平均平动动能，则有

$$P=\frac{2}{3}n\bar{\omega} \tag{4-12}$$

（4-12）式为理想气体的压强公式，它表明气体作用于容器壁的压强正比于单位体积内的分子数 n 和分子的平均平动动能。

物理上看：n 越大，单位体积内分子的个数就越大，容器壁被分子碰撞的次数就会越多，压强就会越大；$\bar{\omega}$ 是分子的平均平动动能，它反映了气体热运动的激烈程度。热运动越激烈，分子对容器壁撞击产生的冲量越大，压强也越大。

（4-12）式理想气体压强关系式建立了宏观量 P 与微观量 $\bar{\omega}$ 的统计平均值之间的联系，它表明压强是一个统计量。这一结果在热力学及统计物理学领域非常具有代表性，即宏观量往往是决定于微观量的统计平均。因此，对于气体系统宏观量压强而言，它决定于系统所有分子碰撞容器壁的统计平均结果，不是决定于某个分子碰撞容器壁的结果。单个分子对容器壁的碰撞是不连续的，所以产生的压强是微弱的也是变化的，基本上可以忽略掉。只有气体分子数非常大时，热运动才能产生相对稳定的压强，这也是气体压强产生的根本原因。

对于实际气体系统来说，气体压强终究不可能是一个绝对稳定的值，它总是起伏不定的，这种起伏在热力学统计物理中被称为“涨落”。粒子数越大，涨落越小；粒子数越小，涨落越大。这种涨落效应实际上在特定条件下是可以被明确观察到的。例如非常稀薄的气体，在多次测量其压强的时候，会发现各次测量的结果有明显的不同，好像随机误差较大，但这其实并不是测量过程中的不精确所致，而是涨落的一种体现。

第四节 温度的统计解释

通过前面的学习我们知道，温度反映的是物质的相对冷热程度。在这里我们将进一步探讨物质的冷热，也就是物理上温度的高低产生的原因是什么。

假设在一个被活塞分开的容器里放有两种气体（为了简单起见，我们这里假定都是单原子气体），如图 4-6（a）所示。在左边的气体的分子的质量为 m_1，速度为 v_1，分子数密度为 n_1；右边的气体分子的质量为 m_2，速度为 v_2，分子数密度为 n_2。活塞保持平衡的条件是什么？很显然，从左边来的气体分子碰撞必定会使活塞向右移动，并且压缩右边的气体，使右边的气体压强升高；同样，右边的气体分子对活塞的碰撞也会使活塞向左移动。当两边的压强相等的时候，活塞可以保持平衡。根据（4-11）式，我们很容易得到

$$n_1 m_1 \overline{v_1^2/2} = n_2 m_2 \overline{v_2^2/2} \tag{4-13}$$

按照（4-13）式，具有很大的 n 和很小的 v，或具有很小的 n 和很大的 v，都可能产生同样的压强。即可以让左边的分子很密，但是分子平均速率很慢，同时右边的分子很稀疏，但平均速率很大；反之亦然。

真的是这样吗？实际并非如此，（4-13）式只是平衡的必要条件，而非充分条件！

那么达到平衡的充分条件是什么呢？为此我们可以先从另一个问题出发：假设有一个容器里包含两种不同分子组成的气体，它们的质量分别为 m_1、m_2，速度为 v_1、v_2 假如所有第一种分子都静止不动，那么这种情况将不会保持下去，因为它们受到第二种分子的碰撞，从而获得速度。如果所有的第二种分子的速度都远比第一种分子的速度快，这种情况也不会持续很久，它们会通过碰撞把能量传递一部分给第一种分子。现在有一个很明显的问题，就是平衡状态下两种分子的速度之间的关系。这个关系的推导并不是很容易，但是结果很简单，为

$$\frac{1}{2}m_1\overline{v_1^2}=\frac{1}{2}m_2\overline{v_2^2} \tag{4-14}$$

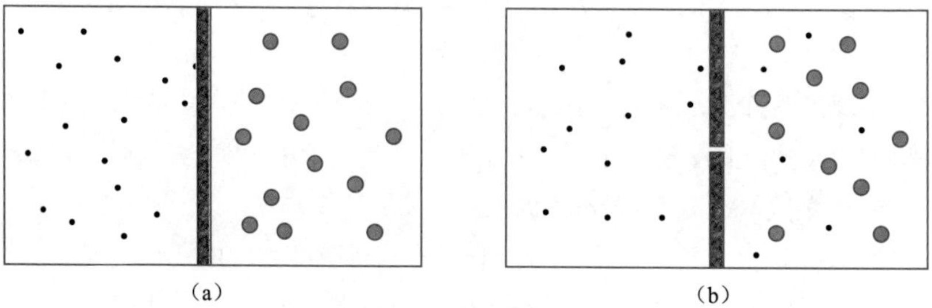

图 4-6　被活塞分开的两种气体（a）为两种气体在一个容器中，被一个活塞隔开；（b）为两种气体在一种容器中，中间的小孔可以让较小的分子通过，而不能让较大的分子通过

需要注意的是，该结果不仅对于气体成立，它对于一切物质都成立。（4-14）式具体推导过程，详见本节末尾的阅读材料。

（4-14）式的物理含义是非常明显的，即平衡态下两种气体分子的平均平动动能相等。据此我们可以进一步推断：即使两种气体并没有混合，而是被活塞隔开［如图 4-6（a）所示］，它们达到平衡时也有相同的平均平动动能。对此我们可以用几种方法来论证。

一种是在活塞上开一个特别的小孔，如图 4-6（b）所示。该小孔可以让第一种气体通过，而不能让第二种气体通过。当达到平衡时，混合部分的气体中，两种气体分子具有相同的平均平动动能。通过小孔漏出去的只是一种气体分子，这些分子在通过小孔时并没有丢失动能，它们具有和混合气体一样的平均平动动能。这个论证似乎不是太令人满意，因为可能很难设计一个那样特别的小孔。

第二种论证就是再回到那个没有开孔的活塞［如图 4-6（a）所示］。注意活塞也是由分子组成的，活塞两边的气体的分子都会和活塞的分子碰撞。当左边的气体和活塞作用了足够长时间后，活塞分子的平均平动动能必然是 $\overline{m_1v_1^2/2}$；类似地，当活塞的右边气体和活塞作用了足够长时间后，活塞分子必然具有平均平动动能 $\overline{m_2v_2^2/2}$。由此得到

$$\overline{m_1v_1^2/2}=\text{活塞分子平均平动动能}=\overline{m_2v_2^2/2} \tag{4-15}$$

也就是说活塞两边的气体平衡时具有相同的平均平动动能。

总之，当两种气体达到热平衡时，它们的平均平动动能相同（无论它们是否被隔开）。而热力学第零定律告诉我们，达到热平衡的两个物体的温度相同。对比这两个结论，我们得到温度的一种微观解释，即温度是由分子的平均平动动能决定的，或者说温度是和分子的平均平动动能成正比的，那么这个比例系数是多少呢？

质量为 M ，摩尔质量为 M_{mol} 的理想气体，由理想气体状态方程可得到

$$PV=\frac{M}{M_{\mathrm{mol}}}RT \tag{4-16}$$

式（4-16）可以改写为 $PV=\dfrac{Nm_0}{N_{\mathrm{A}}m_0}RT$ ， N、N_{A}、m_0 分别为系统内分子个数、阿伏加德罗常数和每个分子的质量， $R=8.314\mathrm{J}\cdot\mathrm{mol}^{-1}\cdot\mathrm{K}^{-1}$ 为理想气体普适常数，整理可得

$$P=nkT \tag{4-17}$$

其中的 k 是玻尔兹曼常数， $k=R/N_0=1.38\times10^{-23}\mathrm{J}\cdot\mathrm{K}^{-1}$ ； $n=N/V$ 是单位体积内分子的个数。

进一步将理想气体的压强表达（4-12）式和（4-17）式相结合，很容易得到

$$\bar{\omega}=\frac{3}{2}kT \tag{4-18}$$

（4-18）式是温度的微观统计解释。显然，气体分子的平均平动动能 $\bar{\omega}$ 和温度 T 相关，温度 T 就表示气体分子平均平动动能的大小的宏观统计表现，反映了物体内部分子无规则运动的剧烈程度。温度越高，分子的平均平动动能就越大，分子热运动越剧烈。后面我们还将知道，除了分子平动动能，分子转动、振动动能的平均值也是和温度 T 成正比的。总之，在经典物理里，温度是分子无规则运动的剧烈程度的度量。

要说明的是，分子平均平动动能不包括整个系统的定向运动的动能，例如在匀速运动的列车上的容器中装满气体，气体的温度不会因为火车的运动而改变，因为定向运动的粒子流只有经过碰撞后才能转化为无规则热运动的动能。另外，温度表示的是一个分子集合的热运动的平动动能的平均值，是一个统计结果，所以，离开了这个分子集合而孤立地讨论温度没有任何意义，说一个分子的温度是多少是没有意义的。

（4-18）式还表明，温度 $T\to0$ 时，分子平均平动动能 $\bar{\omega}$ 也趋向于 0。而我们知道物理上认为绝对零度是无法到达的，也就是物质分子的热运动是不会停止的。近代量子理论表明，即使到达了绝对零度，分子依然存在振动的零点能。另外，在温度极低时，（4-18）式已经不再适用，气体分子在极低温度情形下的表现。大家可以阅读本节后面的阅读材料。

根据（4-18）式和 $\bar{\omega}=\dfrac{1}{2}m\overline{v^2}$ ，可以得到

$$\sqrt{\overline{v^2}}=\sqrt{\frac{3kT}{m}}=\sqrt{\frac{3RT}{M_{\mathrm{mol}}}} \tag{4-19}$$

$\sqrt{\overline{v^2}}$ 被称为气体分子方均根速率。

表 4-1 给出了一些气体 0℃时的方均根速率。

表 4-1 0℃时几种常见气体的方均根速率

气体	摩尔质量 $M_{mol}/(g\cdot mol^{-1})$	方均根速率 $\sqrt{\overline{v^2}}/(m\cdot s^{-1})$
氢气	2.02	1 838
氦气	4.0	1 311
水蒸气	18	615
氖气	20.1	584
氮气	28	493
一氧化碳	28	493
空气	28.8	485
氧气	32	461
二氧化碳	44	393

例 4-1 在一个具有活塞的容器中盛有一定的气体，如果压缩气体并对它加热，使它的温度从27℃升到177℃，体积减少一半。（1）求气体压强变化多少？（2）这时气体分子的平均平动动能变化多少？

解 （1）已知 $V_1 = 2V_2$，$T_1 = (273+27)\text{K} = 300\text{K}$，$T_2 = (273+177)\text{K} = 450\text{K}$，根据理想气体状态方程可得

$$\frac{P_1V_1}{T_1} = \frac{P_2V_2}{T_2}$$

由此得到

$$P_2 = \frac{V_1T_2}{V_2T_1}P_1 = \frac{2V_2 \times 450}{V_2 \times 300} = 3P_1$$

即压强增大到原来的 3 倍。

（2）$\overline{\omega} = \frac{3}{2}kT$，从而 $\Delta\overline{\omega} = \overline{\omega}_2 - \overline{\omega}_1 = \frac{3}{2}k(T_2 - T_1) = \frac{3}{2}\times 1.38\times 10^{-23}\times(450-300)\text{J} = 3.11\times 10^{-21}\text{J}$。

例 4-2 在近代物理中，常用电子伏特（eV）作为能量单位，意指当一个电子被电势差为 1V 的均匀电场加速后所获得的能量就是 1eV，试求当温度为多少时，气体分子的平均平动动能是 1eV？

解 根据题意，

$$1\text{eV} \approx 1.6\times 10^{-19}\text{C}\times 1\text{V} = 1.6\times 10^{-19}\text{J}$$

而

$$\overline{\omega} = \frac{3}{2}kT$$

故

$$T = \frac{2\overline{\omega}}{3k} = \frac{2\times 1.6\times 10^{-19}}{3\times 1.38\times 10^{-23}}\text{K} \approx 7\,700\text{K}$$

也就是说，1eV 的能量相当于温度为 7 700K 时分子的平均平动动能。

阅读材料

关于混合气体速率关系的推导

假设有两个质量不同的分子发生碰撞，其速度分别为 $\boldsymbol{v}_1$、$\boldsymbol{v}_2$，质量分别为 m_1、m_2。将两者看成一个系统，其质心的速度为 $\boldsymbol{v}_c=(m_1\boldsymbol{v}_1+m_2\boldsymbol{v}_2)/(m_1+m_2)$，两者的相对速度为 $\boldsymbol{v}_r=\boldsymbol{v}_1-\boldsymbol{v}_2$。平衡态时，相对于质心的运动方向来说，$\boldsymbol{v}_r$ 在一切方向的可能性相同，即一对分子沿着空间任何方向运动的可能性是相同的。这是由于分子的碰撞造成的，如果系统的初始分布不是这样，碰撞也将使得系统最终达到这样的状态。这样的状态用数学的语言描述就是：$\boldsymbol{v}_r$ 和 $\boldsymbol{v}_c$ 的夹角余弦可以随机地取 −1 ～ 1 的值。因而从统计平均的角度看

$$\overline{\boldsymbol{v}_r\cdot\boldsymbol{v}_c}=0, \tag{4-20}$$

亦即

$$\overline{\boldsymbol{v}_r\cdot\boldsymbol{v}_c}=\overline{(\boldsymbol{v}_1-\boldsymbol{v}_2)\cdot\frac{(m_1\boldsymbol{v}_1+m_2\boldsymbol{v}_2)}{m_1+m_2}}=\frac{\overline{(m_1v_1^2-m_2v_2^2)}+(m_2-m_1)\overline{(\boldsymbol{v}_1\cdot\boldsymbol{v}_2)}}{m_1+m_2}=0, \tag{4-21}$$

其中的 $\overline{\boldsymbol{v}_1\cdot\boldsymbol{v}_2}$ 是 $\boldsymbol{v}_1\cdot\boldsymbol{v}_2$ 的统计平均值。由于分子的无规则热运动，平衡态下，速度 $\boldsymbol{v}_1$ 和 $\boldsymbol{v}_2$ 的夹角取各个方向的可能性是相等的，因而对大量分子而言，$\boldsymbol{v}_1\cdot\boldsymbol{v}_2$ 的统计平均值应该为 0，即 $\overline{\boldsymbol{v}_1\cdot\boldsymbol{v}_2}=0$。将该结果代入（4-21）式中，即得

$$\overline{m_1v_1^2}=\overline{m_2v_2^2} \tag{4-22}$$

第五节　内能、能量均分定理

一、自由度的概念

自由度、能量均分定理

前面的讨论中我们只是把气体分子看成质点，并未考虑分子的大小以及结构，实际气体分子是有大小和结构的。下面，我们首先考虑如何确定气体分子的（有结构）空间位置问题。力学中把完全确定一个物体在空间的位置所需要的独立坐标数叫作这个物体的自由度 i 。

例如一个质点在三维空间运动，描述它的位置就需要 3 个坐标（x, y, z），单原子分子气体正是这样的，如图 4-7（a）所示。对于双原子分子，问题要复杂很多：两个原子通过化学键结合在一起，如果这两个原子之间顺着它们连线方向基本没有什么相对运动（这种分子叫刚性分子），这时候可以将化学键看成一个无质量的细杆，此时的双原子分子像一个哑铃，称为哑铃型双原子分子，如图 4-8（a）所示。如果两个原子沿着它们的连线方向有明显的振动，则它们仿佛被一根无质量的弹簧连接在一起，这样的分子叫作非哑铃型双原子分子，如图 4-8（b）所示。

对于哑铃型双原子分子，首先需要用 3 个平动自由度（x, y, z）来描述它们的质心位置，记为 t=3。质心位置确定以后，还需要描述整个哑铃绕质心的转动。转动可以通过这两个分子的连线相对于 3 个坐标轴的方向角 α 、β 、γ 来描述，但是这 3 个方向角并非相互独立。根据空间解析几何的知识，这 3 个角度满足约束条件 $\cos^2\alpha+\cos^2\beta+\cos^2\gamma=1$，所以描述哑铃型双原子分子［图 4-8（a）］转动的独立坐标数只需要两个，记为 r=2；总自由度为 $i=t+r=3+2=5$，如图 4-7（b）所示。对于非哑铃型双原子分子［图 4-8（b）］，除了平动和转动自由度，还有一个振动自由度（一个原子相对于另一个原子振动），记为 v=1。总自由度为 $i=t+r+v=3+2+1=6$。

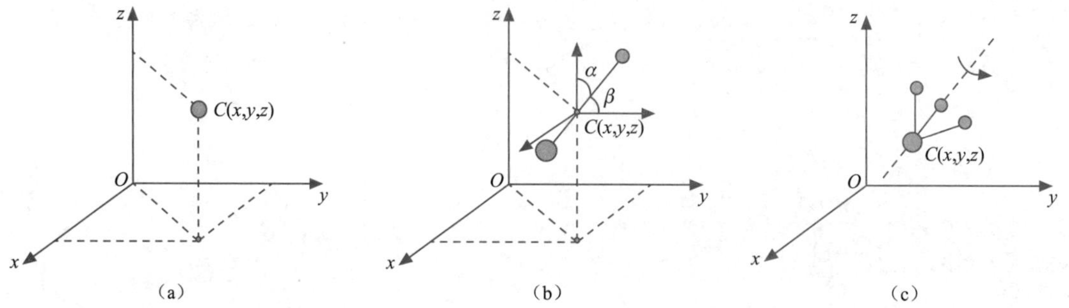

图 4-7　刚性分子的自由度：（a）单原子分子；（b）双原子分子；（c）三原子分子

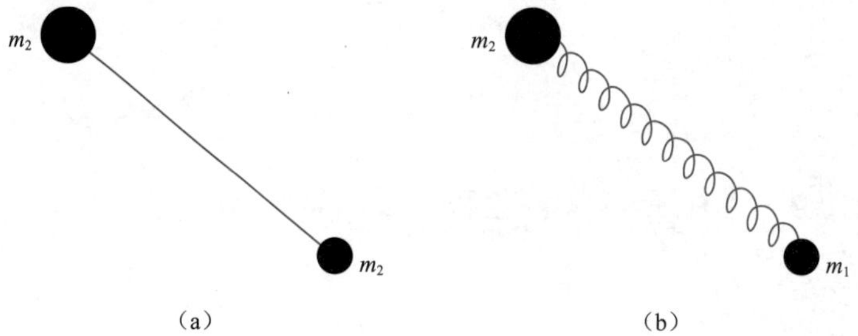

图 4-8　双原子分子：（a）哑铃型双原子分子；（b）非哑铃型双原子分子

如果是三原子分子，并且分子间的相对位置保持不变（即为刚性分子），其自由度为 6；其中平动自由度为 3，转动自由度也为 3。这 3 个转动自由度中，有两个是围绕质心的转动，一个是围绕自身的自转［如图 4-7（c）所示］。对于多原子分子，一般来说，n 个原子组成的分子最多有 $3n$ 个自由度，其中平动自由度为 3，转动自由度也为 3，振动自由度为 $3n-6$。在刚性近似下，振动自由度可以忽略。所以，多原子分子的自由度可以认为是 6。

例 4-3　人手指的自由度问题：当胳膊不动时，拇指的末节有几个自由度？

解　对这个问题，需要注意的一个问题是，拇指虽然只有两节，但拇指根部的那块肌肉在虎口处是可以自由活动的，并且有两个自由度；手掌自身相对胳膊的转动自由度是两个；再加上两个指节的自由度，一共有 6 个自由度。

多自由度问题在机械结构设计中是关于操作灵活度的重要问题。

二、能量按照自由度均分定理、内能

从（4-18）式我们已经得到，理想气体在平衡态时的分子平均平动动能为 $\bar{\omega}=\frac{3}{2}kT$ 。上面的讨论中我们可以发现，每个分子都有 3 个平动自由度，平均平动动能可以表示为

$$\frac{1}{2}m\overline{v^2}=\frac{1}{2}m\overline{v_x^2}+\frac{1}{2}m\overline{v_y^2}+\frac{1}{2}m\overline{v_z^2}$$

理想气体组成的热力学气体系统在平衡态下分子沿各个方向运动的机会均等，有

$$\overline{v_x^2}=\overline{v_y^2}=\overline{v_z^2}$$

所以

$$\frac{1}{2}m\overline{v_x^2}=\frac{1}{2}m\overline{v_y^2}=\frac{1}{2}m\overline{v_z^2}=\frac{1}{2}kT \tag{4-23}$$

（4-23）式在物理上可以这样理解：每个气体分子都有 3 个平动自由度，每个自由度上的平均平动动能为 $\frac{1}{2}kT$ 。

这个结果可以推广到双原子分子或者多原子分子，并形成一个普适的定理：在温度为 T 的平衡态下，物质分子的每一个自由度（包括平动、转动和振动自由度）都具有相同的平均动能，其大小都等于 $\frac{1}{2}kT$ ，这就是**能量按自由度均分定理**。

例如刚性双原子分子，其分子运动自由度为 5，则其分子运动平均动能为 $\frac{5}{2}kT$ 。更一般的情况，如果一个分子的平动自由度为 t，转动自由度为 r，振动自由度为 v，分子热运动的平均总动能为 $\frac{1}{2}(t+r+v)kT$ 。

对于能量均分定理，需要强调的是，该定理是一个针对大量分子的统计结果。对于某个特定的分子而言，在某一特定时刻，它在某一个自由度上的平动动能和在某一个自由度上的转动动能可能不等，甚至两个平动自由度的动能也可能不等。大量分子能实现能量均分，是通过彼此间的无规则碰撞实现的。在碰撞过程中，能量可以从一个分子转移到另一个分子，一种形式的能量可以转化为另一种形式的能量。例如一个刚性双原子气体分子中，在某一时刻所有分子只有平动，则这种状态不会持久保持，通过碰撞，很快就有一部分平动动能转化为转动动能。当然，如果是非刚性双原子分子，平动动能还可能转化为振动能量。

对于分子中的振动，我们需要特别说明一下。例如一个非刚性双原子分子，其总自由度是 6，其中振动自由度是 1，此时分子的总的平均动能是 $\frac{6}{2}kT$ 。但是要注意的是，分子的平均热运动能量总和并不是 $3kT$，而是 $\frac{7}{2}kT$ 。多出的 $\frac{1}{2}kT$ 能量是从哪里来的呢？这是因为对于振动而言，不仅有动

能还有势能，可以认为振动势能的平均值和振动动能的平均值是相等的。因此，对于有振动的分子，其热运动的总能量可以写为$\frac{1}{2}(t+r+2v)kT$，由此我们可以将理想气体的内能写为

$$E = N\frac{1}{2}(t+r+2v)kT \tag{4-24}$$

或者

$$E = \frac{M}{M_{\text{mol}}}\cdot\frac{1}{2}(t+r+2v)RT \tag{4-25}$$

温度是物体热运动剧烈程度的量度，那么对于同一个物体而言，温度越高其内能就越多。如果分子不是由单原子组成的，则分子除了平动还可能转动和振动。物体中所有分子的平动、转动及振动的能量加上物体中分子与分子间的势能的总和叫作物体的内能。

要注意的是，对于理想气体，其分子间的相互作用力为 0，所以理想气体的内能中没有分子间的势能。因此，**我们在计算由刚性的理想气体分子组成的系统内能 E 时，忽略了分子振动的能量以及分子内相当复杂的多种相互作用及相应能量**。通常情况下，系统内能的计算仅包含了系统内所有分子全部动能的和，如

$$E = \frac{M}{M_{\text{mol}}}N_{\text{A}}\cdot\frac{i}{2}kT \tag{4-26}$$

式中$\frac{i}{2}kT$是每个分子（统计平均结果）的平均动能，一般记为$\bar{\varepsilon}_k=\frac{i}{2}kT$。显然，分子平均动能是包含分子平均平动动能的。（4-26）式还可以表达为

$$E = \frac{M}{M_{\text{mol}}}\frac{i}{2}RT \tag{4-27}$$

一定量理想气体的内能只取决于温度和分子的自由度，是温度的单值函数。

不考虑振动自由度影响的原因在于：当温度不够高的时候，气体的振动自由度被“冻结”起来，振动自由度不参与能量均分。例如氢气需要在温度达到 6 000K 的时候，振动自由度才明显参与能量均分。对大多数气体而言，能让振动自由度参与能量均分的温度都需要几千摄氏度以上。这就是在通常状态下不考虑振动自由度的原因。实际上，在特定条件下转动自由度也会被“冻结”起来，但这一般需要很低的温度。例如氢气在温度降到 92K 以下的时候，转动自由度也基本不参与能量均分了，此时氢气的平均热运动能量可以近似地写为$\frac{3}{2}kT$。但是常温下，转动自由度都是显著发挥作用的。

综上所述，对于双原子分子或者多原子分子气体的内能和自由度的关系，可以总结如下：

$$E = \frac{M}{M_{\text{mol}}}\cdot\frac{1}{2}(t+r+2v)RT \quad （足够高温） \tag{4-28}$$

$$E = \frac{M}{M_{\text{mol}}}\cdot\frac{1}{2}(t+r)RT \quad （通常温度） \tag{4-29}$$

$$E=\frac{M}{M_{\mathrm{mol}}}\cdot\frac{1}{2}tRT \quad （极低温度） \tag{4-30}$$

例如氢气，$t=3$，$r=2$，$v=1$。在极低温度下（92K 以下），$E=\frac{M}{M_{\mathrm{mol}}}\cdot\frac{3}{2}RT$；极高温度下（6 000K 以上），$E=\frac{M}{M_{\mathrm{mol}}}\cdot\frac{7}{2}RT$；通常温度下，$E=\frac{M}{M_{\mathrm{mol}}}\cdot\frac{5}{2}RT$。

自由度的冻结问题实际上暴露了经典物理的不足：对于双原子气体或者多原子气体，能量均分定理只是在通常温度下适用的一个很好的近似。因为从本质上讲，微观粒子（原子或分子）的运动规律是不遵从牛顿力学的，而是遵从量子力学。如振动问题，我们可以把分子中的振动近似地看成简谐振动，而根据量子论，简谐振动的能量只能取分立的值

$$\varepsilon_v=(n+\frac{1}{2})\hbar\omega \quad （n=1，2，3，\cdots） \tag{4-31}$$

其中 $\hbar=1.054\,59\times10^{-34}$，是约化普朗克常数，$\omega$ 是分子振动的圆频率。一般来说 $\hbar\omega$ 的数值要比玻尔兹曼常数大几千倍，所以只有温度达到几千开的高温才可能实现振动能级的跃迁，这时候振动自由度才参与能量均分。如果在常温下，则分子碰撞时很难使振动能级跃迁，仿佛振动自由度被冻结了一般。

关于转动自由度在极低温度下的冻结问题，其解释和振动自由度的解释类似，具体请参看相关统计物理教材，在此不再赘述。

阅读材料

激光冷却

早在 20 世纪初，人们就注意到光对原子有辐射压力作用；在激光器发明之后，又发展了利用光压改变原子速度的技术。当原子在频率略低于原子跃迁能级差且相向传播的一对激光束中运动时，由于多普勒效应，原子倾向于吸收与原子运动方向相反的光子，而对与其相同方向行进的光子吸收概率较小；吸收后的光子将各向同性地自发辐射。平均地来看，两束激光的净作用是产生一个与原子运动方向相反的阻尼力，从而使原子的运动减缓（即冷却下来）。1985 年美国国家标准与技术研究院的菲利浦斯（W.D.Phillips）和斯坦福大学的朱棣文（Steven Chu）首先实现了激光冷却原子的实验，并得到了极低温度（240mK）的钠原子气体。他们进一步用三维激光束形成磁光阱将原子囚禁在一个空间的小区域中加以冷却，获得了更低温度的“光学粘胶”。此后，人们还发展了磁场和激光相结合的一系列冷却技术，其中包括偏振梯度冷却、磁感应冷却等。朱棣文、科昂 - 唐努德日（Cohen-Tannoudji）和菲利普斯 3 人也因此而获得了 1997 年诺贝尔物理学奖。

激光冷却有许多应用，如原子光学、原子刻蚀、原子钟、光学晶格、光镊子、玻色 - 爱因斯坦凝聚、原子激光、高分辨率光谱以及光和物质相互作用的基础研究等，后来成为

实现原子玻色-爱因斯坦凝聚的关键实验方法。

玻色-爱因斯坦凝聚

英国《自然》杂志2018年10月17日发表一项物理学重磅研究，科学家们在太空中首次创造了“物质的第五态”：玻色-爱因斯坦凝聚（Bose-Einstein Condensation，BEC）。

玻色-爱因斯坦凝聚可看作是低密度原子气体冷却到接近绝对零度并且坍缩成非常致密的量子态时形成的物质状态。该状态的特性使其成为感应极小的惯性力的理想选择，而且它们可用于测量重力加速度——保持原子做自由落体运动可以增加这些测量的灵敏度。研究玻色-爱因斯坦凝聚等量子系统，非常有助于增加人类对引力波、广义相对论和量子力学的理解。图4-9所示为原子云在冷却温度越来越低时的密度变化示意图。

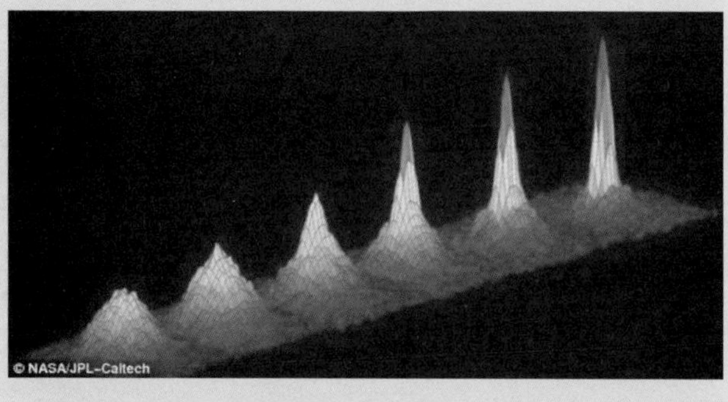

图4-9 原子云在冷却温度越来越低时的密度变化示意图

尖锐波峰的出现（温度为130nK）证实了玻色-爱因斯坦凝聚的形成。早在1925年爱因斯坦就预言，在极低的温度下，服从玻色-爱因斯坦统计的原子可能会发生转变——随温度不断逼近绝对零度，越来越多的原子汇聚集于最低的能量状态上，直到几乎所有的原子都处于这一个能量状态上，整体呈现一个量子状态。这种状态后来被命名为玻色-爱因斯坦凝聚态，也被称为与气态、液态、固态、等离子态并列的“物质的第五态”。

通过观察原子在几乎处于绝对零度时的行为，物理学家可以了解引力、弱相互作用、强相互作用和电磁相互作用的彼此关系等。

第六节 麦克斯韦速率分布律

一、麦克斯韦速率分布律

前面已讨论过，气体分子总是永不停息地在做无规则的热运动。由于分子间存在频繁的碰撞，如果追踪某个分子的速度，会发现其速度的大小和方向都在不断地改变，似乎没有规律性可言。但是，在平衡态下对于大量分子而言，气体分子速率的分布存在一定的统计规律。1859 年麦克斯韦发表的《气体动力理论的说明》论文中用概率论证明了在平衡态下，理想气体分子速率分布是有规律的，并给出了分布函数表达式。1868 年玻尔兹曼发表了题为《运动质点活力平衡的研究》的论文。他提出研究分子运动论必须引进统计学，并且证明了不仅单原子气体分子遵守麦克斯韦速率分布律，而且多原子分子以及凡是可以看成质点系的分子在平衡态中都遵从麦克斯韦速率分布律。

从数学上看，麦克斯韦速率分布律是关于分子速率的分布函数，分布函数在统计中是非常重要的。例如，如果我们知道某个系统中关于变量 u 的归一化分布函数 $f(u)$，那么我们就可以得到该变量 u（或关于变量 u 的函数）在本系统中的统计平均值

$$\bar{u}=\int_{-\infty}^{+\infty} u f(u)\mathrm{d}u \tag{4-32}$$

或

$$\bar{A}=\int_{-\infty}^{+\infty} A(u) f(u)\mathrm{d}u$$

具体到系统中分子速率的分布问题，例如，速率在 100m/s ~ 110m/s 内的分子数占总分子数的比例是多少？速率在 110m/s ~ 120m/s 内的分子数占总分子数的比例是多少？速率在 120m/s ~ 130m/s 内的分子数占总分子数的比例又是多少？我们可以将这个比例记为 $\mathrm{d}N/N$，其中 N 为总分子数，$\mathrm{d}N$ 为速率在 v ~ $v+\mathrm{d}v$ 之间的分子的数目。一般而言，对于不同的速率区间，这个比例是不一样的，即这个比例一定是速率的函数。但可以肯定的是，速率区间越大，这个比例也越大。当区间 $\mathrm{d}v$ 足够小的时候，可以认为这个比例和 $\mathrm{d}v$ 成正比，即

$$\frac{\mathrm{d}N}{N}=f(v)\mathrm{d}v \tag{4-33}$$

显然

$$f(v)=\frac{\mathrm{d}N}{N\mathrm{d}v} \tag{4-34}$$

关于速率的分布函数 $f(v)$ 在物理上表示速率 v 附近单位速率间隔内的分子数占总分子数的比例，在数学上是关于速率的概率密度。在气体动理论中，$f(v)$ 被称为气体分子速率分布函数。麦克斯韦、玻尔兹曼等人已经从理论上导出了理想气体的速率分布函数，其结果可以写为

$$f(v)=4\pi\left(\frac{m}{2\pi kT}\right)^{3/2}\mathrm{e}^{\frac{-mv^2}{2kT}}v^2。 \tag{4-35}$$

其中 m 是气体分子的质量，k 是玻尔兹曼常数，T 是热力学温度。（4-35）式的结果被称为麦克斯韦速率分布律。

图 4-10 是在某温度下某气体分子的速率分布曲线，图中阴影小长方形的面积为 $f(v)\mathrm{d}v$，亦即速率在区间 v ~ $v+\mathrm{d}v$ 内的分子占总分子的比例。图中 v_1 ~ v_2 的有限区间所对应的面积可以写为

$$\int_{v_1}^{v_2} f(v)\mathrm{d}v \tag{4-36}$$

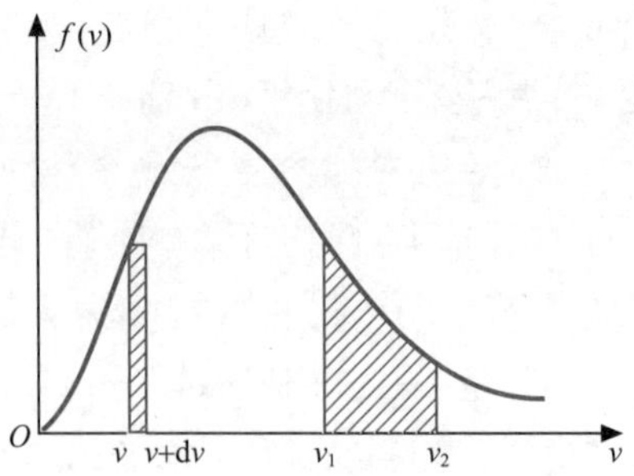

图 4-10　麦克斯韦速率分布律示意图

它表示速度在 $v_1 \sim v_2$ 之间的分子占总分子数的比例。

在整个可能的速率区间，则应该有

$$\int_0^{\infty} f(v)\mathrm{d}v = 1 \tag{4-37}$$

此式从数学上看是概率分布的归一化条件，也就是说，分子速率在 $0 \sim \infty$ 内出现的概率之和等于 1。

气体速率分布律的含义还可以有另一种理解：如果我们长时间地追踪一个粒子，并不断地测量其速率，则当测量的次数 N 很大时，会发现测得的速率处于 $v \sim v+\mathrm{d}v$ 区间的比例 $\mathrm{d}N/N$ 为 $f(v)\mathrm{d}v$。（4-47）式亦可理解为气体分子的速率取全部可能值的概率之和为 1。

二、麦克斯韦速率分布律的性质

1. 最概然速率

图 4-11 所示的气体分子速率分布曲线上有个最大值，对应的速率记为 v_p，气体分子速率取值比 v_p 大很多或者小很多的概率都比较小。这个 v_p 叫作最概然速率，其物理含义是：在一定温度的平衡态下，分子速率大小取值在 v_p 附近的可能性最大，系统中速率在 v_p 附近的分子个数也最多，所占比例也最大。最概然速率 v_p 可以通过极值条件

$$\frac{\mathrm{d}f(v)}{\mathrm{d}v} = 0 \tag{4-38}$$

求出，即

$$\frac{\mathrm{d}f(v)}{\mathrm{d}v} = 4\pi\left(\frac{m}{2\pi kT}\right)^{3/2}\left(\mathrm{e}^{\frac{-mv^2}{2kT}} \cdot \frac{-mv}{kT} \cdot v^2 + \mathrm{e}^{\frac{-mv^2}{2kT}} \cdot 2v\right) = 0 \tag{4-39}$$

从而得到最概然速率为

$$v_\mathrm{p} = \sqrt{\frac{2kT}{m}} = \sqrt{\frac{2RT}{M_\mathrm{mol}}} \approx 1.414\sqrt{\frac{RT}{M_\mathrm{mol}}} \tag{4-40}$$

其中 M_mol 为气体分子的摩尔质量。

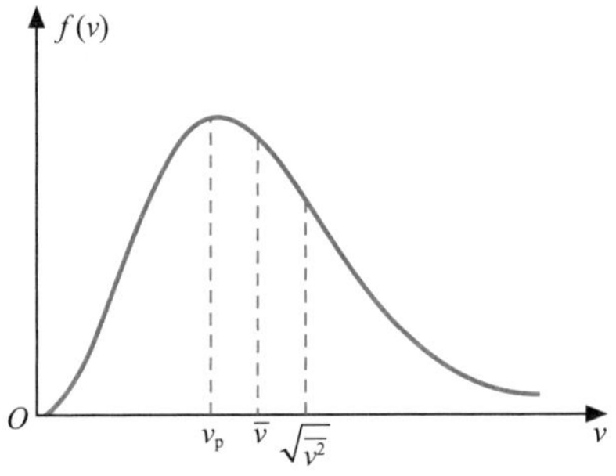

图 4-11　某温度平衡态下气体分子的速率的 3 个统计平均值

2. 平均速率

由（4-32）式可知，系统内所有气体分子的平均速率是

$$\bar{v}=\int_0^\infty v\cdot f(v)\mathrm{d}v \tag{4-41}$$

将麦克斯韦速率分布律代入（4-41）式即得

$$\bar{v}=\int_0^\infty v\cdot f(v)\mathrm{d}v=4\pi\left(\frac{m}{2\pi kT}\right)^{3/2}\cdot\int_0^\infty \mathrm{e}^{\frac{-mv^2}{2kT}}v^3\mathrm{d}v=\sqrt{\frac{8kT}{\pi m}}=\sqrt{\frac{8RT}{\pi M_{\mathrm{mol}}}}\approx 1.596\sqrt{\frac{RT}{M_{\mathrm{mol}}}} \tag{4-42}$$

关于（4-42）式中积分计算，请参看本章的附录部分。

有时候，我们可能会特别关注处于某个速度区间 v_1 ~ v_2 中的分子，这部分分子的平均速率计算方法如下。

速率介于 v_1 ~ v_2 区间的分子数为 $\mathrm{d}N=\int_{v_1}^{v_2}Nf(v)\mathrm{d}v$，这部分分子的“速率之和”为 $\int_{v_1}^{v_2}v\cdot Nf(v)\mathrm{d}v$，从而得到这部分分子的平均速率为

$$\bar{v}=\frac{\int_{v_1}^{v_2}v\cdot Nf(v)\mathrm{d}v}{\int_{v_1}^{v_2}Nf(v)\mathrm{d}v}=\frac{\int_{v_1}^{v_2}v\cdot f(v)\mathrm{d}v}{\int_{v_1}^{v_2}f(v)\mathrm{d}v} \tag{4-43}$$

3. 方均根速率 $\sqrt{\overline{v^2}}$

这里我们可以利用麦克斯韦速率分布律从数学上表示方均根速率，其计算方法和平均速率的计算类似，先计算方均速率为

$$\overline{v^2}=\int_0^\infty v^2\cdot f(v)\mathrm{d}v=\int_0^\infty 4\pi\left(\frac{m}{2\pi kT}\right)^{3/2}\mathrm{e}^{\frac{-mv^2}{2kT}}v^4\mathrm{d}v=\frac{3kT}{m}=\frac{3RT}{M_{\mathrm{mol}}} \tag{4-44}$$

计算的过程也需要利用附录的积分，由此得到方均根速率为

$$\sqrt{\overline{v^2}}=\sqrt{\frac{3kT}{m}}=\sqrt{\frac{3RT}{M_{\mathrm{mol}}}}\approx 1.732\sqrt{\frac{RT}{M_{\mathrm{mol}}}} \tag{4-45}$$

实际上方均根速率也可以从温度的统计解释（4-18）式中直接得到，因为 $\bar{\omega}=\frac{3}{2}kT$，即 $\frac{1}{2}m\overline{v^2}=\frac{3}{2}kT$，所以 $\sqrt{\overline{v^2}}=\sqrt{\frac{3kT}{m}}$。

图 4-11 所示的气体分子速率的 3 种统计平均值的大小关系是：$v_p<\bar{v}<\sqrt{\overline{v^2}}$。注意 3 种统计平均值在物理上描述的意义是有区别的。

4. 速率分布与温度和质量的关系

从（4-40）式可看出，温度越高，分子的最概然速率越大。图 4-12（a）所示是不同温度下某一种气体分子的速率分布曲线，从中可以看出，温度越高，v_p 越大。与此同时，由于曲线下面的总面积是不变的，因此 v_p 越大的曲线，峰值越低，曲线也相对较平坦。从（4-42）式和（4-45）式可以看出，气体分子运动的平均速率、方均根速率也是随着温度的增加而增加的。

对于同一温度下不同类型的分子，分子质量较大（或摩尔质量较大）的气体的最概然速率较小，v_p 对应的分布函数值较大（峰较高），如图 4-12（b）所示。类似地，平均速率、方均根速率也和分子质量的方根成反比。

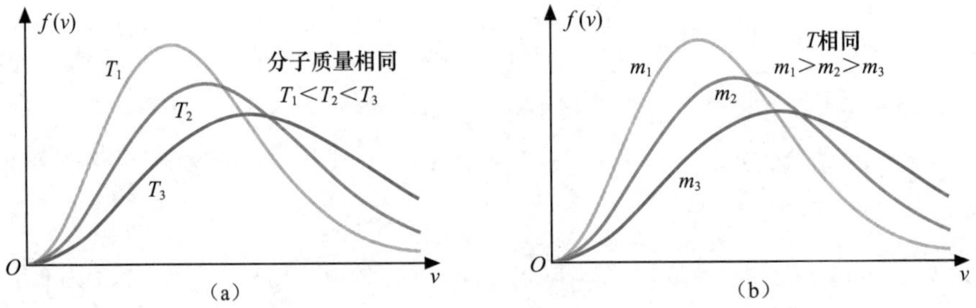

图 4-12 速率分布与温度、质量的关系：（a）不同温度下的分子速率分布曲线；（b）不同质量的分子的速率分布曲线

从物理上，大家可以想一想图 4-12 分布曲线形貌变化的原因是什么。学习物理我们要善于把数学或实验的结果通过构建物理（自然）的图像展现出来。

例 4-4 说明下列各式的物理含义：

（1）$Nf(v)\mathrm{d}v$；（2）$\int_0^{v_1}Nf(v)\mathrm{d}v$；（3）$\int_{v_0}^{\infty}vf(v)\mathrm{d}v\Big/\int_{v_0}^{\infty}f(v)\mathrm{d}v$；（4）$\int_{v_1}^{v_2}\frac{1}{2}mv^2Nf(v)\mathrm{d}v$。

解 （1）表示速率在 $v\sim v+\mathrm{d}v$ 区间内的全部分子数；（2）表示速率小于 v_1 的全部分子数；（3）表示速率大于 v_0 的全部分子的平均速率；（4）表示速率大于 v_1 而小于 v_2 的全部分子的平动动能之和。

三、气体分子速率分布律的实验验证——葛正权实验

我国物理学家葛正权曾经在 1934 年测定铋（Bi）蒸气分子的速率分布，其实验装置的主要部分如图 4-13 所示，O 是铋蒸气源，其中铋蒸气的温度约为 900℃，蒸气压为 0.2 ~ 0.9mmHg（合 26 ~ 119Pa），S_1（宽 0.05mm，长 10mm）、S_2 和 S_3（宽 0.6mm，长 10mm），都是狭缝。R 是一个可以绕

中心转轴（垂直于图平面）转动的空心圆筒，其半径为 9.4cm，转速为 3 000r/min，全部装置放在真空容器中（真空度约为 10^{-5}mmHg，约合 1.3×10^{-3}Pa）。

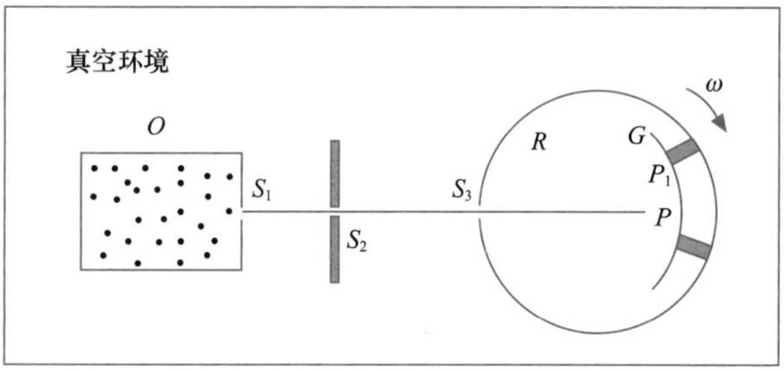

图 4-13　葛正权实验示意图

实验时，如果转筒 R 不动，则铋分子通过狭缝 S_3 进入 R 后，将沿着直线射向装在 R 内壁上的弯曲玻璃 G，并沉积在板上正对着 S_3 的 P 处，使那里镀上一窄条铋。当 R 以一定的角速度转动时，由于铋分子由 S_3 到达 G 需要一段时间，而这段时间内 R 已经转过一定角度，因此铋分子不再沉积在板上 P 处。显然，不同速率的分子将沉积在不同的地方。速率大的分子由 S_3 到 G 所需要的时间短，沉积在距离 P 较近的地方；而速率较小的分子则沉积在距离 P 较远的地方。设速率为 v 的分子沉积在 P_1 处，以 s 表示圆弧 PP_1 的长度，ω 表示 R 的角速度，D 表示 R 的直径，则铋分子由 S_3 到达 P_1 处所需的时间为

$$t = D / v \tag{4-46}$$

在这段时间内，R 所转过的角度为 $\theta=\omega t$，而圆弧 PP_1 的长度为

$$s=\frac{D}{2}\cdot\theta=\frac{D}{2}\omega t \tag{4-47}$$

以上两式消去 t，即得

$$v=\frac{D^2\omega}{2s} \tag{4-48}$$

ω 和 D 是已知的，所以一定的 s 值与一定的速率 v 对应。

实验时，令 R 以恒定的角速度转动较长的时间（一二十小时）。然后取下玻璃板 G，用测微光度计测定板上各处沉积的铋的厚度，找出铋的厚度随 s 变化的关系，就可以确定铋分子速率分布的规律。

用这个实验验证麦克斯韦速率分布律时遇到的主要困难是，铋蒸气中同时含有单原子分子 Bi、双原子分子 Bi_2 和少量三原子分子 Bi_3，而且这 3 种组分的含量是未知的。葛正权经过多次实验发现，若假定这 3 种组分的含量（指每种组分的摩尔数和总摩尔数的百分比）分别为 44%、54% 和 2%，则实验结果与麦克斯韦速率分布律吻合得很好。

第七节　玻尔兹曼分布律

上一节中，(4-45) 式麦克斯韦速率分布函数是关于分子运动快慢的分布。如果将分子的运动方向考虑进来，在关于速率的“小体积”元里的概率分布有

$$f(v_x,v_y,v_z)\mathrm{d}v_x\mathrm{d}v_y\mathrm{d}v_z=\left(\frac{m}{2\pi kT}\right)^{3/2}\mathrm{e}^{\frac{-m}{2kT}(v_x^2+v_y^2+v_z^2)}\mathrm{d}v_x\mathrm{d}v_y\mathrm{d}v_z \tag{4-49}$$

即麦克斯韦**速度**分布规律。分子速度处于 $v_x\sim v_x+\mathrm{d}v_x$，$v_y\sim v_y+\mathrm{d}v_y$，$v_z\sim v_z+\mathrm{d}v_z$ 区间的分子数 $\mathrm{d}N$ 占总分子数的比例是

$$\frac{\mathrm{d}N}{N}=f(v_x,v_y,v_z)\mathrm{d}v_x\mathrm{d}v_y\mathrm{d}v_z \tag{4-50}$$

速度分布律满足归一化条件

$$\iiint_{-\infty}^{+\infty}\left(\frac{m}{2\pi kT}\right)^{3/2}\mathrm{e}^{\frac{-m}{2kT}(v_x^2+v_y^2+v_z^2)}\mathrm{d}v_x\mathrm{d}v_y\mathrm{d}v_z=1 \tag{4-51}$$

如果将 (4-51) 式中的体积元 $\mathrm{d}v_x\mathrm{d}v_y\mathrm{d}v_z$ 换为球坐标下的体积元 $v^2\sin\theta\mathrm{d}v\mathrm{d}\theta\mathrm{d}\varphi$，将 $v_x^2+v_y^2+v_z^2$ 换成 v^2，并将对角度的积分完成，就得到麦克斯韦速率分布律。

但是，在麦克斯韦速率分布律中，假定了在平衡态下气体分子的空间分布是均匀分布。显然，当有保守外力（如重力场、电场等）作用时，气体分子的空间位置就不再均匀分布了，不同位置处分子数密度不同。1871 年，玻尔兹曼又连续发表了两篇论文——《论多原子分子的热平衡》和《热平衡的某些理论》，文中研究了气体在重力场中的平衡分布。玻尔兹曼在他的研究中发现“在重力作用下，分子随高度的分布满足气压公式，所以气压公式来源于分子分布的普遍规律”，得到了玻尔兹曼分布律。

(4-49) 式中指数项中只包含分子的动能 $\varepsilon_{\mathrm{k}}=\frac{1}{2}mv^2$，即分子的动能决定了分子的速度分布，这是因为没有考虑分子势能。在保守场中分子具有势能 ε_{p}，则应该以分子的总能量 $\varepsilon_{\mathrm{k}}+\varepsilon_{\mathrm{p}}$ 来代替。由于势能一般是和位置有关的，所以最后的分布律便不仅是速度上的分布，还应该是空间上的分布，这就是玻尔兹曼分布，即

$$\mathrm{d}N=n_0\left(\frac{m}{2\pi kT}\right)^{3/2}\mathrm{e}^{\frac{-(\varepsilon_{\mathrm{k}}+\varepsilon_{\mathrm{p}})}{kT}}\mathrm{d}v_x\mathrm{d}v_y\mathrm{d}v_z\mathrm{d}x\mathrm{d}y\mathrm{d}z \tag{4-52}$$

其中 n_0 表示势能 ε_{p} 为 0 的地方的分子数密度。$\mathrm{d}N$ 的含义是：位置处于 $x\sim x+\mathrm{d}x$，$y\sim y+\mathrm{d}y$，$z\sim z+\mathrm{d}z$ 的体积元内，速度在 $v_x\sim v_x+\mathrm{d}v_x$，$v_y\sim v_y+\mathrm{d}v_y$，$v_z\sim v_z+\mathrm{d}v_z$ 区间内的分子数。

利用归一化条件 (4-51) 式，将 (4-52) 式对 v_x、v_y、v_z 积分，可得

$$\mathrm{d}N'=n_0\mathrm{e}^{\frac{-\varepsilon_{\mathrm{p}}}{kT}}\mathrm{d}x\mathrm{d}y\mathrm{d}z \tag{4-53}$$

$\mathrm{d}N'$ 表示处于于 $x\sim x+\mathrm{d}x$，$y\sim y+\mathrm{d}y$，$z\sim z+\mathrm{d}z$ 内的分子数，由此得到，处于空间 (x, y, z) 处

的分子数密度为

$$n = n_0 e^{\frac{-\varepsilon_p}{kT}} \tag{4-54}$$

在重力场中，假设 z 轴方向竖直向上，则分子势能 $\varepsilon_p = mgz$，由此得到

$$n = n_0 e^{\frac{-mgz}{kT}} \tag{4-55}$$

（4-55）式就是重力场中气体分子粒子数密度的分布公式。从中可以看出，气体的分子数密度随着高度的增加按照指数方式衰减，这解释了为什么高空气体比较稀薄。实际上，它是分子无规则热运动与重力作用竞争的结果。热运动总是使得分子均匀分布于分子所能达到的空间，而重力则使分子在空间沿高度非均匀分布。这一分布是和温度相关的，从（4-55）式可以看出，温度越低，分子数密度随高度的衰减越快，这可以解释为什么冬天更容易发生高原反应。

阅读材料

科学家简介

玻尔兹曼（L.E. Boltzmann），奥地利物理学家，是热力学和统计物理学的奠基人之一。1871 年，他将速度分布律推广到保守力场作用情况中，得到了玻尔兹曼分布律；1872 年，他建立了玻尔兹曼方程；1877 年他又提出了著名的玻尔兹曼公式，式中的常量 k 以他的名字命名。他通过原子的性质来解释和预测物质的物理性质（黏性、热传导、扩散等）的统计力学，从统计意义对热力学第二定律进行了阐释。

近些年来，在计算流体力学中，格点玻尔兹曼方法（Lattice Boltzmann method）成为研究和应用的热点，它与传统的有限元、有限体积方法在处理问题的视角上有很大不同。这种方法在处理大雷诺数、多相、湍流等问题上有其独到的优势。如今在火热的人工智能领域，有种名为玻尔兹曼机（Boltzmann machine）的神经网络算法，其改进型受限玻尔兹曼机（Restricted Boltzmann machine）是种非常高效的快速学习算法，在数据降维、分类、协同过滤、特征学习等领域有广泛应用，而且对于有监督和无监督的机器学习场景均能使用。

* 第八节　气体分子平均碰撞频率和平均自由程

在常温下，气体分子的平均速率大约是几百米每秒，如此看来，如果打开一瓶香水的盖子，应该在一瞬间就能让整个房间充满香水的气味。但实际经验告诉我们，分子的扩散过程似乎并没有想象的那么快。其原因在于，分子从一处运动到另一处的过程中，路径中其他气体分子数密度很大，分子会和其他分子发生频繁的碰撞，这使得扩散的分子实际走过的路程是一个非常复杂的曲折路径。布朗运动中花粉无规则的运动轨迹，就是花粉受到液体分子热运动频繁碰撞的表现。

一个气体分子在任意两次连续的碰撞过程中，所走过的自由路程长短一般是不一样的，所经历的时间也不会一样。要追踪每个分子每次碰撞的时间和路程是不可能的，而实际上也没有必要这么做。我们关心的是一个分子 1s 内和其他分子碰撞的平均次数，以及连续两次碰撞之间的自由路程的平均值。前者叫作分子运动的平均碰撞频率，记为 $\bar{Z}$ ；后者叫作分子运动的平均自由程，记为 $\bar{\lambda}$ 。

平均碰撞频率和平均自由程

平均自由程和碰撞频率之间存在着简单的关系。在任意一段时间 t 内，分子通过的平均路程为 $\bar{v}t$ ，而分子的平均碰撞次数则为 $\bar{Z}t$ ，因此根据定义，平均自由程为

$$\bar{\lambda}=\frac{\bar{v}t}{\bar{Z}t}=\frac{\bar{v}}{\bar{Z}} \tag{4-56}$$

平均碰撞频率和平均自由程是反映分子扩散速度快慢的重要物理量。

分子的平均自由程以及平均碰撞频率是由气体的性质和状态决定的，下面来导出**分子的自由程**计算公式。

假想我们跟踪一个分子，如分子 A，考虑在一段时间 t 内有多少个分子和 A 相碰撞。这里我们可以假设除了分子 A 其他分子都暂时静止不动，因为对于碰撞而言，重要的是分子间的相对运动。分子 A 则以平均相对速率 $\overline{v_r}$ 运动。在分子 A 的运动过程中，显然只有其中心与 A 的中心间距不大于分子直径 d 的那些分子才会和 A 碰撞。因此，可以设想以 A 的中心的运动轨迹为轴线，以分子的有效直径 d 为半径做一个曲折的圆柱体，如图 4-14 所示。这样，凡是中心在此圆柱体内的分子都会与 A 碰撞。曲折圆柱体的底面积显然是 $s=\pi d^2$ ，圆柱体的体积则等于它的底面积乘以圆柱体的长度，即

$$V=\pi d^2\cdot l \tag{4-57}$$

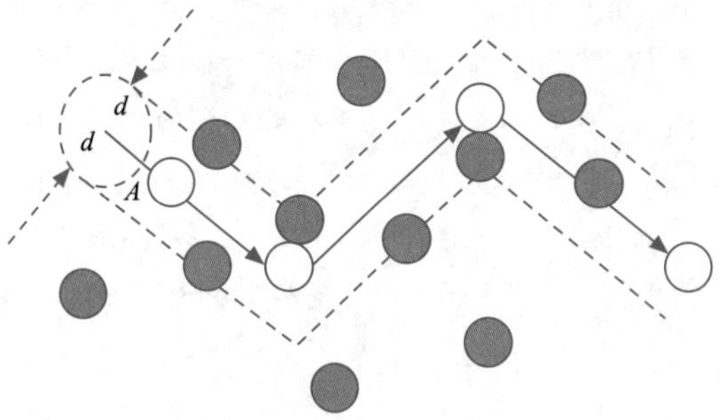

图 4-14　气体分子碰撞示意图

其中 l 为曲折圆柱体的长度，显然 $l=\overline{v_r}t$ 。因为曲折的存在，（4-57）式计算出的圆柱体体积可能不够精确，但一般情况下，这个误差是很小的，尤其是平均自由程远大于分子直径的时候，误差可忽略不计。凡是中心在曲折圆柱体内的分子都会和分子 A 相撞，其数目为

$$N=nV=n\pi d^2\overline{v_r}t \tag{4-58}$$

进而得到单位时间内的碰撞数，即分子的平均碰撞频率为

$$\overline{Z}=\frac{N}{t}=n\pi d^2\overline{v_r} \tag{4-59}$$

利用麦克斯韦速率分布律可以证明，相对平均速率 $\overline{v_r}$ 和平均速率 $\overline{v}$ 之间的关系取为 $\overline{v_r}=\sqrt{2}\overline{v}$，由此得到

$$\overline{Z}=\sqrt{2}n\pi d^2\overline{v} \tag{4-60}$$

有了平均碰撞频率，利用（4-56）式，可以得到平均自由程

$$\overline{\lambda}=\frac{1}{\sqrt{2}n\pi d^2} \tag{4-61}$$

利用理想气体压强公式 $P=nkT$，可以将自由程的公式写为

$$\overline{\lambda}=\frac{kT}{\sqrt{2}\pi d^2P} \tag{4-62}$$

从（4-62）式可以看出平均自由程和温度及压强的关系：温度越高，自由程越大；压强越大，自由程越小。表 4-2 所示为一些气体在标准大气压下的平均自由程；表 4-3 所示为一些气体在不同大气压下的平均自由程。

表 4-2 15℃，标准大气压下，几种气体的平均自由程与分子有效直径

	氢气	氮气	氧气	二氧化碳
$\overline{\lambda}/(10^{-7}\text{m})$	1.18	6.28	6.79	4.19
$d/(10^{-10}\text{m})$	2.7	3.7	3.6	4.6

表 4-3 0℃，不同气压下，空气的平均自由程

压强 /mmHg	760	1	10^{-2}	10^{-4}	10^{-6}
$\overline{\lambda}/(\text{m})$	7×10^{-8}	5×10^{-5}	5×10^{-3}	0.5	50

例 4-5 已知氢气分子的有效直径为 2×10^{-10}m，求氢气在标准状态的平均自由程和平均碰撞频率。

解 气体的平均速率为

$$\overline{v}=\sqrt{\frac{8RT}{\pi M_{\text{mol}}}}=\sqrt{\frac{8\times8.31\times273}{3.14\times2\times10^{-3}}}\text{m/s}=1.7\times10^3\text{m/s}$$

按照 $P=nkT$ 算出分子数密度为

$$n=\frac{P}{kT}=\frac{1.013\times10^5}{1.38\times10^{-23}\times273}\text{m}^{-3}=2.69\times10^{25}\text{m}^{-3}$$

因此

$$\bar{\lambda}=\frac{1}{\sqrt{2}\pi d^2 n}=\frac{1}{1.41\times3.14\times(2\times10^{-10})^2\times2.69\times10^{25}}\text{m}=2.10\times10^{-7}\text{m}$$

平均碰撞频率为

$$\bar{Z}=\frac{\bar{v}}{\bar{\lambda}}=\frac{1.70\times10^3}{2.10\times10^{-7}}\text{s}^{-1}=8.10\times10^9\text{s}^{-1}$$

这就是说标准状态下，1s 内一个氢气分子的平均碰撞次数约有 80 亿次。

* 第九节　气体输运过程

如果气体处于非平衡态下，系统各部分的物理性质不均匀，则分子的热运动和碰撞会使得各部分的分子不断交换质量、能量和动量，从而使得气体分子各部分性质趋于均匀，气体的状态趋于平衡态，这种现象叫作输运现象（或者迁移）。本节介绍 3 种输运现象：黏滞现象、热传导现象和扩散现象。

一、输运现象的宏观解释

1. 黏滞现象

假设气体具有沿着 y 轴方向的宏观流速 u，但是沿着 z 方向不同高度处的流速可能不同，如图 4-15 所示。显然，如果截面 dS 两边的气体速度不一样，则两边的气体将沿着平行于 y 轴的方向，给彼此一个作用力；这个力将使得流速慢的气体加速，使流速快的气体减速。为了方便讨论，先假设气体的流速 u 沿着 z 方向递增，则 B 部分（截面上方）的气体将“拖动” A 部分（截面下方）的气体，两者之间的这个力称为黏滞力，记为 f。一个明显的结论是：A、B 部分的流速相差越大，f 越大。实验研究表明，f 的大小与截面处的流速梯度 $\frac{\mathrm{d}u}{\mathrm{d}z}$ 和截面的大小 dS 成正比，即

$$f=\eta\frac{\mathrm{d}u}{\mathrm{d}z}\mathrm{d}S \tag{4-63}$$

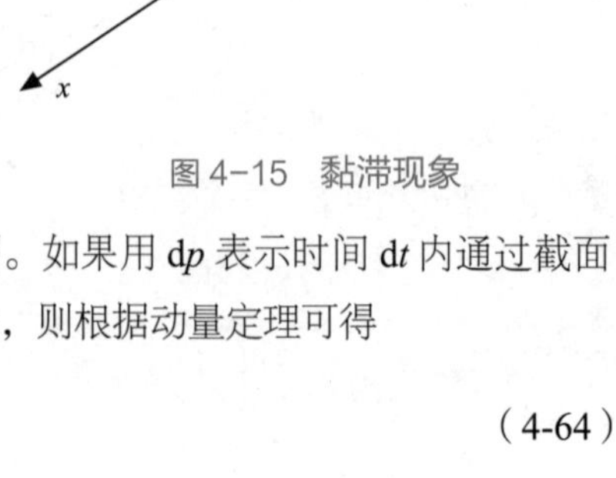

图 4-15　黏滞现象

（4-63）式叫作牛顿（Newton）黏滞定律。η 叫作气体的黏滞系数，其大小由气体的性质和状态决定，单位为牛顿·秒·米$^{-2}$（N·s·m^{-2}）。黏滞力 f 的作用是使 B 部分的流动动量减小，而 A 部分的流动动量增大，即 f 起到输运动量的作用。如果用 dp 表示时间 dt 内通过截面 dS 沿着 z 轴正方向传输的动量，即由 A 部分传给 B 部分的动量，则根据动量定理可得

$$\mathrm{d}p=-\eta\frac{\mathrm{d}u}{\mathrm{d}z}\mathrm{d}S\mathrm{d}t \tag{4-64}$$

其中的负号表示动量总是沿着流速减小的方向输运。

2. 热传导现象

热量总是自发地从高温物体向低温物体传递，当物体内部的温度不均匀时，热传导现象就会发生。在截面 dS 的两边，如果 B 部分比 A 部分温度高，则热量就会从 B 向 A 传递。一个明显的结论是，A、B 两部分的温度差越大，传递的速度越快。用 $\frac{\mathrm{d}T}{\mathrm{d}z}$ 表示截面处的温度梯度，则

$$\mathrm{d}Q=-\kappa\frac{\mathrm{d}T}{\mathrm{d}z}\mathrm{d}S\mathrm{d}t \tag{4-65}$$

这就是傅里叶热传导定律，其中 dQ 表示 dt 时间内从 A 传向 B 的热量，负号表示热量从高温传向低温。κ 叫作热传导系数，其单位是瓦 · 米$^{-1}$ · 开$^{-1}$（$\mathrm{W\cdot m^{-1}\cdot K^{-1}}$）。

3. 扩散现象

当气体的密度不均匀时，气体分子就会从密度大的地方向密度小的地方转移，这就是扩散现象。需要注意的是，对于单一的气体，在温度均匀而密度不均匀的情况下，气体分子的转移主要不是靠扩散，而是靠气体产生的宏观气流。在这里，我们假设一个图 4-16 所示的理想扩散过程，容器的 A 部分为气体一氧化碳（CO），B 部分为氮气（N_2）。这两种气体温度相等，所以不发生热传导；压强也相等，所以不会有宏观气流出现。现在将中间的挡板抽掉，两种气体将发生比较纯粹的扩散过程。

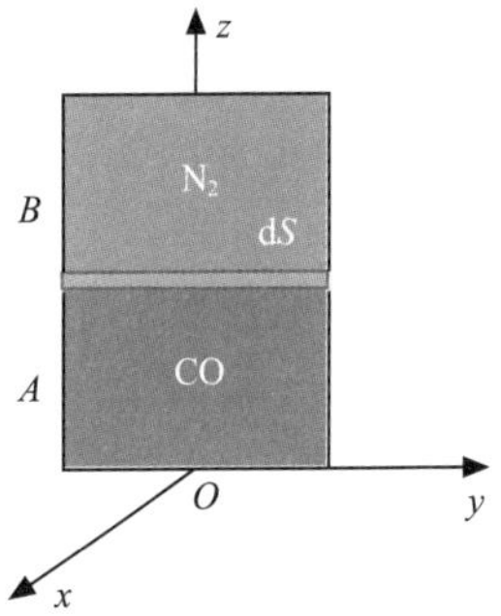

图 4-16 理想扩散

现在考虑其中一种气体（如 N_2）的扩散过程。建立图中所示的坐标系，设某时刻该气体的密度沿着 z 方向逐渐增大，则在 dS 处气体将从 B 处向 A 处扩散。设在 dt 时间内，沿着 z 轴正方向穿过 dS 面的气体质量为 dM，则

$$\mathrm{d}M=-D\frac{\mathrm{d}\rho}{\mathrm{d}z}\mathrm{d}S\mathrm{d}t。 \tag{4-66}$$

这就是菲克（Fick）扩散定律，其中 ρ 是 z 处的气体质量密度，$\frac{\mathrm{d}\rho}{\mathrm{d}z}$ 是密度梯度。D 叫作气体扩散系数，其单位为 $\mathrm{m^2\cdot s^{-1}}$。

气体的黏滞定律、热传导定律和扩散定律有一个共同特征，就是当气体内部存在某种物理上的不均匀时，就会形成某种梯度，这种梯度的作用总是倾向于消除这种不均匀性，即气体的输运过程都有着明显的单方向性：黏滞现象总是自发地使气体各处的流速差减小，而不能增大流速差；热传导总是自发地将热量从高温转移到低温；扩散总是自发地从密度大的地方向密度小的地方进行。这种方向性是一切宏观热现象的普遍特征，对此更深入的讨论，请参看本书的热力学部分。

二、输运现象的微观解释

1. 黏滞现象

按照前面的假设，气体分子的宏观流速沿着 z 轴增大，所以在 dS 面的两侧，A 部分分子的定向动量小，而 B 部分分子的定向动量大。由于分子的热运动，A 部分的分子会转移到 B 部分，B 部分的分子也会转移到 A 部分，即两部分的分子不断地交换，交换的结果就是 A、B 两部分的分子动量得到了交换，其宏观结果相当于 A、B 两部分互施黏滞力。如果我们能定量地推导出在 dt 时间内，A、B 两部分交换的动量 dp，也就可以推导出黏滞定律和黏滞系数。dp 可以通过一个简单的方法算出：算出 dt 时间内交换的分子数 dN，再用这个分子数乘以每交换一对分子引起的动量改变。

由于 A 部分的分子是沿着一切可能的方向运动到 B 部分的，在计算的时候，我们可以简单地将分子分成 3 份，分别沿着 x、y、z 方向运动，其中只有沿着 z 轴且方向为正的那部分分子会将 A 部分分子的动量输运到 B 部分，即实际有效的分子数只有总数的 1/6。而为了求出在 dt 时间内通过 dS 面的分子数，我们可以用 dS 为顶面，做一个高为 $\bar{v}$dt 的柱面（如图 4-17 所示）。在这个柱体内，平行于 z 轴向上运动的分子经过 dt 时间都会通过 dS 面，其数目等于柱体内总分子数的 1/6。如果用 n 表示柱体内的分子数密度，则在时间 dt 内由 A 部分通过 dS 面而迁移到 B 部分的分子数就是

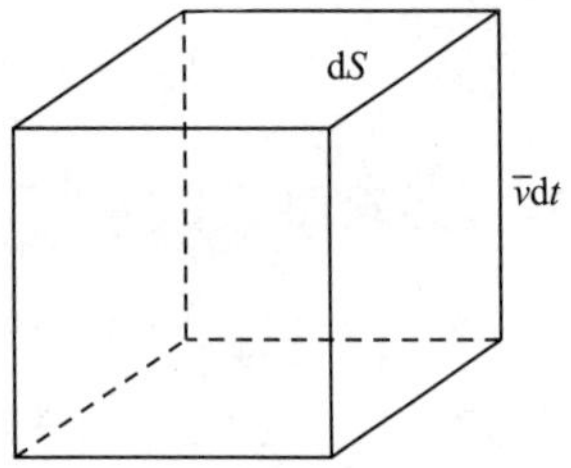

图 4-17　输运粒子数的计算

$$\mathrm{d}N = \frac{1}{6} n\bar{v}\mathrm{d}S\mathrm{d}t \tag{4-67}$$

类似地，dt 时间内从 B 部分转移到 A 部分的分子数也是 $\mathrm{d}N = \frac{1}{6} n\bar{v}\mathrm{d}S\mathrm{d}t$ 。当然，“从 A 转移到 B 的分子”和“从 B 转移到 A 的分子”的动量不一样。

下面的问题是计算 A、B 两部分每交换一对分子所引起的动量改变量 dp，显然有：dp 等于 A 部分分子的定向动量减去 B 部分的分子动量。

现在的问题是，在交换前一刻，分子的动量到底是多大呢？对此，需要注意的是，分子在不断地进行相互碰撞。设想把几个分子注入温度为 T 的气体中，则不管原来的速度如何，最后他们都将变得和其他分子无区别，即他们被周围的气体分子“同化”了。基于这样的事实，在气体输运理论中，有一个基本的简化假设，即：分子受一次碰撞就完全被“同化”。也就是说，当任意一个分子在运动过程中与某一气体中的气体分子碰撞时，它就舍弃原来的定向动量，而获得碰撞处的定向动量。根据这个假设，我们可以认为 A、B 两部分所交换的分子都具有通过 dS 面前最后一次碰撞处的定向动量。显然，每个分子通过 dS 面前最后一次碰撞的位置不尽相同，但是平均来看，可以认为最后一次碰撞是在距离 dS 面 $\bar{\lambda}$ 处，$\bar{\lambda}$ 为分子平均自由程。由此可得

$$\mathrm{d}p = mu_{z-\bar{\lambda}} - mu_{z+\bar{\lambda}} = -m \cdot 2\bar{\lambda}\frac{\mathrm{d}u}{\mathrm{d}z} \tag{4-68}$$

其中 $u_{z-\bar{\lambda}}$ 和 $u_{z+\bar{\lambda}}$ 分别为气体在 $z-\bar{\lambda}$ 处和 $z+\bar{\lambda}$ 处的流速。

将（4-68）式代入（4-64）式就得到

$$\mathrm{d}p=-\frac{1}{3}nm\bar{v}\bar{\lambda}\frac{\mathrm{d}u}{\mathrm{d}z}\mathrm{d}S\mathrm{d}t \tag{4-69}$$

由于气体密度 $\rho=nm$，所以上式又可写为

$$\mathrm{d}p=-\frac{1}{3}\rho\bar{v}\bar{\lambda}\frac{\mathrm{d}u}{\mathrm{d}z}\mathrm{d}S\mathrm{d}t \tag{4-70}$$

将此式和（4-64）式比较就得到气体黏滞系数

$$\eta=\frac{1}{3}\rho\bar{v}\bar{\lambda} \tag{4-71}$$

从（4-71）式可以看出，气体的黏滞性一方面取决于自身性质（密度 ρ ），一方面又取决于气体的状态（平均速率 $\bar{v}$ 和平均自由程 $\bar{\lambda}$ ）。

2. 热传导现象

关于热传导定律的微观解释，是和黏滞现象的微观解释非常相似的，差别在于：黏滞现象中交换的是分子的动量，而热传导现象中交换的是分子的动能。根据能量均分定理，A 部分和 B 部分的分子的能量可分别写为 $\frac{1}{2}(t+r+2v)kT_A$ 和 $\frac{1}{2}(t+r+2v)kT_B$，因而每交换一对分子所交换的能量为 $\frac{1}{2}(t+r+2v)k(T_A-T_B)$。和黏滞现象中类似，$T_A$ 应当为 $z-\bar{\lambda}$ 处的温度，T_B 应为 $z+\bar{\lambda}$ 处的温度，从而得到

$$T_A-T_B=T_{z-\bar{\lambda}}-T_{z+\bar{\lambda}}=-2\lambda\frac{\mathrm{d}T}{\mathrm{d}z} \tag{4-72}$$

由此得到

$$\mathrm{d}Q=-\frac{1}{3}n\bar{v}\bar{\lambda}\frac{(t+r+2v)}{2}k\frac{\mathrm{d}T}{\mathrm{d}z}\mathrm{d}S\mathrm{d}t \tag{4-73}$$

将此式和热传导定律（4-65）式相比，可得热传导系数为

$$\kappa=\frac{1}{3}n\bar{v}\bar{\lambda}\frac{(t+r+2v)}{2}k \tag{4-74}$$

由于气体比热容 $C_V=\frac{1}{2}(t+r+2v)N_Ak$，所以热传导系数也可以写为

$$\kappa=\frac{1}{3}n\bar{v}\bar{\lambda}\frac{C_V}{N_A}=\frac{1}{3}\bar{v}\bar{\lambda}\cdot nm\cdot\frac{C_V}{N_Am}=\frac{1}{3}\bar{v}\bar{\lambda}\rho\frac{C_V}{M_{\mathrm{mol}}} \tag{4-75}$$

3. 扩散现象

扩散现象的微观解释也和黏滞现象及热传导现象的微观解释类似，区别在于，在扩散现象中，我们考虑的是A、B两部分质量的交换。具体而言就是，A部分的分子密度小，B部分的分子密度大，因此在相同的时间内，由A部分转移到B部分的分子少，而从B部分转移到A部分的分子多，这就形成了宏观上的物质输运，即扩散。类比黏滞现象中的分析方法，很容易得到在时间$\mathrm{d}t$内通过$\mathrm{d}S$面沿着z轴正方向转移的气体质量为

$$\begin{aligned}\mathrm{d}M &= m\left(\frac{1}{6}n_A\bar{v}\mathrm{d}S\mathrm{d}t-\frac{1}{6}n_B\bar{v}\mathrm{d}S\mathrm{d}t\right)\\ &=\frac{1}{6}\bar{v}\mathrm{d}S\mathrm{d}t(\rho_A-\rho_B)\\ &=-\frac{1}{6}\bar{v}\mathrm{d}S\mathrm{d}t\cdot 2\bar{\lambda}\frac{\mathrm{d}\rho}{\mathrm{d}z}\\ &=-\frac{1}{3}\bar{v}\bar{\lambda}\frac{\mathrm{d}\rho}{\mathrm{d}z}\mathrm{d}S\mathrm{d}t\end{aligned} \tag{4-76}$$

和扩散定律（4-66）式比较可得扩散系数为

$$D=\frac{1}{3}\bar{v}\bar{\lambda} \tag{4-77}$$

三、气体输运现象的应用

综合前面的推导，我们得到气体的黏滞系数η、热传导系数κ和扩散系数D为

$$\eta=\frac{1}{3}\rho\bar{v}\bar{\lambda} \tag{4-78}$$

$$\kappa=\frac{1}{3}\bar{v}\bar{\lambda}\rho\frac{C_V}{M_{\mathrm{mol}}} \tag{4-79}$$

$$D=\frac{1}{3}\bar{v}\bar{\lambda} \tag{4-80}$$

将$\rho=mn$、$\bar{v}=\sqrt{\dfrac{8kT}{\pi m}}$、$\bar{\lambda}=\dfrac{1}{\sqrt{2}n\pi d^2}$，以及$n=\dfrac{p}{kT}$代入上面3个式子中，得到

$$\eta=\frac{1}{3\pi d^2}\sqrt{\frac{4kmT}{\pi}} \tag{4-81}$$

$$\kappa=\frac{1}{3\pi d^2}\sqrt{\frac{4kmT}{\pi}}\cdot\frac{C_V}{M_{\mathrm{mol}}} \tag{4-82}$$

$$D=\frac{1}{3\pi d^2}\sqrt{\frac{4k^3}{\pi m}}\frac{T^{3/2}}{p} \tag{4-83}$$

从（4-83）式可以看出，气体的扩散系数和分子的质量的方根成反比。如果一种气体内有两种

同位素，那么质量小的同位素的扩散系数要比质量大的同位素的扩散系数大，即质量小的同位素扩散得要快些。在原子能工业中，常利用这一结论来分离同位素。

从（4-81）式和（4-82）式可以看出，气体的黏滞系数、热传导系数和气体的压强无关。这个结论已经得到了实验的验证。但是需要注意的是，这个结论在气体非常稀薄的情况下是不成立的；压强极低的情况下，黏滞系数和扩散系数是和压强成反比的。如常见的杜瓦瓶（即热水瓶胆）就是利用这一点来实现保温的。其理论解释如下：由于杜瓦瓶中的气体非常稀薄，根据（4-62）式可知，其分子平均自由程 $\bar{\lambda}$ 是很大的，比杜瓦瓶的内外器壁的间距 l 还要大。假设有一个气体分子，它和内壁相撞后获得了和内壁温度 T_1 相应的热运动能量，然后这个分子无碰撞地运动到外器壁并和外器壁碰撞，其热运动能量变为和外壁温度 T_2 相对应的热运动能量。通过这种和内外壁不断的碰撞，气体分子就实现了将热量在内外壁之间传输的功能。这里需要注意的是，虽然理论上算出的自由程 $\bar{\lambda}>l$，而分子实际发生的碰撞主要不是在气体的分子与分子之间，而是在气体分子与器壁之间，因此，气体的自由程实际取值应该近似地写为 $\bar{\lambda}=l$。即在杜瓦瓶中，可以认为气体分子自由程是基本不变的（大小为 l），这时可以将黏滞系数和热传导系数近似地写为 $\eta=\frac{p}{3}\cdot\sqrt{\frac{8m}{\pi kT}}$ 和 $\kappa=\frac{p}{3}\cdot\sqrt{\frac{8m}{\pi kT}}\cdot\frac{C_V}{M_{\text{mol}}}$。从中可以看出，在气体非常稀薄的情况下，黏滞系数、扩散系数的确是和气体的压强成正比的。

本章小结

1. 热平衡定律（热力学第零定律）

如果两个物体的温度不一样，它们接触时，高温的物体必然会自发地向低温物体传热，最终两者会达到一种平衡。在这种“热平衡”状态下，两个物体有相同的温度。如果是同一个物体，其不同部位有着不同的温度，那么高温部位必然自发地向低温部位传热，经过足够长时间后，各个部分的温度将会相等。

2. 温标

$$T(℃)=T(\text{K})-273.15$$

$$T(℉)=\frac{9}{5}T(℃)+32$$

3. 热的本质

热的本质是分子的无规则运动。

4. 理想气体模型

（1）理想气体的分子可以看作质点，单个分子的运动遵从牛顿定律。

（2）理想气体的分子之间除了弹性碰撞之外没有相互作用。

（3）$\overline{v_x}=\overline{v_y}=\overline{v_z}=0$，$\overline{v_x^2}=\overline{v_y^2}=\overline{v_z^2}=\frac{1}{3}\overline{v^2}$。

5. 理想气体的压强

$$P=\frac{2}{3}n\bar{\omega}=\frac{1}{3}nm\overline{v^2}$$

6. 温度的统计解释

温度是由分子的平均平动动能决定的，或者说温度是和分子的平均平动动能成正比的，即

$$\bar{\omega}=\frac{3}{2}kT$$

7. 理想气体状态方程

$$PV=NkT$$

$$PV=n_{\mathrm{mol}}RT$$

$$P=nkT$$

8. 能量按照自由度均分定理

（1）$E=n_{\mathrm{mol}}\cdot\frac{1}{2}(t+r+2v)RT$（足够高温）。

（2）$E=n_{\mathrm{mol}}\cdot\frac{1}{2}(t+r)RT$　（通常温度）。

（3）$E=n_{\mathrm{mol}}\cdot\frac{1}{2}t\cdot RT$　（极低温度）。

9. 麦克斯韦速率分布律

$$f(v)=4\pi\left(\frac{m}{2\pi kT}\right)^{3/2}\mathrm{e}^{\frac{-mv^2}{2kT}}v^2$$

该式表示，速率处于 $v\sim v+\mathrm{d}v$ 间的分子占总分子数的比例为 $\mathrm{d}N/N=f(v)\mathrm{d}v$。

（1）最概然速率 $v_{\mathrm{p}}=\sqrt{\frac{2kT}{m}}=\sqrt{\frac{2RT}{M_{\mathrm{mol}}}}\approx 1.414\sqrt{\frac{RT}{M_{\mathrm{mol}}}}$。

（2）平均速率 $\bar{v}=\sqrt{\frac{8kT}{\pi m}}=\sqrt{\frac{8RT}{\pi M_{\mathrm{mol}}}}\approx 1.596\sqrt{\frac{RT}{M_{\mathrm{mol}}}}$。

（3）方均根速率 $\sqrt{\overline{v^2}}=\sqrt{\frac{3kT}{m}}=\sqrt{\frac{3RT}{M_{\mathrm{mol}}}}\approx 1.732\sqrt{\frac{RT}{M_{\mathrm{mol}}}}$。

10. 麦克斯韦速度分布律

（1）速度分布率

$$f(v_x,v_y,v_z)\mathrm{d}v_x\mathrm{d}v_y\mathrm{d}v_z=\left(\frac{m}{2\pi kT}\right)^{3/2}\mathrm{e}^{\frac{-m}{2kT}(v_x^2+v_y^2+v_z^2)}\mathrm{d}v_x\mathrm{d}v_y\mathrm{d}v_z$$

（2）重力场中气体分子粒子数密度的分布

$$n=n_0\mathrm{e}^{\frac{-mgz}{kT}}$$

（3）气体分子的平均碰撞频率和自由程

$$\overline{Z}=\sqrt{2}n\pi d^2\overline{v}$$

$$\overline{\lambda}=\frac{kT}{\sqrt{2}\pi d^2 P}$$

11. 气体中的输运过程

（1）牛顿黏滞定律

$$f=\eta\frac{\mathrm{d}u}{\mathrm{d}z}\mathrm{d}S$$

黏滞系数

$$\eta=\frac{1}{3}\rho\overline{v}\overline{\lambda}\ \text{或者}\ \eta=\frac{1}{3\pi d^2}\sqrt{\frac{4kmT}{\pi}}$$

（2）傅里叶热传导定律

$$\mathrm{d}Q=-\kappa\frac{\mathrm{d}T}{\mathrm{d}z}\mathrm{d}S\mathrm{d}t$$

热传导系数

$$\kappa=\frac{1}{3}\overline{v}\overline{\lambda}\rho\frac{C_V}{M_{\mathrm{mol}}}\ \text{或者}\ \kappa=\frac{1}{3\pi d^2}\sqrt{\frac{4kmT}{\pi}}\cdot\frac{C_V}{M_{\mathrm{mol}}}$$

（3）菲克（Fick）扩散定律

$$\mathrm{d}M=-D\frac{\mathrm{d}\rho}{\mathrm{d}z}\mathrm{d}S\mathrm{d}t$$

扩散系数

$$D=\frac{1}{3}\overline{v}\overline{\lambda}\ \text{或者}\ D=\frac{1}{3\pi d^2}\sqrt{\frac{4k^3}{\pi m}}\frac{T^{3/2}}{P}$$

习题

1. 一定量的理想气体储存于某一容器中，温度为 T，气体分子的质量为 m。根据理想气体的分子模型和统计假设，分子速度在 x 轴方向的分量平方的平均值为（　　）。

（A）$\overline{v_x^2}=\sqrt{\frac{3kT}{m}}$　（B）$\overline{v_x^2}=\frac{1}{3}\sqrt{\frac{3kT}{m}}$　（C）$\overline{v_x^2}=3kT/m$　（D）$\overline{v_x^2}=kT/m$

2. 一定量的理想气体储存于某一容器中，温度为 T，气体分子的质量为 m。根据理想气体分子模型和统计假设，分子速度在 x 轴方向的分量的平均值为（　　）。

（A）$\overline{v_x}=\sqrt{\dfrac{8kT}{\pi m}}$　　（B）$\overline{v_x}=\dfrac{1}{3}\sqrt{\dfrac{8kT}{\pi m}}$　　（C）$\overline{v_x}=\sqrt{\dfrac{8kT}{3\pi m}}$　　（D）$\overline{v_x}=0$

3. 温度、压强相同的氦气和氧气，它们分子的平均动能 $\bar{\varepsilon}$ 和平均平动动能 $\bar{\omega}$ 之间的关系是（　　）。

（A）$\bar{\varepsilon}$ 和 $\bar{\omega}$ 都相等　　（B）$\bar{\varepsilon}$ 相等，而 $\bar{\omega}$ 不相等

（C）$\bar{\omega}$ 相等，而 $\bar{\varepsilon}$ 不相等　　（D）$\bar{\varepsilon}$ 和 $\bar{\omega}$ 都不相等

4. 在标准状态下，若氧气（视为刚性双原子分子的理想气体）和氦气的体积比 $V_1/V_2=1/2$，则其内能之比 E_1/E_2 为（　　）。

（A）3/10　　（B）1/2　　（C）5/6　　（D）5/3

5. 水蒸气分解成同温度的氢气和氧气，内能增加了百分之几（不计振动自由度和化学能）？（　　）。

（A）66.7%　　（B）50%　　（C）25%　　（D）0

6. 两瓶不同种类的理想气体，它们的温度和压强都相同，但体积不同，则单位体积内的气体分子数 n，单位体积内的气体分子的总平动动能（E_k/V），单位体积内的气体质量 ρ，分别具有的关系是（　　）。

（A）n 不同，（E_k/V）不同，ρ 不同　　（B）n 不同，（E_k/V）不同，ρ 相同

（C）n 相同，（E_k/V）相同，ρ 不同　　（D）n 相同，（E_k/V）相同，ρ 相同

7. 一瓶氦气和一瓶氮气密度相同，分子平均平动动能相同，而且它们都处于平衡状态，则它们（　　）。

（A）温度相同、压强相同

（B）温度、压强都不相同

（C）温度相同，但氦气的压强大于氮气的压强

（D）温度相同，但氦气的压强小于氮气的压强

8. 关于温度的意义，有下列几种说法：①气体的温度是分子平均平动动能的量度；②气体的温度是大量气体分子热运动的集体表现，具有统计意义；③温度的高低反映物质内部分子运动剧烈程度的不同；④从微观上看，气体的温度表示每个气体分子的冷热程度。这些说法中正确的是（　　）。

（A）①②④　　（B）①②③　　（C）②③④　　（D）①③④

9. 设声波通过理想气体的速率正比于气体分子的热运动平均速率，则声波通过具有相同温度的氧气和氢气的速率之比 v_{O_2}/v_{H_2} 为（　　）。

（A）1　　（B）1/2　　（C）1/3　　（D）1/4

10. 设图 4-18 所示的两条曲线分别表示在相同温度下氧气和氢气分子的速率分布曲线；

令$(v_p)_{O_2}$和$(v_p)_{H_2}$分别表示氧气和氢气的最概然速率，则（　　）。

（A）图中a表示氧气分子的速率分布曲线，$(v_p)_{O_2}/(v_p)_{H_2}=4$

（B）图中a表示氧气分子的速率分布曲线，$(v_p)_{O_2}/(v_p)_{H_2}=1/4$

（C）图中b表示氧气分子的速率分布曲线，$(v_p)_{O_2}/(v_p)_{H_2}=1/4$

（D）图中b表示氧气分子的速率分布曲线，$(v_p)_{O_2}/(v_p)_{H_2}=4$

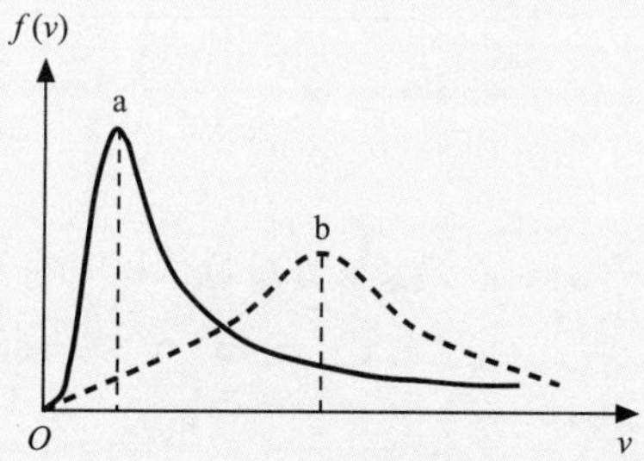

图4-18　第10题图

11. 若理想气体的体积为V，压强为P，温度为T，一个分子的质量为m，k为玻尔兹曼常量，R为普适气体常量，则该理想气体的分子数为（　　）。

（A）PV/m　　（B）$PV/(kT)$　　（C）$PV/(RT)$　　（D）$PV/(mT)$

12. 气缸内盛有一定量的氢气（可视作理想气体），当温度不变而压强增大一倍时，氢气分子的平均碰撞频率$\bar{Z}$和平均自由程$\bar{\lambda}$的变化情况是（　　）。

（A）$\bar{Z}$和$\bar{\lambda}$都增大一倍　　（B）$\bar{Z}$和$\bar{\lambda}$都减为原来的一半

（C）$\bar{Z}$增大一倍而$\bar{\lambda}$减为原来的一半　　（D）$\bar{Z}$减为原来的一半而$\bar{\lambda}$增大一倍

13. 在一封闭容器中盛有1 mol氦气（视作理想气体），这时分子无规则运动的平均自由程仅取决于（　　）。

（A）压强P　　（B）体积V　　（C）温度T　　（D）平均碰撞频率$\bar{Z}$

14. 已知$f(v)$为麦克斯韦速率分布函数，N为总分子数，则：（1）速率$v>100\text{m}\cdot\text{s}^{-1}$的分子数占总分子数的百分比的表达式为____；（2）速率$v>100\ \text{m}\cdot\text{s}^{-1}$的分子数的表达式为___。

15. 图4-19所示的曲线分别表示了氢气和氦气在同一温度下的分子速率的分布情况。由图可知，氦气分子的最概然速率为__________，氢气分子的最概然速率为______________。

16. 某气体在温度为T=273K时，压强为$P=1.0\times10^{-2}\text{atm}$，密度$\rho=1.24\times10^{-2}\ \text{kg/m}^3$，则该气体分子的方均根速率为_______。（$1\text{atm}=1.013\times10^5\text{Pa}$）

17. 3个容器内分别储存有1mol氦分子（He）、1mol氢分子（H_2）和1mol氨分子（NH_3）（均视为刚性分子的理想气体）。若它们的温度都升高1K，则3种气体的内能的增加值分别为：氦ΔE=_____________；氢ΔE=______________；氨ΔE=______________。

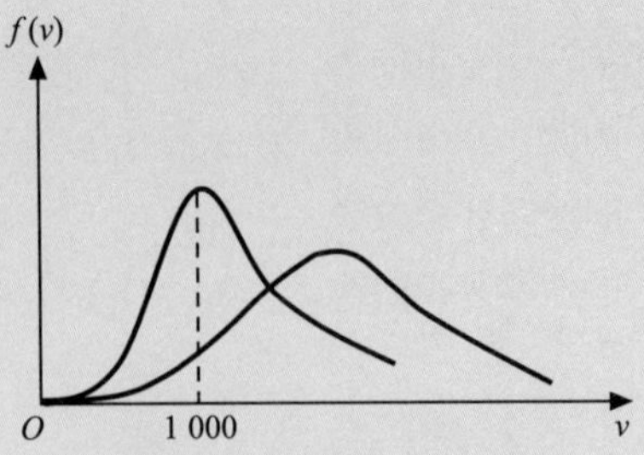

图 4-19　第 15 题图

18. 处于重力场中的某种气体，在高度 z 处单位体积内的分子数即分子数密度为 n。若 $f(v)$ 是分子的速率分布函数，则坐标介于 $x \sim x+\mathrm{d}x$、$y \sim y+\mathrm{d}y$、$z \sim z+\mathrm{d}z$ 区间内，速率介于 $v \sim v+\mathrm{d}v$ 区间内的分子数 $\mathrm{d}N$=______________。

5 第五章 热力学基础

19 世纪 40 年代以前，自然科学的发展为能量转化与守恒原理奠定了基础。同时，由于蒸汽机的进一步发展，迫切需要从理论上分析热和功的关系，因此热与机械功的相互转化问题得到了广泛的研究。迈尔在 1842 年发表的题为《热的力学的几点说明》的论文中，提出热和机械能的相当性和可转换性。1845 年，迈尔发表的第二篇论文《有机运动及其与新陈代谢的联系》中系统地阐明能量的转化与守恒思想。1847 年赫姆霍兹在他的论文《力的守恒》中把能量概念从机械运动推广到了所有变化过程，并证明了普遍的能量守恒原理，更深入地理解了自然界的统一性。焦耳从 1843 年开始以磁电机为对象测量热功当量，直到 1878 年最后一次发表实验结果。其间他采用了原理不同的各种方法，为热量和功的相当性提供了可靠的证据，把能量转化与守恒定律确立在实验基础之上。

热力学第二定律的发现与提高热机效率的研究有密切关系。蒸汽机虽然在 18 世纪就已发明，但它从初创到广泛应用，经历了漫长的年月。1765 年和 1782 年，瓦特两次改进蒸汽机的设计，但是效率仍不高，如何进一步提高机器的效率就成了当时工程师和科学家共同关心的问题。1824 年卡诺发表了著名论文《关于火的动力及适于发展这一动力的机器的思考》，指明工作在给定温度范围的热机所能达到的效率极限。1850 年，克劳修斯在《物理学与化学年鉴》上发表了《论热的动力及能由此推出的关于热本性的定律》。他与开尔文先后于 1850 年和 1851 年提出了热力学第二定律，并在此基础上重新证明了卡诺定理。1854 年，克劳修斯在《热的机械论中第二个基本理论的另一形式》一文中提出了熵的概念。1877 年玻尔兹曼进一步研究了热力学第二定律的统计解释。

本章主要内容：热力学第一定律及其应用，热力学第二定律及其统计解释等。

第一节　功 热量

在用热力学进行问题分析时，常把所研究的宏观物体（气体、液体、固体等）称为热力学系统，简称系统，又称工作物质；把与工作物质相互作用的环境称为外界。本章中我们还是对由理想气体组成的热力学系统进行研究。

在上一章我们已经知道：热力学系统在不受外界影响的情况下，其宏观性质经历一定时间后会达到一个稳定状态，我们称这种状态为热力学平衡状态。如果系统的宏观性质随时间发生改变，我们把这一历程称为一个热力学过程，简称过程。根据热力学过程的中间状态的不同，热力学过程可以分为准静态过程和非静态过程。本章中我们所讨论的所有热力学系统及其发生的过程，如无特别说明，均属于准静态和准静态过程。系统准静态和准静态过程中的每个状态都有确定的宏观量描述 (P,V,T)，3 个量关系满足理想气体状态方程 $PV=\dfrac{M}{M_{\text{mol}}}RT$。

从能量及其转化的角度研究热力学系统的状态变化及其物理规律是本章的重点。这里主要涉及系统内能、功和热量 3 个相关概念。

上一章中，我们已经讨论过理想气体系统的内能问题，如（4-27）式，由一定量的刚性理想气体分子组成的热力学系统的内能只取决于温度和分子的自由度，是温度的单值函数，因此内能 E 是状态量。下面给大家介绍热力学过程功和热量的概念。

实验表明：要改变热力学系统的内能 E，可以通过对系统做功和向系统传递热量两种方式来实现。例如，我们想要使一杯水的温度升高（内能增加 $\Delta E>0$），通过加热或者搅拌做功这两种方式都可以达到目的。虽然方式不一样，但都能达到改变内能的目的。这表明做功和传递热量是等效的，因此，做功和热量传递均关系到系统内能 ΔE 的改变。

在分析系统做功 W 问题时，系统在准静态过程中，每个状态都可看成平衡态处理，功的大小常可以直接利用系统的状态参量 (P,V,T) 进行计算。图 5-1（a）所示的活塞将一定量的理想气体封闭在气缸内，假定活塞与器壁间无摩擦，气体压强为 P，活塞面积为 S，则气体对活塞的压力 $F=PS$。当气体推动活塞缓缓移动了一小段距离后，系统经历了一微小的准静态过程，根据功的力学定义，气体对外界所做的功为

$$\Delta W=F\Delta l=PS\Delta l=P\Delta V \tag{5-1}$$

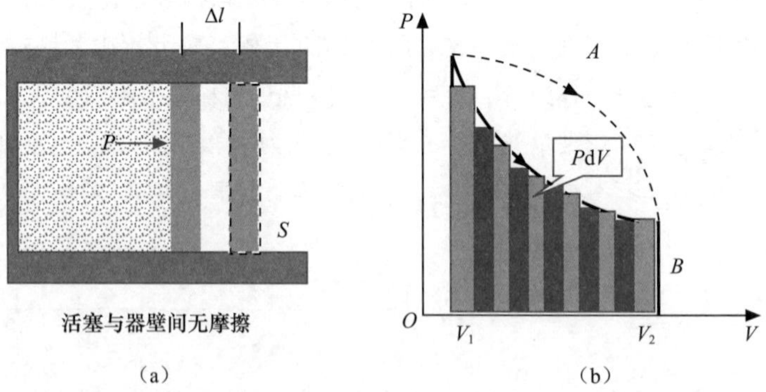

图 5-1 准静态做功过程

系统变化过程在 PV 状态图中，如图 5-1（b）所示。图中所示气体在从状态 A 到 B 的准静态过

程中所做的功可以表示为

$W=\sum\Delta W=\sum P\Delta V$。$\Delta V$ 表示气体体积的变化量，功 W 等于图中所有小矩形面积之和。当过程中气体的体积变化趋于无穷小时，微小过程中气体做功可以表示为

$$\mathrm{d}W=P\mathrm{d}V$$

当系统经历了一个体积由 V_1 变化到 V_2 的准静态过程后，系统对外界做的总功则可以写成积分的形式

$$W=\int_{V_1}^{V_2}P\mathrm{d}V \tag{5-2}$$

（5-2）式表明，PV 图上系统状态变化过程曲线 AB 下面的面积与系统做功 W 相等。值得注意的是：（1）做功是反映在气体系统体积变化上的，因此是“体积功”；（2）系统体积膨胀时，系统表现为对外界做正功，$W>0$，系统体积被压缩，系统表现为对外界做负功，$W<0$（或称之为外界对系统做正功）；（3）在初末状态相同的情况下，系统可能会经历不同的过程，如图中虚线所表示的过程，过程曲线下面覆盖的面积也不相同，系统所做的功也就不同，因此，系统做功大小与热力学过程有关。

通过以上分析可知，系统所做的功除了与系统的初末状态有关，还与路径（热力学过程）有关，即热力学系统功是一个过程量，不是系统状态的函数。

前面讨论过系统的内能改变 ΔE 还与热传递有关，热传递有传导、对流、辐射 3 种形式。我们把系统与外界之间由于存在温度差而传递的能量大小定义为热量，用 Q 表示。热量与功一样都是与热力学过程有关的量，热量 Q 也是一个过程量。这里要说明一下，我们规定系统从外界吸收热量时 $Q>0$；反之，系统向外界放出热量时 $Q<0$。

做功和传递热量都是能量交换的方式，并在改变系统状态上有等效的一面。但两者在本质上是不同的。用机械方式对系统做功而使其内能改变，是通过外界与系统间相互作用物体的宏观位移来实现的，是把有规则的宏观机械运动转化为系统内分子无规则热运动能量的过程；而传递热量则是由于系统之间存在温度差而引起其间分子热运动能量的传递过程，就是高温物体的分子热运动能量传递到低温物体系统，使系统的分子热运动变得更剧烈，从而内能增加。

第二节　热力学第一定律

热力学第一定律的提出是众多科学家在不同研究领域的共识，是自然基本规律的发现。在理论上，迈尔提出“无不能生有”“有不能变无”的能量守恒与转化思想，是建立热力学第一定律的基础；在实验上，焦耳严谨地进行了热功当量测定等一系列实验，奠定了热力学第一定律的实验基础；亥姆霍兹将能量守恒定律第一次以数学形式提出来。能量守恒和转化定律是自然界基本规律，恩格斯将它和进化论、细胞学说并列为三大发现。

一、热力学第一定律

热力学第一定律

在对热力学过程进行分析时，我们需要对过程中的每个状态进行了解。在热力学过程中，设初始状态的内能为 E_1，在从外界吸收了热量 Q 和外界对其做功 W_0 后，系统达到了末状态，内能变为 E_2。在热力学过程中，外界与热力学系统经过做功和热量的传递这两种方式引起了内能的变化。实验表明，做功、热量的吸收、内能之间的关系为

$$\Delta E = E_2 - E_1 = Q + W_0$$

系统对外界做的功 W 在准静态过程中可以表示为 $W = -W_0$，即

$$Q = \Delta E + W \tag{5-3}$$

（5-3）式就是热力学第一定律表达式，由表达式可知，系统从外界吸收的能量，一部分使系统的内能增加，另一部分用于系统对外界做功。显然，热力学第一定律就是包括热现象在内的能量守恒定律，适用于任何系统的任何过程，不管过程准静态与否。

为了能方便地应用热力学第一定律，我们对式中每个量的正、负作如下规定：系统从外界吸收热量时 Q 为正值，向外界释放热量时 Q 为负值；系统对外界做功时 W 为正值，外界对系统做功时 W 为负值；系统内能增加时 ΔE 为正值，系统内能减少时 ΔE 为负值。在国际单位制中，式中的单位都为 J（焦耳）。

从热力学第一定律可以看出，在一个热力学过程中，系统从外界吸收的热量完全转化为对外界所做的功时，系统的内能不变。历史上有人试图制造一种机器，这种机器能够使系统经历一个过程后回到最初状态，且过程中不需外界提供的能量就能对外进行做功，这种机器被称作第一类永动机。第一类永动机显然是与热力学第一定律相违背的，因此是不可能被设计出来的。

如果系统经历一个微小过程，热力学第一定律可以表示为：$\mathrm{d}Q = \mathrm{d}E + \mathrm{d}W$。如果所研究的系统是气体，通过体积改变来进行做功，则上式可以表示为

$$\mathrm{d}Q = \mathrm{d}E + P\mathrm{d}V \tag{5-4}$$

（5-3）式可以表示为

$$Q = \Delta E + \int_{V_1}^{V_2} P\mathrm{d}V \tag{5-5}$$

（5-4）式与（5-5）式适用于系统准静态过程。

通过以上对热力学第一定律的分析可知，既然功是过程量，那么热量也和系统经历的过程有关。

由（4-27）式理想气体的内能表达形式可得

$$\Delta E = \frac{M}{M_{\mathrm{mol}}}\frac{i}{2}R\Delta T \tag{5-6}$$

由（5-6）式知，内能与温度间是单值函数关系，在对给定理想气体内能进行分析时，系统内能的变化量与系统温度的变化量成正比。总之，气体的内能受到气体状态的影响，内能随气体状态的改变而改变；在考虑气体内能的变化时，只需分析气体的初末状态，无需对中间过程进行考虑。在

实际问题中，当实际气体的压强不太大时，常可将其近似地看成是理想气体，内能仅是其温度的函数。但是，对一般气体来说，其内能和气体的温度和体积都有关系，即 $E=E(T,V)$ 。

二、热力学第一定律对理想气体在典型准静态过程中的应用

1. 等容（体）过程

等容（体）过程的特征是在热力学过程中理想气体系统的体积保持不变，如图 5-2 所示。

在等容（体）过程中，气体体积保持不变，体积 V 为恒量，即 $P\mathrm{d}V=0$ 。由热力学第一定律有 $\mathrm{d}Q_V=\mathrm{d}E$ ，系统整个变化过程有

$$Q_V=E_2-E_1=\Delta E \tag{5-7}$$

从（5-7）式可知，物理上等体过程中系统把从外界吸收的热量全部用来改变内能。

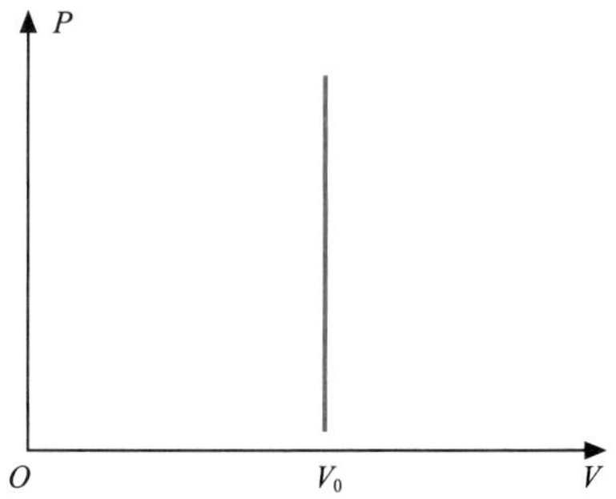

图 5-2　等容（体）过程

物体与外界之间进行热量传递时，为了描述物体吸热或放热能力，通常定义物体温度改变 1K 时所吸收或者放出的热量称为热容量，用 C 表示，即

$$C=\frac{\Delta Q}{\Delta T}$$

1mol 理想气体在温度改变 1K 时吸收或者放出的热量称为摩尔热容量 C_{m} 。

1mol 理想气体在等体过程中吸收的热量是 $\mathrm{d}Q_V$ ，气体温度的改变为 $\mathrm{d}T$ ，则气体的等容摩尔热容 $C_{V,\mathrm{m}}$ 为

$$C_{V,\mathrm{m}}=\frac{\mathrm{d}Q_V}{\mathrm{d}T}$$

等容摩尔热容的单位为焦耳每摩尔开尔文，符号为 $\mathrm{J\cdot mol^{-1}\cdot K^{-1}}$ 。

物质的量为 ν mol 的理想气体，在等容过程中温度由 T_1 升到 T_2 时，吸收的热量可以表示为

$$Q_V=\nu C_{V,\mathrm{m}}(T_2-T_1) \tag{5-8}$$

则根据等容过程的热力学第一定律公式可知

$$\Delta E=\nu C_{V,\mathrm{m}}\int_{T_1}^{T_2}\mathrm{d}T=\nu C_{V,m}(T_2-T_1) \tag{5-9}$$

再由（5-6）式可得

$$\Delta E=\nu\frac{iR}{2}(T_2-T_1) \tag{5-10}$$

联立以上两式可得等容摩尔热容为

$$C_{V,\mathrm{m}}=\frac{iR}{2} \tag{5-11}$$

在一定的条件下，理想气体等容摩尔热容只是取决于分子的种类，与温度无关。由（5-11）式，

可得

$$\Delta E=\frac{M}{M_{\text{mol}}}C_{V,\text{m}}\Delta T \qquad (5\text{-}12)$$

不论过程中是否有体积或压强变化，系统内能的变化都可以由（5-12）式表示。

2. 等压过程

等压过程的特征是热力学过程中理想气体系统的压强保持不变。等压过程在 P-V 图像上是一条平行于 V 轴的直线，即等压线，如图 5-3 所示。

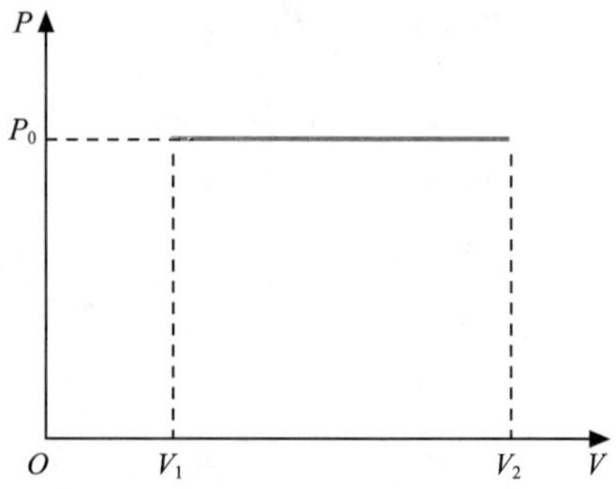

图 5-3 等压过程

在等压过程中，气体压强保持不变，压强 P 为恒量，气体对外做功为 $P\text{d}V$ 。由热力学第一定律，过程中的能量关系有

$$\text{d}Q_{\text{p}}=\text{d}E+P\text{d}V \qquad (5\text{-}13)$$

上式表明在等压过程中，气体所吸收的热量一部分对外做功，另一部分增加气体内能。

下面我们对摩尔定压热容进行分析。在等压过程中，1mol 理想气体吸收热量 $\text{d}Q_P$ ，温升为 $\text{d}T$ ，气体的摩尔定压热容为

$$C_{P,\text{m}}=\frac{\text{d}Q_P}{\text{d}T} \qquad (5\text{-}14)$$

结合（5-4）式可得

$$C_{P,\text{m}}=\frac{\text{d}E}{\text{d}T}+P\frac{\text{d}V}{\text{d}T} \qquad (5\text{-}15)$$

对于 1mol 理想气体，因为 $\text{d}E=C_{V,\text{m}}\text{d}T$ 及定压过程 $P\text{d}V=R\text{d}T$ ，由（5-15）式可得

$$C_{P,\text{m}}-C_{V,\text{m}}=R \qquad (5\text{-}16)$$

再由（5-11）式，可得

$$C_{P,\text{m}}=\frac{i+2}{2}R \qquad (5\text{-}17)$$

（5-16）式说明理想气体的摩尔定压热容与摩尔定容热容差为常数 R, 这一关系式叫迈耶公式。物理上，在温度升高 1K 的情况下，1mol 的理想气体经历等压过程要比等体过程多吸收 8.31J 的热量。

在分析过程中，还经常涉及 $C_{P,\text{m}}$ 、 $C_{V,\text{m}}$ 两者的比值，常用绝热系数 γ 表示，即

$$\gamma=\frac{C_{P,m}}{C_{V,\text{m}}}=\frac{i+2}{i} \qquad (5\text{-}18)$$

各种气体的 $C_{V,\text{m}}$ 、 $C_{P,\text{m}}$ 可以通过理论或者实验的方法得到。对单原子分子气体和双原子分子气体来说，理论值与实验值比较相符；而对多原子分子气体来说，理论值与实验值有较大差别。这与自由度 i 随温度变化有一定的关系。

3. 等温过程

在一封闭气缸内有理想气体，气缸壁绝热，气缸底部可以传导热量，把气缸底部与温度为 T 的恒温热源接触。在不考虑摩擦的情况下，缸内气体会发生膨胀或压缩。**缸内气体膨胀时系统对外做功，压缩缸内气体则外界对系统做功**。假定过程进行得无限缓慢，以上过程可作为准静态过程来进行分析。如图 5-4 所示，热量从恒温热源传入气体，保持气缸内气体系统温度恒定，这种热力学变化过程被称为等温过程。

在等温过程中 $\mathrm{d}T=0$，内能不发生变化，即 $\Delta E=0$。P-V 图上系统变化过程曲线如图 5-5 所示。

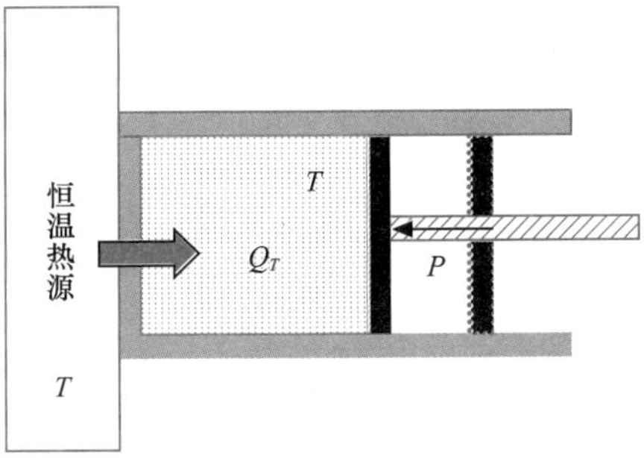

图 5-4　等温过程

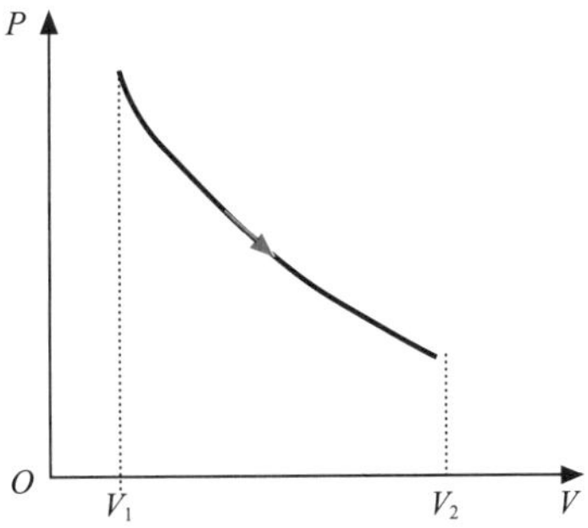

图 5-5　等温过程曲线

根据热力学第一定律，等温过程中有

$$\mathrm{d}Q_T=\mathrm{d}W_T=P\mathrm{d}V \tag{5-19}$$

上式表明，等温过程中气体吸收的热量全部用来对外做功。气体做等温膨胀，体积从 V_1 变到 V_2 的过程中，气体所做的功可以表示为

$$W_T=\int_{V_1}^{V_2}P\mathrm{d}V \tag{5-20}$$

由理想气体状态方程 $PV=\nu RT$，(5-20) 式可以表示为

$$W_T=\int_{V_1}^{V_2}\nu RT\frac{\mathrm{d}V}{V}$$

积分可得

$$W_T=\nu RT\ln\frac{V_2}{V_1} \tag{5-21}$$

系统经历等温变化时 $P_1V_1=P_2V_2$，由 (5-21) 式可得

$$W_T=\nu RT\ln\frac{P_1}{P_2} \tag{5-22}$$

例 5-1　有 1mol 理想气体，如图 5-6 所示，(1) 经历从 a 到 b 等温过程；(2) 经历从 a 到 c 等容过程，再经历从 c 到 b 等压过程，计算以上两种过程系统做功和吸热大小。

解 （1）从 a 到 b 等温过程，根据热力学第一定律 $Q_{ab}=\Delta E+W_{ab}$，等温过程 $\Delta E=0$，则

$$Q_{ab}=W_{ab}=RT\ln\frac{V_b}{V_a}=2\times1.013\times10^5\times22.4\times10^{-3}\times\ln2\text{J}$$
$$=31.5\times10^2\text{J}。$$

注意这里运用了理想气体状态方程 $pV=\nu RT$。

（2）从 a 经历 c 到 b 过程，根据热力学第一定律 $Q_{acb}=\Delta E+W_{acb}$，由于初状态 a 与末状态 b 等温 $\Delta E=0$，则

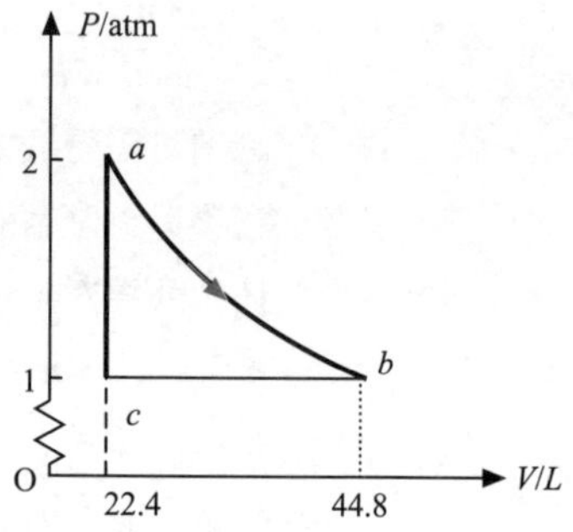

图 5-6　例 5-1 图

$$Q_{acb}=W_{acb}=1\times1.013\times10^5\times22.4\times10^{-3}\text{J}$$
$$=22.7\times10^2\text{J}。$$

注意系统从 a 到 c 是等容过程，系统不做功，即 $W_{acb}=W_{cb}$。

例 5-2　一定量的理想气体经历 acb 过程时吸热 500J，如图 5-7 所示，则经历 $acbda$ 过程时吸热为多少？

解　根据热力学第一定律，系统经历 acb 的过程 $Q_{acb}=\Delta E+\int_{V_a}^{V_b}P\text{d}V$。

由于系统初状态 a 和系统末状态 b 满足 $P_aV_a=P_bV_b$，因此 a、b 两状态温度相同，系统经历 acb 的过程内能没有改变，即 $\Delta E=0$，则有

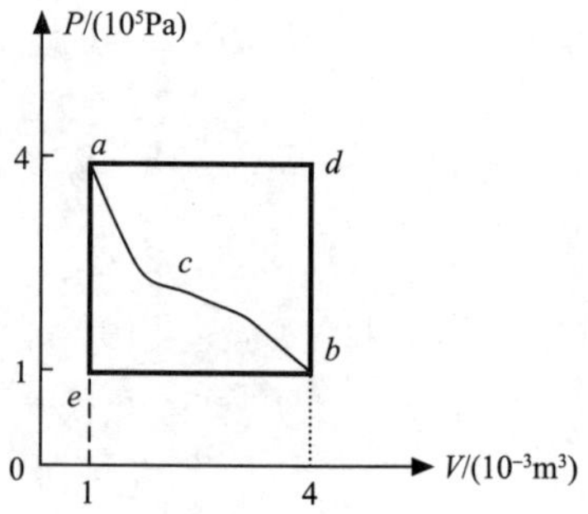

图 5-7　例 5-2 图

$$Q_{acb}=\int_{V_a}^{V_b}P\text{d}V$$

在 P-V 图上，系统状态过程曲线下所包围的面积等于系统做功大小，因此

$$A=\int_{V_a}^{V_b}P\text{d}V=500\text{J}$$

由于体积增大，因此系统对外做正功。

当系统经历 $acbda$ 过程时，系统初、末状态相同，系统内能改变量 ΔE=0，根据热力学第一定律有

$$Q_{acbda}=\int_{V_{acb}}P\text{d}V+\int_{V_{bda}}P\text{d}V$$

已知 $\int_{V_{acb}}P\text{d}V=500\text{J}$，$b$ 到 d 过程时为等体过程，系统不做功，则有

$$\int_{V_{bda}}P\text{d}V=\int_{V_d}^{V_a}P\text{d}V=-4\times10^5\times3\times10^{-3}\text{J}=-1200\text{J}$$

系统从 d 到 a 过程被压缩，对外做负功，因此得到系统经历 $acbda$ 过程吸收的热量为

$$Q_{acbda}=(500-1\,200)\text{J}=-700\text{J}$$

4. 绝热过程

在气体的状态变化过程中，如果不与外界发生热量交换，则这类过程被称为绝热过程。现实中绝热过程是不存在的，但有些过程系统与外界传递的热量很小，可以忽略不计，可以近似地看作绝热过程。

绝热过程的特征是 $\mathrm{d}Q = 0$ ，理想气体的绝热过程在 P-V 图上的过程曲线称为绝热线，如图 5-8 所示。

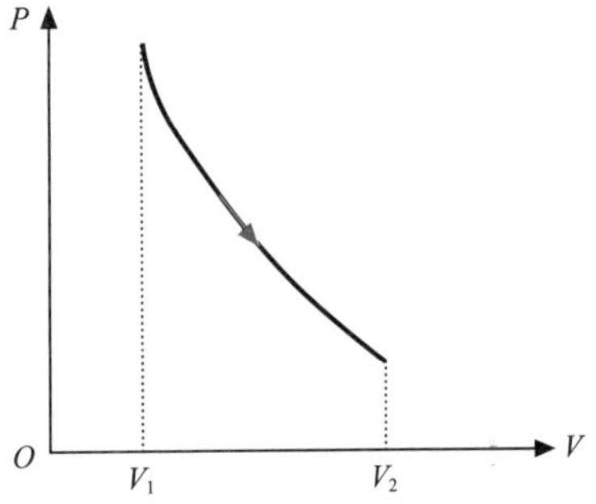

图 5-8　绝热过程曲线

对于准静态的绝热过程，根据热力学第一定律有

$$0 = \mathrm{d}E + \mathrm{d}W_a \tag{5-23}$$

根据内能的表达式，（5-23）式可以写为

$$0 = \nu C_{V,\mathrm{m}} \mathrm{d}T + P\mathrm{d}V \tag{5-24}$$

根据理想气体状态方程 $PV = \nu RT$ ，对方程取微分，有

$$P\mathrm{d}V + V\mathrm{d}P = \nu R\mathrm{d}T \tag{5-25}$$

由（5-24）式可推导在有限绝热过程中的做功为

$$W_a = \int P\mathrm{d}V = -\nu C_{V,\mathrm{m}} \int_{T_1}^{T_2} \mathrm{d}T = -\nu C_{V,\mathrm{m}}(T_2 - T_1) \tag{5-26}$$

把（5-25）式代入（5-24）式可得

$$C_{V,\mathrm{m}} P\mathrm{d}V + C_{V,\mathrm{m}} V\mathrm{d}P = -RP\mathrm{d}V \tag{5-27}$$

将 $R = C_{P,\mathrm{m}} - C_{V,\mathrm{m}}$ ， $\gamma = C_{P,\mathrm{m}} / C_{V,\mathrm{m}}$ 代入（5-27）式可得

$$\gamma \frac{\mathrm{d}V}{V} = -\frac{\mathrm{d}P}{P}$$

结合 $PV = \nu RT$ ，积分可得

$$\begin{cases} PV^{\gamma} = 常数 \\ V^{\gamma-1}T = 常数 \\ P^{\gamma-1}T^{-\gamma} = 常数 \end{cases} \tag{5-28}$$

（5-28）式称为理想气体绝热过程方程，注意 3 个常数各不相同。

在 P-V 图上作等温线和绝热线，如图 5-9 所示。

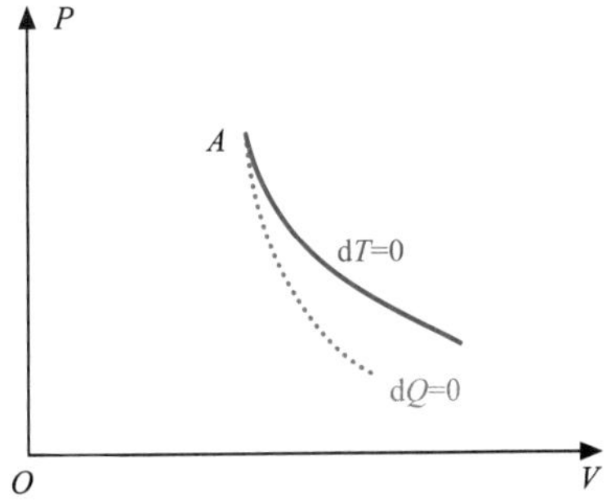

图 5-9　绝热线比等温线陡

图中实线是等温线，虚线是绝热线，两线交于 A 点，A 点处等温线的斜率为

$$\left(\frac{\mathrm{d}P}{\mathrm{d}V}\right)_T = -\frac{P_A}{V_A}$$

绝热线的斜率为

$$\left(\frac{\mathrm{d}P}{\mathrm{d}V}\right)_T=-\gamma\frac{P_A}{V_A}$$

因为$\gamma>1$，所以绝热线要陡一些。在物理上，等温过程是系统从外界吸收热量体积膨胀对外界做功，保持系统温度不变；绝热过程系统与外界没有热量传递，系统体积膨胀对外做功是以消耗自身内能为前提的，内能减少，系统温度降低。所以，在*P*-*V*图上，气体膨胀相同体积时，绝热过程压强降低得比等温过程要多，表现为绝热线要陡一些。

理想气体在绝热过程中所做的功，可以用（5-22）式计算，也可以根据功的定义，利用绝热过程方程直接求得。由于

$$PV^{\gamma}=P_1V_1^{\gamma}=P_2V_2^{\gamma}=C$$

因此

$$W_a=\int_{V_1}^{V_2}P\mathrm{d}V=\int_{V_1}^{V_2}P_1V_1^{\gamma}\frac{\mathrm{d}V}{V^{\gamma}}$$

即

$$W_a=\frac{1}{\gamma-1}(P_1V_1-P_2V_2) \qquad (5\text{-}29)$$

利用状态方程$PV=\nu RT$，（5-29）式还可以化为

$$W_a=-\frac{\nu R}{\gamma-1}(T_2-T_1) \qquad (5\text{-}30)$$

将关系式$\gamma=\frac{C_{P,\mathrm{m}}}{C_{V,\mathrm{m}}}$、$C_{P,\mathrm{m}}-C_{V,\mathrm{m}}=R$代入（5-30）式，可见结果与（5-26）式一致。

第三节　循环过程 卡诺循环

在历史上，热力学理论最初是在研究热机工作过程的基础上发展起来的。热机就是利用热来做功的机器，例如蒸汽机、斯特林发动机、内燃机、燃气轮机等。在热机中被利用来吸收热量并对外做功的物质称为工作物质，简称工质。各种热机都是通过重复进行某些热力学过程而不断地吸热做功。为了研究热机的工作过程，我们引入了循环过程的概念。循环过程特指工质经历了一系列热力学变化后又回到初始状态的整个过程。研究循环过程中的物理学规律在工程实践和物理理论上都有十分重要的意义。

一、循环过程的特征

热力学
循环过程

若循环的每一阶段都是准静态过程，则此循环在*P*-*V*图上是一条闭合曲线，如图5-10所示，箭头表示过程进行的方向。循环过程沿顺时针方向进行称为正循环，如图5-10（a）所示，物质系统做正循环的机器从外界吸收热量然后对外做功，故正

循环也称热机循环；循环过程沿逆时针方向进行称为逆循环，如图 5-10（b）所示，进行逆循环的机器外界对物质系统做功（或者说系统对外界做负功）使得系统将热量不断地从低温热源向高温热源传递，故逆循环也称热泵循环或者制冷机循环。热机和热泵本质上都是一定质量的工作物质周而复始地进行正循环和逆循环过程。

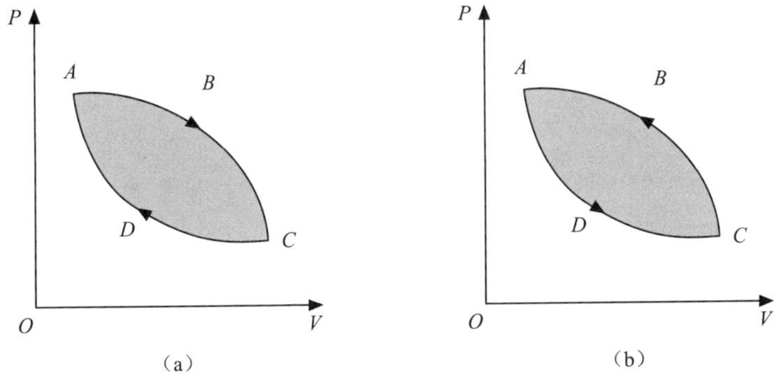

图 5-10　循环过程

根据准静态过程的 P-V 图，图 5-10（a）的正循环过程净做功为正值，其中 ABC 过程做正功——曲线 ABC 下的面积；CDA 过程做负功——曲线 ADC 下面积的负值。那么整个过程净做功为正功负功的代数和，即图上闭合曲线 $ABCDA$ 围成的面积 S_{ABCD}，即 $A=S_{ABCD}$ 表示一个正循环过程系统对外净输出功。同理在图 5-10（b）的逆循环中，整个过程净做功是负值，即 $A=-S_{ABCD}$，表示一个逆循环过程外界对系统净输入功。

无论是正循环还是逆循环，系统经历循环过程都会回到初始状态，系统的内能增量 $\Delta E=0$，根据热力学第一定律 $Q=A$。

二、热机的循环效率

热机的工作物质经历正循环过程，如图 5-11（a）所示，系统从高温热源吸收热量，一部分用来做功，剩下的部分以热量形式释放给低温热源，系统回到初始状态。为方便讨论问题，本小节中，我们规定系统从高温热源吸收热量为 Q_1，向低温热源释放热量为 Q_2，系统净做功的数值为 A。**这里强调的是循环过程中 Q_1、Q_2、A 的数值，与热力学第一定律中前面关于 Q、A 的正负规定有所不同，皆取绝对值。**评价热机性能好坏的一个重要参数是它的效率，称为热机效率，即吸收的热量 Q_1 中有多少转化为有用功 A。根据热力学第一定律，热机循环过程系统对外界做功

$$A=Q_1-Q_2 \tag{5-31}$$

热机的效率定义为

$$\eta=\frac{A}{Q_1}=\frac{Q_1-Q_2}{Q_1}=1-\frac{Q_2}{Q_1} \tag{5-32}$$

由于热机从高温热源吸收的热量不能全部转化为功，会不可避免地向低温热源放出一部分热量，也就是说 Q_2 不可能等于 0，因此热机的效率永远小于 1。不同的热机其循环过程不同，A 和 Q 都是过程量，因而效率也不同。

图 5-11（b）所示为蒸汽机的工作原理图，水泵将冷却器中的水送入锅炉，锅炉将其加热成高温高压的蒸汽，蒸汽进入气缸推动活塞运动，对外做功。蒸汽温度降低变成“废汽”，然后被送入冷凝器中，经放热冷却而凝结成水，之后再次由水泵打入锅炉，如此循环不息，源源不断地将热量转化为机械功。

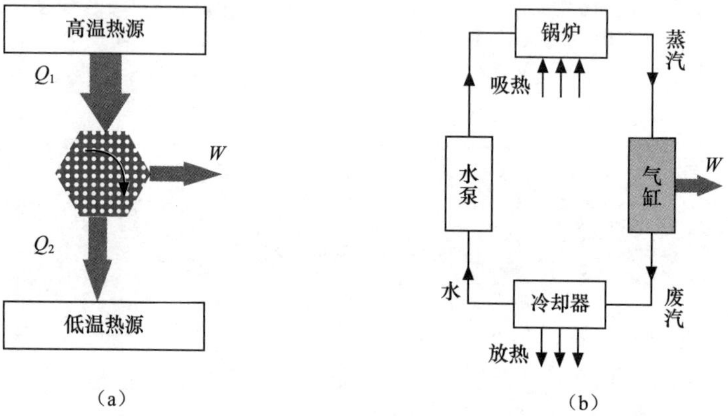

图 5-11　热机与蒸汽机的工作原理图：（a）热机的功热转化示意图；（b）蒸汽机的工作原理图

阅读材料

内燃机的循环之一——奥托循环，其 P-V 图如图 5-12 所示。所谓内燃机，是利用液体或气体燃料直接在气缸中燃烧，产生巨大的压强而做功，燃料空气混合物及其燃烧产物作为循环工质。与内燃机相对应的热机称为外燃机，外燃机的代表有蒸汽机和斯特林发动机，其燃料不参与循环，通过燃烧加热的水或者空气作为循环工质。内燃机的种类很多，我们只以活塞经过 4 个过程完成一个循环的四冲程汽油内燃机（奥托循环）为例，说明整个循环中各个分过程的特征及循环效率。

奥托循环的 4 个分过程如下 .

（1）进气过程。发动机进气门打开，活塞向下运动吸入空气和喷油嘴喷入的燃油混合，此时压强约等于 1.0×10^5Pa，这是个等压过程（图中过程 ab）。

（2）压缩过程。进气门关闭，活塞向上运动将已吸入气缸内的混合油气加以压缩，使之体积减小、温度升高、压强增大。由于压缩较快，气缸散热较慢，可看作一绝热过程（图中过程 bc）。

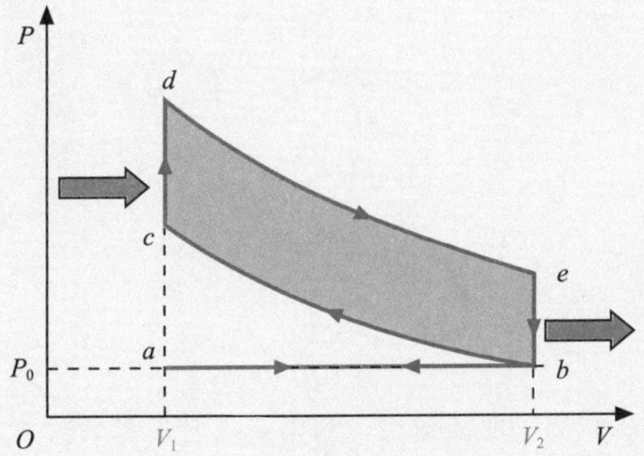

图 5-12　奥托循环的 P-V 图

（3）做功过程。火花塞或其他方式引燃被压缩混合油气，油气剧烈燃烧，气体的压强和温度随之骤增，由于燃烧时间短促，活塞在这一瞬间移动的距离极小，这近似是个等体过程（图中过程 cd）。巨大的压强把活塞向外推动而做功，同时压强和温度也随着气体的膨胀而降低，燃烧后的做功过程可看成一绝热过程（图中过程 de）。

（4）排气过程。开放排气口，使气体压强突然降为大气压，这过程近似于一个等体过程（图中过程 eb），然后再由飞轮的惯性带动活塞，使之从右向左移动，排出废气，这是个等压过程（图中过程 ba）。

严格地说，上述内燃机进行的过程不能看作是个循环过程。因为过程中最初的工作物为燃料及空气。后经燃烧，工作物变为二氧化碳、水汽等废气，从气缸向外排出不再回复到初始状态。但因内燃机做功主要是在 P-V 图上 $bcdeb$ 这一封闭曲线所代表的过程中，为了分析与计算的方便，我们可换用空气作为工作物，经历 $bcedb$ 这个循环，而把它叫作空气奥托循环。

气体主要在循环的等体过程 cd 中吸热（相当于燃烧中产生的热），而在等体过程 eb 中放热（相当于随废气而排出的热）。设气体的质量为 M，摩尔质量为 M_{mol}，定体摩尔热容为 C_v，则在等体过程 cd 中，气体吸取的热量 Q_1 为

$$Q_1=\frac{M}{M_{\mathrm{mol}}}C_v(T_d-T_c)$$

而在等体过程 eb 中放出的热量 Q_2 应为

$$Q_2=\frac{M}{M_{\mathrm{mol}}}C_v(T_e-T_b)$$

所以这个循环的效率应为

$$\eta=1-\frac{Q_2}{Q_1}=1-\frac{T_e-T_b}{T_d-T_c}$$

把气体看作理想气体，从绝热过程 de 及 bc 可得如下关系

$$V^{\gamma-1}T_e=V_0^{\gamma-1}T_d\text{，}V^{\gamma-1}T_b=V_0^{\gamma-1}T_c$$

两式相减得

$$V^{\gamma-1}\left(T_e-T_b\right)=V_0^{\gamma-1}\left(T_d-T_c\right)$$

$$\frac{\left(T_e-T_b\right)}{T_d-T_c}=\left(\frac{V_0}{V}\right)^{\gamma-1}$$

$$\eta=1-\frac{1}{\left(\frac{V}{V_0}\right)^{\gamma-1}}=1-\frac{1}{r^{\gamma-1}}$$

式中 $r=V/V_0$ 叫作压缩比，即活塞运行到下止点时气缸的最大容积和活塞运行到上止点时气缸的最小容积之比。计算表明，压缩比愈大，效率愈高。普通汽油内燃机的压缩比一般不能大于 7，否则汽油蒸汽与空气的混合气体在尚未压缩至 c 点时温度已高到足以引起混合气体燃烧了。设 $r=7$，$\gamma=1.4$，则奥托循环的理论效率为

$$\eta=1-\frac{1}{7^{0.4}}\approx 55\%$$

实际上早期汽油机的效率只有 25% 左右，远低于理论效率。如果把理论效率看作 1，那么理论效率 = 有用功效率 + 排气损失 + 冷却损失 + 杂项损失，其中排气损失几乎占整个损失的 50%，燃烧产生的大量高温高压气体还没有充分做功就被排气过程释放到环境中。

阅读材料

蒸汽机的效率提升发展

蒸汽机是人类历史上第一种具有实际应用价值的热机，从 17 世纪发明到今天已经走过了 300 多年的历史。蒸汽机的效率提升经历了 3 个重要阶段：第一阶段是瓦特之前的蒸汽机雏形，它的效率只有大约 0.5%；第二阶段就是著名的瓦特改良的蒸汽机，它的效率初期有 3%，后期提升到了约 8%；第三阶段是卡诺提出卡诺循环，为提高所有类型热机的效率提供了理论依据。

当今最先进的蒸汽机叫作超超临界机组，工作温度超过 700℃，工作压强超过了 35MPa，热机效率超过了 46%。所谓临界指的是蒸汽机的工质——水在相平衡图上的气液临界点，如图 5-13 所示。一旦水的温度和压力超过临界点，即进入超临界状态；如果蒸汽温度超过 600℃，压强超过 31MPa，可称为超超临界状态。超超临界机组作为目前最高热效率的蒸汽机，如果普遍使用在我国的火力发电厂，可以提高燃煤发电的效率，对减少污染物和二氧化碳的排放、改善空气质量具有非常重要的意义。

从这个角度看，虽然人类早已进入电气时代，但是蒸汽机的变革远没有停止。随着新理论、新材料、新的加工工艺的不断提出，蒸汽机也将有进一步的发展。这也说明科学与技术的进步没有终点，人类探索的脚步也永远不会停止！

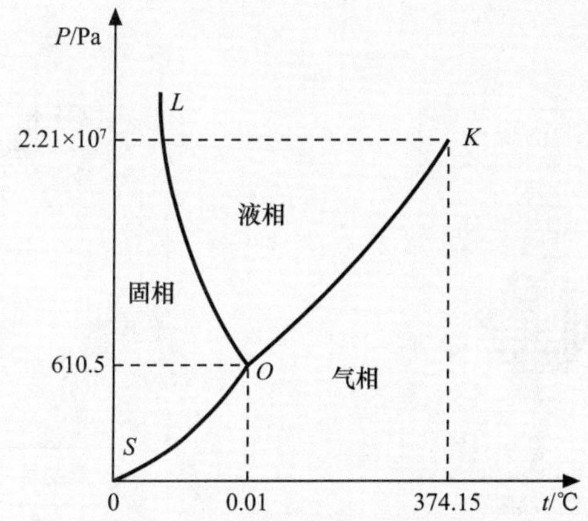

图 5-13　水的相平衡图

O 点为水气、液、固共存的三相点；*OK* 线为气 - 液两相平衡线，经不能任意延长，终止于临界点 *K*。这时气液的界面消失，不能用加压的方式让气体液化。临界点处 *T*=374.15℃，*P*=22.1MPa。

三、热泵的循环效率

热泵这一概念来源另外一种泵——水泵。我们知道水泵的作用是搬运水，通过外界的机器做功（如电动机、热机）将水从地势低的地方搬运到地势高的地方。热泵的作用也是一样，只不过搬运的是热量，通过外界的机器对工质做功（逆循环系统对外界净做负功 W），将热量从低温热源搬运到高温热源（从低温热源 T_2 吸热，向高温热源 T_1 放热）。

如果用到的是工质吸热部分就是制冷机（例如冰箱），如果用到的是工质放热部分就是制热机（例如空气能热水器），也有一台机器可以制冷制热两用（例如热泵式空气调节器）。往往我们提到空调只说它可以调节室内的空气温度，其实由于空气中的水蒸气会在空调的低温换热器上凝结成水珠，空调还具有良好的抽湿效果。

如图 5-14（a）所示，外界对系统做功 W，使系统从低温热源吸收热量 Q_2，向高温热源放出热量 Q_1。

根据热力学第一定律，制冷循环过程外界对系统做功

$$|W| = Q_1 - Q_2 \tag{5-33}$$

对制冷而言，外界对系统做功 W 使得低温热源温度降得更低，故从低温热源吸收热量 Q_2 越多，温度降得越多。通常用制冷系数衡量制冷的工作效率，故制冷系数定义为

$$e_C = \frac{Q_2}{|W|} = \frac{Q_2}{Q_1 - Q_2} \tag{5-34}$$

（5-34）式表明，外界对系统做功一定时，从低温热源吸收的热量越多，制冷系数越大，制冷机的效率就越高。

同理，外界对系统做功 A 相同的情况下，向高温热源放出热量 Q_1 越多，制热的效率越高。通常用制热系数衡量制热的工作效率，故制热系数定义为

$$e_H = \frac{Q_1}{|W|} = \frac{Q_1}{Q_1 - Q_2} \tag{5-35}$$

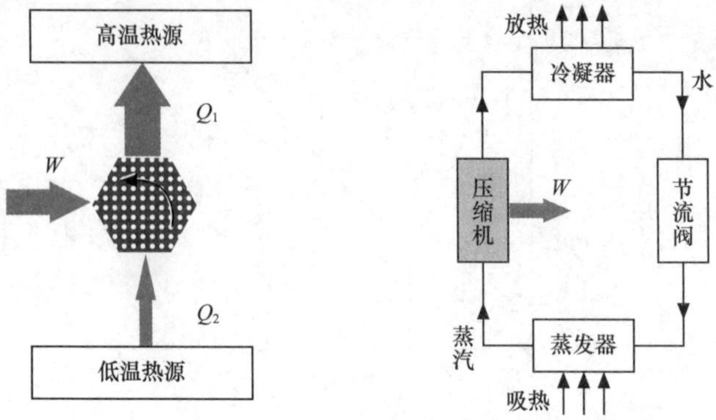

图 5-14　热泵的热功转换示意图与工作原理图：（a）热泵热功转换示意图；（b）热泵工作原理图

热泵的工作原理可用图 5-14（b）来说明。压缩机把比较容易液化的工作物质送入冷凝器，经水或空气带走冷凝器中气体的热量，并使气体在高压下凝结成液体。液体经过节流阀后，降压降温并部分汽化；待进入蒸发器后，液体从周围冷库吸热使冷库降温，自身则汽化变成蒸汽后再进入压缩机压缩液化，如此重复循环，起到热量搬运作用。在夏天，可将房间作为低温热源，将室外的大气作为高温热源，使房间降温；在冬天，则以室外大气为低温热源，以房间为高温热源，可使房间升温变暖。

四、卡诺循环

蒸汽机的发明极大地推动了人类文明的进程。提高热机的工作效率的研究有着重要的理论和实际意义。1824 年，法国青年工程师卡诺（图 5-15）采用了一种截然不同的方法，他不是研究个别的热机，而是要寻找一种理想的标准热机。它是一个理想的循环模型，建立在准静态过程下，在循环过程中工作物质只与两个恒温热源（一个高温热源和一个低温热源）接触交换热量，这种循环称为**卡诺循环**，以卡诺循环工作的热机称为卡诺热机。

图 5-15　萨迪·卡诺

卡诺循环模型以理想气体为工作物质，由 4 个准静态过程组成，其中两个是等温过程，两个是绝热过程，如图 5-16（a）所示。图中 1 → 2 与 3 → 4 是两条等温线，2 → 3 与 4 → 1 是两条绝热线。卡诺循环过程中能量转化情况如图 5-16（b）所示。

1. 等温过程 1 → 2

理想气体与高温热源 T_1 接触，该过程热源温度 T_1 保持恒定不变，

理想气体的体积由 V_1 膨胀到 V_2，理想气体从热源吸收热量值为

$$Q_1 = \frac{M}{M_{\text{mol}}} RT_1 \ln\frac{V_2}{V_1} \tag{5-36}$$

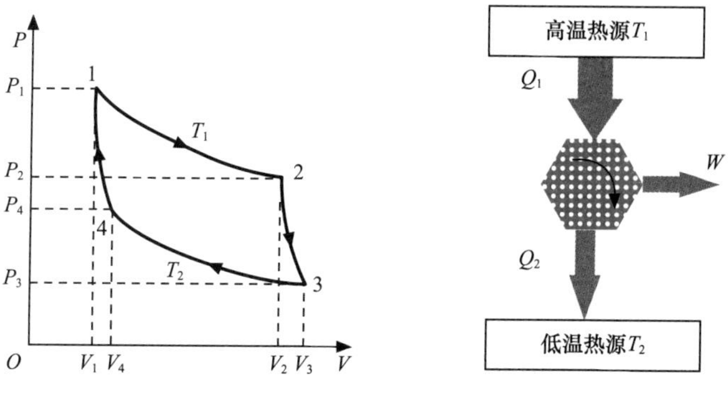

图 5-16　卡诺循环：(a) 循环过程 (b) 能量转化

2. 绝热过程 2 → 3

理想气体进行绝热膨胀，体积由 V_2 增大到 V_3，温度由 T_1 降低到 T_2，此过程既不吸热也不放热。

3. 等温过程 3 → 4

理想气体与低温热源 T_2 接触，该过程低温热源温度 T_2 也保持恒定不变，理想气体的体积由 V_3 压缩到 V_4，理想气体放出热量值为

$$Q_2 = \frac{M}{M_{\text{mol}}} RT_2 \ln\frac{V_3}{V_4} \tag{5-37}$$

4. 绝热过程 4 → 1

理想气体进行绝热压缩，体积由 V_4 压缩减小到 V_1，温度由 T_2 升高到 T_1，此过程既不吸热也不放热。计算出卡诺循环的效率为

$$\eta_c = 1 - \frac{Q_2}{Q_1} = 1 - \frac{T_2 \ln\frac{V_3}{V_4}}{T_1 \ln\frac{V_2}{V_1}} \tag{5-38}$$

因为 2 → 3 与 4 → 1 为两个绝热过程，由绝热过程方程式得

$$T_1 V_2^{\gamma-1} = T_2 V_3^{\gamma-1} \tag{5-39}$$

$$T_1 V_1^{\gamma-1} = T_2 V_4^{\gamma-1} \tag{5-40}$$

此两式相比，得到 $\frac{V_3}{V_4}=\frac{V_2}{V_1}$，所以，卡诺循环的效率为

$$\eta_c = 1-\frac{T_2}{T_1} \tag{5-41}$$

（5-41）式表明，理想气体卡诺循环的效率只与两个恒温热源的温度有关，从理论上指出了提高热机效率的途径。由于绝对零度是不可能达到的，T_1 也不可能无限大，因此卡诺循环的效率一定小于 1。热机效率小于 1 的物理原因在后面会提到。由于卡诺循环是一种理想循环，卡诺循环对应的卡诺热机效率是实际热机效率的极限值。实际热机的循环过程路径不是卡诺循环的准静态过程，热源也不是恒温的热源，工作物质也不是理想气体，没有真正的绝热过程（总是会随时向外界放出热量），故实际热机的效率比卡诺热机的效率低很多，例如例 5-1 中汽油机理论效率和实际效率的差异。尽管如此，（5-41）式对热机效率提升还是有非常重要的指导意义，例如现代的火力发电厂使用超临界甚至超超临界蒸汽锅炉作为热源，就是要获得温度尽可能高的高温热源；再例如阿特金森循环的汽油机增加活塞的膨胀行程以降低排气时的气体温度，要获得温度尽可能低的低温热源。升高高温热源温度 T_1 和降低低温热源温度 T_2 两种做法虽然都可以提高热机的实际效率，但是要注意，如果使用低于环境温度的热源作为低温热源，在经济上是不合算的，一般都不会这样做。

将理想气体作逆向卡诺循环，就形成一个理想的热泵——卡诺热泵，其循环图及能量转化情况如图 5-17 所示。与卡诺热机效率的计算方法类似，可以得到卡诺逆循环的制冷系数为

$$e_C = \frac{Q_2}{|W|} = \frac{Q_2}{Q_1-Q_2} = \frac{T_2}{T_1-T_2} \tag{5-42}$$

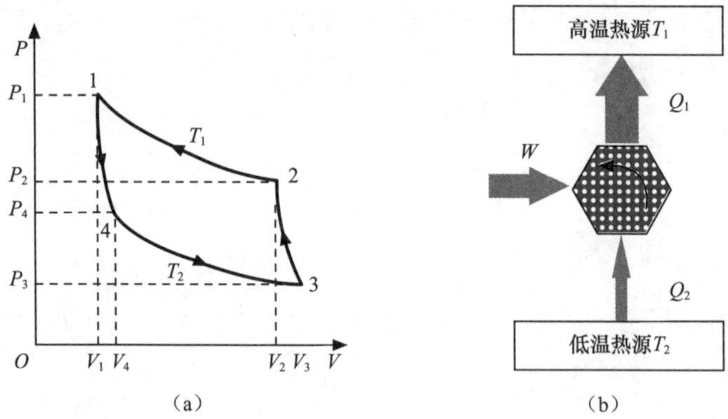

图 5-17　逆向卡诺循环：（a）循环过程；（b）能量转化

同理可计算卡诺逆循环的制热系数为

$$e_H = \frac{Q_1}{|W|} = \frac{Q_1}{Q_1-Q_2} = \frac{T_1}{T_1-T_2} \tag{5-43}$$

由（5-43）式可知，卡诺热泵的制冷系数和制热系数同样仅与两个热源的温度有关，卡诺逆循环效率是在两恒温热源间工作的各种逆循环的热泵效率的最大值。如果逆循环的热泵是一台可以制

冷和制热的空调，那么制冷和制热系数越大，这台空调的效率越高、越省电。对制冷而言，低温热源的温度 T_2 是根据需要设定的，所设置低温热源温度 T_2 越低，高温热源温度 T_1（一般为外界环境温度）越高，制冷系数越小，空调效率越低、越费电。而对制热而言，高温热源的温度 T_1 是根据需要设定的，所设置高温热源温度 T_1 越高，低温热源的温度 T_2（一般为外界环境温度）越低，制热系数越小，空调效率越低、越费电。从以上分析可见，外界环境温度对空调的效率影响很大，在寒冷的冬季和炎热的夏季，空调的实际效率往往会远低于厂家的技术参数，这成为了空调技术的一大痛点。

为了克服空调的缺点，人们开始寻找地球表面浅层的其他热源来取代空气。近年来，以浅层地下水、河流、湖泊、土壤等作为热源的新型地源式热泵开始走向市场。以最常见的浅层地下水热源为例，由于水的比热容大于空气，导热系数也大于空气，且地下水数量庞大，因此是比空气更好的热源。这使得地源式热泵的实际能效比远大于空气式热泵，而且几乎不受环境季节影响，唯一的缺点就是前期建设投入较大。目前比较好的地源热泵系统，冬季制热能效比为 4 ~ 6，即消耗 1kW · h 的电力用户可以获得 4kW · h ~ 6kW · h 的热量。冬季的雾霾问题很大程度上是能源的利用效率低下造成的。显然，普及热泵技术对于提高能源利用率、保护环境有非常重要的意义。

值得注意的是：无论正循环还是逆循环，卡诺循环的效率仅与高、低温热源温度有关，可以使用卡诺循环的效率公式（5-41）式、（5-42）式和（5-43）式；而其他循环过程的效率不能使用卡诺循环的效率公式，要使用循环效率的定义公式（5-32）式、（5-34）式和（5-35）式。

第四节 热力学第二定律

热力学第一定律指出了自然界中发生的一切热力学过程中的能量守恒关系。观察和实验表明，自然界中一切与热现象有关的宏观过程只能按一定方向进行，而热力学第一定律并未阐述系统变化进行的方向。这就需要一个独立于热力学第一定律的新规律来解释自然过程的方向性问题，即热力学第二定律。首先介绍可逆过程和不可逆过程的概念。

一、可逆过程和不可逆过程

在系统状态变化过程中，如果逆过程能重复正过程的每一状态，而且不引起其他变化，这样的过程称为**可逆过程**。反之，在不引起其他变化的条件下，不能使逆过程重复正过程的每一状态，或者虽然能重复但必然会引起其他变化，这样的过程称为**不可逆过程**。

值得注意的是，不可逆过程不是不能逆向进行，而是逆向进行时，逆过程在外界留下痕迹，不能将正过程的痕迹完全消除，或者系统不能回复到原来状态。在热现象中，只有无摩擦、无耗散的准静态过程是可逆的，所以可逆过程是一种理想过程，实际过程只能接近而不可能真正达到。这是因为实际过程都是以有限的速度进行，而且实际过程中常常包含摩擦、黏滞、电阻等耗散因素，导致其不可逆。

二、自然过程的方向性

自然界中一切自发的热力学过程都是朝一定方向进行的，其逆过程不可能自动地进行，即实际的热力学过程都是不可逆过程。

气体向真空的绝热自由膨胀过程具有方向性。图 5-18 所示为在一个绝热容器中，左图有一隔板，把容器分成 A、B 两个部分，A 中有气体，B 中为真空，A 中气体处于一种平衡态。当隔板被抽去的瞬间，可以观察到 A 中气体自动向 B 中扩散直到在整个容器中均匀分布，此时气体达到另一种平衡态。而相反的过程，即充满整个容器的气体无外界作用自动地收缩到 A 中，B 中还原为真空，这种过程从未观察到。可见，气体绝热自由膨胀过程是不可逆过程。气体绝热自由膨胀过程的始态和终态虽然都是平衡态，但是在膨胀过程中，容器各部分的气体压强、温度都在时刻发生变化，说明气体处于非平衡态，因此该过程属于典型的非准静态过程，并不能在 P-V 图上用连续的曲线表示出来。

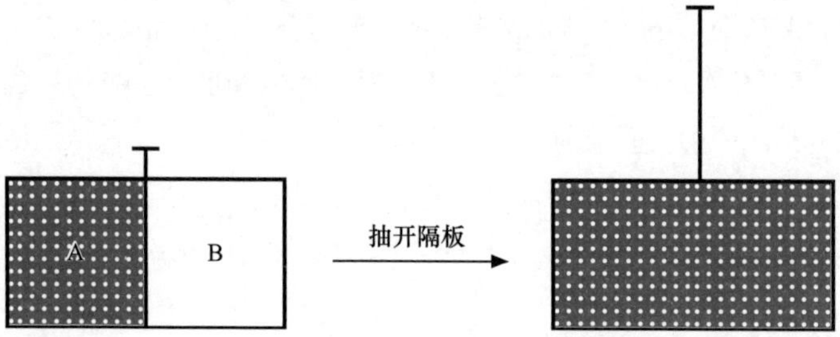

图 5-18　气体向真空绝热自由膨胀

功热转换具有方向性。图 5-19 所示的转动着的叶片撤除动力后，由于转轴的摩擦使得叶片越转越慢，最后停下来。这一过程中，由于摩擦生热，轴和叶片的温度升高，最终全部转换成为内能。相反的过程，即轴和叶片自动降温冷却使叶片由静止到转动起来这一过程从未发生过。可见，功向热的转换是自动进行的，在不引起其他变化或不产生其他影响的条件下，不会看到热再完全转换为功。所以，功变热是不可逆过程。

图 5-19　转动及撤除动力后的叶片

热传导具有方向性。两个温度不同的物体相互接触，热量总是自动地从高温物体传向低温物体，最后两者温度相同而达到热平衡态。在研究中从未观察到在无外界影响下，热量自动地从低温物体传向高温物体这一逆过程。热泵虽然可以让热量从低温物体传向高温物体，但热泵的运行需要外界源源不断地对系统做正功，否则从低温向高温的热量传递过程就会停止。因此热传导过程也是不可逆的。

以上 3 个过程都是向确定方向自发进行的，是不可逆的。其逆过程不可能自动发生；或者说，即便发生，也必然会引起其他变化。由于自然界一切与热现象有关的宏观过程都涉及热功转换或热传导，都是由非平衡态向平衡态转化，因此，一切与热现象有关的实际过程都是不可逆的。

三、热力学第二定律的两种表述

说明自然宏观过程进行方向的规律称为**热力学第二定律**。热力学第二定律是一条经验定律。由于各种实际自然过程的不可逆性是相互依存的，所以在说明各种实际过程进行的方向时，无需对各个特殊过程一一说明，只要任选一种实际过程并指出其进行的方向即可。对任一实际过程进行方向的说明都可以作为热力学第二定律的表述，因此热力学第二定律有许多表述方法。最早提出并作为标准表述的是 1850 年的克劳修斯表述和 1851 年的开尔文表述。

克劳修斯表述：不可能把热量从低温物体传到高温物体而不引起其他变化。

开尔文表述：不可能从单一热源吸收热量，使之完全变成有用功而不放出热量给其他物体，或不产生其他影响。

开尔文表述还有另一种说法：**第二类永动机是不可能制造出来的。**

第二类永动机是继第一类永动机提出的一种表述。第一类永动机违反热力学第一定律能量守恒的观点，而第二类永动机遵从能量转化与守恒定律，但认为热机效率可以达到 100%，故定义效率是 100% 的热机为第二类永动机。热机效率等于 100% 就意味着从高温热源吸收的热量可以全部变为有用的功，工作物质恢复原状，而不向低温热源放出热量，因而效率等于 1 的热机又称单热源热机。如果这种热机能够制造成功，人们就可以把海洋和大气作为单一热源，从中吸取热量，将它们取之不尽、用之不竭的内能百分之百地转化为功。曾有人估算过，如果使海洋的温度下降 0.1K，将释放的热量全部转化为有用功，就能供全世界使用很多年。但是古往今来，试图制造第二类永动机的人无不以失败告终。

开尔文表述和克劳修斯表述分别是针对不同实际过程的热力学第二定律表述，两者是统一的、等效的，即一种表述是正确的，另一种表述也是正确的；如果一种表述不成立，另一种表述也必然不成立。下面用反证法加以说明。

假设一台热机从高温热源吸收热量 Q_1，对外做功 W，并向低温热源放出热量 Q_2，对外做功 $W=Q_1-Q_2$，如图 5-20 所示。若克劳修斯表述不成立，则热量 Q_2 可以自动地从低温热源传向高温热源，而低温热源没有变化。高温热源吸收总热量为 Q_1-Q_2，全部用来对外做功而高温热源没有变化。总的效果是未引起其他变化，但实现了第二类永动机，违背了开尔文表述。同理，如果开尔文表述不成立即存在第二类永动机，也可以证明克劳修斯表述也不成立，因此两种表述是等效的。

开尔文表述的实质是指明了功热转换的方向性，克劳修斯表述的实质是指明了热传导的方向性。除上述两种表述外，热力学第二定律还有多种表述，但其实质都是指明了自然界中一切自发过程进行的方向性，即一切与热现象有关的物理过程都是不可逆的。

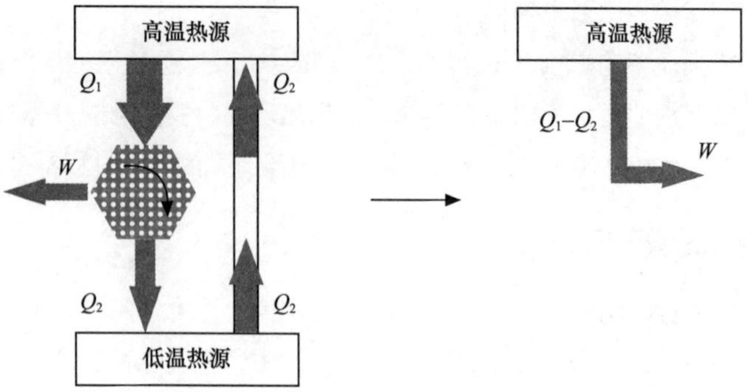

图 5-20　热力学第二定律两种表述的等效性证明示意图

阅读材料

卡诺定理及应用

卡诺循环中每个过程都是准静态过程，所以卡诺循环是可逆循环，也是理想循环。实际热机的工作物质不是理想气体，循环也不是卡诺循环，在研究实际热机效率的极限问题中，卡诺提出工作在温度为 T_1 和温度为 T_2 两热源之间的热机效率理论，即**卡诺定理**。

（1）在相同的高温热源 T_1 和低温热源 T_2 之间工作的一切卡诺循环热机，其效率都相同，与工作物质无关，即

$$\eta = 1 - \frac{T_2}{T_1}$$

（2）在相同的高温热源 T_1 和低温热源 T_2 之间工作的一切非卡诺循环热机的效率不可能大于卡诺循环热机的效率，即

$$\eta' \leqslant \eta = 1 - \frac{T_2}{T_1}$$

（3）同理工作在温度为 T_1 和温度为 T_2 两热源之间的卡诺逆循环（热泵）的效率是最大效率，一切工作在相同高低温热源之间的非逆卡诺循环热泵的效率总是小于最大效率。

$$e_c' \leqslant e_c = \frac{T_2}{T_1 - T_2}$$

$$e_H' \leqslant e_H = \frac{T_1}{T_1 - T_2}$$

卡诺定理指明了提高热机效率的途径，即应当尽量增加高低温热源之间的温差，尽量使实际的循环过程接近可逆卡诺循环的路线。以汽车发动机为例，一般从以下 3 个方面提升热机效率。

① 实际的内燃机循环必然存在各种机械部件的摩擦和气缸的散热，那么减少不必要的

摩擦耗散可以使循环过程更接近可逆循环。例如，发动机里活塞和气缸之间细小的缝隙是通过活塞环来填充的，如图 5-21 所示，而活塞环和缸套在高温下发生滑动摩擦时存在一种黏着磨损。根据黏着磨损的机理，两种摩擦材料之间的金属相溶性越差，黏着磨损越小。金属钼与钢铁的相溶性很差，因此可以通过在活塞环表面喷镀钼减少活塞环和缸套之间的黏着磨损，从而降低高频活动部件的摩擦损耗。同时由于降低了磨损，发动机可以使用更低黏度的机油，降低摩擦损耗的同时更不易出现故障。

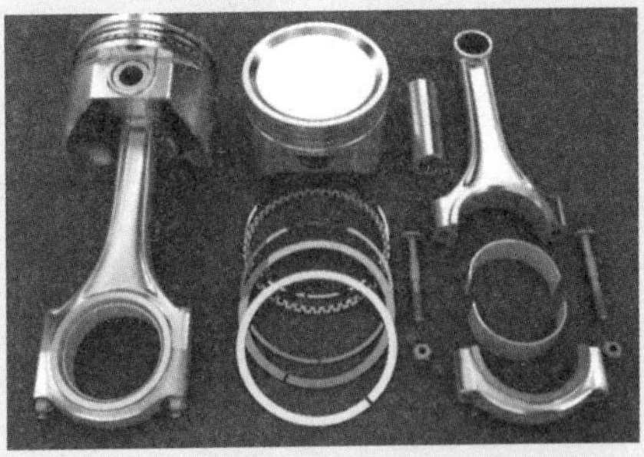

图 5-21　镀钼活塞环

② 提升燃油在气缸中的燃烧温度，降低尾气排放的温度，有助于效率提升。为改善燃油的燃烧状况，常见的一种做法就是采用缸内直喷技术，将燃油通过高压喷嘴喷入气缸内，与空气充分混合，可以使燃烧更加充分。

③ 优化循环路线改良传统内燃机的奥托循环，可以提升热机的效率。例如在奥托循环中有一个影响循环效率的重要参数叫作压缩比（这个概念在之前的阅读材料介绍过），压缩比越高，奥托循环的效率也就越高。然而由于汽油相比柴油更容易产生震爆，传统汽油机的压缩比被限制在 9 ～ 10，而柴油机可以轻松实现 16 ～ 22 的压缩比，因此在奥托循环中，柴油机的热效率相比汽油机更高。

四、热力学第二定律的统计意义 玻尔兹曼熵

自发过程的不可逆性与其说是过程本身的性质，不如说是过程初、末两态存在某种性质差异而决定了过程进行的方向。系统的自发倾向往往是从非平衡态过渡到平衡态。本节采用微观统计方法对这种单向过程进行本质探讨，引入热力学概率和玻尔兹曼熵的概念，从统计学的意义上通过概率定量地描述热力学第二定律。

热力学第二定律的统计意义

以气体向真空自由膨胀为例，分析绝热容器内分子的统计分布，其中绝热容器构成一个孤立系统。假设一个长方体绝热容器被中间的隔板分成等体积的左、右两室，左室为气体，右室为真空。为方便起见，假设气体分子可区别（以不同形状加以区分），数目是 4 个。开始时，4 个分子都在容器的左室，抽出隔板，气体自由膨胀向右室扩散，并在整个容器中无规则地运动。利用所有分子在左、右两室的不同分配数目表示系统的某个宏观态；利用分子在左、右两室的具体分布情况表示系统的微观态。抽出隔板后，4 个分子在容器中可能的宏观态及其相应的微观态如图 5-22 所示。

从图中可知，由于左右两室的体积相等，每个分子在左室和右室出现的概率都是 1/2，故 16 种微观态每种出现的概率是相同的，都是 1/16。这 16 种微观态一共对应 5 种宏观态，由于每种宏观态所包含的微观态数不同，每种宏观态出现的概率也不同。对应微观态数多的宏观态出现的概率大，

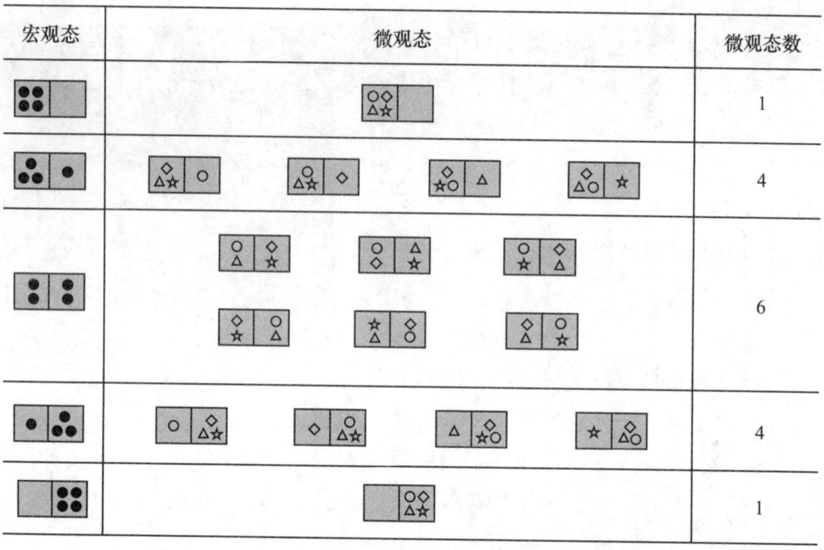
宏观态
微观态
微观态数
1
4
6
4
1

图 5-22　容器中 4 个分子可能的宏观态及其相应的微观态

图 5-23　玻尔兹曼

而对应微观态数少的宏观态出现的概率小。例如分析 4 个分子的自由膨胀能否“可逆”，即分子全部退回到左室，右室真空。这种宏观态只对应一种微观态，故出现的概率为 $1/2^4=1/16$，在 5 种宏观态中出现的概率最小；相反分子在左右两室均匀分布的宏观态（每室各有两个分子）相对应的微观态数是 6，故此宏观态出现的概率最大，是 6/16，显然它是最可能出现的宏观态。4 个分子的系统属于微观体系，不管是 5 种宏观态虽然概率各不相同，都还是可以观察到的；而宏观的热力学系统包含大量分子，如 1mol 理想气体，分子数约等于 10^{23} 个，如果放在上述容器中做同样的实验，这些分子全部退回到左室的宏观态概率为 $1/10^{23}$，此数值几乎为 0，从实际意义上来说，几乎永远不会发生此类事件。相反分子处于接近均匀分布的微观态数与微观态总数相比，其比值几乎或实际上为 1。可见，分子均匀分布的宏观态是微观态数最大，我们也把这样的状态称为分子运动最无序（混乱）的状态；相反分子全部集中在一室的宏观态是微观态数最少、分子运动最有序的状态。因此，绝热容器内发生的自然过程进行的方向总是使气体分子趋向于均匀分布。

玻尔兹曼（图 5-23）在研究热力学中的统计规律时，将系统任一宏观态对应的微观态数定义为**热力学概率**，用 Ω 表示。因此，热力学概率 Ω 越大的宏观态出现的概率越大，热力学概率是分子运动无序性的一种量度。

实际气体系统处于平衡态时，分子在容器中均匀分布，是热力学概率最大的宏观态。孤立系统的自然过程中，气体的自由膨胀过程总是从有序状态向无序状态进行，从包含微观态数少的宏观态向包含微观态数多的宏观态进行，从热力学概率小的状态向热力学概率大的状态进行，从非平衡态到平衡态进行。**这就是热力学第二定律的统计意义**，适用于系统包含大量分子的情况。功热转换过程和热传导过程的不可逆性也具有相同的微观统计意义。

热力学概率对应系统某一宏观态所包含的微观态数，所以利用热力学概率可以对系统分子热运动的无序度进行定量描述。但是热力学概率一般数值非常大，为了便于处理计算，1877 年玻尔兹曼把热力学概率值做了对数处理使其数值变小，用熵 S 来表达，描述系统的无序度，即

$$S \propto \ln\Omega。\tag{5-44}$$

1900 年，普朗克引入了比例系数 k，将上式写为

$$S = k\ln\Omega。\tag{5-45}$$

式中 k 为玻尔兹曼常数。由此式定义的熵称为**玻尔兹曼熵**，熵的单位与玻尔兹曼常数的单位一致，是 $J \cdot K^{-1}$。对于系统的某一宏观状态，有一个 Ω 值与之对应，也就有一个 S 值与之对应，因此像内能一样，熵 S 是系统状态的函数，是宏观量。玻尔兹曼熵关系式的意义在于把宏观量 S 和微观态数 Ω 联系起来，从而揭示热力学过程方向性的微观实质。处于某一宏观态，系统越混乱无序，微观态数越多，Ω 越大，S 越大，所以，**熵是系统分子热运动无序性（混乱性）的一种量度**。对熵微观本质的认识，现在已远远超出了分子运动的领域，它适用于任何做无序运动的粒子系统，甚至应用于大量的无序出现的事件，例如大量的无序出现的信息。目前，熵的概念及与之相关的理论，在物理、化学、气象、生物学、工程技术乃至社会科学等领域都得到广泛应用。

玻尔兹曼熵具有加和性，即系统处于任一宏观态的总熵 S 等于系统各部分熵 S_i（i=1, 2,⋯）之和

$$S = \sum S_i \tag{5-46}$$

这是因为系统处于某一宏观态的热力学概率 Ω 等于其各部分的热力学概率 Ω_i（i=1, 2, ⋯）之积。根据（5-45）式有

$$S = k\ln\Omega = k\ln(\Omega_1 \cdot \Omega_2 \cdot \cdots) = k\ln\Omega_1 + k\ln\Omega_2 + \cdots = \sum S_i \tag{5-47}$$

五、熵增加原理

与内能相同，熵是状态函数。系统在某一状态的熵实际意义不大，系统的两个状态的熵的差值 ΔS（熵变）才具有重要的实际意义。熵变只与系统经历一个过程的初、末状态有关，与所经历的过程无关。假设某孤立系统经过一个不可逆过程，从状态 A 过渡到状态 B，对应的热力学概率从 Ω_1 到 Ω_2。通过上节内容分析可知，不可逆过程是从热力学概率小的状态向热力学概率大的状态方向进行，则 $\Omega_2 > \Omega_1$。故上述不可逆过程的熵变

$$\Delta S = S_2 - S_1 = k\ln\Omega_2 - k\ln\Omega_1 = k\ln\frac{\Omega_2}{\Omega_1} > 0 \tag{5-48}$$

即熵增加。假设孤立系统经历的过程为可逆的，则过程中任意两个状态的热力学概率都相等，因而可逆过程的熵保持不变，即 $\Delta S=0$。

综上所述，孤立系统从一个状态变为另一状态的任何过程，熵变总是大于等于 0，即

$$\Delta S \geqslant 0 \tag{5-49}$$

即**熵永不减少**。对于可逆过程，$\Delta S=0$；对于不可逆过程，$\Delta S>0$。这一结论称为**熵增加原理**。

自然界的一切自发过程都是不可逆过程。根据熵增加原理，孤立系统内自发进行的过程总是沿着熵增大的方向进行，过程结束系统达到平衡时，熵达到最大值。所以，熵增加原理可以描述与自然界中热现象有关的过程进行方向和限度的数量关系。也可以说，**熵增加原理**是热力学第二定律的普遍表述。

熵增加原理只适用于孤立系统（系统不与外界发生物质和能量交换）。如果不是孤立系统，可以把既定系统外的环境也归入系统，使研究系统可以看成孤立系统。

阅读材料

信息熵

信息论之父香农（C. E. Shannon）（图 5-24）在 1948 年发表论文《通信的数学理论（A Mathematical Theory of Communication）》，文中指出："任何信息都存在冗余，冗余大小与信息中每个符号（数字、字母或单词）的出现概率或者说不确定性有关"。香农借鉴了热力学的概念，把信息中排除了冗余后的平均信息量称为"信息熵"。不确定性越大，熵也就越大，把它搞清楚所需要的信息量也就越大。信息熵是信息论中用于度量信息量的一个概念。一个系统越是有序，信息熵就越低；反之，一个系统越是混乱，信息熵就越高。所以，信息熵也可以说是系统有序化程度的一个度量。

图 5-24　克劳德·艾尔伍德·香农（信息论之父）

由上可见，信息熵是来源于数学上的颇为抽象的概念。我们可以把信息熵理解成某种特定信息的出现概率。根据本尼特（C. H. Bennett）对麦克斯韦（Maxwell's Demon）的重新解释，对信息的销毁是一个不可逆过程，所以销毁信息是符合热力学第二定律的。而产生信息，则是为系统引入负熵（热力学）的过程，所以信息熵的符号与热力学熵应该是相反的。一般而言，当一种信息出现概率更高的时候，表明它被传播得更广泛，或者说被引用的程度更高。从信息传播的角度来看，信息熵可以表示信息的价值，这样我们就有一个衡量信息价值高低的标准，可以做出关于知识流通问题的更多推论。

信息熵的计算非常复杂，而具有多重前置条件的信息，更是几乎不能计算的，所以在现实世界中信息的价值大多是不能被计算出来的。但因为信息熵和热力学熵具有紧密相关性，所以信息熵是可以在衰减的过程中被测定出来的。因此信息的价值是通过信息的传递体现出来的，在没有引入附加价值的情况下，传播得越广、流传时间越长的信息越有价值。

根据香农的信息熵计算公式

$$H=-\sum P_i \log P_i$$

如果以 2 为对数 log 的底，计算出来的信息熵就是以比特为单位的，今天计算机和通信领域中广泛使用的Byte（字节）、KB、MB、GB、TB等词都是从比特演化而来的。“比特”的出现标志着人类知道了如何计算信息量，香农的信息论为明确信息量概念做出了决定性的贡献。

本章小结

1. 热力学的基本概念

（1）功

准静态过程的功 $\mathrm{d}W = P\mathrm{d}V$ 或 $W = \int_{V_1}^{V_2} P\mathrm{d}V$。

（2）热量

热容 $C = \frac{\mathrm{d}Q}{\mathrm{d}T}$。若物质的量为 1mol，则为摩尔热容 C_{m}。

气体摩尔定容热容为 $C_{V,\mathrm{m}}$，气体摩尔定压热容为 $C_{P,\mathrm{m}}$。

迈耶公式 $C_{P,\mathrm{m}} = C_{V,\mathrm{m}} + R$。

绝热系数 $\gamma = \frac{C_{P,\mathrm{m}}}{C_{V,\mathrm{m}}}$。

理想气体摩尔定容热容 $C_{V,\mathrm{m}} = \frac{i}{2}R$。

热量的计算方法 $\mathrm{d}Q = \frac{M}{M_{\mathrm{mol}}} C_{\mathrm{m}} \mathrm{d}T$ 或 $Q = \Delta E + \int_{V_1}^{V_2} P\mathrm{d}V$。

2. 基本定律与定理

（1）热力学第一定律

$$\mathrm{d}Q = \mathrm{d}E + \mathrm{d}W$$

$$Q = (E_2 - E_1) + W$$

（2）热力学第二定律

开尔文表述：不可能从单一热源吸收热量，使之完全变成有用功而不放出热量给其他物体，或不产生其他影响。

克劳修斯表述：不可能把热量从低温物体传到高温物体而不引起其他变化。

宏观热力学自发过程具有方向性：$\Delta S \geqslant 0$。

（3）卡诺定理

工作在高低温热源 T_1 与 T_2 之间的所有热机，其效率为

$$\eta \leqslant 1 - \frac{T_2}{T_1}。$$

对于可逆热机取等号，不可逆热机取小于号。

3. 循环及其效率

（1）热机效率

$$\eta=\frac{W}{Q_1}=\frac{Q_1-Q_2}{Q_1}=1-\frac{Q_2}{Q_1}$$

卡诺热机效率

$$\eta_c=1-\frac{T_2}{T_1}$$

（2）制冷系数

$$e=\frac{Q_2}{|W|}=\frac{Q_2}{Q_1-Q_2}$$

卡诺制冷系数

$$e_c=\frac{T_2}{T_1-T_2}$$

4. 熵

（1）玻尔兹曼熵

利用热力学概率描述熵，

$$S=k\ln\Omega$$

（2）熵增加原理

孤立系统从一个状态变为另一状态的任何过程，熵变

$$\Delta S\geqslant 0$$

即熵永不减少。对于可逆过程，$\Delta S=0$；对于不可逆过程，$\Delta S>0$。

5. 理想气体准静态过程的主要公式

（1）等体过程

$$V=\text{恒量}$$

系统做功 $$W_V=0$$

系统吸收热量 $$Q_V=\nu C_{V,\mathrm{m}}(T_2-T_1)$$

内能增量 $$\Delta E=E_2-E_1=\nu C_{V,\mathrm{m}}(T_2-T_1)$$

（2）等压过程

$P=$ 恒量，

系统做功 $$W_P=P(V_2-V_1)\text{ 或 }W_P=\nu R(T_2-T_1)$$

系统吸收热量 $$Q_P=\nu C_{P,\mathrm{m}}(T_2-T_1)$$

内能增量 $$\Delta E=E_2-E_1=\nu C_{V,\mathrm{m}}(T_2-T_1)$$

（3）等温过程

$$T=\text{恒量}$$

系统做功 $$W_T=\nu RT\ln\frac{V_2}{V_1}\text{或}W_T=\nu RT\ln\frac{P_1}{P_2}$$

系统吸收热量 $$Q_T=\nu RT\ln\frac{V_2}{V_1}\text{或}Q_T=\nu RT\ln\frac{P_1}{P_2}$$

内能增量 $$\Delta E=0$$

（4）绝热过程

$$PV^{\gamma}=\text{恒量}$$

系统做功 $$W_a=\frac{P_1V_1-P_2V_2}{\gamma-1}\text{或}W_a=-\nu C_{V,\mathrm{m}}(T_2-T_1)$$

系统吸收热量 $$Q_a=0$$

内能增量 $$\Delta E=\nu C_{V,\mathrm{m}}(T_2-T_1)$$

习题

1. 图 5-25 中（a）、（b）、（c）各表示联接在一起的两个循环过程，其中（c）是两个半径相等的圆构成的两个循环过程，（a）和（b）则为半径不等的两个圆。那么（　　）。

（A）（a）总净功为负，（b）总净功为正，（c）总净功为零

（B）（a）总净功为负，（b）总净功为负，（c）总净功为正

（C）（a）总净功为负，（b）总净功为负，（c）总净功为零

（D）（a）总净功为正，（b）总净功为正，（c）总净功为负

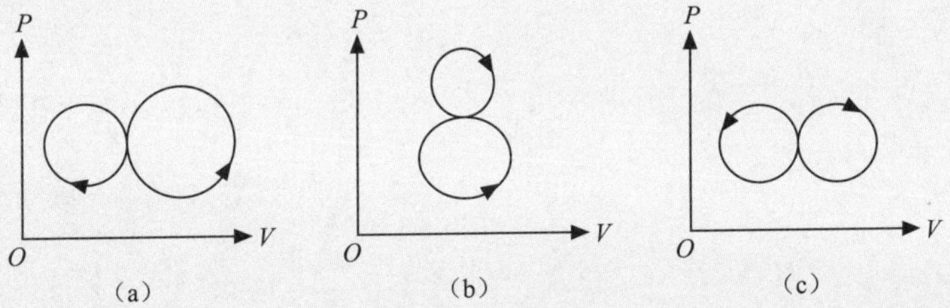

图 5-25　第 1 题图

2. 关于可逆过程和不可逆过程的判断：①可逆热力学过程一定是准静态过程；②准静态过程一定是可逆过程；③不可逆过程就是不能向相反方向进行的过程；④凡有摩擦的过程，一定是不可逆过程。以上 4 种判断，其中正确的是（　　）。

（A）①②③　　（B）①②④　　（C）②④　　（D）①④

3. 质量一定的理想气体，从相同状态出发，分别经历等温过程、等压过程和绝热过程，使其体积增加一倍，那么气体温度的改变（绝对值）在（　　）。

（A）绝热过程中最大，等压过程中最小　（B）绝热过程中最大，等温过程中最小

（C）等压过程中最大，绝热过程中最小　（D）等压过程中最大，等温过程中最小

4. 有两个相同的容器，容积固定不变，一个盛有氨，另一个盛有氢气（看成刚性分子的理想气体），它们的压强和温度都相等，现将5J的热量传给氢气，使氢气温度升高，如果使氨也升高同样的温度，则应向氨传递热量是（　　）。

（A）6J　（B）5J　（C）3J　（D）2J

5. 1mol的单原子分子理想气体从状态A变为状态B，如果不知是什么气体，变化过程也不知道，但A、B两态的压强、体积和温度都知道，则可求出（　　）。

（A）气体所做的功

（B）气体内能的变化

（C）气体传给外界的热量

（D）气体的质量

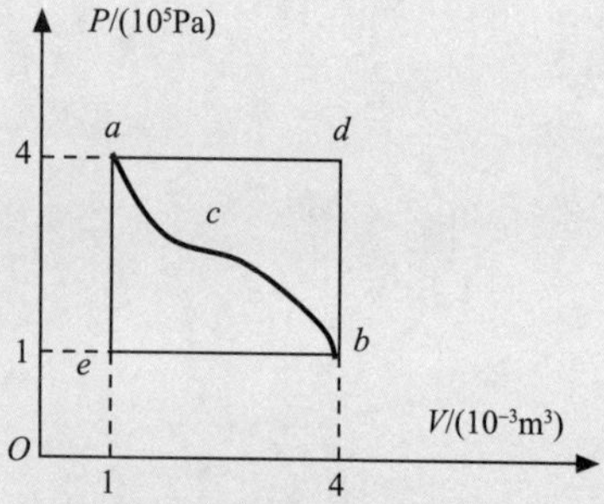

图5-26　第6题图

6. 如图5-26所示，一定量的理想气体经历acb过程时吸热500 J。则经历$acbda$过程时，吸热为（　　）。

（A）-1200 J　（B）-700 J　（C）-400 J　（D）700 J

7. 一定量的某种理想气体起始温度为T，体积为V，该气体在下面循环过程中经过3个平衡过程：（1）绝热膨胀到体积为$2V$；（2）等体变化使温度恢复为T；（3）等温压缩到原来体积V。则整个循环过程中（　　）。

（A）气体向外界放热　（B）气体对外界做正功

（C）气体内能增加　（D）气体内能减少

8. 一定量理想气体经历的循环过程用V-T曲线表示，如图5-27所示。在此循环过程中，气体从外界吸热的过程是（　　）。

（A）$A \to B$　（B）$B \to C$

（C）$C \to A$　（D）$B \to C$和$B \to C$

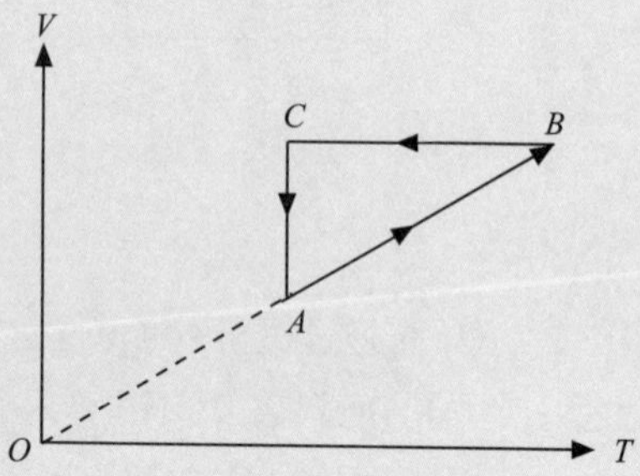

图5-27　第8题图

9. 两个卡诺热机的循环曲线如图5-28所示，一个工作在温度为T_1与T_3的两个热源之间，另一个工作在温度为T_2与T_3的两个热源之间，已知这两个循环曲线所包围的面积相等。由此可知（　　）。

（A）两个热机的效率一定相等

（B）两个热机从高温热源所吸收的热量一定相等

(C) 两个热机向低温热源所放出的热量一定相等

(D) 两个热机吸收的热量与放出的热量(绝对值)的差值一定相等

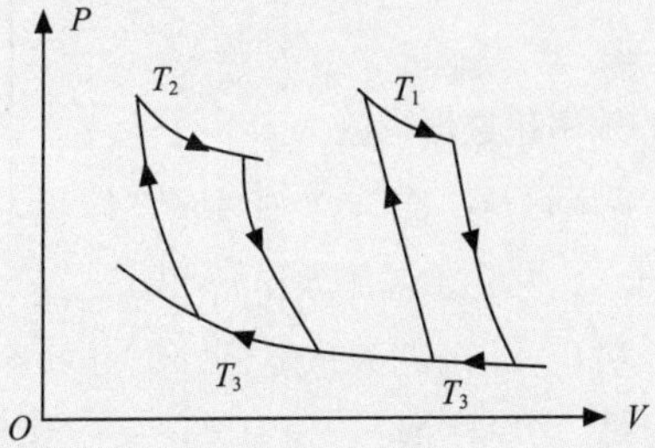

图 5-28　第 9 题图

10. 如图 5-29 所示，如果卡诺热机的循环曲线所包围的面积从图中的 *abcda* 增大为 *ab'c'da*，那么循环 *abcda* 与 *ab'c'da* 所做的净功和热机效率变化情况是(　　)。

(A) 净功增大，效率提高　　(B) 净功增大，效率降低

(C) 净功和效率都不变　　(D) 净功增大，效率不变

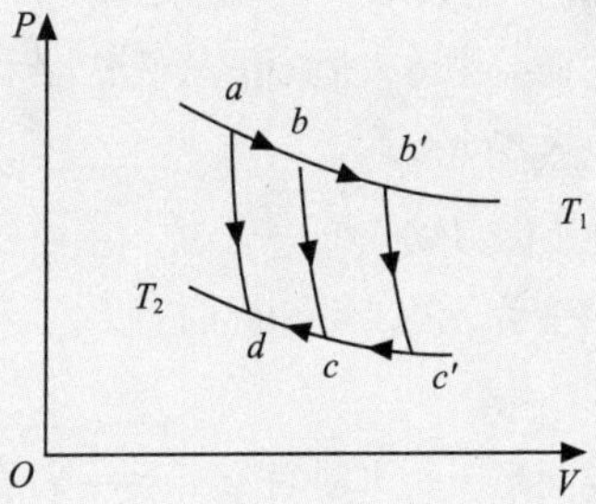

图 5-29　第 10 题图

11. 在温度分别为 327℃和 27℃的高温热源和低温热源之间工作的热机，理论上的最大效率为(　　)。

(A) 25%　　(B) 50%　　(C) 75%　　(D) 91.74%

12. 设高温热源的热力学温度是低温热源的热力学温度的 n 倍，则理想气体在一次卡诺循环中，传给低温热源的热量是从高温热源吸取热量的(　　)。

(A) n 倍　　(B) $n-1$ 倍　　(C) $\frac{1}{n}$ 倍　　(D) $\frac{n+1}{n}$ 倍

13. 有人设计一台卡诺热机(可逆的)。每循环一次可从 400K 的高温热源吸热 1 800J，向 300K 的低温热源放热 800J，同时对外做功 1 000J。这样的设计是(　　)。

（A）可以的，符合热力学第一定律

（B）可以的，符合热力学第二定律

（C）不行的，卡诺循环所做的功不能大于向低温热源放出的热量

（D）不行的，这个热机的效率超过理论值

14. 图 5-30 表示的两个卡诺循环，第一个沿 $ABCDA$ 进行，第二个沿 $ABC'D'A$ 进行，这两个循环的效率 η_1 和 η_2 的关系及这两个循环所做的净功 W_1 和 W_2 的关系是（　　）。

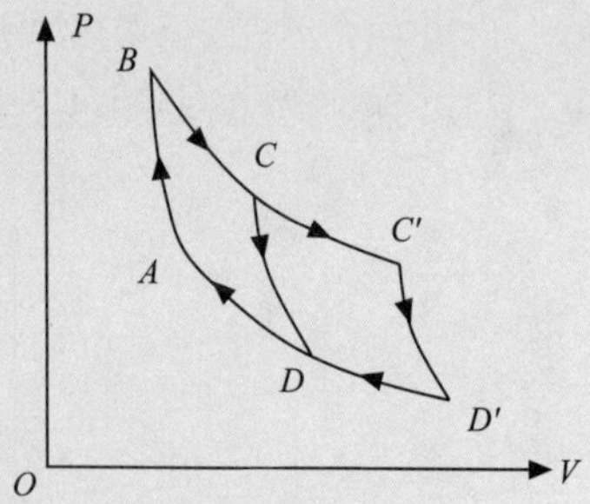

图 5-30　第 14 题图

（A）$\eta_1=\eta_2$，$W_1=W_2$　　（B）$\eta_1>\eta_2$，$W_1=W_2$

（C）$\eta_1=\eta_2$，$W_1>W_2$　　（D）$\eta_1=\eta_2$，$W_1<W_2$

15. 根据热力学第二定律可知（　　）。

（A）功可以全部转换为热，但热不能全部转换为功

（B）热可以从高温物体传到低温物体，但不能从低温物体传到高温物体

（C）不可逆过程就是不能向相反方向进行的过程

（D）一切自发过程都是不可逆的

16. 根据热力学第二定律判断下列说法中正确的是（　　）。

（A）热量能从高温物体传到低温物体，但不能从低温物体传到高温物体

（B）功可以全部变为热，但热不能全部变为功

（C）气体能够自由膨胀，但不能自动收缩

（D）有规则运动的能量能够变为无规则运动的能量，但无规则运动的能量不能变为有规则运动的能量

17. 一绝热容器被隔板分成两半，一半是真空，另一半是理想气体。若把隔板抽出，气体将进行自由膨胀，达到平衡后（　　）。

（A）温度不变，熵增加　　（B）温度升高，熵增加

（C）温度降低，熵增加　　（D）温度不变，熵不变

18. “理想气体和单一热源接触做等温膨胀时，吸收的热量全部用来对外做功。”对此说法，有以下几种评论，哪种是正确的？（　　）

（A）不违反热力学第一定律，但违反热力学第二定律

（B）不违反热力学第二定律，但违反热力学第一定律

（C）不违反热力学第一定律，也不违反热力学第二定律

（D）违反热力学第一定律，也违反热力学第二定律

19. 某理想气体状态变化时，内能随体积的变化关系如图 5-31 中 AB 直线所示。$A\rightarrow B$ 表示的过程是（　　）。

（A）等压过程　　　　（B）等体过程

（C）等温过程　　　　（D）绝热过程

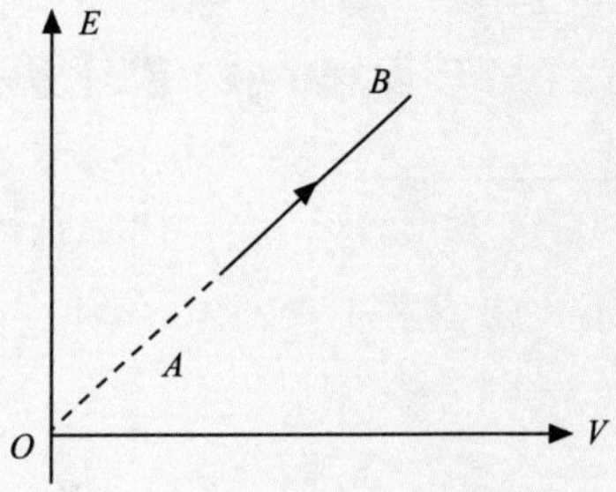

图 5-31　第 19 题图

20. 若理想气体的体积为 V，压强为 P，温度为 T，一个分子的质量为 m，k 为玻尔兹曼常量，R 为普适气体常量，则该理想气体的分子数为（　　）。

（A）PV/m　　　　（B）$PV/(kT)$

（C）$PV/(RT)$　　　　（D）$PV/(mT)$

21. 某理想气体等温压缩到给定体积时外界对气体做功 $|W_1|$，又经绝热膨胀返回原来体积时气体对外做功 $|W_2|$，则整个过程中气体从外界吸收的热量 $Q=$ ＿＿＿＿＿＿，内能增加量为 $\Delta E=$ ＿＿＿＿＿＿。

22. 如图 5-32 所示，一定量的理想气体经历 $a\rightarrow b\rightarrow c$ 过程，在此过程中气体从外界吸收热量 Q，系统内能变化 ΔE，Q＿＿＿0，ΔE＿＿＿0。（填“>”、“<”或“=”。）

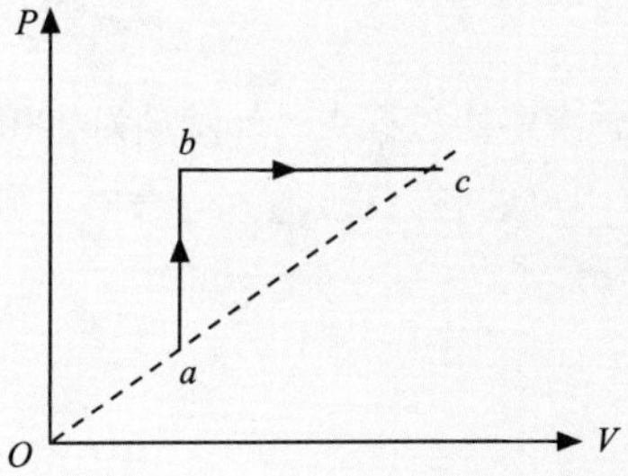

图 5-32　第 22 题图

23. 图 5-33 为一理想气体几种状态变化过程的 P-V 图，其中 MT 为等温线，MQ 为绝热线，在 AM、BM、CM 3 种准静态过程中：（1）温度降低的是＿＿＿＿＿过程；（2）气体放热的是＿＿＿＿＿过程。

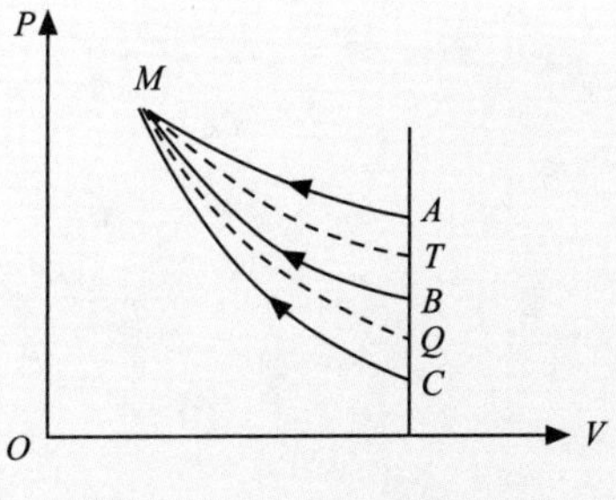

图 5-33　第 23 题图

24. 一定量理想气体，从同一状态开始使其体积由 V_1 膨胀到 $2V_1$，分别经历以下 3 种过程:（1）等压过程;（2）等温过程;（3）绝热过程。其中: __________ 过程气体对外做功最多; ___________ 过程气体内能增加最多; __________ 过程气体吸收的热量最多。

25. 已知一定量的理想气体经历图 5-34 所示的循环过程，图中各过程的吸热、放热情况为:（1）过程 1→2 中，气体 __________ ;（2）过程 2→3 中，气体 __________ ;（3）过程 3→1 中，气体 __________。

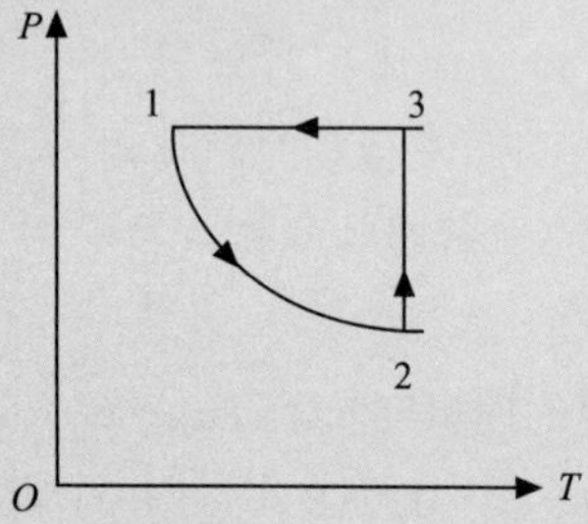

图 5-34　第 25 题图

26. 一定量的某种理想气体在等压过程中对外做功为 200J。若此种气体为单原子分子气体，则该过程中需吸热 _________ J；若为双原子分子气体，则需吸热 __________J。

机械振动与波篇

振动是自然界最普遍的现象之一。大至宇宙、小至微观粒子无不存在振动。各种形式的物理现象包括声、光、热等都包含振动。狭义的振动概念是：力学系统或物体在某一位置（通常是平衡位置）附近所做的往复运动称为机械振动。广义上说，振动是指描述系统状态的参量（如位移、电压等）往复交替变化的过程。在物理学中，振动是一种典型的运动现象的概括，也是描述诸多问题的基本模型和图像；工程技术应用方面，振动原理广泛应用于音乐、建筑、医疗、制造、建材、探测、军事等领域。

波动是物质运动的重要形式，广泛存在于自然界。在经典物理学中，波可以简单地理解为振动的传播。物理上，把某一物理量的扰动或振动在空间连续传递时形成的运动称为波。机械振动的传递形成机械波（如声波），电磁场振动的传递形成电磁波（如光波）。

振动和波动涉及科学研究的各个领域。如力学中有机械振动和机械波，电磁学中有电磁振荡和电磁波，在微观世界领域则存在物质波（概率波）。这些振动和波具有不同的研究内容，本质不同，但是在许多方面具有相似的特征，如干涉、衍射等。它们也都遵循一些相同的规律，可用相同或相似的数学方程描述，因此研究它们的运动特点和规律具有重要意义，可为相关的机械和电子工程技术应用提供理论指导。研究振动和波的意义远远超过了力学的范围，振动和波的基本原理是声学、光学、电工学、无线电学等学科的理论基础。

若人们不相信数学简单，只因他们未意识到生命之复杂。

——冯·诺依曼

6 第六章 机械振动

振动是自然界最为普遍的现象之一。机械振动是指物体或质点在其平衡位置附近所做的有规律的往复运动。日常生活中，宏观上看得见的机械振动如被拨动的琴弦、发声的声带、摆动的钟摆、摇摆的树叶等，无处不在。即使在我们看来岿然不动的高楼、桥梁、水坝等也在不停地振动。另外，振动问题还具有复杂性，例如一个物体可以同时进行不同形式和规律的振动，彼此间还存在着简单的线性作用或非线性耦合等。20 世纪 30 年代，机械振动的研究开始由线性振动发展到非线性振动。20 世纪 50 年代以来，机械振动的研究从规则的振动发展到用概率和统计的方法才能描述不规则振动——随机振动。振动理论和实验技术的发展，使振动分析成为机械设计中的一项重要研究内容。

振动问题广泛存在于人们的生活和生产活动中。对各种振动问题进行分析、控制和优化，不但可以改善人们的生活环境，提高各类机械和结构的运行品质，还可延长机械的使用寿命和提高生产率。同时，振动这种周期性运动模式也是研究各种复杂动力学行为和过程的基础。

本章主要内容：简谐振动基本特征及其描述，旋转矢量法，简谐运动能量及相互转化，两个同方向、同频率简谐运动的合成规律以及合振动振幅极大和极小的条件；了解两个相互垂直，同频率和不同频率简谐运动的合成规律；了解阻尼振动，受迫振动及共振现象。

第一节　简谐振动的定义

振动可以是有规律的重复的运动，如单摆的振动；也可以是没有规律的运动，如地震时地面的振动。能够在相等的时间间隔后重复自己的运动，称为周期运动。只有单一振动频率（或周期）的振动称为简谐振动。任何复杂的振动都可以看作是多个简谐振动的合成，因此简谐振动是振动学中最基本的内容。

当物体做简谐振动时，其位移 $\boldsymbol{x}$ 按照正弦或余弦规律随时间变化，如弹簧振子、单摆、复摆等。

简谐振动的一般数学表达式为

$$\boldsymbol{x} = \boldsymbol{A}\cos(\omega t + \varphi) \tag{6-1}$$

一、简谐振动的特征

从广义上讲，任何描述物质运动的物理量在某一数值附近做往复的变化，都称为**振动**。如交流电路中的电流或电压在某一数值附近做周期性的变化等。物体在其稳定的平衡位置附近做周期性的往复运动，在力学中被称为机械振动，其运动形式有直线、平面和空间振动等。

振动特点：有平衡点，且具有重复性。

振动原因：物体受到回复力的作用及物体本身所具有的惯性。

例如钟摆的摆动、海浪的起伏、音叉的振动、地震、晶体中原子的振动及活塞的往复运动等。振动在自然界和工程技术中经常见到，如机器部件、机座、机身的振动等。

可以按不同的方法对振动进行分类，常见的分类如下。

（1）自由振动与受迫振动

自由振动：系统受到一个初始扰动后任其自身振动。系统做自由振动时，并不受外力的作用。常见的单摆运动就是自由振动的例子。

受迫振动：系统在外力作用下（通常是重复性的力）所做的振动。柴油机发动机中的振动就是受迫振动的例子。若外力的频率与系统的固有频率之一一致，系统就会发生共振，即系统的振动幅度将会非常大。建筑结构、汽轮机和机翼等的损坏往往与共振的产生有关。

（2）阻尼振动与无阻尼振动

无阻尼振动：在振动过程中，系统的能量并无摩擦或其他形式的阻力引起的损耗。

阻尼振动：在振动过程中，系统由于上述因素引起任何一种形式的能量损耗。

在许多物理系统中，阻尼的量值一般很小，因此大多数实际问题的阻尼都可以忽略不计，但是分析系统在共振点附近的振动时，阻尼的影响就变得非常重要。

其他分类还有如线性振动与非线性振动、确定性振动与随机振动等。

二、谐振子模型

做简谐振动的系统称为**谐振子**，下面介绍几种谐振子模型。

（1）弹簧振子模型

一个质量可以忽略不计的弹簧，一端固定，另一端系一个质量为 m 的物体，这样的系统称为弹簧振子，如图 6-1 所示。为了研究弹簧振子的运动特点，首先我们定性分析弹簧振子的运动情况。

下面对弹簧振子的运动做定量分析。

当振子离开平衡位置 O 的位移为 $\boldsymbol{x}$ 时，根据胡克定律可知，它受到弹性力为

$$\boldsymbol{F}=-k\boldsymbol{x}\text{（负号表示回复力方向始终与位移方向相反）}$$

由牛顿第二定律知，小球的加速度为

$$\boldsymbol{a}=\frac{\boldsymbol{F}}{m}=\frac{-k\boldsymbol{x}}{m}=\frac{\mathrm{d}^2\boldsymbol{x}}{\mathrm{d}t^2}$$

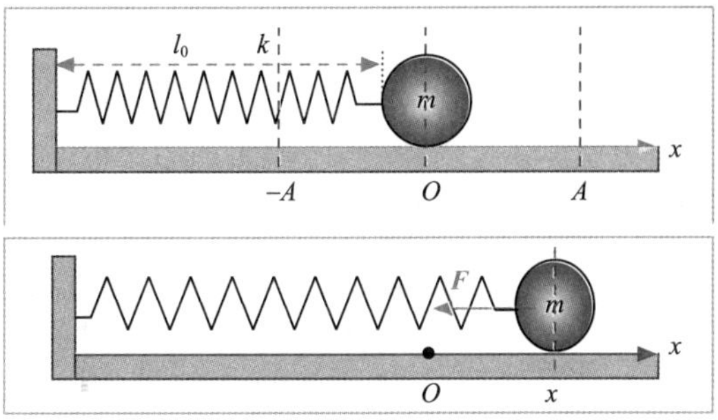

图 6-1　弹簧振子模型

即
$$\frac{\mathrm{d}^2\boldsymbol{x}}{\mathrm{d}t^2}+\frac{k\boldsymbol{x}}{m}=0\text{，令 }\omega^2=\frac{k}{m}$$

则有

$$\frac{\mathrm{d}^2\boldsymbol{x}}{\mathrm{d}t^2}+\omega^2\boldsymbol{x}=0 \tag{6-2}$$

（6-2）式是谐振动物体的微分方程。它是一个常系数的齐次二阶线性微分方程，它的通解为 $\boldsymbol{x}=\boldsymbol{A}\cos(\omega t+\varphi)$，即简谐振动的运动方程。$\boldsymbol{A}$ 和 φ 是待定常数，需要根据初始条件 $(\boldsymbol{x}_0,\varphi_0)$ 来决定，ω 决定于系统本身的性质。因此，我们也可以说位移 $\boldsymbol{x}$ 是时间 t 的正弦或余弦函数的运动是简谐运动。本书中用余弦形式表示谐振动方程。

（2）单摆模型（准谐振动）

一根不可以伸长的细绳上端固定，下端系一质量为 m 的小球，使小球稍偏离平衡位置释放，小球即在铅直面内平衡位置附近做振动，如图 6-2 所示，这一系统称为单摆（也称数学摆）。

在摆角很小时，小球对于 O 点的位移 x 大小与角 θ 所对应的弧长、角 θ 所对应的弦长都近似相等，因而 $\sin\theta\approx\dfrac{x}{l}$。

所以单摆的回复力为

$$F=-mg\frac{x}{l}=-\frac{mg}{l}x$$

再由牛顿第二定律可得

$$F=ma=m\frac{\mathrm{d}^2x}{\mathrm{d}t^2}=-\frac{mg}{l}x$$

化简得

$$\frac{\mathrm{d}^2x}{\mathrm{d}t^2}+\frac{g}{l}x=0$$

令

$$\omega^2=\frac{g}{l} \tag{6-3}$$

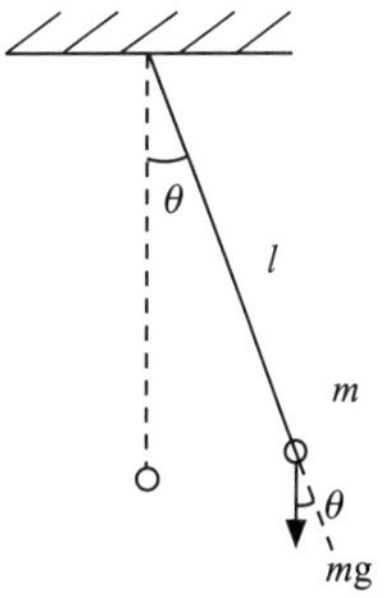

图 6-2　单摆振子模型

则有

$$\frac{d^2x}{dt^2}+\omega^2x=0 \tag{6-4}$$

（6-4）式为简谐振动的微分方程。说明在摆角很小时，单摆的运动可近似看作简谐振动。

下面看一下单摆小球角位移变化规律。

设摆长为l，某时刻小球悬线与铅直线夹角为θ，悬线在平衡位置右侧时，角位移θ为正，根据转动定律：$\boldsymbol{M}=J\boldsymbol{\beta}$［这里$\boldsymbol{M}$为小球相对于固定端的力矩，$J$、$\boldsymbol{\beta}$分别为小球相对固定端（或转轴）的转动惯量和角加速度］，于是有

$$-mgl\sin\theta=ml^2\frac{d^2\theta}{dt^2}$$

即

$$\frac{d^2\theta}{dt^2}+\frac{g}{l}\sin\theta=0$$

当很小时，$\theta\approx\sin\theta$，则$\frac{d^2\theta}{dt^2}+\frac{g}{l}\theta=0$。

令

$$\omega^2=\frac{g}{l} \tag{6-5}$$

则有

$$\frac{d^2\theta}{dt^2}+\omega^2\theta=0 \tag{6-6}$$

（6-6）式同样也是**谐振动的微分方程**，其通解为$\theta=\theta_0\cos(\omega t+\varphi)$，即角位移随着时间按照正弦或余弦规律变化。说明在$\theta$很小（通常认为$\theta$<5°）时，小球可近似看作在做简谐振动。

只要满足以下条件之一即可认为该运动为简谐振动。

① $\boldsymbol{F}=-k\boldsymbol{x}$（回复力与位移成正比关系，且方向相反）。

② $\frac{d^2\boldsymbol{x}}{dt^2}+\omega^2\boldsymbol{x}=0$（简谐运动的微分方程）。

③ $\boldsymbol{x}=\boldsymbol{A}\cos(\omega t+\varphi)$（简谐运动的动力学特征）。

在具体分析振动问题时，可以运用牛顿第二定律，建立振动系统的运动微分方程，看其是否满足简谐振动方程形式。

*（3）复摆、扭摆

图 6-3 所示为一个可以绕固定轴摆动的物体称为复摆（或物理摆），物体质量分布相对复杂，与单摆有很大区别。平衡时，复摆的质心C在轴的正下方，若复摆对轴的转动惯量为J，质心C到转轴O的距离为h，设在任一时刻t，复摆受到的重力矩为$M=-mgh\sin\theta$（式中负号表明力矩M的转向与角位移的转

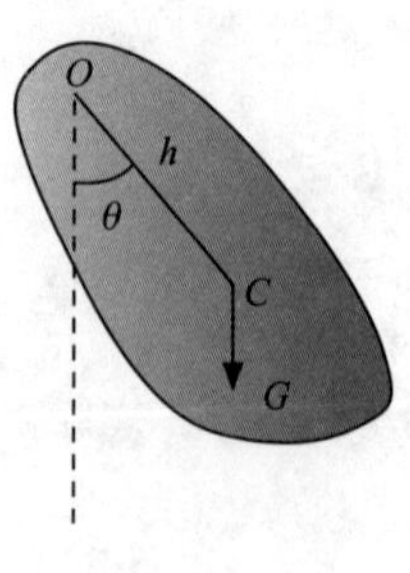

图 6-3　复摆模型

向相反）。

当摆角很小时，$\sin\theta \approx \theta$，则 $M=-mgh\theta$，根据转动定律 $M=J\beta$，得

$-mgh\theta = J\frac{\mathrm{d}^2\theta}{\mathrm{d}t^2}$，进一步化简可得

$$\frac{\mathrm{d}^2\theta}{\mathrm{d}t^2}=-\frac{mgh}{J}\theta=-\omega^2\theta \qquad (6\text{-}7)$$

式中，$\omega=\sqrt{\frac{mgh}{J}}$。可见，在小角度摆动情况下，复摆的振动是简谐振动。

图 6-4 可以证明：复摆支点和摆动中心可互换位置而不改变复摆的周期。复摆的摆动中心又称撞击中心。当复摆受到一个冲量作用时（如撞击），会在支点上产生碰撞反力。若转轴是刚体对支点的惯量主轴，外冲量垂直于支点和质心的连线 *OG* 且作用于摆动中心 *A* 上，则支点上的碰撞反力为 0。因此，机器中有些必须经受碰撞的转动件，如离合器、冲击摆锤等。为防止巨大瞬时力对轴承的危害，应使碰撞冲击力通过撞击中心，如图 6-5 所示。

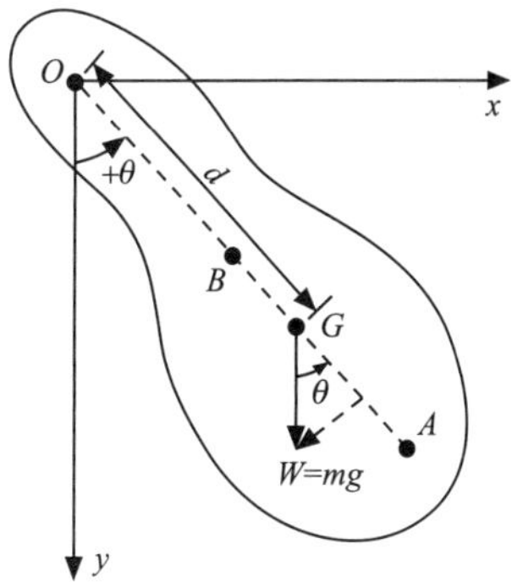

图 6-4　复摆模型

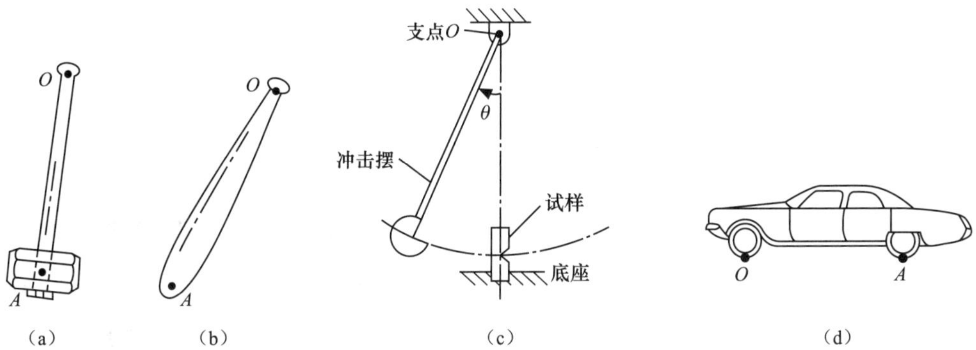

图 6-5　复摆应用实例

图 6-6 所示的圆盘从静止的位置转过一个角位移，然后释放它，它就会围绕这个参考位置以谐振动方式振动起来。将圆盘往任意一个方向转一个角度，将引起一个恢复力矩 $M=-k\theta$。

这里 *k* 是一个常量，叫作扭转常量，它的大小由悬线的长度、直径和材料来决定。设圆盘相对盘心的转动惯量为 *J*，由转动定律可得 $M=J\frac{\mathrm{d}^2\theta}{\mathrm{d}t^2}=-k\theta$，即

$$\frac{\mathrm{d}^2\theta}{\mathrm{d}t^2}=-\frac{k}{J}\theta=-\omega^2\theta \qquad (6\text{-}8)$$

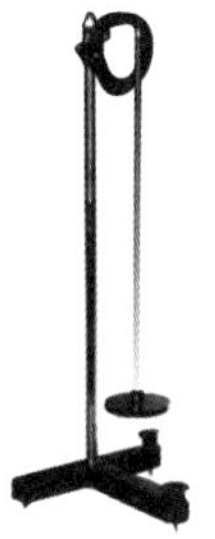

图 6-6　扭摆

式中 $\omega=\sqrt{k/J}$ 。可见，扭摆的振动也是简谐振动。

第二节　简谐振动的描述

根据运动学知识，如果已知做简谐振动的质点或刚体的位置随时间的变化规律，即它们的运动学方程，就能充分地描述它们的运动状况。在上节中我们讨论了简谐振动的定义及运动方程，在这节我们将进一步指明运动方程中各个参量的含义，以及如何确定这些参量，另外介绍几种描述简谐振动的方法。

描述振动可以采用解析法、图示法和旋转矢量法等。

解析法是用函数形式来描述简谐振动，即运动学方程。

图示法是用位移随时间变化曲线——振动曲线来形象描述振动特征。

旋转矢量法是将简谐运动与一旋转矢量相对应，使矢量做逆时针均匀转动，旋转矢量末端在参考坐标下的投影点的运动规律即可代表质点做简谐运动的规律。旋转矢量法是研究简谐振动及其合振动的直观而有效的方法。

一、简谐振动的位移、速度和加速度表达式

在前一节中我们知道，简谐振动的运动学方程可写为 $\boldsymbol{x}=\boldsymbol{A}\cos(\omega t+\varphi)$ ，这个方程表明质点运动的位移随时间按照正弦或余弦规律变化，根据这个方程可得出谐振动的速度和加速度分别表示如下。

速度

$$\boldsymbol{v}=\frac{\mathrm{d}\boldsymbol{x}}{\mathrm{d}t}=-\omega\boldsymbol{A}\sin(\omega t+\varphi)=\omega\boldsymbol{A}\cos\left(\omega t+\varphi+\frac{\pi}{2}\right)\tag{6-9}$$

加速度

$$\boldsymbol{a}=\frac{\mathrm{d}^2\boldsymbol{x}}{\mathrm{d}t^2}=-\omega^2\boldsymbol{A}\cos(\omega t+\varphi)=-\omega^2\boldsymbol{x}\tag{6-10}$$

可知最大速度为

$$V_{\max}=A\omega\tag{6-11}$$

最大加速度为

$$a_{\max}=A\omega^2\tag{6-12}$$

图 6-7 所示为 $\varphi=0$ 时的 x-t、v-t、a-t 变化曲线。

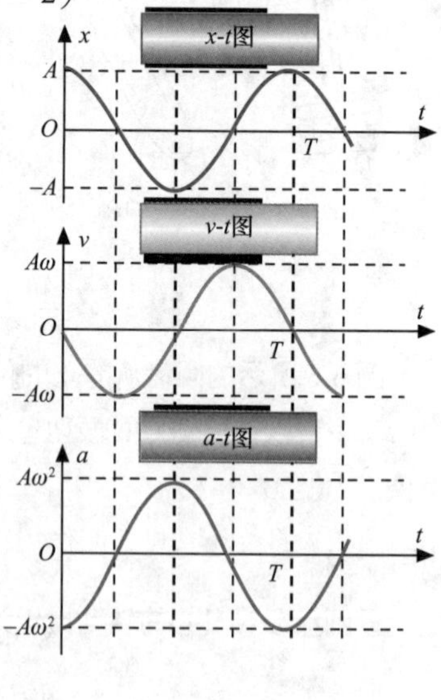

图 6-7　$\varphi=0$ 时的 x-t、v-t、a-t 变化曲线

二、描述谐振动的物理量：振幅、角频率、相位

已知谐振动的运动学方程 $\boldsymbol{x}=\boldsymbol{A}\cos(\omega t+\varphi)$，现在来说明式中各量意义。

（1）振幅 A

做谐振动的物体离开平衡位置最大位移的绝对值称为振幅，记作 A，即 $A=|\boldsymbol{x}_{\max}|$，$A$ 表现为振动的强弱，反映振动的能量大小。

（2）角频率（或圆频率）ω

为了定义角频率，首先定义周期和频率。

物体做一次完全振动所经历的时间叫作简谐振动的周期，用 T 表示；根据此定义，有 $\boldsymbol{x}=\boldsymbol{A}\cos(\omega t+\varphi)=\boldsymbol{A}\cos[\omega(t+T)+\varphi]$，因余弦函数的周期为 2π，有 $\omega T=2\pi$，故有

$$T=\frac{2\pi}{\omega} \tag{6-13}$$

对于弹簧振子，有

$$\omega=\sqrt{\frac{k}{m}}\ ,\ T=2\pi\sqrt{\frac{m}{k}} \tag{6-14}$$

而对于单摆，有

$$\omega=\sqrt{\frac{g}{l}}\ ,\ T=2\pi\sqrt{\frac{l}{g}} \tag{6-15}$$

对于复摆，有

$$\omega=\sqrt{\frac{mgl}{J}}\ ,\quad T=2\pi\sqrt{\frac{J}{mgl}} \tag{6-16}$$

和周期密切相关的另外一个物理量是频率，它是在单位时间内系统完成的振动次数，用 ν 表示。

由上可知

$$\nu=\frac{1}{T}\ \text{或}\ T=\frac{1}{\nu} \tag{6-17}$$

$$\omega=\frac{2\pi}{T}=2\pi\nu \tag{6-18}$$

可见，ω 表示在 2π 秒内物体所做的完全振动次数，称为角频率或圆频率。

在国际单位制中，频率的单位是赫兹，即每秒振动的次数，国际符号为 Hz。角频率仅与频率相差一常数因子 2π，因此已知频率与已知角频率是等效的。

对于给定的谐振系统，系统的周期或频率完全由系统本身的性质所决定，与其他因素无关。如对于给定的弹簧振子，m、k 都是一定的，那么它的 T 和 ν 也就完全确定了。因此，这种周期和频率又称为**固有周期**和**固有频率**。

（3）相位

在力学中，物体在某一时刻的运动状态由位置坐标和速度来决定。振动中，当 A、ω 给定后，物体的位置和速度取决于 $(\omega t+\varphi)$，$(\omega t+\varphi)$ 称为相位（也可称周相、位相）。由上可见，相位是决

定振动物体运动状态的物理量。φ 是 $t=0$ 时的相位，称为初相。考虑简谐振动的周期性，相位也具有周期性，初始相位的取值范围可选择为 $[0, 2\pi)$ 或 $(-\pi,\pi]$。

相位是研究机械振动波动问题的重要物理参量，无论是建立振动方程、比较两个振动的差异、研究振动的合成，还是表示波动特征、导出波动方程研究波的干涉等，都离不开相位的计算。

（4）相位差

相位差表示两个振动相位之差。有两个频率相同的谐振动，它们的运动学方程分别为 $\boldsymbol{x}_1=\boldsymbol{A}_1\cos(\omega t+\varphi_1)$，$\boldsymbol{x}_2=\boldsymbol{A}_2\cos(\omega t+\varphi_2)$，则 $\Delta\varphi=(\omega t+\varphi_2)-(\omega t+\varphi_1)=\varphi_2-\varphi_1$，称为第二个谐振动与第一个谐振动间的相位差，这里就等于初相差。

若 $\Delta\varphi>0$，表明第二个谐振动的相位超前于第一个振动的相位 $\Delta\varphi$。

若 $\Delta\varphi<0$，表明第二个谐振动的相位滞后于第一个振动的相位 $|\Delta\varphi|$。

若 $\Delta\varphi=2k\pi(k=0,\pm1,\pm2,\cdots)$，表明两个振动同相或同步，即两振动物体同时达到位移的最大值最小值，同时变换运动方向，两振动步调完全相同。

若 $\Delta\varphi=(2k+1)\pi(k=0,\pm1,\pm2,\cdots)$，表明两个振动反相，即两振动步调完全相反。

第三节　运动参量的确定

一、A、φ 的确定

对于某个确定振动方向的系统，振动位移 $\boldsymbol{x}$ 和振幅 $\boldsymbol{A}$ 均用标量表示，ω 由系统本身确定（以下内容同样处理），初始条件给定后可求出 A、φ 的大小。

将初始条件（t=0 时，$x=x_0$，$v=v_0$）代入振动方程和振动速率表达式有

$$x_0=A\cos\varphi \tag{6-19}$$

$$v_0=-A\omega\sin\varphi \tag{6-20}$$

联立方程（6-19）式、（6-20）式解得

$$A=\sqrt{x_0^2+\frac{v_0^2}{\omega^2}} \tag{6-21}$$

$$\varphi=\arctan\frac{-v_0}{\omega x_0} \tag{6-22}$$

但由于 φ 在 $[0, 2\pi]$ 范围内，同一正切值对应有两个 φ 值，因此，还必须再根据 x_0 和 v_0 的正负进行判断。联系振子运动状态直观图不难做出如下判断。

若 $x_0>0$，$v_0\leqslant0$，则 $0\leqslant\varphi<\pi/2$；

若 $x_0\leqslant0$，$v_0<0$，则 $\pi/2\leqslant\varphi<\pi$；

若 $x_0<0$，$v_0\geqslant0$，则 $\pi\leqslant\varphi<3\pi/2$；

若 $x_0\geqslant0$，$v_0>0$，则 $3\pi/2\leqslant\varphi<2\pi$。

例6-1　一质点沿 x 轴做简谐振动，其圆频率 $\omega=10\mathrm{rad/s}$，试写出以下初始状态下的振动方程：

其初始位移 $x_0 = 7.5\text{cm}$，初始速度 $v_0 = 75\text{cm/s}$。

解 设振动方程为 $x = A\cos(\omega t+\varphi)$，则振动速率可表示为 $v = -\omega A\sin(\omega t+\varphi)$。将初始条件 $t=0$，$x_0 = 7.5\text{cm}$，$v_0 = 75\text{cm/s}$ 代入振动方程和振动速率表达式，得

$$x_0 = 7.5\text{cm} = A\cos\varphi \ , v_0 = \frac{75\text{cm}}{s} = -A\omega\sin\varphi$$

解得

$$A = \sqrt{x_0^2 + \frac{v_0^2}{\omega^2}} = 10.6\text{cm}$$

$$\tan\varphi = \frac{-v_0}{\omega x_0} = -1\text{；}\ \cos\varphi = \frac{x_0}{A} > 0\text{；}\ \sin\varphi = -\frac{v_0}{A\omega} < 0 \Rightarrow \varphi = -\frac{\pi}{4}$$

振动方程为

$$x = 10.6\times10^{-2}\cos\left(10t - \frac{\pi}{4}\right)\ \text{m}$$

例 6-2 一个扬声器的膜片正在做简谐振动，频率是 500Hz，最大位移为 0.75mm，在 t=0 时刻膜片离开平衡位置移动到位置 $x_0 = 0.375\text{mm}$ 处，求（1）角频率；（2）最大速度和最大加速度；（3）初相位 φ；（4）t=0.001s 时的位移、速度和加速度。

解 （1）角频率 $\omega = 2\pi\nu = 2\pi\times500 = 1\,000\pi\ \text{rad/s}$。

（2）最大速度 $V_{\max} = A\omega = 0.75\times10^{-3}\times1\,000\pi = 0.75\pi\ \text{m/s}$，

最大加速度 $a_{\max} = A\omega^2 = 0.75\times10^{-3}\times(1\,000\pi)^2 = 750\pi^2\text{m/s}^2$。

（3）解析法，将 t=0, $x_0 = 0.375\text{mm}$ 代入振动方程 $x = A\cos(\omega t+\varphi)$ 可得 $\cos\varphi = 1/2$，再由 t=0 时 $x_0 \geqslant 0$，$v_0 > 0$，可以确定 φ 位于第四象限，故有 $\varphi = -\pi/3$。

（4）根据前面计算信息可以写出振动方程为 $x = 0.75\times10^{-3}\cos(1\,000\pi t - \pi/3)$，

速度表达式为 $v = \dfrac{\text{d}x}{\text{d}t} = -A\omega\sin(\omega t+\varphi) = -0.75\pi\sin(1\,000\pi t - \pi/3)$，

加速度表达式为 $a = \dfrac{\text{d}v}{\text{d}t} = -750\pi^2\cos(1\,000\pi t - \pi/3)$，

将 t=0.001s 代入上面各式可得 $x = -0.375\times10^{-3}\text{m}$；$v = -0.375\sqrt{3}\pi\ \text{m/s}$；$a = 375\pi^2\ \text{m/s}^2$。

二、表示谐振动的旋转矢量方法

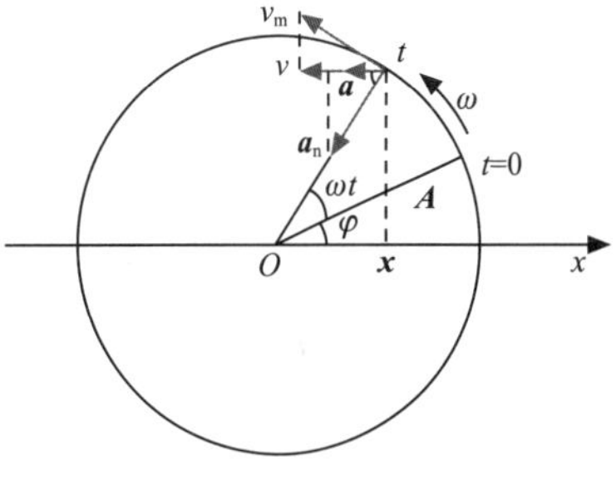

图 6-8 质点做圆周运动在水平轴上的投影位移变化关系

当质点沿着以 O 点为圆心，半径为 A 的圆周做角速度为 ω 的匀速圆周运动时，如图 6-8 所示，它在某一直径上的投影点将如何运动？假设 x 轴通过圆心 O，以起始时刻的矢径与 x 轴的夹角为 φ，在时间 t 内该矢

旋转矢量

径转过的角度为 ωt，则在任意时刻 t，质点在 x 轴上的投影的位置就是 $\boldsymbol{x}=\boldsymbol{A}\cos(\omega t+\varphi)$，也就是说投影点的位置 x 与时间 t 之间满足余弦函数关系。

因此，在研究谐振动时，常采用谐振动的旋转矢量表示法。这种方法一方面有助于形象地了解振幅相位、角频率等物理量的意义，另一方面有助于简化在谐振动研究中的数学处理。

三、简谐振动的旋转矢量表示法

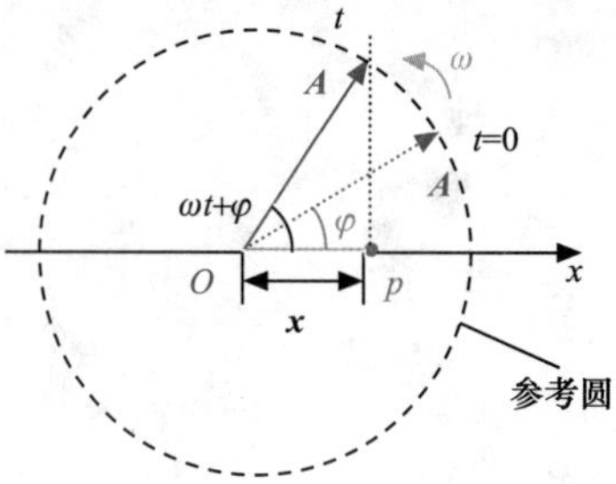

图 6-9　旋转矢量图

图 6-9 所示的旋转矢量 $\boldsymbol{A}$ 的矢端在 x 轴上投影坐标 $\boldsymbol{x}=\boldsymbol{A}\cos(\omega t+\varphi)$，可用来表示 x 轴上的谐振动。旋转矢量 $\boldsymbol{A}$ 以角速度 ω 旋转一周，相当于谐振动物体在 x 轴上做一次完全振动，即旋转矢量旋转一周所用时间与谐振动的周期相同。t=0 时刻，旋转矢量与 x 轴夹角 φ 为谐振动的初相，t 时刻旋转矢量与 x 轴夹角 $(\omega t+\varphi)$ 为 t 时刻谐振动的相位。

需要提醒的是：旋转矢量是研究谐振动一种直观、简便的方法；旋转矢量本身并不在做谐振动，而是它矢端在 x 轴上的投影点在 x 轴上做简谐振动。

根据某时刻的位移和速度信息，利用旋转矢量法确定相位信息的具体步骤如下。

首先做一个半径等于振幅的圆，然后以圆心为坐标原点建立直角坐标系，水平方向为 x 轴。在 x 轴上标出位移的坐标位置，过该点作垂直于 x 轴的垂线，该垂线与圆通常有两个交点（正负最大位移处除外）。连接坐标原点与两个交点，将形成两个旋转矢量，这两个旋转矢量速度方向相反。最后根据给出的速度方向信息对两个旋转矢量进行取舍，若速度大于 0，则旋转矢量在 x 轴下方；若速度小于 0，则旋转矢量在 x 轴上方。旋转矢量与 x 轴正方向之间的夹角即为相位，要注意这个夹角是从 x 轴正方向出发按照逆时针方向绕向旋转矢量。

例 6-3　一物体沿 x 轴做简谐振动，振幅为 0.12m，周期为 2s。t=0 时，位移为 0.06m，且向 x 轴正向运动。

（1）求物体振动方程；

（2）设 t_1 时刻为物体第一次运动到 x=−0.06m 处，试求物体从 t_1 时刻运动到平衡位置所用最短时间。

解　（1）设物体谐振动方程为 $x=A\cos(\omega t+\varphi)$。

由题意知 $A=0.12\text{m}$，$\omega=\dfrac{2\pi}{T}=\dfrac{2\pi}{2}=\pi\ \text{rad/s}$。

对于初始相位 φ 的确定可用下列两种方法。

方法一：解析法

将 t=0，x=0.06m 代入谐振动方程，有

$x_0=A\cos\varphi$。

$\because A=0.12\text{m}$，$x_0=0.06\text{m}$，

$\therefore \cos\varphi=\dfrac{1}{2}\Rightarrow\varphi=\pm\dfrac{\pi}{3}$。

$\because\ v_0=-A\omega\sin\varphi>0$，

$\therefore\ \varphi=-\dfrac{\pi}{3}$，

$x=0.12\cos\left(\pi t-\dfrac{\pi}{3}\right)$。

方法二：用旋转矢量法求 φ。

根据题意，运用旋转矢量图得 $\varphi=-\dfrac{\pi}{3}$，

$$\Rightarrow \Delta x=0.12\cos\left(\pi t-\frac{\pi}{3}\right)\text{m。}$$

（2）方法一：用数学解析法求 Δt。

由题意有 $-0.06=0.12\cos\left(\pi t_1-\dfrac{\pi}{3}\right)$，

$$\Rightarrow \pi t_1-\frac{\pi}{3}=\frac{2\pi}{3}\text{或}\frac{4\pi}{3}\text{。}$$

$\because$ 又由 $v_1=-A\omega\sin\left(\pi t_1-\dfrac{\pi}{3}\right)<0$，

$\therefore\ \pi t_1-\dfrac{\pi}{3}=\dfrac{2\pi}{3}$，

得到 $t_1=1\text{s}$。

设 t_2 时刻物体从 t_1 时刻运动后首次到达平衡位置，

有 $0=0.12\cos\left(\pi t_2-\dfrac{\pi}{3}\right)$，

$$\Rightarrow \pi t_2-\frac{\pi}{3}=\frac{\pi}{2}\text{或}\pi t_2-\frac{\pi}{3}=\frac{3\pi}{2}\text{。}$$

$\because\ v_2=-A\omega\sin\left(\pi t_2-\dfrac{\pi}{3}\right)>0$，

$\therefore\ \pi t_2-\dfrac{\pi}{3}=\dfrac{3\pi}{2}$，

得 $t_2=\dfrac{11}{6}\text{s}$。

$\Delta t=t_2-t_1=\dfrac{5}{6}\text{s}$。

方法二：用旋转矢量法求 Δt。

由题意知，运用旋转矢量图，从 t_1 到 t_2 时间内 $\boldsymbol{A}$ 转角为 $\Delta\varphi=\omega(t_2-t_1)=\dfrac{\pi}{3}+\dfrac{\pi}{2}=\dfrac{5}{6}\pi$。

$$\Delta t=t_2-t_1=\frac{\frac{5}{6}\pi}{\omega}=\frac{5}{6}\text{s}$$

例 6-4 若简谐运动方程为 $x=0.10\cos(20\pi t+\pi/4)$，式中 x 的单位为 m，t 的单位为 s。求：（1）振幅、频率、角频率、周期和初相；（2）$t=2\text{s}$ 时的位移、速度和加速度。

解 （1）将 $x=0.10\cos(20\pi t+\pi/4)$ 与 $x=A\cos(\omega t+\varphi)$ 比较可得

振幅 A=0.10m，角频率 $\omega=20\pi$ rad/s，初相 $\varphi=\pi/4$，

则周期 $T=2\pi/\omega=0.1\text{s}$，频率 $\nu=1/T=10\text{Hz}$。

（2）$t=2\text{s}$ 时的位移、速度和加速度分别如下。

$x=0.10\cos(20\pi\times2+\pi/4)\text{m/s}=7.07\times10^{-2}\text{m/s}$。

$v=\text{d}x/\text{d}t=-2\pi\sin(40\pi+\pi/4)\text{m/s}=-4.44\text{m/s}$。

$a=\text{d}v/\text{d}t=\text{d}^2x/\text{d}t^2=-40\pi^2\cos(40\pi+\pi/4)\text{m/s}^2=-2.79\times10^2\text{m/s}^2$。

第四节　简谐振动的能量

质点振动的过程伴随能量的相互转化。下面以弹簧振子为例讨论振动系统的动能和势能随时间的变化规律并计算总机械能，来说明简谐振动的能量相互转化规律。

设弹簧振子的质量为 m，弹簧的劲度系数为 k，在某一时刻的位移为 $\boldsymbol{x}$，速度为 $\boldsymbol{v}$，即有

$$x=A\cos(\omega t+\varphi)$$

$$v=-\omega A\sin(\omega t+\varphi)$$

则弹簧振子所具有的振动动能和势能分别为

$$E_\text{k}=\frac{1}{2}mv^2=\frac{1}{2}mA^2\omega^2\sin^2(\omega t+\varphi)=\frac{1}{2}kA^2\sin^2(\omega t+\varphi) \qquad (6\text{-}23)$$

$$E_\text{p}=\frac{1}{2}kx^2=\frac{1}{2}kA^2\cos^2(\omega t+\varphi) \qquad (6\text{-}24)$$

由（6-23）式和（6-24）式可知，系统的动能和势能都随时间 t 做周期性变化，其变化频率为振动频率的 2 倍。当系统的位移为零时，势能为零，而此时弹簧振子的速度最大，动能达到最大值；当弹簧振子的位移最大时，势能达到最大值，但此时弹簧振子的速度为零，动能为零。简谐振动的过程正是动能和势能相互转换的过程，如图 6-10 所示。

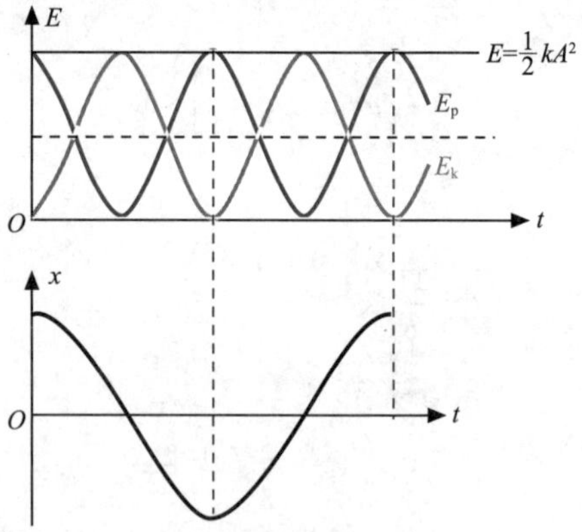

图 6-10　简谐振动能量转化与守恒

系统的总能量（机械能）为

$$E=E_\text{k}+E_\text{p}=kA^2/2 \qquad (6\text{-}25)$$

（6-25）式表明，总机械能是与时间 t 无关的常量，即简谐振动质点总机械能是守恒的。

在一个周期内，动能和势能的平均值分别为

$$\overline{E}_\text{k}=\frac{1}{T}\int_0^T\frac{1}{2}kA^2\sin^2(\omega t+\varphi)\text{d}t=kA^2/4 \qquad (6\text{-}26)$$

$$\bar{E}_p = \frac{1}{T}\int_0^T \frac{1}{2}kA^2\cos^2(\omega t+\varphi)\mathrm{d}t = kA^2/4 \tag{6-27}$$

所以，在每个周期内，动能与势能的平均值相等，且等于总机械能的一半。

说明：（1）虽然 E_k 、E_p 均随时间变化，但总能量为常数，原因是系统只有保守力做功，机械能守恒。

（2）E_k 与 E_p 互相转化，当 $x=0$ 时，$E_p=0$ 、$E_k=E$ ，而在最大位移处，$E_p=E$ 、$E_k=0$ 。

例 6-5 图 6-11 所示的系统中弹簧的倔强系数 $k=25\text{N/m}$，物块 $m_1=0.6\text{kg}$，物块 $m_2=0.4\text{kg}$，m_1 与 m_2 间最大静摩擦系数为 $\mu=0.5$，m_1 与地面间是光滑的。现将物块拉离平衡位置，然后任其自由振动，使 m_2 在振动中不致从 m_1 上滑落，问系统所能具有的最大振动能量是多少。

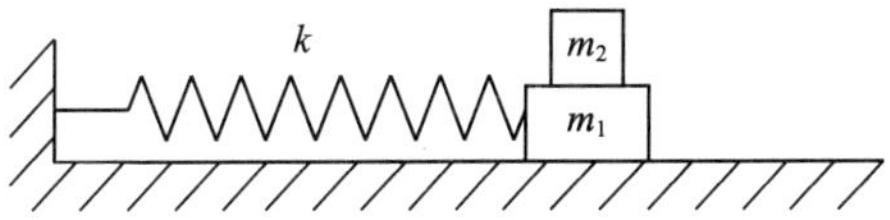

图 6-11　弹簧拉物块

解　设系统的总能量为 $E=\dfrac{kA^2}{2}$。

平衡位置时，$E_{k\max}=E=\dfrac{kA^2}{2}$。

为使得 m_2 不致从 m_1 上滑落，须有

$$m_2 a \leqslant m_2 g\mu$$

极限情况下 $a_{\max}=A\omega^2=g\mu$，$\omega^2=\dfrac{k}{m_1+m_2}$，

即 $A=\dfrac{g\mu}{\omega^2}=g\mu\dfrac{m_1+m_2}{k}$。

$$E_{k\max}=\frac{1}{2}k\left(g\mu\frac{m_1+m_2}{k}\right)^2=\frac{1}{2}(m_1+m_2)^2\frac{g^2\mu^2}{k}=\frac{1}{2}\times(0.6+0.4)^2\times\frac{9.8^2\times0.5^2}{25}=0.48\text{J}$$

第五节　简谐振动的合成

一般的振动是比较复杂的，但是任何振动都是可以通过基本的简谐振动进行合成的。下面介绍两种简谐振动的合成问题。

一、两个相同振动方向、同频率简谐振动的合成

假设有两个具有相同振动方向、同频率的简谐振动共同作用在某个质点上，两个振动方程分别为

$$\boldsymbol{x}_1=\boldsymbol{A}_1\cos(\omega t+\varphi_{10})$$

$$x_2 = A_2\cos(\omega t + \varphi_{20})$$

任意时刻二者相位差为 $\Delta\varphi = \varphi_{20} - \varphi_{10}$。由于 x_1、x_2 表示同一方向上距同一平衡位置在任意时刻的位移，因此合成振动的位移 x 也在同一方向上。由于同方向，合振动的位移可以简化为上述两分振动位移的代数和，即 $\boldsymbol{x} = \boldsymbol{x}_1 + \boldsymbol{x}_2$。

为简单起见，用旋转矢量法表示两分振动的合成，如图 6-12 所示。两振动对应的旋转矢量为 $\boldsymbol{A}_1$、$\boldsymbol{A}_2$，合矢量为 $\boldsymbol{A} = \boldsymbol{A}_1 + \boldsymbol{A}_2$。$\boldsymbol{A}_1$、$\boldsymbol{A}_2$ 角速度 ω 相同，转动过程中 $\boldsymbol{A}_1$ 与 $\boldsymbol{A}_2$ 间夹角不变，合振幅 $\boldsymbol{A}$ 大小也不变，且以相同角速度 ω 转动。任意时刻，$\boldsymbol{A}$ 矢端在 x 轴上的投影为 $\boldsymbol{x} = \boldsymbol{x}_1 + \boldsymbol{x}_2$。

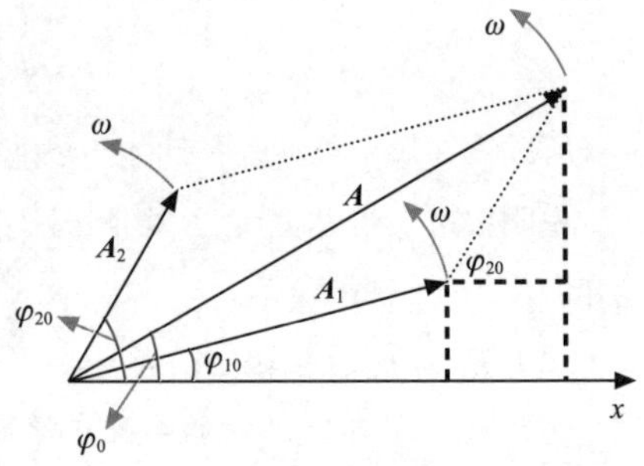

图 6-12　旋转矢量图：同振动方向、同频率两个简谐振动的合成

因此，合矢量 $\boldsymbol{A}$ 即为合振动对应的旋转矢量，A 为合振动振幅，φ_0 为合振动初相。合振动方程为 $x = A\cos(\omega t + \varphi_0)$（仍为谐振动），根据矢量运算法则，可得

$$A = \sqrt{A_1^2 + A_2^2 + 2A_1A_2\cos(\varphi_{20} - \varphi_{10})} \tag{6-28}$$

$$\tan\varphi = \frac{A_1\sin\varphi_{10} + A_2\sin\varphi_{20}}{A_1\cos\varphi_{10} + A_2\cos\varphi_{20}} \tag{6-29}$$

分析如下。

（1）$\varphi_{20} - \varphi_{10} = 2k\pi(k = 0, \pm1, \pm2, \cdots)$ 时，称为相位相同，则合振动的振幅等于两个分振动振幅之和，即 $A = A_1 + A_2$，合振幅最大。合振动的初始相位 $\varphi = \varphi_{10} = \varphi_{20}$。

（2）$\varphi_{20} - \varphi_{10} = (2k+1)\pi(k = 0, \pm1, \pm2, \cdots)$ 时，称为相位相反，合振动振幅最小，则合振动的振幅为 $A = |A_1 - A_2|$，合振动的初始相位与分振动振幅较大的初始相位相同。

（3）一般情况下，两个分振动既不同相位亦不反相位，合振动振幅在 $A_1 + A_2$ 与 $|A_1 - A_2|$ 之间。

同频率同方向的简谐振动合成的原理，在讨论光波、声波以及电磁辐射干涉和衍射问题时很有用处。

例 6-6　一物体同时参与同一直线上的两个简谐振动，其方程分别为

$$x_1 = 0.10\cos\left(4\pi t - \frac{\pi}{2}\right)\ \text{(SI)}$$

$$x_2 = 0.05\cos\left(4\pi t + \frac{\pi}{2}\right)\ \text{(SI)}$$

求全振动表达式。

解　直接考察两个振动相位差 $\Delta\varphi = \pi$，

$$\Rightarrow A = |A_2 - A_1| = 0.05$$

$\because A_1 > A_2, \therefore \varphi = \varphi_1 = -\dfrac{\pi}{2}$。

全振动表达式为 $x = 0.05\cos\left(4\pi t - \dfrac{\pi}{2}\right)$(SI)。

* 二、多个振动方向相同、同频率简谐振动的合成

对于多个同方向同频率的简谐振动，其合振动仍然是简谐振动，仍可采用旋转矢量方法，先对两个振动进行合成，然后再用合成后的简谐振动与第三个简谐振动合成，依次进行下去。也可采用矢量合成三角形法则进行合成。

如设有 N 个同方向同频率的简谐振动，其振动方程表示为 $x_1 = A_1\cos(\omega t + \varphi_1)$； $x_2 = A_2\cos(\omega t + \varphi_2)$； $x_3 = A_3\cos(\omega t + \varphi_3)$；…。

其合振动为 $x = x_1 + x_2 + x_3 + \cdots = A\cos(\omega t + \varphi)$；其中

$$A = \sqrt{(A_1\cos\varphi_1 + A_2\cos\varphi_2 + \cdots)^2 + (A_1\sin\varphi_1 + A_2\sin\varphi_2 + \cdots)^2} \tag{6-30}$$

$$\varphi = \arctan\frac{A_1\sin\varphi_1 + A_2\sin\varphi_2 + \cdots}{A_1\cos\varphi_1 + A_2\cos\varphi_2 + \cdots} \tag{6-31}$$

三、两个相同振动方向、不同频率简谐振动的合成、拍现象

当两个同方向不同频率的简谐振动合成时，由于这两个分振动的频率不同，它们的相位差随着时间改变，这样就导致合振动不再是简谐振动，振动情况比较复杂。在这里我们仅仅讨论两个简谐振动频率都比较大，而两频率之差却很小的情况，即 $|\nu_2 - \nu_1| = \nu_2,\ \nu_1$。

为简单起见，设两个分振动方程分别为

$$x_1 = A_1\cos(\omega_1 t) = A_1\cos(2\pi\nu_1 t)$$

$$x_2 = A_2\cos(\omega_2 t) = A_2\cos(2\pi\nu_2 t)$$

合振动为

$$x = x_1 + x_2 = \left[2A\cos\left(2\pi\frac{\nu_2 - \nu_1}{2}t\right)\right]\cos\left(2\pi\frac{\nu_2 + \nu_1}{2}t\right) \tag{6-32}$$

这里可将 $\frac{\nu_1 + \nu_2}{2}$ 看作合振动频率，$\left|2A\cos\left(2\pi\frac{\nu_2 - \nu_1}{2}t\right)\right|$ 看作合振动振幅，由于 $|\nu_2 - \nu_1| \ll |\nu_2 + \nu_1|$，因此合振动的振幅随着时间做缓慢的周期性变化，从而出现振幅时大时小的现象。

振动方向相同、频率之和远大于频率之差的两个简谐振动合成时，合振动振幅周期性变化的现象叫作拍。拍是合振动忽强忽弱的现象，合振动每变化一个周期称为一拍；单位时间内拍出现的次数就叫拍频。

从（6-32）式可以看出，合振动振幅的数值在 0 ~ 2A 范围内变化。因余弦函数的绝对值以 π 为周期，所以合振动振幅的变化周期为

$$T = \frac{1}{|\nu_2 - \nu_1|} \tag{6-33}$$

合振动振幅的变化频率，即拍频。拍频的数值为两分振动的频率之差，即

$$\nu_{拍} = |\nu_2 - \nu_1| \tag{6-34}$$

对于两个频率接近的振动，若其中一个频率为已知，通过拍频的测量就可以知道另一个待测振动的频率，如图 6-13 所示。这种方法常用于声学、速度测量、无线电技术和卫星跟踪等领域。

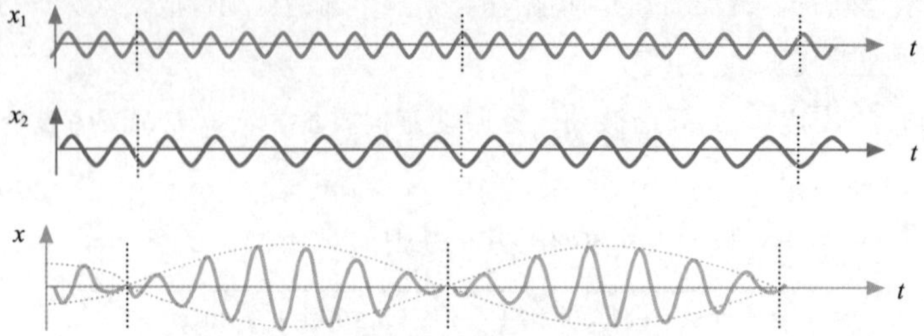

图 6-13　两个相同振动方向、不同频率简谐振动的合成及其形成的拍现象

* 四、两个相互垂直的简谐振动的合成

1. 两个相互垂直的不同频率简谐振动的合成

两者频率有简单的整数比时，形成的图形称为利萨如图，可用于测量未知频率。具体方法是：作两条与利萨如图线交点不相交的正交线作为 x 轴和 y 轴，则对于频率不同的两个相互垂直的简谐振动，可以合成各种奇特的平面曲线运动。为方便说明问题，先看一个简单的例子。已知

$$x = A\cos\omega t$$

$$y = A\cos 2\omega t$$

消去变量 t 可得轨道方程

$$y = \frac{2x^2}{A} - A \qquad (6\text{-}35)$$

这是一个抛物线方程，即质点在一条抛物线上做往复运动。

理论与实验均表明：若两个相互垂直的简谐振动的频率成简单的整数比，则合成运动的轨道是稳定的曲线，质点做的运动也具有周期性，这种质点运动轨道的图形称为利萨如图形，如图 6-14 所示。

2. 两个相互垂直的相同频率简谐振动的合成

当频率相同的两个互相垂直的简谐振动合成时，两个谐振动的运动方程一般表示为

$$x = A_1\cos(\omega t + \varphi_1)$$

$$y = A_2\cos(\omega t + \varphi_2)$$

消去变量 t 可得合运动轨道方程为

$$\frac{x^2}{A_1^2} + \frac{y^2}{A_2^2} - \frac{2xy}{A_1A_2}\cos(\varphi_2 - \varphi_1) = \sin^2(\varphi_2 - \varphi_1) \qquad (6\text{-}36)$$

即合成后的运动轨迹为一个椭圆，椭圆轨道的形状取决于两个分振动的相位差 $\varphi_2-\varphi_1$ 。

若 $\varphi_2-\varphi_1=0$ ，则轨道方程可变为

$$y=\frac{A_2}{A_1}x \tag{6-37}$$

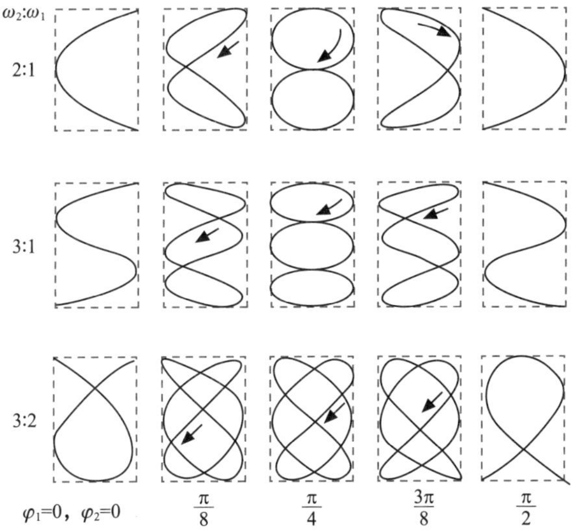

图 6-14　利萨如图

这是一条过原点的直线，即质点在一条直线上运动，也可以说质点在沿着通过原点且斜率为 $k=\tan\theta=\frac{A_2}{A_1}$ 方向的直线上做简谐振动。

同样地，若 $\varphi_2-\varphi_1=\pi$ ，轨道方程变为

$$y=-\frac{A_2}{A_1}x \tag{6-38}$$

质点也是在一条过原点的直线上做简谐振动，仅是直线的斜率不同。

若 $\Delta\varphi=\varphi_2-\varphi_1=\pm\frac{\pi}{2}$ ，则轨道方程可写为

$$\frac{x^2}{A_1^2}+\frac{y^2}{A_2^2}=1 \tag{6-39}$$

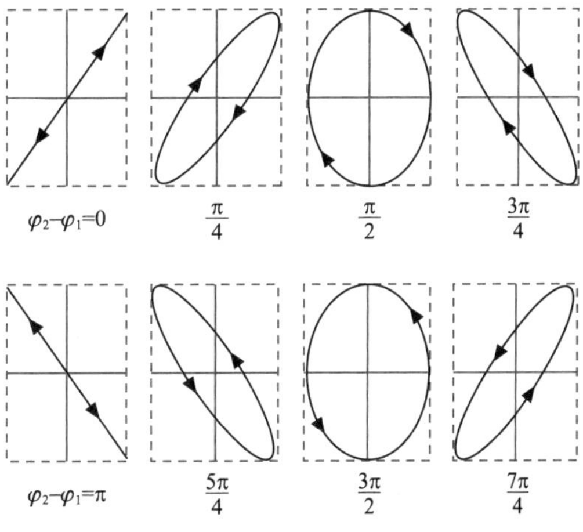

图 6-15　两相互垂直同频率不同相位差简谐振动的合成图

这是一个标准的椭圆轨道方程，分别对应于质点沿着顺时针和逆时针方向运动。图 6-15 所示为两相互垂直同频率不同相位差简谐振动的合成图。

* 第六节　阻尼振动 受迫振动 共振

一、阻尼振动

前面所讨论的简谐振动，是在没有考虑摩擦阻力等因素情况下的理想状况，其振幅不随时间变化，所以在振动中机械能是守恒的。事实上，任何实际的振动都会受到阻力作用的影响，受到阻力作用的振动称为阻尼振动。由于振动受到阻力作用，机械能不守恒，若无外界能量的补充，机械能将会减少，振幅也将逐渐减小而归于静止。简谐振动的能量与其振幅的平方成正比，因此，振幅的衰减意味着能量的衰减。振动系统因受阻力作用做振幅减小的运动，叫作**阻尼振动**。

一般在定量分析时，只考虑摩擦阻尼。振动系统所受的阻力是比较复杂的，但在振动速度较小时，我们可以认为摩擦阻力正比于质点的速率。为简单起见，设质点在平衡位置附近做一维往复运动。选择质点平衡位置为原点，坐标轴 ox 与质点轨迹重合，阻力可表示为

$$f_x = -\gamma v = -\gamma \frac{\mathrm{d}x}{\mathrm{d}t} \tag{6-40}$$

设弹簧振子系统中质点受弹力及阻力作用，根据牛顿第二定律有

$$m\frac{\mathrm{d}^2 x}{\mathrm{d}t^2} = -kx - \gamma \frac{\mathrm{d}x}{\mathrm{d}t}$$

为求解方便，两边同除以 m，可以得到

$$\frac{\mathrm{d}^2 x}{\mathrm{d}t^2} = -\frac{k}{m}x - \frac{\gamma}{m}\frac{\mathrm{d}x}{\mathrm{d}t}$$

令

$$\omega_0^2 = \frac{k}{m},\quad \beta = \frac{\gamma}{2m} \tag{6-41}$$

则有

$$\frac{\mathrm{d}^2 x}{\mathrm{d}t^2} + \omega_0^2 x + 2\beta\frac{\mathrm{d}x}{\mathrm{d}t} = 0 \tag{6-42}$$

其中，ω_0 称为振动系统的固有角频率，β 称为阻尼系数。按 β 大小的不同，此微分方程有 3 种不同形式的解。

（1）阻力较小时，$\beta < \omega_0$，称为欠阻尼状态

此时方程的解为

$$x(t) = A_0 \mathrm{e}^{-\beta t}\cos(\omega t + \varphi_0) \tag{6-43}$$

可进一步写成如下形式

$$x(t) = A(t)\cos(\omega t + \varphi_0)$$

其中 $A(t) = A_0 \mathrm{e}^{-\beta t}$ 称为阻尼振动的振幅，振幅按指数规律衰减，β 越大衰减越快。所以阻尼振

动又叫减幅振动，是振幅不断衰减的周期性振动。振动曲线如图 6-16 所示。

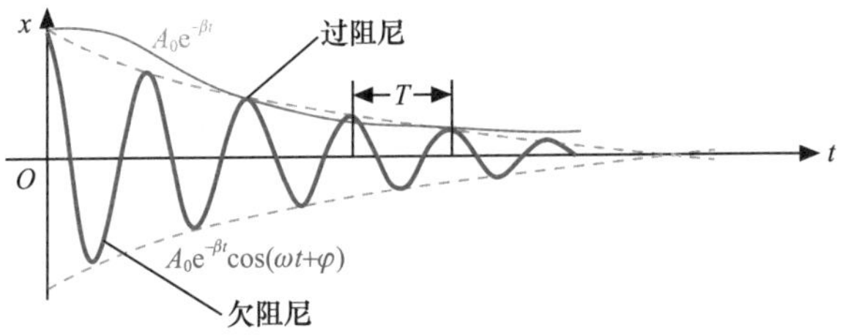

图 6-16 阻尼振动的 3 种状态

（2）阻尼较大时，$\beta > \omega_0$，称为过阻尼状态

此时方程的解为

$$x = C_1 e^{-\left(\beta-\sqrt{\beta^2-\omega_0^2}\right)t} + C_2 e^{-\left(\beta+\sqrt{\beta^2-\omega_0^2}\right)t} \tag{6-44}$$

由曲线可看出，过阻尼振动从开始最大位移缓慢回到平衡位置，不再做往复运动。

（3）$\beta = \omega_0$ 时，称为临界阻尼状态，此时方程的解为

$$x = (C_1 + C_2 t)e^{-\beta t} \tag{6-45}$$

此时物体处于由欠阻尼向过阻尼过渡的临界状态。相对于过阻尼情形，物体从离开平衡位置的地方运动回到平衡位置需要的时间最短。

在磁式仪表中，为使人们能较快准确地读数测量，常使仪表的偏转系统在临界阻尼状态下工作。在实际生产中，可以根据不同的要求，用不同的方法来控制阻尼的大小，例如各类机器为了减振、防振，都要加大振动时的摩擦阻尼。

二、受迫振动与共振

阻力总是客观存在的，实际的振动系统由于阻力而消耗能量使振幅不断衰减。为了使振幅不衰减，通常会给系统施加一个周期性外力——策动力。在策动力作用下的振动称作**受迫振动**。

为简单起见，以在液体中的弹簧振子为例，假设策动力有如下形式 $F = F_0\cos(\omega t)$，其中 F_0 为策动力的幅值，ω 为策动力角频率，如图 6-17 所示。

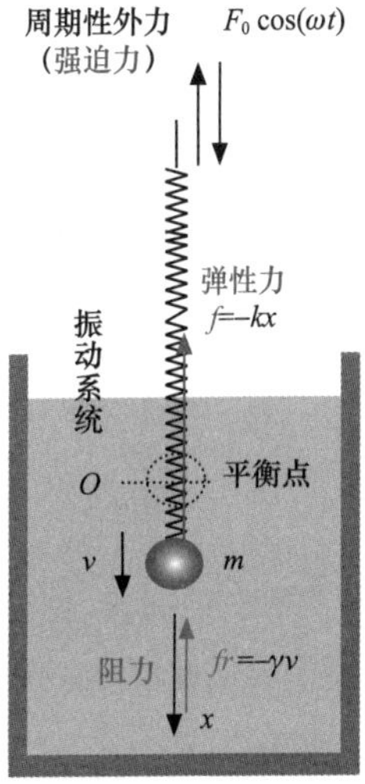

图 6-17 受迫振动

设物体处于平衡位置时，弹簧的伸长量为 l，则 $mg = kl$。若某时刻弹簧总伸长量为 $\boldsymbol{x}+\boldsymbol{l}$，由牛顿第二定律可得

$$m\frac{d^2x}{dt^2} = -k(x+l) - \gamma\frac{dx}{dt} + mg + F_0\cos(\omega t)$$

$$m\frac{d^2x}{dt^2} = -kx - \gamma\frac{dx}{dt} + F_0\cos(\omega t)$$

$$\frac{d^2x}{dt^2}+\frac{k}{m}x+\frac{\gamma}{m}\frac{dx}{dt}=\frac{F_0}{m}\cos(\omega t)$$

即

$$\frac{d^2x}{dt^2}+\omega_0^2x+2\beta\frac{dx}{dt}=A_0\cos(\omega t) \tag{6-46}$$

（6-46）式是受迫振动的动力学方程。虽然此方程是从这一特例中得到的，但它是受迫振动的动力学方程的普遍形式。

在阻尼较小的情况下，方程的解为

$$x(t)=A_0e^{-\beta t}\cos\left(\sqrt{\omega_0^2-\beta^2}\,t+\varphi'\right)+A\cos(\omega t+\varphi_0) \tag{6-47}$$

这个解由两项组成，可以看成是两个振动的合成。第一个振动是一个阻尼振动，随着时间的推移而趋于消失，它反映受迫振动的暂态行为，与策动力无关。第二个振动是一个等幅振动，表示与策动力频率相同且振幅为 A 的周期振动。策动力开始作用的阶段，系统的振动是非常复杂的。经过一段时间之后，第一个振动将减弱到可以忽略不计，只剩下第二个。所以在受迫振动达到稳定状态时，它的稳态解应为第二项：$x=A\cos(\omega t+\varphi_0)$。**受迫振动达到稳定状态时，其频率等于策动力的频率 ω**。

振幅为

$$A=\frac{F_0}{\sqrt{\left(\omega_0^2-\omega^2\right)+4\beta^2\omega^2}} \tag{6-48}$$

初相位为

$$\varphi=\arctan\frac{-2\beta\omega}{\omega_0^2-\omega^2} \tag{6-49}$$

分析如下。

（1）受迫振动的稳态解从形式上看和无阻尼简谐振动的方程形式完全一样，但实际上有本质区别。对于受迫振动的稳态解，ω 并不是系统的固有频率，而是策动力的频率。其振幅和初相位依赖于振动系统本身的性质、阻尼的大小和策动力的特征。而无阻尼简谐振动的频率是系统的固有频率，由系统本身性质所决定，其振幅和初相位是由初始条件决定的。

（2）对于一定的系统，在阻尼一定的条件下，其受迫振动在稳态时的振幅随策动力的频率而改变。此时令 $\frac{dA}{d\omega}=0$，可求得 A 极大时的 ω 为

$$\omega=\sqrt{\omega_0^2-2\beta^2} \tag{6-50}$$

说明 ω 取此值时，振幅有最大值。我们把这种现象称为位移共振，此时的频率称为**共振频率**。共振时的振幅为

$$A=\frac{F_0}{2\beta\sqrt{\omega_0^2-\beta^2}} \tag{6-51}$$

从共振频率可看出，对于不同的阻尼因子 β ，共振频率是不同的。当阻尼因子 $\beta\to 0$ 时，共振频率等于系统的固有频率。

共振现象在实际中有广泛的应用，例如钢琴、小提琴、吉他等乐器能发出美妙的声音是因为有共鸣箱；收音机的调谐装置也是利用了电磁共振原理，以接收某一频率的电台广播；微波炉加热食品时，炉内有很强的电磁场，它使得食物分子中的带电微粒做受迫振动，由于分子间的相互作用，振动的能量最终转化为食物分子热运动的内能，提高了食物的温度。

如共振时振动系统的振幅过大，建筑物、机器设备等会受到严重破坏；汽车行驶时，若发动机的转动频率接近于车身的固有频率，车身也会产生强烈共振而受到损坏。因此，为了不产生共振现象或者减小共振的影响，可采取一些措施，如破坏外力的周期性、改变物体的固有频率、改变外力的频率、增大系统的阻尼等来达到目的。

本章小结

当物体偏离平衡位置时，物体受到与位移成正比、与位移方向相反的回复力作用时，物体将做简谐振动。

1. 简谐振动的特征

（1）动力学特征 $\boldsymbol{F}=-k\boldsymbol{x}$ 。

（2）运动学特征 $\frac{\mathrm{d}^2\boldsymbol{x}}{\mathrm{d}t^2}+\omega^2\boldsymbol{x}=0$ 。

（3）运动方程（振动方程）

$$\boldsymbol{x}=\boldsymbol{A}\cos(\omega t+\varphi)=\boldsymbol{A}\cos\left(\frac{2\pi}{T}t+\varphi\right)=\boldsymbol{A}\cos(2\pi\nu t+\varphi)$$

通常规定 $|\varphi|\leqslant\pi$ 。

2. 简谐振动的描述

描述振动特征的物理量：振幅 A，角频率 ω ，相位（或位相）φ 。

（1）ω 决定于振动系统，与振动方式无关，称为固有频率。

弹簧振子 $\omega=\sqrt{\frac{k}{m}}$

单摆 $\omega=\sqrt{\frac{g}{l}}$。

（2）A、φ 决定于初始条件

$$A=\sqrt{x_0^2+\frac{v_0^2}{\omega^2}}\text{，}\quad \varphi=\arctan\left(-\frac{v_0}{\omega x_0}\right)$$

利用上式求解 φ 时须注意：正切函数在 $-\pi \sim \pi$ 之内有两个解，需根据 x_0 和 v_0 的正负确定唯一解。

3. 简谐振动中的速度和加速度

速度 $\boldsymbol{v}=\frac{\mathrm{d}\boldsymbol{x}}{\mathrm{d}t}=-\omega \boldsymbol{A}\sin(\omega t+\varphi)=\omega \boldsymbol{A}\cos\left(\omega t+\varphi+\frac{\pi}{2}\right)$

加速度 $\boldsymbol{a}=\frac{\mathrm{d}^2\boldsymbol{x}}{\mathrm{d}t^2}=-\omega^2 \boldsymbol{A}\cos(\omega t+\varphi)=-\omega^2\boldsymbol{x}$

4. 描述简谐振动的旋转矢量法

$\boldsymbol{A}$ 以角速度 ω 绕坐标原点逆时针旋转，矢量 $\boldsymbol{A}$ 的末端在 x 轴上的投影的运动方程为 $\boldsymbol{x}=\boldsymbol{A}\cos(\omega t+\varphi)$，恰好是简谐振动方程，且矢量末端在匀速圆周运动的速度和加速度在 x 轴上的投影，也恰好是矢量在 x 轴上投影点在 x 轴上做简谐振动的速度和加速度。用旋转矢量来描述简谐振动比较简单、直观。注意对应关系：矢量的长度等于简谐振动的振幅，旋转矢量的角速度等于简谐振动的角频率，旋转矢量初始角位置等于简谐振动的初相。

5. 简谐振动的能量关系

在简谐振动中质点的总机械能守恒，动能与势能之间进行能量交换。

动能 $E_{\mathrm{k}}=\frac{1}{2}mv^2=\frac{1}{2}mA^2\omega^2\sin^2(\omega t+\varphi)=\frac{1}{2}kA^2\sin^2(\omega t+\varphi)$。

势能 $E_{\mathrm{p}}=\frac{1}{2}kx^2=\frac{1}{2}kA^2\cos^2(\omega t+\varphi)$。

总能量 $E=E_{\mathrm{k}}+E_{\mathrm{p}}=\frac{kA^2}{2}$。

6. 简谐振动的合成

（1）同方向同频率简谐振动的合成

设简谐振动 $x_1=A_1\cos(\omega t+\varphi_1)$；$x_2=A_2\cos(\omega t+\varphi_2)$，合成后 $x=A\cos(\omega t+\varphi)$（仍为简谐振动），其中

$$A=\sqrt{A_1^2+A_2^2+2A_1A_2\cos(\varphi_2-\varphi_1)},$$

$$\varphi=\arctan\frac{A_1\sin\varphi_1+A_2\sin\varphi_2}{A_1\cos\varphi_1+A_2\cos\varphi_2}。$$

（2）同方向不同频率简谐振动的合成

当频率差很小时，出现拍现象，拍频 $\nu=|\nu_1-\nu_2|$。

（3）相互垂直的同频率简谐振动的合成

（4）相互垂直的不同频率简谐振动的合成

当两者频率有简单的整数比时形成的图形称为利萨如图，可用于测量未知频率。

7. 阻尼振动 受迫振动 共振

阻尼振动是由于振动系统受到阻力作用造成能量损失的减幅振动。物体在周期性外力

持续作用下发生的振动称为受迫振动，受迫振动在达到稳定态后是等幅振动，振动规律为 $x = A\cos(\omega t + \varphi)$。式中，$\omega$ 是周期性外力的角频率，振幅随 ω 而变化。

对于一定的振动系统，当周期性驱动力的角频率为某个特定值时，位移振幅达到最大值，称为位移共振。共振角频率略小于振动系统的固有角频率。

习题

1. 把单摆摆球从平衡位置向位移正方向拉开，使摆线与竖直方向成一微小角度 θ，然后由静止放手任其振动，从放手时开始计时。若用余弦函数表示其运动方程，则该单摆振动的初相为（　　）。

（A）π　　（B）$\pi/2$　　（C）0　　（D）θ

2. 一质量为 m 的物体挂在劲度系数为 k 的轻弹簧下面，振动角频率为 ω。若把此弹簧分割成二等份，将物体 m 挂在分割后的一根弹簧上，则振动角频率是（　　）。

（A）2ω　　（B）$\sqrt{2}\omega$　　（C）$\omega/\sqrt{2}$

（D）$\omega/2$

3. 一质点做简谐振动。其运动速率与时间的曲线如图 6-18 所示。若质点的振动规律用余弦函数描述，则其初相应为（　　）。

（A）$\pi/6$　　（B）$5\pi/6$　　（C）$-5\pi/6$

（D）$-\pi/6$　　（E）$-2\pi/3$

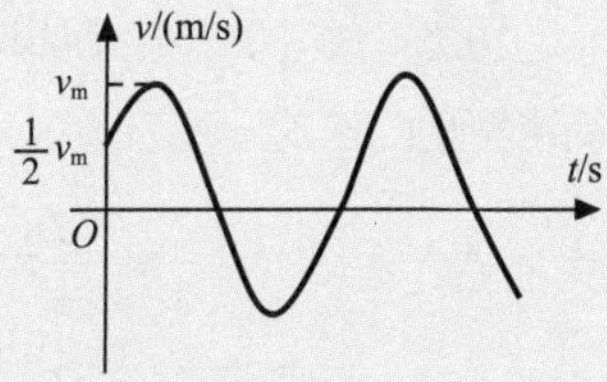

图 6-18　第 3 题图

4. 一质点沿 x 轴做简谐振动，振动方程为 $x = 4\times10^{-2}\cos\left(2\pi t + \frac{1}{3}\pi\right)$(SI)。从 $t = 0$ 时刻起，到质点位置在 $x = -2\text{cm}$ 处，且向 x 轴正方向运动的最短时间间隔为（　　）。

（A）$\frac{1}{8}$s　　（B）$\frac{1}{6}$s　　（C）$\frac{1}{4}$s　　（D）$\frac{1}{3}$s　　（E）$\frac{1}{2}$s

5. 一质点在 x 轴上做简谐振动，振幅 $A = 4\text{cm}$，周期 $T = 2\text{s}$，取其平衡位置为坐标原点。若 $t = 0$ 时刻质点第一次通过 $x = -2\text{cm}$ 处，且向 x 轴负方向运动，则质点第二次通过 $x = -2\text{cm}$ 处的时刻为（　　）。

（A）1s　　（B）$\frac{2}{3}$s　　（C）$\frac{4}{3}$s　　（D）2s

6. 一质点做简谐振动，振动方程为 $x = A\cos(\omega t + \varphi)$，当时间 $t = T/2$（T 为周期）时，质点的速率为（　　）。

（A）$-A\omega\sin\varphi$　　（B）$A\omega\sin\varphi$　　（C）$-A\omega\cos\varphi$　　（D）$A\omega\cos\varphi$

7. 两个同周期简谐振动曲线如图 6-19 所示。

x_1 的相位比 x_2 的相位（　　）。

（A）落后 π/2　（B）超前 π/2　（C）落后 π　（D）超前 π

8. 一质点做简谐振动，周期为 T。质点由平衡位置向 x 轴正方向运动时，由平衡位置到 $\frac{1}{2}$ 最大位移这段路程所需要的时间为（　　）。

（A）$T/4$　（B）$T/6$　（C）$T/8$　（D）$T/12$

9. 一简谐振动曲线如图 6-20 所示，则振动周期是（　　）。

（A）2.62s　（B）2.40s　（C）2.20s　（D）2.00s

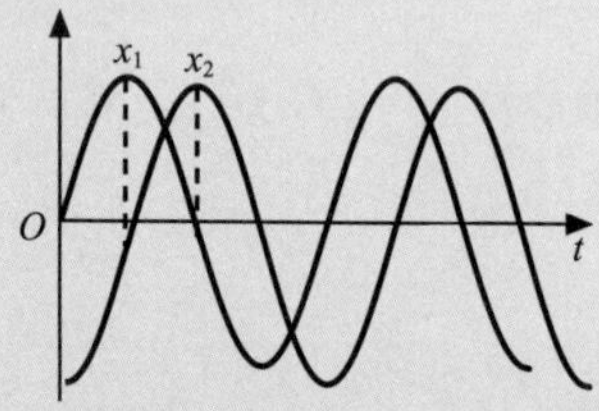

图 6-19　第 7 题图

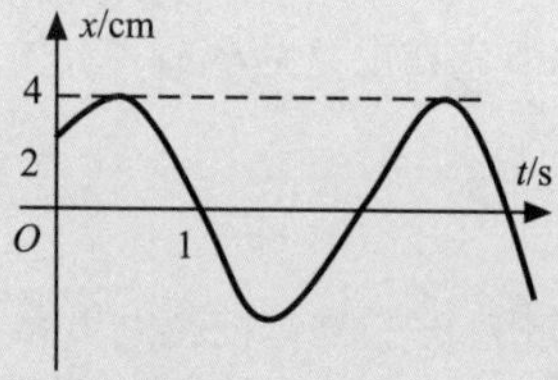

图 6-20　第 9 题图

10. 已知某简谐振动的振动曲线如图 6-21 所示，位移的单位为 cm，时间单位为 s。则此简谐振动的振动方程为（　　）。

（A）$x=2\cos\left(\frac{2}{3}\pi t+\frac{2}{3}\pi\right)$　（B）$x=2\cos\left(\frac{2}{3}\pi t-\frac{2}{3}\pi\right)$

（C）$x=2\cos\left(\frac{4}{3}\pi t+\frac{2}{3}\pi\right)$　（D）$x=2\cos\left(\frac{4}{3}\pi t-\frac{2}{3}\pi\right)$

（E）$x=2\cos\left(\frac{4}{3}\pi t-\frac{1}{4}\pi\right)$

11. 一弹簧振子做简谐振动，总能量为 E_1，如果简谐振动振幅增加为原来的两倍，重物的质量增为原来的 4 倍，则它的总能量 E_2 变为（　　）。

（A）$E_1/4$　（B）$E_1/2$　（C）$2E_1$　（D）$4E_1$

12. 一简谐振动曲线如图 6-22 所示，则由图可确定在 $t=2\text{s}$ 时刻质点的位移为 ____________，速率为 ________________。

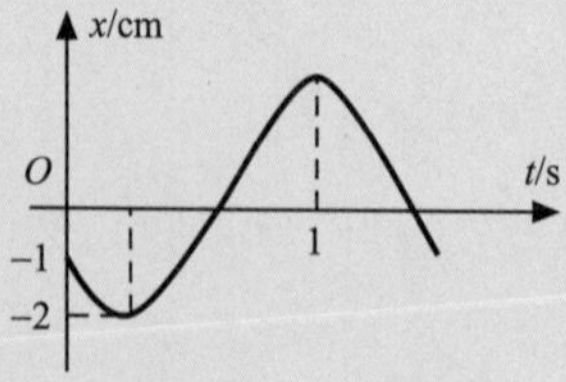

图 6-21　第 10 题图

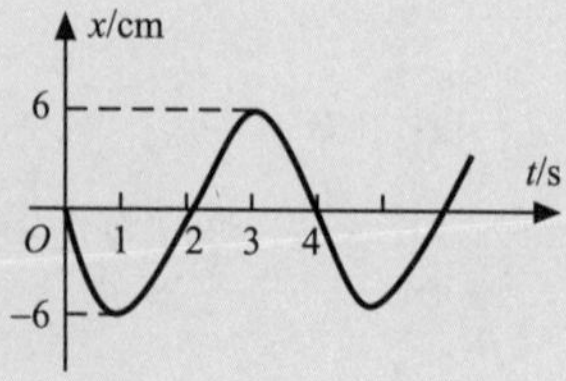

图 6-22　第 12 题图

13. 一简谐振动的旋转矢量图如图 6-23 所示，振幅矢量长 2cm，则该简谐振动的初相为________，振动方程为________________________。

14. 一质点做简谐振动，其振动曲线如图 6-24 所示。根据此图，它的周期 $T=$________，用余弦函数描述时初相 $\varphi=$________________。

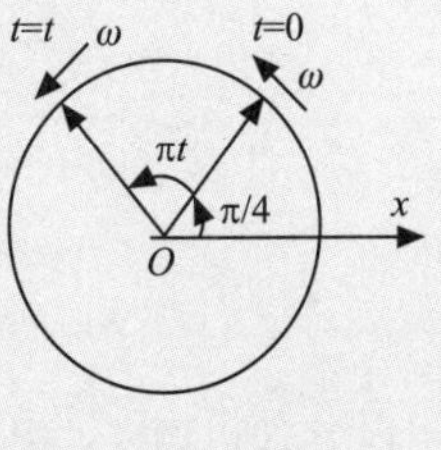

图 6-23　第 13 题图

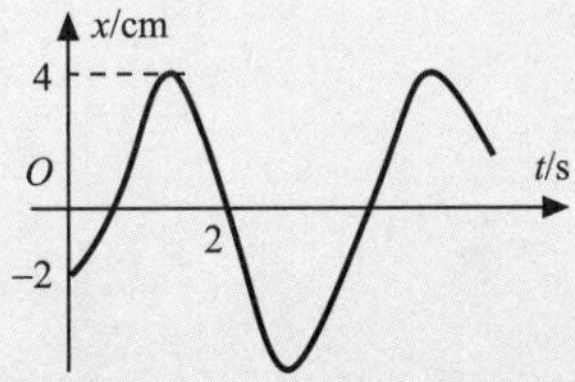

图 6-24　第 14 题图

15. 已知两简谐振动曲线如图 6-25 所示，则这两个简谐振动方程（余弦形式）分别为________________________和________________________。

16. 图 6-26 中用旋转矢量法表示了一个简谐振动。旋转矢量的长度为 0.04m，旋转角速率 $\omega=4\pi\text{rad/s}$。此简谐振动以余弦函数表示的振动方程为 $x=$________________________(SI)。

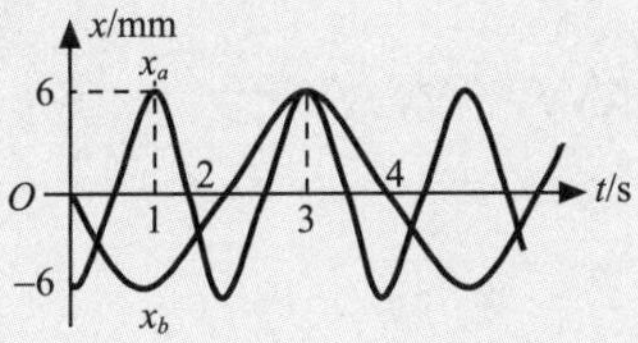

图 6-25　第 15 题图

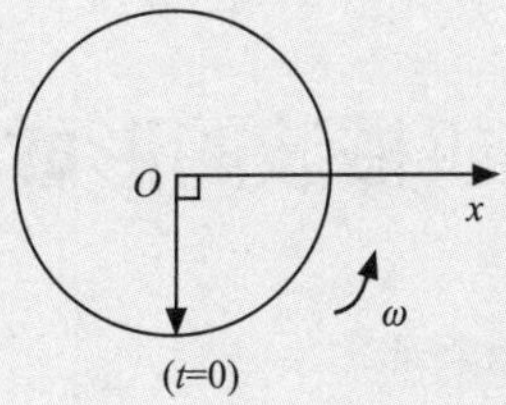

图 6-26　第 16 题图

17. 两个同方向同频率的简谐振动，其振动表达式分别为 $x_1=6\times10^{-2}\cos\left(5t+\frac{1}{2}\pi\right)$ (SI)，$x_2=2\times10^{-2}\sin(\pi-5t)$ (SI)，它们的合振动方程为________________________。

7 第七章 机械波

波动是物质运动的普遍形式之一。从物理性质上来说，可以分为机械波、电磁波、引力波和物质波。波具有一些独特的性质，主要包括波的叠加性、干涉、衍射特性等。

机械振动在介质中的传播过程，叫作机械波，例如水波、声波等都是机械波；另一类是变化电场和变化磁场在空间的传播过程，叫作电磁波，例如无线电波、光波、伦琴射线等都是电磁波；近代物理还发现，微观粒子运动也具有波动性，这种波叫作物质波；以及由时空变化所引起的引力波。

机械波、电磁波、引力波和物质波在本质上虽然不相同，但是都具有波动的共同特征，并且伴随着能量的传播。本章以机械波为例，讨论波动过程的现象和规律。

本章主要内容：机械波的形成与传播，平面简谐波的波动方程，波的能量，驻波，多普勒效应。

第一节　机械波的形成与传播

一、机械波的形成

当某个物体做机械振动时，如果它是孤立的，周围没有任何介质，那么它的振动是传不出去的。如果该物体在介质中振动，情况就完全不同了。例如，当用手拿着绳子的一端并做上下振动时，绳子上将形成一个接着一个的凸起和凹陷，并由近及远地沿着绳子传播开去，由此形成的凸起和凹陷沿绳子的传播就是一种波动。显然，绳子上的这种波动，是由于绳子上手拿着的那一点上下振动所引起的，对于波动而言，这一点就称为波源，绳子就是传播这种振动的弹性介质。一般而言，不论气体、液体或固体，其内部的各质元间都有相互的弹性作用力，且质元本身也可以变形，都属于弹性介质。(一般的介质都由大量相互联系的原子或分子所组成。当我们着重研究介质内部的弹性相互作用以及由此引起的介质内部运动时，常将该介质称为弹性介质。) 在弹性介质中，各质点间以弹性力互相联系着，介质中某个质点因受外界扰动而偏离其平衡位置时，它周围的质点就将施以弹性恢复力对其作用，使该质点在平衡位置附近振动。与此同时，它对周围的质点也有弹性力作用，使其也在各自的平衡位置附近振动起来，这样介质中一个质点振动引起其相邻质点的振动，相邻质点的振动又会引起另一些较远质点的振动。这样，振动以一定速度由近及远地传播出去。机械振动在弹性介质（固体、液体和气体）中的传播就形成了机械波。因此，机械波的产生和传播要具备两个条件：一是要有做机械振动的物体，即**波源**；二是要有能够传播这种机械振动的**弹性介质（媒介）**。

例如，投石落入平静的湖面，引起振动，这种振动向周围水面传播出去形成水面波；又如人们说话时声带震动，引起周围空气发生压缩和膨胀，空气压强也随之变化，从而引起四周空气的疏密变化，形成空气中的声波。然而，并不是一切波动的传播都需要介质，电磁波（光波）就可以在真空中传播。

二、横波与纵波

按照质点振动方向和波的传播方向的关系，机械波可分为横波与纵波，这是波动的两种基本形式。

在波动中，如果参与波动的质点的振动方向与波的传播方向相垂直，这种波称为**横波**。上面讨论的绳上波，其质元振动的方向垂直于绳长，这种波即为横波。对于横波，绳子上交替出现凸起的波峰和凹下的波谷，并且它们以一定的速度沿绳传播，这就是横波的外形特征。如果参与波动的质点的振动方向与波的传播方向相平行，这种波称为**纵波**。将一根长弹簧水平悬挂起来，在其一端用手压缩或拉伸一下，使其端部沿弹簧的长度方向振动。由于弹簧各部分之间弹性力的作用，端部的振动带动了其相邻部分的振动，而相邻部分又带动它附近部分的振动，因而弹簧各部分将相继振动起来。弹簧上的波形不再像绳子上的波形那样表现为绳子的凸起和凹陷，而表现为弹簧圈的稠密和稀疏。这种波动在弹簧中传播时，弹簧上各部分质点的振动位移方向与波的传播方向是平行的，致使弹簧上出现疏密相间的波形，这就是纵波。在空气中传播的声波也是纵波。对于纵波，除了质点的振动方向平行于波的传播方向这一点与横波不同外，其他性质与横波无根本性差异。所以对横波的讨论也适用于纵波，对纵波的讨论当然也适用于横波。横波和纵波的形成如图 7-1 所示。

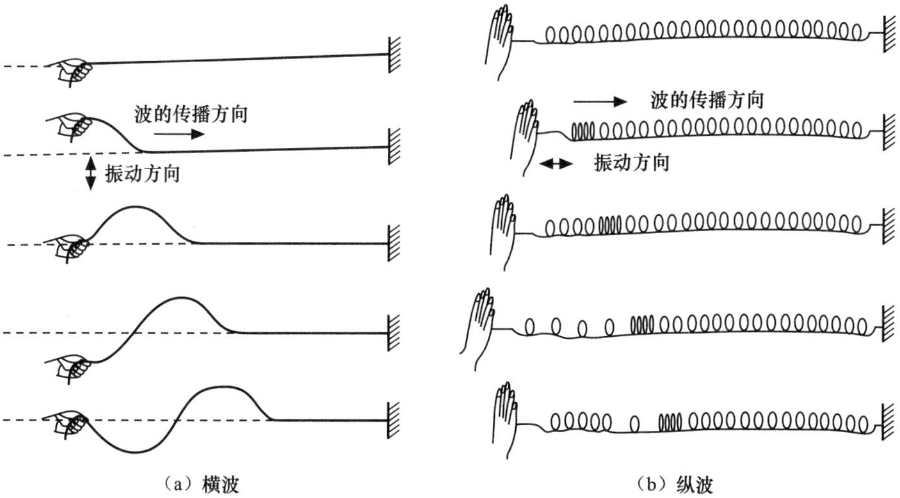

图 7-1　机械波的形成

横波和纵波是两种最简单的波，各种复杂的波都可由纵波和横波叠加而成。例如，水面波就是因重力和表面张力的作用而形成的纵横波的叠加波。当波通过液体表面时，该处液体质点的运动是相当复杂的，既有与波的传播方向相垂直的方向上的运动，也有与波的传播方向相平行的方向上的运动。这样，水面就出现高低起伏，而水中质点也出现疏密相间的波形。

就机械波而言，介质的性质也决定其中是否能产生和传播横波。在弹性介质中形成横波时，必是一层介质相对于另一层介质发生横向的平移，即发生切变。由于固体才会产生切变，因此横波只能在固体中（或液面）传播。而在弹性介质中形成纵波时，介质要发生压缩或拉伸，即发生体变（也称容变），固体、液体和气体都会产生体变，因此纵波可以在固体、液体和气体中传播。在波动过程中，虽然波形沿介质由近及远地传播着，但介质中参与波动的各个质点仅在各自的平衡位置附近振动，并不随波前进，传播的只是振动的状态。

三、波线与波阵面

前面举例说明了在一条直线方向上传播的波（即一维的波）。实际上多数情形波是在空间（介质分布在空间中）传播的。为形象地描绘波在空间的传播，我们引入波射线和波阵面的概念。

波从波源出发向各个方向传播，沿着各个传播方向画出带有箭头的线（箭头指向传播方向），称为**波射线**（或波线）。沿着波线考虑波的传播时就完全可以应用前面学过的振动状态传播的概念和结论。在同一时刻，从波源发出的振动到达的各点所组成的面称为**波阵面**（或波面）。波阵面上各点的振动相位是相同的，所以也称为同相面。在某一时刻，波源最初的振动状态传到的波面叫**波前**。显然，波前是最前面的一个波面，在任一时刻波面可以有任意多个，但波前只有一个。波阵面可以有各种形状：波阵面是平面的称为平面波，波阵面是同心球面（或部分球面）的称为球面波。在二维空间，波面退化为线；球面波的波面退化为一系列同心圆；平面波的波面退化为一系列直线。在一般情况下，波阵面和波线是互相垂直的，平面波的波射线是垂直波面的平行直线，球面波的射线是以波源为中心的径向直线，如图 7-2 所示。当球面波传播到足够远处，若观察的范围不大，波面近似为平面，可以认为是平面波。

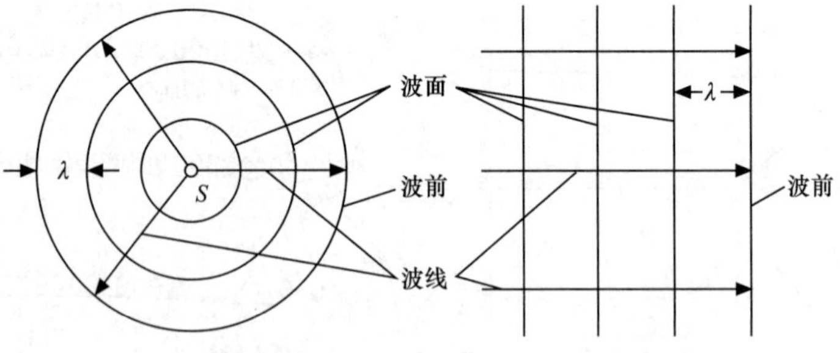

（a）球面波　　（b）平面波

图 7-2　波线、波面和波前

一般地说，介质中各个质点的振动情况是很复杂的，由此产生的波动也是很复杂的。当波源做简谐振动时，介质中各个质点也做简谐振动，其频率和波源的频率相同，振幅也与波源相关，这时的波叫作简谐波（余弦或正弦波）。简谐波是一种最简单而基本的波。可以证明，其他复杂的波是由简谐波合成的。本章中主要讨论简谐波。

四、波长、频率与波速

1. 波长

波是振动在空间的传播，由于振动具有时间周期性，这必然会引起波动在空间和时间上的周期性。

沿波传播方向两个相邻的相位差为 2π 的振动质点（即两个相邻的同相位点）之间的距离，即一个完整的波长度，称为**波长**，用 λ 表示。显然，横波上相邻两个波峰之间或相邻两个波谷之间的距离都是一个波长；纵波上相邻两个密部或相邻两个疏部对应点之间的距离也是一个波长。波长实际上反映了波在空间上的周期性。波的传播路径上相距为 Δx 的两点，相位差

$$\Delta\varphi = \frac{2\pi}{\lambda}\Delta x \tag{7-1}$$

2. 频率

波的**周期**是波前进一个波长的距离所需要的时间，用 T 表示。周期的倒数叫作波的**频率**，用 ν 表示，即

$$\nu = \frac{1}{T}$$

频率等于单位时间内波动所传播的完整波的数目。由于波源做一次完全的振动，波就前进一个波长的距离。在各向同性非色散介质中，波的周期（频率）等于波源的周期（频率）。周期（频率）反映了波的时间周期性。

3. 波速

在波动过程中，某一振动状态（相位）在单位时间内所传播的距离叫作**波速**，也称为**相速度**，用 u 表示。波速也就是波面向前推进的速率，也是相位的传播速度。波速的大小由介质的性质决定，而与波源的振动状况无关。在不同的介质中，波的传播方式不同，波速也不同。具体地说，波速取决于介质的密度和弹性模量。在各向同性的均匀固体介质中，横波和纵波的波速分别为

$$\text{横波}\, u = \sqrt{\frac{G}{\rho}}\text{，纵波}\, u = \sqrt{\frac{Y}{\rho}}$$

式中 G 和 Y 分别为介质的切变模量和杨氏弹性模量，ρ 为介质的体密度。

从上面的分析可知，在一个周期内，波传播的距离即为一个波长，所以波速与波长和周期及频

率之间的关系为

$$u=\frac{\lambda}{T}=\lambda\nu \tag{7-2}$$

由（7-2）式可得

$$\nu=\frac{u}{\lambda} \tag{7-3}$$

这表明波的频率等于单位时间内通过介质中任一约定点的完整波的个数，即在单位时间里波所传播的距离内所包含的完整波的数目。

例 7-1 频率为 3 000Hz 的声波，以 1 560m/s 的传播速度沿一波线传播，经过波线上的 A 点后，再经 13cm 传至 B 点。

（1）求 B 点的振动比 A 点落后的时间。

（2）求波在 A、B 两点振动时的相位差。

解 （1）声波的周期为

$$T=\frac{1}{\nu}=\frac{1}{3\,000}\text{s}$$

波长为

$$\lambda=\frac{u}{\nu}=\frac{1\,560}{3\,000}\text{m}=0.52\text{m}$$

B 点的振动比 A 点落后的时间为

$$t=\frac{\Delta x}{u}=\frac{0.13}{1\,560}\text{s}=\frac{1}{12\,000}\text{s}=\frac{T}{4}$$

（2）由波长的定义知，波线上相距一个波长的两点的相位差是 2π，所以，相距 Δx 的两点的相位差为

$$\Delta\varphi=\varphi_A-\varphi_B=2\pi\frac{\Delta x}{\lambda}=2\pi\nu\frac{\Delta x}{\nu\lambda}=\omega\frac{\Delta x}{u}=\omega t$$

代入数据得

$$\Delta\varphi=2\pi\frac{\Delta x}{\lambda}=2\pi\times\frac{0.13}{0.52}=\frac{\pi}{2}$$

即当波沿波线从 A 点传到 B 点时，B 点振动与 A 点相比，在空间上落后 $\frac{\lambda}{4}$，时间上落后 $\frac{T}{4}$，相位上落后 $\frac{\pi}{2}$。

第二节　平面简谐波的波动方程

一、平面简谐波的波动方程

波函数的表示

我们已经知道，介质中有波传播时，各质元都在做振动，而且各质元的振动是相互关联的，波动则是振动状态在介质中的传播。沿波的同一射线，不同位置的质点在不同的时刻，有不同的振动位移。因此，振动位移应为振动点的位置和时间的函数。该函数的数学表达式叫作**波动方程**。

一般来说，波动中各质点的振动是很复杂的。当波源做简谐振动时，所引起的介质各点也做简谐振动而形成的波称为**简谐波**。简谐波是最简单也是最基本的波，任何一种复杂的波都可以表示为若干不同频率、不同振幅的简谐波的合成。因此，研究简谐波具有特别重要的意义。波面为平面的简谐波称为**平面简谐波**。平面简谐波传播时，介质中的各质点都在做频率相同的简谐运动，但是在任一时刻，各质点的振动相位一般不同，它们的位移也不同。根据波面的定义可知，在任一时刻，处在同一波面上的各点有相同的相位，它们离开各自平衡位置的位移是相同的，如图 7-3 所示。因此，只要知道了与波面垂直的任意一条波线上的波的传播规律，也就知道了整个平面波的传播规律。

设有一平面简谐波，在无吸收的均匀无限大介质中沿 x 轴正向传播，波速为 u，如图 7-4 所示。x 轴即为某一波线，在此波线上任取一点 O 为坐标原点。假设 O 点处（$x = 0$ 处）质点的振动方程为

$$y_0 = A\cos(\omega t + \varphi_0)$$

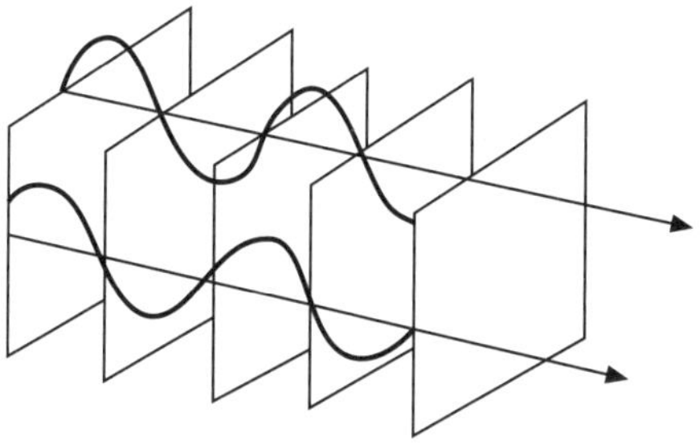

图 7-3　平面简谐波

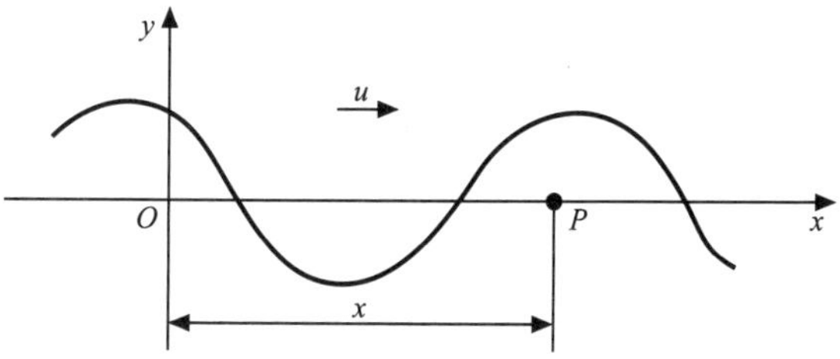

图 7-4　平面简谐波推导波动式用图

式中 A 为振幅，ω 为角频率，y_0 为 O 点处质点在 t 时刻离开平衡位置的位移。这样的振动沿着 x 轴方向传播，每传到一处，该位置的质点将以同样的振幅和频率重复原点 O 的振动。现在来考察 x 轴上任意一点 P 的振动情况，设 P 点距 O 点的距离为 x（x，0），那么位于 P 点处的质点在 t 时刻离开平衡位置的位移将是多少呢？因为振动是从 O 点处传播过来的，所以 P 点振动的相位是落后于 O 点的。如果振动从 O 点传到 P 点所需的时间为 $\frac{x}{u}$ ，那么，P 点处质点在 t 时刻的位移就是 O 点处质点在 $\left(t-\frac{x}{u}\right)$ 时刻的位移。从相位来说，P 点将落后于 O 点，其相位差为 $\Delta\varphi = \frac{2\pi}{\lambda}\Delta x = \omega\frac{\Delta x}{u}$ 。既然要由

O 点的振动规律 $y_0 = A\cos(\omega t+\varphi_0)$ 找到 P 点的振动规律，以 $\left(t-\frac{x}{u}\right)$ 代替 O 点振动表达式中的 t，自然就得到在任一时刻 t，P 点处质点的位移为

$$y = A\cos\left[\omega\left(t-\frac{x}{u}\right)+\varphi_0\right] = A\cos\left[(\omega t+\varphi_0)-\omega\frac{x}{u}\right] \tag{7-4a}$$

上式正是沿 x 轴正方向传播波线上任一点在任一时刻的振动位移表达式，称为平面简谐波的**波动方程**，也常称为平面简谐波的**波函数**。

另外，从空间上来看，沿波线方向，距离每变化长度 λ，相位滞后 2π，所以 P 点相位比 O 点滞后 $2\pi\cdot\frac{x}{\lambda}$，其振动表达式也可以表示为

$$y = A\cos\left[(\omega t+\varphi_0)-2\pi\frac{x}{\lambda}\right] = A\cos[k(ut-x)+\varphi_0] \tag{7-4b}$$

式中 $k=\frac{2\pi}{\lambda}$ 称为**波数**，它表示在 2π 长度内所包含的完整波的个数。由 ω、ν、t、λ 和 u 诸量之间的关系，平面简谐波波函数还可以表示成如下形式：

$$\begin{cases} y = A\cos[(\omega t-kx)+\varphi_0] \\ y = A\cos\left[2\pi\left(\nu t-\frac{x}{\lambda}\right)+\varphi_0\right] \\ y = A\cos\left[2\pi\left(\frac{t}{T}-\frac{x}{\lambda}\right)+\varphi_0\right] \end{cases} \tag{7-4c}$$

假设波沿 x 轴的负方向传播，如图 7-5 所示。设位于坐标原点 O 处波面上质点的振动方程为

$$y_0 = A\cos(\omega t+\varphi_0)$$

P 是波线上坐标为 x 的任一点，由于波沿 x 轴负方向传播，P 处质点的振动较坐标原点 O 处质点的振动超前一段时间 $\frac{x}{u}$，因此在 t 时刻，O 点处质点的振动相位为 $(\omega t+\varphi_0)$ 时，P 点处质点的振动相位就应是 $\left[\omega\left(t+\frac{x}{u}\right)+\varphi_0\right]$。所以在 t 时刻、P 点波面上质点位移为

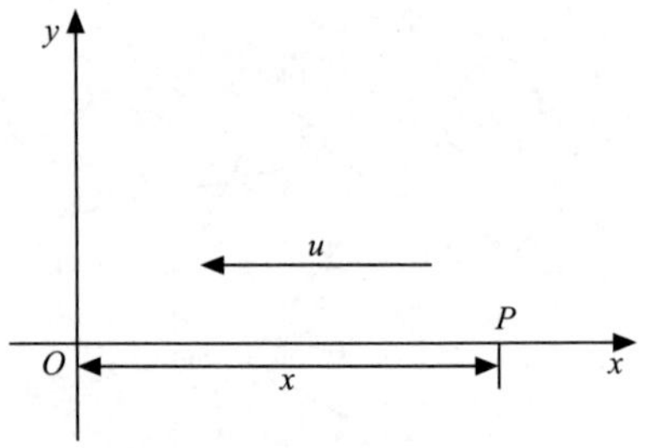

图 7-5　波沿 x 轴负方向传播

$$y = A\cos\left[\omega\left(t+\frac{x}{u}\right)+\varphi_0\right] \tag{7-5a}$$

此式就是沿 x 轴负方向传播的平面简谐波的波函数。上述平面简谐波的波函数也可以写成如下形式：

$$\begin{cases} y = A\cos\left[2\pi\left(\nu t + \dfrac{x}{\lambda}\right) + \varphi_0\right] \\ y = A\cos\left[2\pi\left(\dfrac{t}{T} + \dfrac{x}{\lambda}\right) + \varphi_0\right] \\ y = A\cos\left[\left(\omega t + \dfrac{2\pi}{\lambda}x\right) + \varphi_0\right] \end{cases} \tag{7-5b}$$

总结一下波动方程（波函数）的表示：首先写出波源（或参考点）的振动方程；其次沿着波的传播路径，根据时间（或相位）的超前（或滞后）效应写出传播路径上任意一点 x 的振动方程，即波动方程。

二、波动方程的物理意义

在不同情况下，波函数具有不同的物理意义，下面的讨论以沿 x 轴正方向传播的平面简谐波为例。

（1）当 $x = x_0$ 给定时（即在波线上取一定点），位移 y 仅是时间 t 的函数。波动方程变为

$$y = A\cos\left[\omega\left(t - \frac{x_0}{u}\right) + \varphi_0\right] = A\cos\left[\omega t + \left(\varphi_0 - \omega\frac{x_0}{u}\right)\right]$$

这就是波线上 x_0 处质点在任意时刻离开自己平衡位置的位移，即 x_0 处质点的振动方程。式中 $\omega\dfrac{x_0}{u}$ 为 x_0 处落后于 O 点处质点的相位。令 $\varphi = \varphi_0 - \omega\dfrac{x_0}{u}$，$\varphi$ 为 x_0 处质点的初相，上式可写为

$$y = A\cos(\omega t + \varphi)$$

表明波线上任意坐标处质点均在做以圆频率为 ω 的简谐振动。图 7-6 所示是波线上不同质点的振动曲线，从这些曲线可以看出，它们的初相依次为 0、$-\dfrac{\pi}{2}$、$-\pi$、$-\dfrac{3\pi}{2}$、-2π。也就是说，$x = \dfrac{\lambda}{4}$ 处质点相位比 $x = 0$ 处质点相位落后 $\dfrac{\pi}{2}$，其他质点则依次又落后 $\dfrac{\pi}{2}$。

（2）若 $t = t_0$ 给定（即对横波进行拍照），则位移 y 仅是 x 的函数。这时波函数表示 $t = t_0$ 时刻波线上各质点离开各自平衡位置的位移分布情况，也就是 t_0 时刻波的形状。这时作出的 y-x 曲线，也叫作 t_0 时刻的波形图。图 7-7 所示给出了不同时刻的波形图及相位传播图，从图中可以看出，经过一个周期的时间，波向前传播了一个波长的距离。

由波形图亦可看出，在同一时刻，距离原点 O 分别为 x_1 和 x_2 的两质点的相位是不同的。可得两点的相位分别为

$$\varphi_1 = \omega\left(t - \frac{x_1}{u}\right) = 2\pi\left(\frac{t}{T} - \frac{x_1}{\lambda}\right)$$

$$\varphi_2 = \omega\left(t - \frac{x_2}{u}\right) = 2\pi\left(\frac{t}{T} - \frac{x_2}{\lambda}\right)$$

其相位差

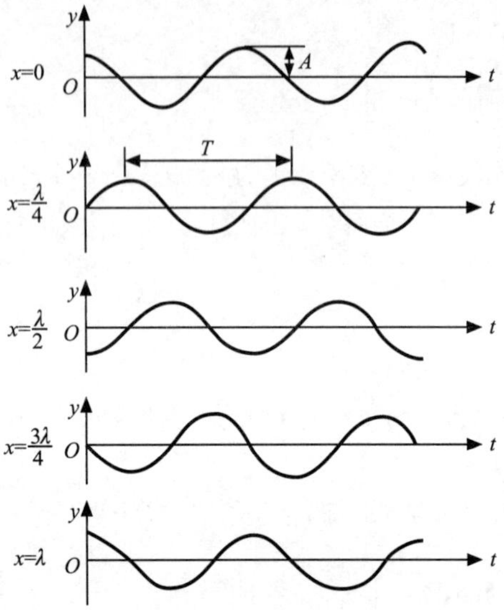

图 7-6 波线上各质点简谐运动的位移—时间曲线

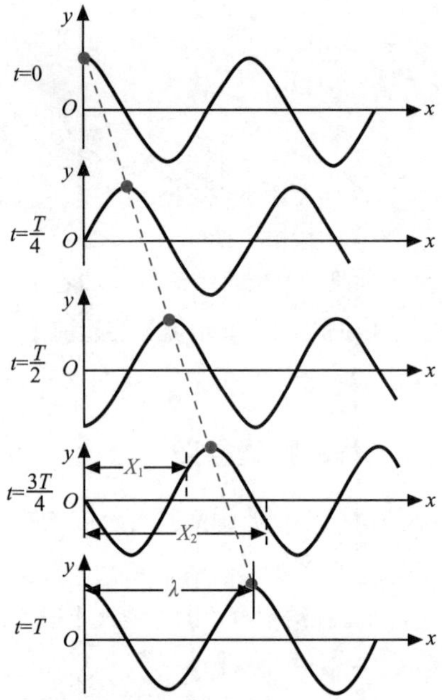

图 7-7 波形图及相位传播图

$$\Delta\varphi_{12}=\varphi_1-\varphi_2=2\pi\left(\frac{t}{T}-\frac{x_1}{\lambda}\right)-2\pi\left(\frac{t}{T}-\frac{x_2}{\lambda}\right)=2\pi\frac{x_1-x_2}{\lambda}$$

式中 $x_1-x_2=\Delta x_{21}$ 叫作**波程差**，上式可写成

$$\Delta\varphi_{12}=\frac{2\pi}{\lambda}\Delta x_{21} \tag{7-6}$$

从图 7-7 中可以看出 $x_2>x_1$，所以 $\Delta\varphi_{12}>0$，即 $\varphi_1>\varphi_2$，也就是说 x_2 处的相位落后于 x_1 处的相位。通常在不需要明确谁超前或滞后时，（7-6）式与（7-1）式一致。

（3）如果 x 和 t 都变化，则波函数式就表示波线上各个质点不同时刻的位移分布情况。若以 x 为横坐标、y 为纵坐标画出不同时刻的波形图，表现为波形不断向前传播。

设初相 $\varphi_0=0$，t_1 时刻位于 x_1 处质点的位移为

$$y(x_1,t_1)=A\cos\omega\left(t_1-\frac{x_1}{u}\right)$$

经过 Δt 时刻到 $t_2=t_1+\Delta t$，位于 $x_2=x_1+\Delta x$ 处质点的位移为

$$y(x_2,t_2)=A\cos\omega\left(t_1+\Delta t-\frac{x_1+\Delta x}{u}\right)$$

波以波速 u 传播，有 $\Delta x=u\Delta t$，则

$$x_2=x_1+\Delta x=x_1+u\Delta t$$

得

$$y(x_2,t_2)=A\cos\omega\left(t_1+\Delta t-\frac{x_1+u\Delta t}{u}\right)=A\cos\omega\left(t_1-\frac{x_1}{u}\right)$$

这一结果说明，在时刻 $t_2=t_1+\Delta t$，质点位于 $x_2=x_1+\Delta x$，即 t_1 时刻 x_1 处质点的状态在 t_2 时刻传播到 x_2 处质点（或者说 t_2 时刻 x_2 处质点的振动状态与 t_1 时刻 x_1 处质点的振动状态相同）。也就是说，这一振动状态经过 Δt 传过了 $\Delta x=u\Delta t$ 的距离。上述这一振动状态是任意取的，所以上述讨论意味着任一振动状态经过 Δt 时间都向前传过了 Δx 的距离。在时间 Δt 内，整个波形沿波传播方向平移了一段距离 $\Delta x=u\Delta t$。t_1 时刻和 $t_2=t_1+\Delta t$ 时刻的两条波形线，在一个周期内波形线平移的距离显然是一个波长 λ，如图 7-8 所示。振动状态以波速 u 沿波的传播方向移动。于是可以得出这样的结论：当 x 和 t 都在变化时，式 $y(x,t)=A\cos\omega\left(t-\frac{x}{u}\right)$ 表示整个波形以波速 u 沿波线传播。这种前进中的波动又称为**行波**。

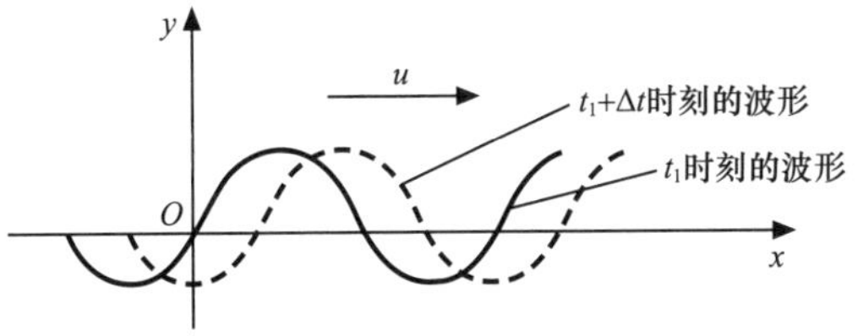

图 7-8　x、t 都变化时的波形线

例 7-2　一列平面余弦波沿 x 轴正向传播，波速为 $5\text{m}\cdot\text{s}^{-1}$，波长为 2m，原点处质点的振动曲线如图 7-9（a）所示。

（1）写出波动方程。

（2）作 $t=0$ 时的波形图及距离波源 0.5m 处质点的振动曲线。

解　（1）由图 7-9（a）可知，$A=0.1\text{m}$，且 $t=0$ 时，$y_0=0, v_0>0$，$\therefore \varphi_0=\frac{3\pi}{2}$，

又 $\nu=\frac{u}{\lambda}=\frac{5}{2}\text{Hz}=2.5\text{Hz}$，则 $\omega=2\pi\nu=5\pi$。

取　$y=A\cos\left[\omega\left(t-\frac{x}{u}\right)+\varphi_0\right]$，

则波动方程为

$$y=0.1\cos\left[5\pi\left(t-\frac{x}{5}\right)+\frac{3\pi}{2}\right]\text{m}$$

（2）$t=0$ 时的波形如图 7-9（b）所示。

将 $x=0.5$ 代入波动方程，得该点处的振动方程为

$$y=0.1\cos\left(5\pi t-\frac{5\pi\times0.5}{5}+\frac{3\pi}{2}\right)\text{m}=0.1\cos(5\pi t+\pi)\text{m}$$

如图 7-9（c）所示。

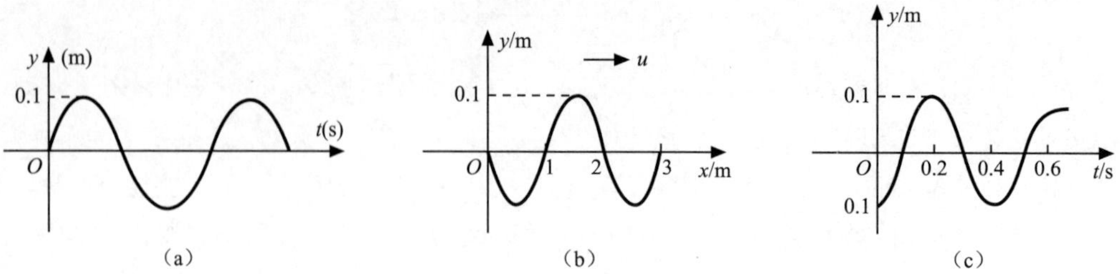

图 7-9　振动曲线图

例 7-3　已知 $t=0$ 时和 $t=0.5$s 时的波形曲线分别为图 7-10 所示的曲线（a）和（b），波沿 x 轴正向传播，周期大于 0.5s，试根据图中绘出的条件求解。

（1）波动方程。

（2）P 点的振动方程。

解　（1）由图 7-10 可知，$A=0.1\text{m}$，$\lambda=4\text{m}$，又 $t=0$ 时，$y_0=0,v_0<0$，$\therefore\ \varphi_0=\dfrac{\pi}{2}$，而 $u=\dfrac{\Delta x}{\Delta t}=\dfrac{1}{0.5}\text{m}\cdot\text{s}^{-1}=2\text{m}\cdot\text{s}^{-1}$，$\nu=\dfrac{u}{\lambda}=\dfrac{2}{4}\text{Hz}=0.5\text{Hz}$，$\therefore\ \omega=2\pi\nu=\pi$。

故波动方程为

$$y=0.1\cos\left[\pi\left(t-\frac{x}{2}\right)+\frac{\pi}{2}\right]\text{m}$$

（2）将 $x_P=1\text{m}$ 代入上式，即得 P 点振动方程为

$$y=0.1\cos\left(\pi t-\frac{\pi}{2}+\frac{\pi}{2}\right)\text{m}=0.1\cos\pi t\text{m}$$

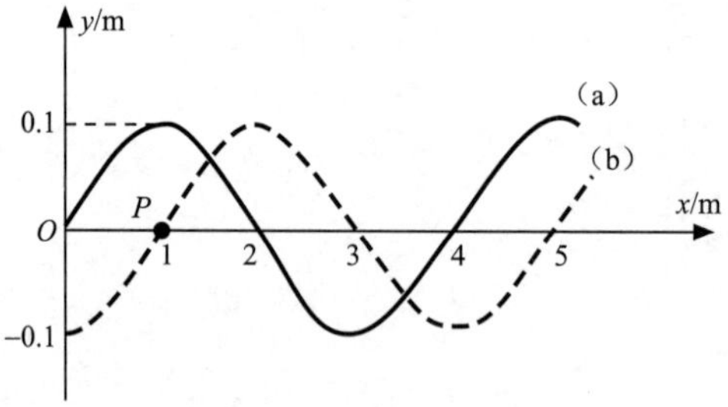

图 7-10　一平面波在 t=0 和 t=0.5（s）时的波形曲线

例 7-4　一列机械波沿 x 轴正向传播，t=0 时的波形如图 7-11 所示，已知波速为 10 $\text{m}\cdot\text{s}^{-1}$，波长为 2m。

（1）求波动方程。

（2）求 P 点的振动方程。

（3）求 P 点的坐标。

（4）求 P 点回到平衡位置所需的最短时间。

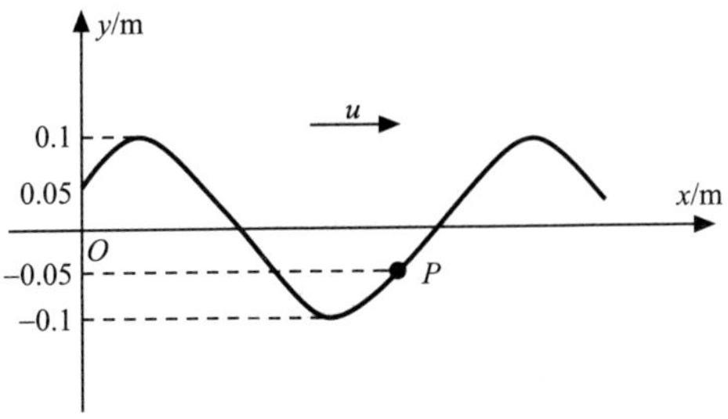

图 7-11　一列机械波在 t=0 时的波形

解　由图 7-11 可知 $A=0.1\text{ m}$，$t=0$ 时，$y_0=\dfrac{A}{2}$，$v_0<0$，所以 $\varphi_0=\dfrac{\pi}{3}$，由题知 $\lambda=2\text{m}$，$u=10\text{m}\cdot\text{s}^{-1}$，则 $\nu=\dfrac{u}{\lambda}=\dfrac{10}{2}\text{Hz}=5\text{Hz}$。

故　$\omega=2\pi\nu=10\pi$。

（1）波动方程为

$$y=0.1\cos\left[10\pi\left(t-\frac{x}{10}\right)+\frac{\pi}{3}\right]\text{m}$$

（2）由图知，$t=0$ 时，$y_P=-\dfrac{A}{2},v_P<0$，所以 $\varphi_P=\dfrac{-4\pi}{3}$（$P$ 点的相位应落后于 0 点，故取负值）。

故 P 点振动方程为 $y_P=0.1\cos\left(10\pi t-\dfrac{4}{3}\pi\right)$。

（3）根据 $10\pi\left(t-\dfrac{x}{10}\right)+\dfrac{\pi}{3}\Big|_{t=0}=-\dfrac{4}{3}\pi$，

解得

$$x=\frac{5}{3}\text{m}=1.67\text{m}$$

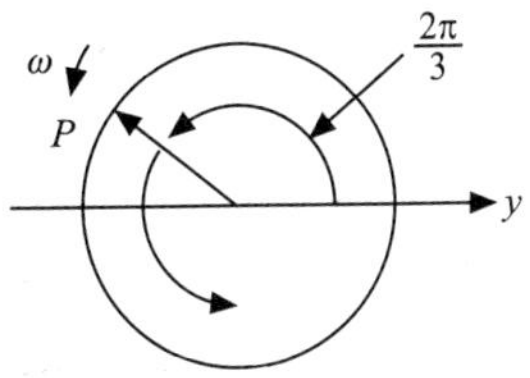

图 7-12　旋转矢量图

（4）根据（2）的结果可作旋转矢量图，如图 7-12 所示。则由 P 点回到平衡位置应经历的相位角

$$\Delta\varphi=\frac{\pi}{3}+\frac{\pi}{2}=\frac{5}{6}\pi$$

故所属最短时间为

$$\Delta t=\frac{\Delta\varphi}{\omega}=\frac{\frac{5\pi}{6}}{10\pi}\text{s}=\frac{1}{12}\text{s}$$

第三节　波的能量

一、波的能量与能量密度

1. 波的能量

波传播时，引起传播路径上各质点的振动，介质自然要发生形变，因而参与传播的质点既具有动能又有弹性势能。波在传播过程中，振动状态由近及远地向前推进，因而能量也必须不断地向前传递。波在传播中携带着能量，能量随同波一起传播，这是波动的重要特征。

设一平面简谐波，以速度 u 在密度为 ρ 的均匀介质中沿 x 轴正向传播，其波动方程为

$$y = A\cos\left[\omega\left(t-\frac{x}{u}\right)+\varphi_0\right]$$

在坐标为 x 处取体积元 $\mathrm{d}V$，其质量为 $\mathrm{d}m=\rho\mathrm{d}V$，视体积元为质元，当波传播到该体积元时，该体积元将具有动能 $\mathrm{d}E_\mathrm{k}$ 和弹性势能 $\mathrm{d}E_\mathrm{p}$。由于该体积元的振动速度为

$$v=\frac{\partial y}{\partial t}=-A\omega\sin\left[\omega\left(t-\frac{x}{u}\right)+\varphi_0\right]$$

因此该体积元的动能为

$$\mathrm{d}E_\mathrm{k}=\frac{1}{2}v^2\mathrm{d}m=\frac{1}{2}\rho\mathrm{d}VA^2\omega^2\sin^2\left[\omega\left(t-\frac{x}{u}\right)+\varphi_0\right] \tag{7-7}$$

对体积元的势能的分析要复杂一些，可以证明其动能和势能相等，即有

$$\mathrm{d}E_\mathrm{p}=\frac{1}{2}\rho\mathrm{d}VA^2\omega^2\sin^2\left[\omega\left(t-\frac{x}{u}\right)+\varphi_0\right] \tag{7-8}$$

于是该体积元的总机械能 $\mathrm{d}E$ 即波动能量为

$$\mathrm{d}E=\mathrm{d}E_\mathrm{k}+\mathrm{d}E_\mathrm{p}=\rho\mathrm{d}VA^2\omega^2\sin^2\left[\omega\left(t-\frac{x}{u}\right)+\varphi_0\right] \tag{7-9}$$

（7-9）式表明体积元的总机械能在 0 和 $\rho\mathrm{d}VA^2\omega^2$ 幅值之间周期性变化。由（7-7）式和（7-8）式可以看出，波动在介质中传播时，介质中任一体积元的动能和势能均随时间做周期性变化，它们变化的相位相同，即同时达到最大值和同时达到最小值，且任一时刻的值也相同；（7-9）式表明其总能量也随时间做周期性变化。物理上，这说明体积元和相邻的介质之间有能量的交换。当体积元从相邻的介质中吸收能量时，体积元的能量增加；当体积元向相邻介质释放能量时，体积元的能量减少。这样，能量不断地从介质中的一部分传递到另一部分。所以，波动过程实际上也就是能量传播的过程。

应当注意，波动能量和简谐振动能量有着明显的区别。在一个孤立的简谐振子系统中，由于它和外界没有能量交换，因此机械能守恒且动能和势能在不断地相互转换，即当动能为极大值时势能为极小值，当动能为极小值时势能为极大值。而在波动中，做简谐振动的体积元内的总能量是不守恒的，且同一体积元内的动能和势能是同步变化的，同时达到极大值或同时达到极小值。波动中势能是与介质相对形变相关联的，质元的势能与相对形变的平方成正比。质元的长度是 Δx，伸长为 Δy，因而质元的相对形变为 $\frac{\Delta y}{\Delta x}$。借助于波形曲线（如图 7-13 所示），不难看出：在 P 点质元速度为 0，质元的动能就为 0；同时曲线斜率 $\frac{\Delta y}{\Delta x}$ 也为 0，即相对形变为 0，所以质元的弹性势能也为 0。在 Q 处质元速度最大，自然质元动能最大，同时波形曲线在此处斜率最大，

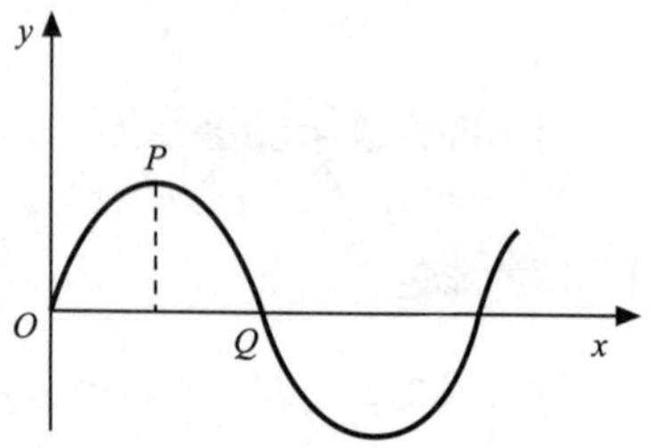

图 7-13 波形曲线

$\frac{\Delta y}{\Delta x}$ 有最大值，所以弹性势能也最大。从以上定性分析可见质元的动能和势能确实是同相的。

在简谐波传播路径上的任一体积元都在进行简谐振动，为什么它的动能和势能会始终相等，而机械能不守恒呢？我们可以进一步从物理模型上分析。首先，波动中的质元的模型和谐振子的模型不同。以弹簧振子为例，弹簧振子的动能集中在没有弹性的小球上，而势能却集中在质量可忽略的弹簧上；但是，波动中的质元却既有质量又有弹性，动能和势能都集中在质元上。如果把质元当作小球，把旁边的其他质元当作弹簧，则模型本身就与事实不符。其次，它们运动的外在条件不同。我们前面讨论的谐振子是孤立系统，没有外力对它做功，因而它的机械能守恒；而波动中的任何一个质元都不是孤立的。在波传播的过程中，质元的前后两个截面上都有外力做功，而且两个外力还有相位差，即功率不相同。当输入大于输出时，质元的机械能增加；当输出大于输入时，质元的机械能减少。由于波动的周期性，这种增加和减少也呈周期性的规律。因而质元的机械能也呈周期性的变化，不是一个守恒量，表现出波的能量传播过程。质元的动能和势能相等，机械能随时间在零和最大值之间周期性地变化着，这说明它在不断地接收和放出能量。波动之所以能传播能量，就是因为它能够交换能量，而孤立的振动系统是不传播能量的。

大家需要注意，实际物理过程的数学描述（简化、构建模型）与物理的实在性及其合理性相符是非常重要的。

2. 能量密度

介质中单位体积所具有的波的能量，称为波的能量密度，用 w 表示，即

$$w=\frac{\mathrm{d}E}{\mathrm{d}V}=\rho A^2\omega^2\sin^2\left[\omega\left(t-\frac{x}{u}\right)+\varphi_0\right] \tag{7-10}$$

可见能量密度也是时间的周期函数。能量密度在一个周期内的平均值，称为平均能量密度，用 $\bar{w}$ 表示，因为正弦函数的平方在一个周期内的平均值是 $\frac{1}{2}$，所以

$$\bar{w}=\frac{1}{2}\rho A^2\omega^2 \tag{7-11}$$

（7-11）式对于所有机械波都适用。在国际单位制中，$\bar{w}$ 的单位是 $\mathrm{J/m^3}$。

由以上讨论看出，波的能量、能量密度（以及平均能量密度）都与介质的密度 ρ 、波的振幅的平方 A^2 及角频率的平方 ω^2 成正比。

二、波的能流与能流密度

1. 波的能流

根据以上所讲，能量是随着波动的进行在介质中传播的，所以引入能流的概念，以定量地描述能量在介质中的传播。

单位时间内通过介质中某传播截面的能量称为通过该面积的**能流**（类似于电流的定义）。设在介

质中垂直于波速 u 取面积 S，可知在单位时间内通过 S 面的能量等于体积 uS 中的能量（如图 7-14 所示）。所以有

$$P=\frac{\mathrm{d}E}{\mathrm{d}t}=wuS \qquad (7\text{-}12)$$

这能量是周期性变化的，通常取其平均值，即得**平均能流**为

$$\overline{P}=\overline{w}uS \qquad (7\text{-}13)$$

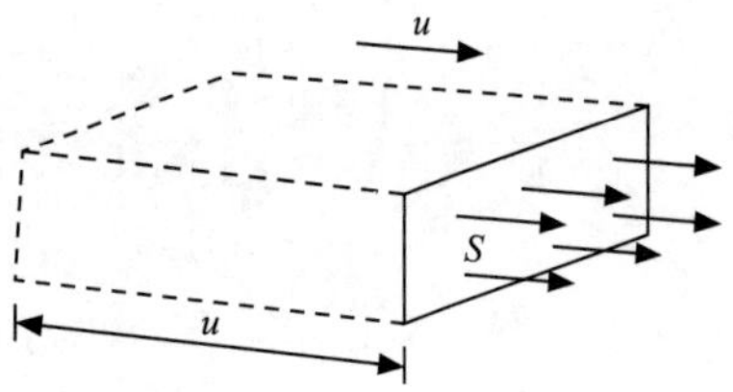

图 7–14　通过 S 面的能流

（7-13）式中 $\overline{w}$ 是平均能量密度，能流的单位是瓦特（W），波的能流也称为波的功率。

2. 能流密度

通过垂直于波动传播方向的单位面积的能流，称为**能流密度**（类似于电流密度的定义），用 I 来表示，即

$$I=\frac{\mathrm{d}P}{\mathrm{d}S}=\frac{\mathrm{d}E}{\mathrm{d}t\mathrm{d}S} \qquad (7\text{-}14)$$

即能流密度为单位时间内通过单位垂面的波能。I 的单位是瓦 / 米 ^{2}（$\mathrm{W/m^2}$）。由（7-12）式能流定义，得到波的能流密度 $I=wu$ 。把能流密度定义为一个矢量记作 $\boldsymbol{I}$，其方向就是能量传播的方向即波速 $\boldsymbol{u}$ 的方向，于是有波的能流密度

$$\boldsymbol{I}=w\boldsymbol{u} \qquad (7\text{-}15)$$

即能流密度等于能量密度乘以能量的传播速度。这种关系具有普遍意义。

平均能流密度定义为能流密度的时间平均值，对简谐波而言，

$$\boldsymbol{I}=\overline{w}\boldsymbol{u}=\frac{1}{2}\rho\boldsymbol{u}A^2\omega^2 \qquad (7\text{-}16)$$

其中 ρu 是实际应用中经常遇到的一个表示介质特性的常量，称为介质的**特性阻抗**。（7-16）式表明均匀弹性介质中简谐波的强度与介质的特性阻抗成正比，与频率的平方和振幅的平方成正比。由于平均能流密度越大，单位时间内通过垂直波线方向的单位面积的能量就越多，波就越强，因此能流密度又称为**波强**。在国际单位制中，波强的单位为 $\mathrm{W/m^2}$。声波的能流密度就是声强，光波的能流密度就是光强。

按照能流密度的定义，通过与波传播方向垂直的面元 $\mathrm{d}S$ 的波的能流为 $\mathrm{d}P=I\mathrm{d}S$。如果面元不与波速的方向垂直，设面元的法线方向与波的传播方向夹角为 α ，则通过面元的波的能流为 $\mathrm{d}P=I\mathrm{d}S\cos\alpha=\boldsymbol{I}\cdot\mathrm{d}\boldsymbol{S}$ ，故通过任意曲面的波的能流为

$$P=\int_S\mathrm{d}P=\int_S\boldsymbol{I}\cdot\mathrm{d}\boldsymbol{S}$$

即通过曲面的能流为能流密度在曲面上的积分。对上式取时间平均值得到波的平均能流公式

$$\overline{P}=\int_S\mathrm{d}\boldsymbol{P}=\int_S\boldsymbol{I}\cdot\mathrm{d}\boldsymbol{S}$$

如果波的能流密度与曲面垂直且大小不变，则通过曲面的平均能流为

$$\bar{P}=\bar{I}S$$

设有一平面简谐波以波速 u 在均匀介质中传播。在垂直于传播方向上取两个平面，面积都等于 S，并且通过第一个平面的波线也通过第二个平面，如图 7-15 所示。设 A_1 和 A_2 分别表示平面波在这两平面处的振幅，由平均能流密度公式可知，通过这两个平面的平均能流分别为

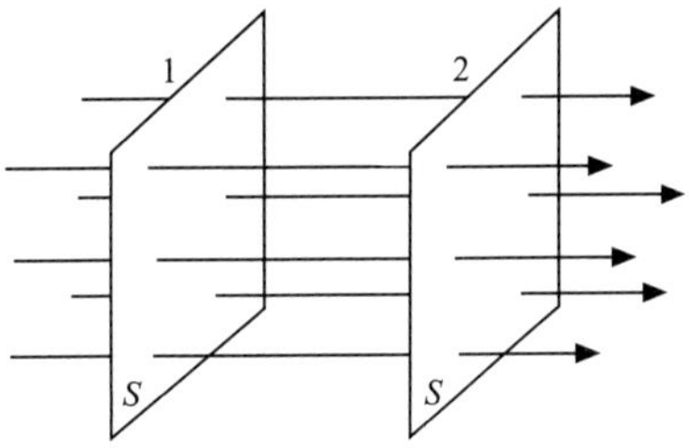

图 7-15　平面波的能流

$$\bar{P}_1=\bar{I}_1S=\bar{w}_1uS=\frac{1}{2}\rho uA_1^{\ 2}\omega^2S$$

$$\bar{P}_2=\bar{I}_2S=\bar{w}_2uS=\frac{1}{2}\rho uA_2^{\ 2}\omega^2S$$

如果介质不吸收波的能量，按能量守恒的观点，应有 $P_1=P_2$，因而有 $A_1=A_2$，即通过这两个平面的平面波的振幅相等。前面我们在推导平面简谐波方程时曾谈到，对于在无吸收的均匀介质中传播的平面波，各质点的振幅相等。此处我们给出了振幅保持不变的理由，这实际上是能量守恒在波动中的一个必然结论。

3. 波的吸收

实际上，平面行波在均匀介质中传播时，介质总要吸收一部分能量并把它变成其他形式的能量，因此波的振幅和平均能流密度将逐渐减小，这种现象叫作波的吸收。实验表明，波通过厚度为 dx 的介质，其波强衰减量 dI 与入射波强 I、介质厚度 dx 的关系为

$$\mathrm{d}I=-\alpha I\mathrm{d}x$$

公式中 α 是介质的吸收系数，积分可得波强的衰减规律为

$$I=I_0\mathrm{e}^{-\alpha x}$$

式中是 I_0 、I 分别是 $x=0$ 和 $x=x$ 处的波强。

例 7-5　一平面余弦波，沿直径为 14cm 的圆柱形管传播，波的强度为 $18.0\times10^{-3}\mathrm{J\cdot m^{-2}\cdot s^{-1}}$，频率为 300Hz，波速为 $300\mathrm{m\cdot s^{-1}}$。

（1）求波的平均能量密度和最大能量密度。

（2）求两个相邻同相面之间有多少波的能量。

解　（1）∵

$$I=\bar{w}u$$

∴

$$\bar{w}=\frac{I}{u}=18.0\times\frac{10^{-3}}{300}\mathrm{J\cdot m^{-3}}=6\times10^{-5}\mathrm{J\cdot m^{-3}}$$

$$w_{\max}=2\bar{w}=1.2\times10^{-4}\mathrm{J\cdot m^{-3}}$$

$$（2）E=\bar{w}V=\bar{w}\frac{1}{4}\pi d^2\lambda=\bar{w}\frac{1}{4}\pi d^2\frac{u}{v}$$
$$=6\times10^{-5}\times\frac{1}{4}\pi\times(0.14)^2\times\frac{300}{300}\text{J}=9.24\times10^{-7}\text{J}$$

三、惠更斯原理、波的叠加与干涉

1. 惠更斯原理

波的传播依赖于介质中各质点之间的相互作用，距离波源近的质点的振动将引起邻近的较远的质点振动，较远质点的振动又会引起其邻近的质点振动，这表明波动中的相互作用是通过各质点的相互作用来实现的。波传播的时候，传播路径上的任何一个质点的振动都会对其后各质点的振动产生作用，即介质中任何一点相对于其后面的点来说，都可以看作波的源。例如，我们可以在水面上激起一列波，在波的前方设置一个障碍物，障碍物上留有一个小孔。这时，我们可以清楚地看到，水波将激起小孔中水面的振动，而小孔水面的振动又会在障碍物的后面激起一列圆形的波。显然，对于障碍物后面的波来说，小孔就是波源，波是从小孔发出来的。

惠更斯总结上述现象，解释波的传播机制如下。

在波的传播过程中，波阵面（波前）上的每一点都可以看作发射子波的新波源；在其后的任一时刻，这些子波的包络面就成为新的波阵面。这就是惠更斯原理。

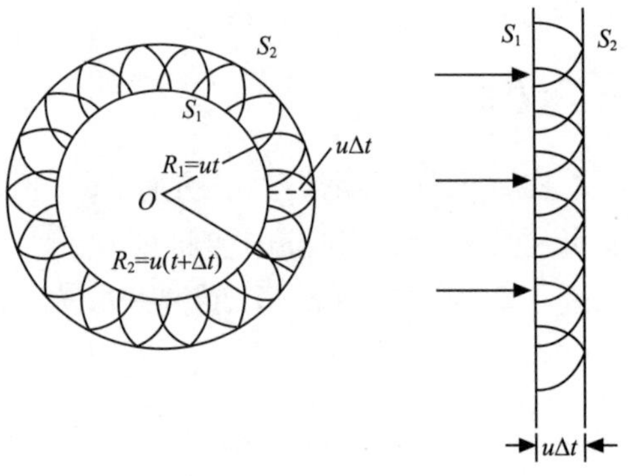

图 7-16　用惠更斯原理求作新的波阵面

惠更斯原理适用于任何波动过程，无论是机械波还是电磁波。根据这一原理所提供的方法，只要知道某一时刻的波阵面，就可用几何作图方法来确定下一时刻的波阵面。在各向同性介质中，只要知道了波阵面的形状，就可以按照波射线与波阵面垂直的规律作出波射线。因而惠更斯原理在很大程度上解决了波的传播方向问题。图 7-16 所示给出了惠更斯原理描绘的球面波和平面波的传播过程，其中 S_1 为某一时刻 t 的波阵面。S_1 上的每一点发出的球面子波，经 Δt 时间后形成半径为 $u\Delta t$ 的球面，在波的前进方向上，这些子波的包络面 S_2 就成为 $t+\Delta t$ 时刻的新波阵面。根据惠更斯原理作图，还可以简捷地说明波在传播中发生的衍射、反射和折射等现象。

当波在传播过程中遇到障碍物时，其传播方向绕过障碍物发生偏折的现象，称为波的衍射，如图 7-17（a）所示。当波阵面到达狭缝时，缝处各点成为子波源，它们发射的子波的包迹在边缘处不再是平面，从而使传播方向偏离原方向而向外延展，进入缝的另一侧区域。图 7-17（b）所示为水波通过小屏障和小孔的衍射图样。

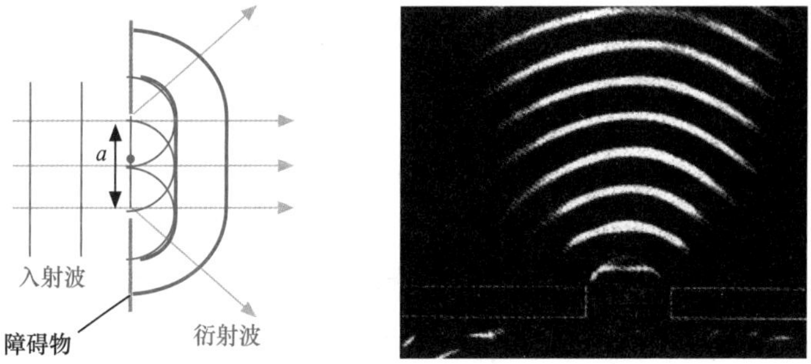

（a）　　（b）

图 7-17　惠更斯原理：波的衍射现象

衍射现象是波动现象的共同特征。站立在高墙里面的人能听到外面的人说话，隔着山岭或建筑物能收听无线电广播，这些都是声波和电磁波的衍射实例。实验表明，当障碍物的线度可与波长相比拟时，衍射现象很明显，障碍物越小越显著。

2. 波的叠加

在日常生活中，我们经常会遇到波的叠加现象，如人们听到的优美悦耳的音乐是由各种乐器发出的振动通过介质空气传播到人耳中的叠加效果，同时人耳也可以分辨出各种不同乐器发出的声音，这就说明每种乐器发出的声波并不会由于其他乐器发出的声波的存在而受到影响；又如，各种颜色的探照灯的光柱（电磁波）在交叉处改变了颜色，但在其他区域内仍是各自的光色，并不会因为其他光色的存在而有所改变；再如，在同一直线上无论是振动方向相同还是相反的两个振动在介质中相向传播时，在相遇时刻的位移是两列波各自引起的质点振动位移的矢量和，但在相遇前和相遇后仍以原来的波形传播，并不会因为另一波的存在而有所改变，如图 7-18 所示。

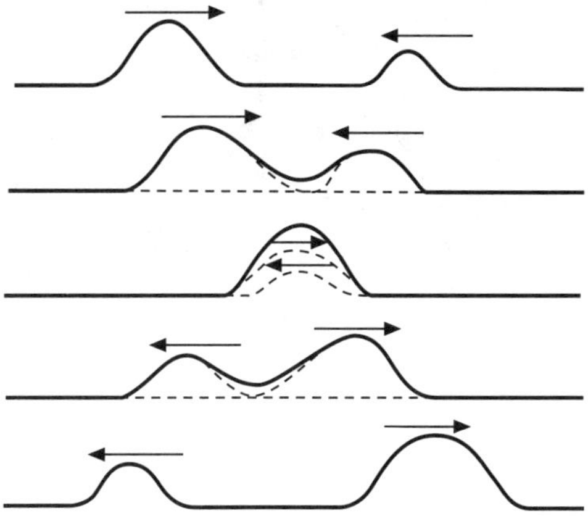

图 7-18　波的独立传播

通过对大量叠加现象的实验观察和研究，人们总结出**波的叠加原理**：①如果有几列波同时在介质中传播，它们将保持各自原有的特征（振动方向、振幅、波长和频率）独立地传播，彼此互不影响，这说明了波的独立传播性，这个性质不像电流传播，两条电路一旦相交（短路接通），再分开时已经不再是原来的彼此；②在几列波的相遇处，介质中质点的振动位移为各列波单独传播时在该处引起的振动位移的矢量和。

3. 波的干涉

由波的叠加原理可知，两列或两列以上的波相遇时，相遇区质点的振动应是各列波单独引起的振动的合成。实验表明，如果两列频率相同、振动方向相同并且相位差恒定的波相遇，则在交叠区域的某些位置上，振动始终加强；而在另一些位置上，振动始终减弱或抵消。这种现象称为波的干涉。能够产生干涉现象的波，称为相干波，它们是频率相同、振动方向相同并且相位差恒定的波，这些条件称为**相干条件**。激发相干波的波源，称为相干波源。图 7-19 所示是用水波盘做的演示实验。两个振动频率相同、相位差恒定的点波源 S_1 、S_2 各自在水面上激起一列振动方向看作垂直于水面的圆形波，这两列圆形波传播相遇而叠加，这时我们可以看到在水面上形成稳定的干涉图样。

现在对波的干涉做进一步分析。图 7-20 所示的 S_1 、S_2 是两个相干波源，它们发出的两列相干波在空间的点 P 相遇，点 P 到 S_1 和 S_2 的距离分别为 r_1 和 r_2。设两个波源的振动方程分别为 $y_{10}=A_{10}\cos(\omega t+\varphi_1)$ 和 $y_{20}=A_{20}\cos(\omega t+\varphi_2)$ 。

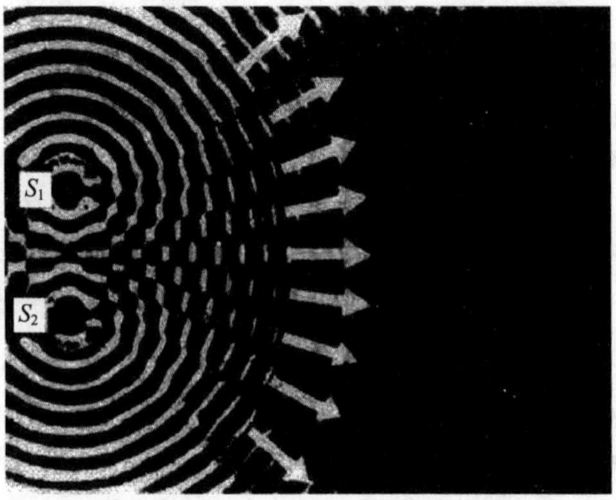

图 7-19　在水波盘上观察干涉现象

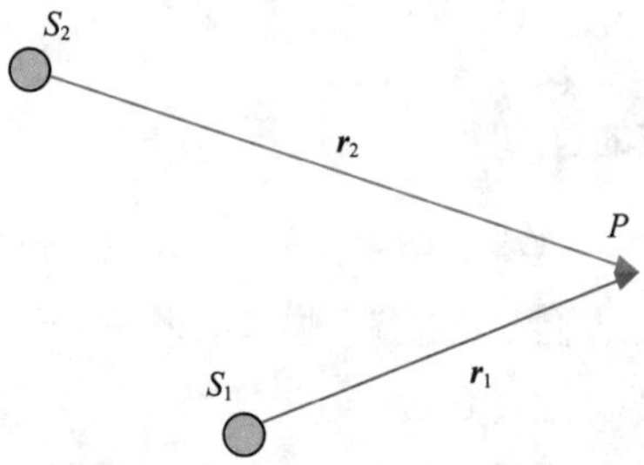

图 7-20　波的干涉示意图

式中 ω 是两个波源的振动角频率，A_{10} 和 A_{20} 分别是它们的振幅，φ_1 和 φ_2 分别是它们的初相位，根据相干条件，$\varphi_2-\varphi_1$ 应是恒定的。波到达点 P 时的振幅若分别为 A_1 和 A_2 ，则到达点 P 的两个振动可写为 $y_1=A_1\cos\left(\omega t+\varphi_1-\frac{2\pi}{\lambda}r_1\right)$ 和 $y_2=A_2\cos\left(\omega t+\varphi_2-\frac{2\pi}{\lambda}r_2\right)$，式中 λ 是波长。则点 P 的合振动为

$$y=y_1+y_2=A\cos(\omega t+\varphi) \tag{7-17}$$

（7-17）式中 A 是合振动的振幅，其公式为

$$A=\sqrt{A_1{}^2+A_2{}^2+2A_1A_2\cos\left(\varphi_2-\varphi_1-2\pi\frac{r_2-r_1}{\lambda}\right)} \tag{7-18}$$

合振动的初相位 φ 由（7-19）式决定：

$$\tan\varphi=\frac{A_1\sin\left(\varphi_1-\frac{2\pi r_1}{\lambda}\right)+A_2\sin\left(\varphi_2-\frac{2\pi r_2}{\lambda}\right)}{A_1\cos\left(\varphi_1-\frac{2\pi r_1}{\lambda}\right)+A_2\cos\left(\varphi_2-\frac{2\pi r_2}{\lambda}\right)} \tag{7-19}$$

两列相干波在空间任意一点 P 所引起的两个振动的相位差

$$\Delta\varphi=\varphi_2-\varphi_1-2\pi\frac{r_2-r_1}{\lambda} \tag{7-20}$$

两列波在 P 点干涉的结果取决于（7-20）式 $\Delta\varphi$ 的取值，也是 P 点相对于两列相干波源的位置。

（1）当 $\Delta\varphi$ 取值为

$$\Delta\varphi=\varphi_2-\varphi_1-2\pi\frac{r_2-r_1}{\lambda}=\pm 2k\pi \qquad (k=0,1,2,\cdots) \tag{7-21a}$$

时，P 点合振动的振幅具有最大值，即 $A = A_1+A_2$，这表示点 P 的振动是加强的，称为**干涉加强**，或**干涉相长**。

（2）当 $\Delta\varphi$ 取值为

$$\Delta\varphi=\varphi_2-\varphi_1-2\pi\frac{r_2-r_1}{\lambda}=\pm(2k+1)\pi \qquad (k=0,1,2,\cdots) \tag{7-21b}$$

时，P 点合振动的振幅具有最小值，即 $A=\left|A_1-A_2\right|$，这表示点 P 的振动是减弱的，称为**干涉减弱**；如果减弱使振动完全消失，则称为**干涉相消**。

在两列相干波交叠区域内任意一点上，合振动是加强还是减弱，都可以用（7-21）式来判断。在相位差 $\Delta\varphi$ 介于以上两种情况之间时，合振动的振幅介于上述振幅最大值和最小值之间。

当两相干波源为同相波源，即 $\varphi_2=\varphi_1$ 时，

$$\Delta\varphi=\frac{2\pi}{\lambda}(r_2-r_1) \tag{7-22}$$

相位差仅由波传播的路程之差 $\delta = r_2-r_1$ 决定，我们称其为**波程差**。显然，当

$$\delta=r_2-r_1=\pm k\lambda \qquad (k=0,1,2,\cdots) \tag{7-23a}$$

时，干涉加强。当

$$\delta=r_2-r_1=\pm(2k+1)\frac{\lambda}{2} \qquad (k=0,1,2,\cdots) \tag{7-23b}$$

时，干涉减弱。

下面我们分析以下两列波干涉时波的强度分布问题。由于波的强度正比于振幅的平方，由（7-18）式可得，两列波叠加后的强度

$$I\propto A^2=A_1^2+A_2^2+2A_1A_2\cos\Delta\varphi$$

也就是

$$I=I_1+I_2+2\sqrt{I_1I_2}\cos\Delta\varphi \tag{7-24}$$

由此可知，叠加后波的强度随着两列相干波在空间各点所引起的振动相位差 $\Delta\varphi$ 的不同而变化。空间各点波的强度重新分布，有些地方加强（$I>I_1+I_2$），有些地方减弱（$I<I_1+I_2$），所以波的干涉结果不是波的强度在相干位置简单的相加。如果 $I_1=I_2$，那么叠加后波的强度

$$I=2I_1(1+\cos\Delta\varphi)=4I_1\cos^2\frac{\Delta\varphi}{2} \tag{7-25}$$

当 $\Delta\varphi=2k\pi(k=0,\pm1,\pm2,\cdots)$ 时，在这些位置波的强度最大，等于单个波强的 4 倍 $(I=4I_1)$。当

$\Delta\varphi=(2k+1)\pi(k=0,\pm1,\pm2,\cdots)$ 时，波的强度最小 $(I=0)$ 。叠加后波的强度 I 随相位差 $\Delta\varphi$ 变化的情况如图 7-21 所示。

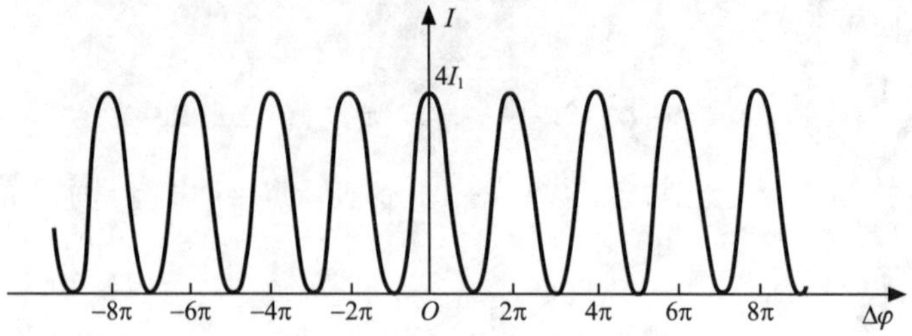

图 7-21　干涉现象的强度分布

例 7-6　在同一介质中有两个相干波源分别处于点 P 和点 Q，假设由它们发出的平面简谐波沿从 P 到 Q 连线的延长线方向传播。$PQ=3.0\text{m}$，两波源的频率 $\nu=100\text{Hz}$，振幅相等，P 的相位比 Q 的相位超前 $\frac{\pi}{2}$，介质提供的波速 $u=400\text{m/s}$。在 P、Q 连线延长线上 Q 一侧有一点 S，S 到 Q 的距离为 r。试写出两波源在该点产生的分振动，并求它们的合成。

解　可以取点 P 为坐标原点，取过 P、Q 和 S 的直线为 x 轴，方向向右，如图 7-22 所示，与波线的方向一致。根据题意，P 的振动比 Q 的振动超前 $\frac{\pi}{2}$，即 $\varphi_P-\varphi_Q=\frac{\pi}{2}$，适当选择计时零点，可使 $\varphi_Q=0$，则 $\varphi_P=\frac{\pi}{2}$，同时根据已知条件可以求得

$$\omega=2\pi\nu=200\pi\text{rad}\cdot\text{s}^{-1}$$

设两波的振幅为 A，于是可以写出 P 波源在点 s 的分振动为

$$y_P=A\cos\left[\omega\left(t-\frac{PS}{u}\right)+\varphi_P\right]=A\cos\left[200\pi\left(t-\frac{r+3}{400}\right)+\frac{\pi}{2}\right]$$

Q 波源在点 s 的分振动为

$$y_Q=A\cos\left[\omega\left(t-\frac{QS}{u}\right)+\varphi_Q\right]=A\cos\left[200\pi\left(t-\frac{r}{400}\right)\right]$$

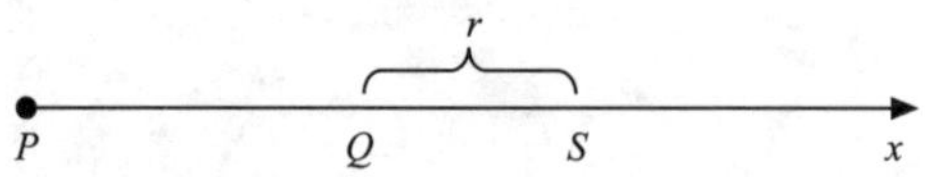

图 7-22　平面简谐波传播方向

显然，在波线上任何一点，这两个振动的合成都满足在同一条直线上两个同频率的简谐振动合成的条件。一般情况下，合振动是一个同频率的简谐振动，合振动的振幅决定于两个分振动在该点的相位差。在点 s 两个分振动的相位差为

$$\Delta\varphi=\left[200\pi\left(t-\frac{r+3}{400}\right)+\frac{\pi}{2}\right]-\left[200\pi\left(t-\frac{r}{400}\right)\right]=-\frac{3\pi}{2}+\frac{\pi}{2}=-\pi$$

正好满足 $\Delta\varphi=\pm(2k+1)\pi$ 的条件。点 s 的振动应是干涉相消，即静止不动。从 $\Delta\varphi$ 的表达式中还可以看出，$\Delta\varphi$ 与 r 无关，即无论 s 处于 Q 右侧的什么位置上，$\Delta\varphi$ 总是满足干涉相消的条件。所以，在 x 轴上 Q 以右的整个区域都满足干涉相消的条件，处于这个区域的所有介质质点实际上都是静止不动的。

第四节　驻波

驻波

一、驻波的产生

振幅、振动方向和频率都相同的两列波在同一区域沿相反方向传播相干叠加，就形成了驻波。可见，驻波是一种特殊情形下波的干涉现象。

图 7-23 所示为将弦线的一端系于电动音叉的一臂上，弦线的另一端系一重物，重物通过定滑轮 P 对弦线提供一定的张力，劈尖 b 的位置可以调节。当音叉振动时，在弦线上激发了自左向右传播的波，此波传播到固定点 B 时被反射，因而在弦线上又出现了一列自右向左传播的反射波，这两列波是相干波，在相遇区域（弦线上）发生干涉。通过调节重物质量和劈尖位置，可以在弦线上形成一种波形不随时间变化的波，这就是驻波。当驻波出现时，弦线上有些点始终静止不动，这些点称为波节；有些点的振幅始终最大，这些点称为波腹。

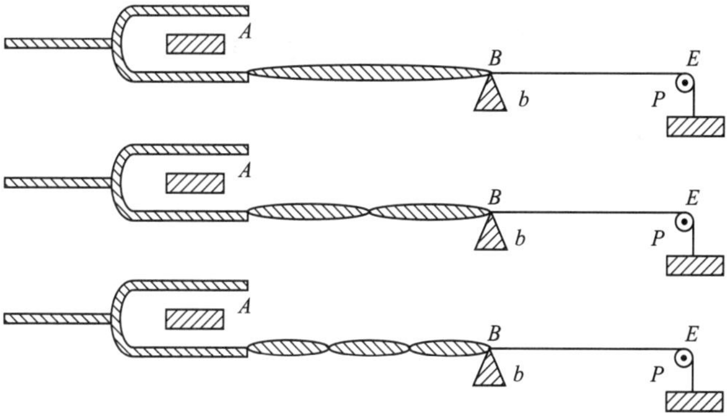

图 7-23　驻波现象

下面用图 7-24 说明驻波的产生。设两列同频率、同振幅的简谐波分别沿 x 轴正方向（以锁线表示）和沿 x 轴负方向（以虚线表示）传播，图中画出了在不同时刻的波形以及它们的合成波（以实线表示），合成波即驻波。由图 7-24 可见，波节（用“•”表示）是始终不动的，整个合成波被波节分成若干段，每一段的中央是波腹（用“+”表示）。每一段上各点都以相同的相位振动，而振幅不同，波腹的振幅最大，相邻两段上各点的振动相位相反。在图 7-24 中还可以看到，形成驻波以后，没有振动状态或相位的逐点传播，只有段与段之间的相位突变，与行波完全不同。

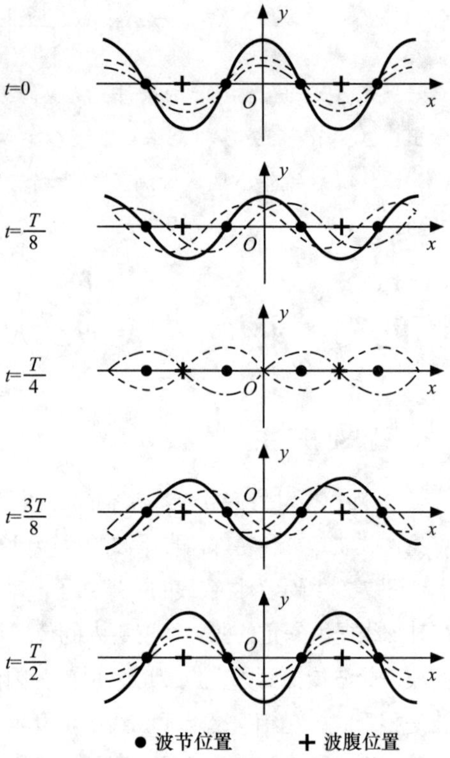

图 7-24 弦线上的驻波

二、驻波方程

现在用简谐波的表达式对驻波进行定量描述。设有两列同振幅、反方向的相干波在 x 轴上传播。为了方便，设两列波的初相位均为 0，它们的波动方程分别为

$$y_1 = A\cos\left(\omega t - \frac{2\pi}{\lambda}x\right)$$

$$y_2 = A\cos\left(\omega t + \frac{2\pi}{\lambda}x\right)$$

则空间相遇区域合成波为

$$y = y_1 + y_2 = A\cos\left(\omega t - \frac{2\pi}{\lambda}x\right) + A\cos\left(\omega t + \frac{2\pi}{\lambda}x\right)$$

利用和差化积公式可得驻波方程

$$y = 2A\cos\frac{2\pi}{\lambda}x \cdot \cos\omega t \tag{7-26}$$

从（7-26）式可以看出，相干区域的各点都在做同频率的简谐运动，没有相位在空间传播，因此被称为驻波。相干区域上各点的振幅为 $\left|2A\cos\frac{2\pi}{\lambda}x\right|$，这说明驻波的振幅与位置有关，振幅最大值发生在 $\left|\cos\frac{2\pi}{\lambda}x\right| = 1$ 的点，因此波腹的位置可由

$$\frac{2\pi}{\lambda}x = \pm k\pi (k = 0,1,2,\cdots)$$

来求出，即

$$x = \pm\, 2k\frac{\lambda}{4} (k = 0,1,2,\cdots) \tag{7-27}$$

波腹就是驻波中的干涉极大点，该点的振幅为 $2A$。相邻的两个波腹间的距离为

$$\Delta x = x_{k+1} - x_k = \frac{\lambda}{2}$$

它们是等间距的。

同样，振幅的最小值发生在 $\left|\cos\frac{2\pi}{\lambda}x\right| = 0$ 的点，因此，波节的位置可由

$$\frac{2\pi}{\lambda}x = \pm(2k+1)\frac{\pi}{2}(k=0,1,2,\cdots)$$

来决定，即

$$x = \pm(2k+1)\frac{\lambda}{4}(k=0,1,2,\cdots) \tag{7-28}$$

波节就是驻波中的干涉极小点，即干涉静止点。相邻的两个波节间的距离也是 $\frac{\lambda}{2}$，可见，在驻波中相邻的两个波腹或波节相互之间的距离均为 $\Delta x = \frac{\lambda}{2}$，而相邻的一个波腹和一个波节之间的距离为 $\Delta x = \frac{\lambda}{4}$。

由驻波方程，我们还可以得到驻波相位特点：相邻两个波节之间的各点是同相位的；一个波节两侧的点是反相的。因此，与行波不同，在驻波进行过程中没有振动状态（相位）和波形的定向传播。

三、驻波的能量

形成驻波的相干波可以是纵波或横波，现就横波讨论驻波能量，其结论对纵波也适用。当两波节间体元达到最大位移时，各体元速度和动能均为零，但各体元却发生不同程度的形变，越靠近波节，形变越大，如图 7-25（a）所示。因此，驻波能量以形变势能的形式集中于波节附近。当各体元通过平衡位置时，所有体元的形变和形变势能不存在，但各体元速度均达到其最大值，图 7-25（b）所示的矢量即表示各体元速度，因波腹处的速度是最大的，故此时驻波能量以动能形式集中于波腹附近。至于其他时刻，动能与势能并存。总之，驻波中仍然不断进行着动能与势能之间的转换，并在波腹与波节间相互转移，然而没有能量的定向传播。

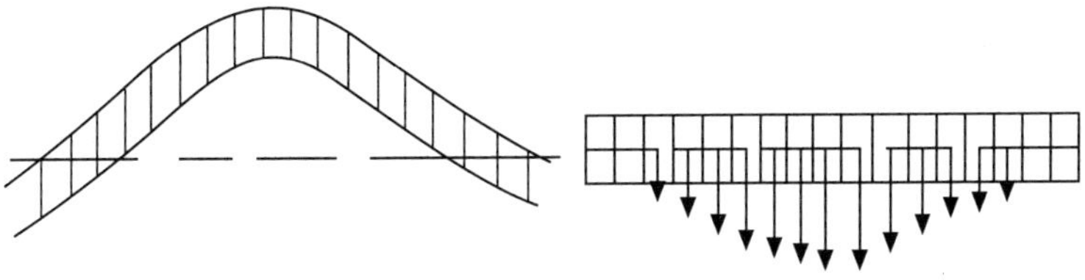

（a）　　（b）

图 7-25　在媒质中存在驻波，波腹处可达最大动能，而波节处可达最大形变势能

四、半波损失

实验上若要生成一个驻波，通过两个独立的波源来激发两列同振幅、传播方向相反的相干波来进行叠加是很难做到的，通常情况下都是通过反射来形成驻波，就像驻波实验所示的那样。入射波在图 7-23 中的 B 点反射并生成反射波，反射波和入射波叠加生成驻波。B 点是一个特殊的点：对于

入射波，它是最后一点，称为**入射点**；对于反射波，它是最前面的一点，称为**反射点，是反射波的波源**。入射波和反射波在 B 点的叠加，实际上就是入射点振动和反射点振动的叠加。如果简单地认为反射点的振动就是入射点的振动，入射波和反射波在 B 点引起的振动就是同相位的，那么在该点实现的就是两个同相位的振动叠加，理应在 B 点形成波腹（振幅最大 $2A$）。但在图 7-23 中，B 点是固定不动的，在该处形成的是驻波的一个波节。要形成波节，反射点的振动必须与入射点的振动相位相反。这意味着，图中的反射波在 B 点反射的时候，突然发生了**相位突变**，变化了一个 π 的相位，入射波和反射波在该点的叠加就形成了波节。

在简谐波方程中，通常是用波程来计算两点之间的相位差。如果在波程中扣除半个波长 $\dfrac{\lambda}{2}$，则相当于把相位差改变了一个 π，所以这个 π 的相位突变一般等效地称为**半波损失**。发生半波损失时入射波和反射波叠加的波形曲线如图 7-26（a）所示，其中虚线表示入射波，点虚线表示反射波，实线表示合成的驻波，入射点和反射点的相位始终是相反的。

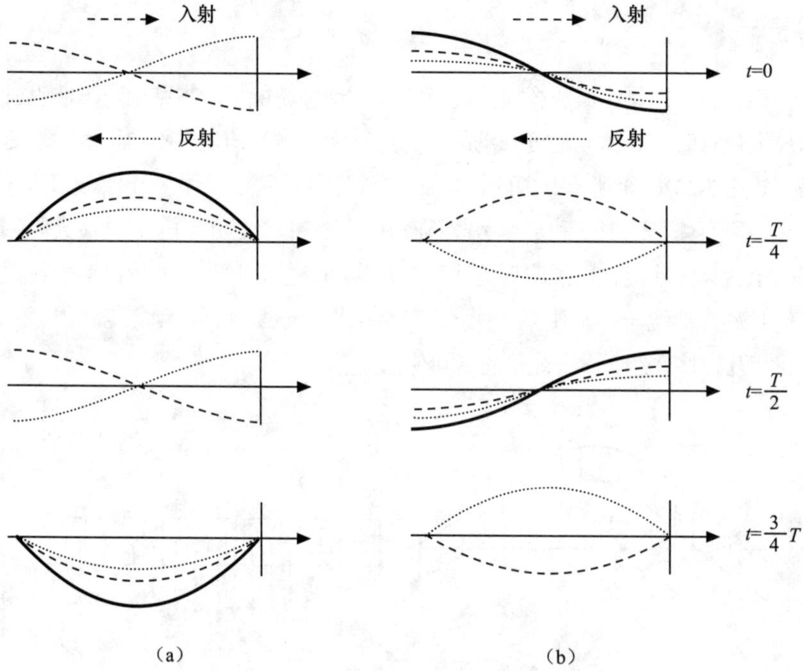

图 7-26　半波损失

当然，并不是所有的反射点都会形成波节。实验表明，当波在介质中传播并在界面反射时，在两种介质的分界面处究竟出现波节还是波腹，取决于两种介质的性质以及入射角的大小。前面已经讲过，介质的特性阻抗 ρu 是介质的密度 ρ 与波速 u 的乘积，两种介质相比较，特性阻抗较大的介质称为波密介质，特性阻抗较小的介质称为波疏介质。在实验中发现，在波垂直入射界面的情况下，如果波是从波疏介质入射到波密介质界面而反射，反射点将出现波节；如果波是从波密介质入射到波疏介质界面，反射点将出现波腹。也就是说，由波疏介质入射到波密介质界面并反射时，才发生半波损失，即发生相位 π 的突变；由波密介质入射到波疏介质界面并反射时，入射点和反射点的相位是相同的。没有半波损失时入射波和反射波叠加的波形曲线如图 7-26（b）所示。

半波损失也即相位突变问题，不仅在机械波反射时存在，在电磁波包括光波反射时也存在。对于光波，我们把折射率 n 较大的介质称为光密介质，折射率 n 较小的介质称为光疏介质，当光从光疏介质入射到光密介质表面反射时，在反射点也要考虑半波损失问题。

* 五、简正模式

在实际应用中，常用波在两个反射壁之间来回反射形成驻波。例如在弦振动实验中，弦线的两端拉紧固定，拨动弦线时，波经两端反射，形成两列反向传播的波，叠加后就能形成驻波。由于在两固定端必须是波节，因而要形成稳定的驻波，弦长 L 必须是半波长 $\frac{\lambda}{2}$ 的整数倍，即

$$L = n\frac{\lambda}{2} \quad (n = 1, 2, 3, \cdots) \tag{7-29}$$

从（7-28）式可以看出，如果弦长是固定的，波长就不能是任意的，只能是

$$\lambda_n = \frac{2L}{n} \quad (n = 1, 2, 3, \cdots)$$

由于波速 $u = \lambda\nu$，因此波的频率也不能是任意的，只能取

$$\nu_n = n\frac{u}{2L} \quad (n = 1, 2, 3, \cdots)$$

综上，只有波长（或频率）满足上述条件的那些波才能在弦上形成驻波，这就是**驻波条件**。其中与 n=1 对应的频率称为**基频**，其他频率依次称为二次、三次……谐频（对应驻波则称为基音和泛音）。各种允许频率所对应的驻波模式（简谐振动方式）即为**简正模式**，相应的频率为简正频率。简正频率由驻波系统的结构决定，称为系统的**固有频率**（和谐振子不同，一个驻波系统有多个固有频率）。

例 7-7 在 x 轴的原点处有一波源，振动方程为 $y_0 = A\cos(\omega t + \varphi)$。发出的波沿 x 轴正方向传播，波长为 λ，波在 $x = x_0$（正值）处被一刚性壁反射。(1) 求入射波方程。(2) 求入射点振动方程。(3) 求反射点振动方程。(4) 求反射波方程。(5) 求驻波方程。(6) 求所有的波腹和波节的位置。

解

(1) 波源发出的正行波即是入射波，如图 7-27 所示，从波源到 x 轴上坐标为 x 处质点的波程为 x，所以入射波在 x 处振动的相位比波源落后 $2\pi\frac{x}{\lambda}$，故入射波方程为

$$y_1 = A\cos\left(\omega t - 2\pi\frac{x}{\lambda} + \varphi\right)$$

(2) 入射点振动方程可直接由入射波方程得到

$$y_{1x_0} = A\cos\left(\omega t - 2\pi\frac{x_0}{\lambda} + \varphi\right)$$

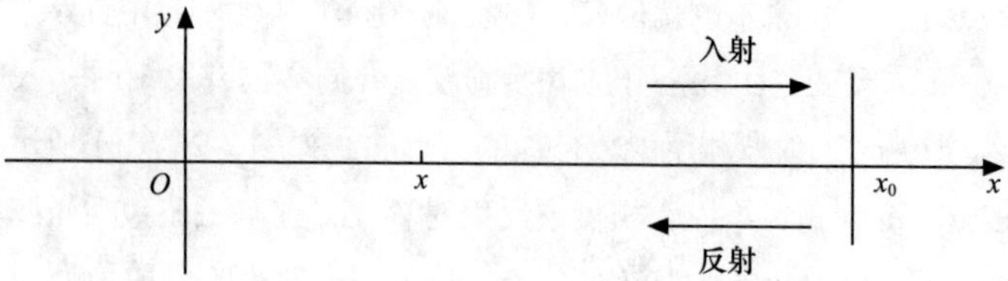

图 7-27　波源入射、反射示意

(3) 反射点为刚性壁，理解为波密介质，因而反射点有相位突变，反射点振动与入射点振动有相位差 π，所以反射点振动为

$$y_{2x_0} = A\cos\left(\omega t - 2\pi\frac{x_0}{\lambda} + \pi + \varphi\right)$$

(4) 从反射点到 x 处的波程为 $x_0 - x$，因而反射波在 x 处引起的振动比反射点的相位又要落后 $2\pi\frac{x_0 - x}{\lambda}$，所以反射波方程为

$$y_2 = A\cos\left(\omega t - 2\pi\frac{x_0}{\lambda} - 2\pi\frac{x_0 - x}{\lambda} + \pi + \varphi\right) = A\cos\left(\omega t + 2\pi\frac{x - 2x_0}{\lambda} + \pi + \varphi\right)$$

反射波是反行波，所以 x 的符号是正号。

反射波方程也可以直接由波源的振动方程中总的相位差得到，现在把入射和反射合并为一个过程来处理。波从波源出发，先正行到 x_0 处，然后反行到 x 处，波程总共为 $2x_0 - x$，考虑到反射点有半波损失（相位突变），波程应修正为 $2x_0 - x - \frac{\lambda}{2}$，因而反射波在 x 处的振动相位要比波源落后 $2\pi\frac{2x_0 - x - \frac{\lambda}{2}}{\lambda}$，所以反射波方程应为

$$y_2 = A\cos\left(\omega t + \varphi - 2\pi\frac{2x_0 - x - \frac{\lambda}{2}}{\lambda}\right) = A\cos\left(\omega t + 2\pi\frac{x - 2x_0}{\lambda} + \pi + \varphi\right)$$

(5) 驻波方程可由入射波方程与反射波方程叠加得出

$$\begin{aligned} y &= y_1 + y_2 \\ &= A\cos\left(\omega t - 2\pi\frac{x}{\lambda} + \varphi\right) + A\cos\left(\omega t + 2\pi\frac{x - 2x_0}{\lambda} + \pi + \varphi\right) \\ &= 2A\cos\left(2\pi\frac{x - x_0}{\lambda} + \frac{\pi}{2}\right)\cos\left(\omega t - 2\pi\frac{x_0}{\lambda} + \frac{\pi}{2} + \varphi\right) \end{aligned}$$

(6) 波腹和波节的位置可以从驻波方程的振幅因子求出，但最简单的方法是通过反射点的性质来确定反射点是波腹还是波节，然后按照波腹和波节的排列规律找出全部波腹、波节位置。由于反射壁是刚性壁，反射有半波损失，所以反射点肯定是波节。既然 $x = x_0$ 处是波节，再根据相邻波节距离为 $\frac{\lambda}{2}$ 的规律，可得出全部波节的位置是

$$x = x_0 - k\frac{\lambda}{2} \quad (k = 0, 1, 2, 3, \cdots)$$

由于相邻的波腹和波节相距$\frac{\lambda}{4}$，所以全部波腹的位置是

$$x = x_0 - \frac{\lambda}{4} - k\frac{\lambda}{2} \quad (k = 0,1,2,3,\cdots)$$

第五节　多普勒效应

我们前面所讨论的波源，相对于介质都是静止的。但是在日常生活和实验中，经常会遇到波源或观察者（信号接收者）在传播介质中相对运动的情况。例如火车汽笛的音调，在火车鸣笛接近观察者时，观察者接收到的火车鸣笛频率会变高；相反，其远离观察者时，观察者接收到的频率会变低。这种因波源或观察者在传播介质中相对运动而使观察者接收到波的频率变化的现象是由多普勒（J. C. Doppler）在 1842 年首先发现的，故称为多普勒效应。下面就来分析这一现象。

为简单起见，我们假定波源、观察者的运动发生在二者的连线上，设波源相对运动速度为v_S，观察者相对运动速度为v_R，以u表示波在介质中传播的速度。波源的频率、观察者接收到的频率和波的频率分别用ν_S、ν_R和ν_W表示。这里，波源的频率ν_S是指波源在单位时间内发出的完全波的数目；观察音接收到的频率ν_R是指观察者在单位时间内接收到的完全波的数目；而波的频率υ_W是指单位时间内通过介质中某点的完全波的数目，它满足$\nu_W = \frac{u}{\lambda}$的关系。只有当波源和观察者相对介质静止时，三者是相等的。现在分几种情况进行讨论。

一、波源静止而观察者以速度 v_R 相对于介质运动

首先，假定波源静止，观察者向着波源运动。在这种情形下，观察者在单位时间内所接收到的完全波的数目比其静止时要多。这是因为，在单位时间内原来位于观察者处的波阵面向右传播了u的距离，同时观察者自己向左运动了v_R的距离，这就相当于波通过观察者的总距离为$u + v_R$如图 7-28 所示，因而这时在单位时间内观察者所接收的完全波的数目为

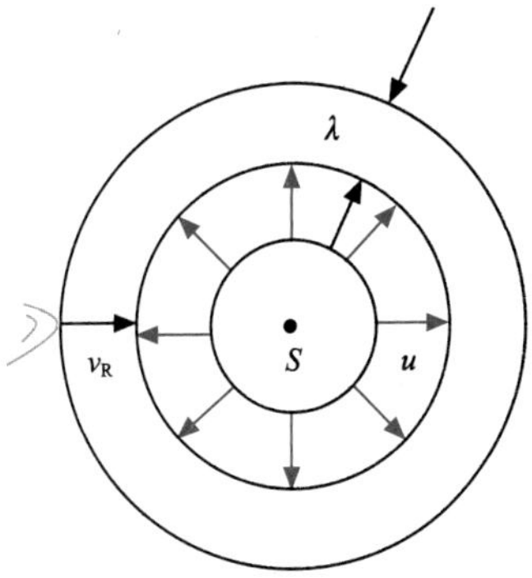

图 7-28　多普勒效应：波源不动，观察者向着波源运动示意图

$$\nu_R = \frac{u + v_R}{\lambda} = \frac{u + v_R}{\frac{u}{\nu_W}} = \frac{u + v_R}{u}\nu_W$$

由于波源在介质中静止，所以波的频率就等于波源的频率，$\nu_W = \nu_S$，因而有

$$\nu_R = \frac{u + v_R}{u}\nu_S \tag{7-30}$$

所以观察者向波源运动时所接收到的频率为波源频率的$\left(1 + \frac{v_R}{u}\right)$倍。

同理，当观察者远离波源运动时，可得观察者接收到的频率为

$$\nu_R = \frac{u - v_R}{u}\nu_S \tag{7-31}$$

此时接收到的频率低于波源的频率。

二、观察者静止而波源以速度 v_S 相对于介质运动

在一个周期 T 内，由波源发出的波在介质中传播了距离 uT，完成了一个完整的波形。设波源向着观察者运动，在这段时间内，波源位置由 S_1 移到 S_2，移过距离 $v_S T$，如图 7-29 所示。由于波源相对于介质的运动，波在介质中传播的波长变小了，实际波长为

$$\lambda' = uT - v_S T = \frac{u - v_S}{\nu_S}$$

相应地，波的频率为

$$\nu_W = \frac{u}{\lambda'} = \frac{u}{u - v_S}\nu_S$$

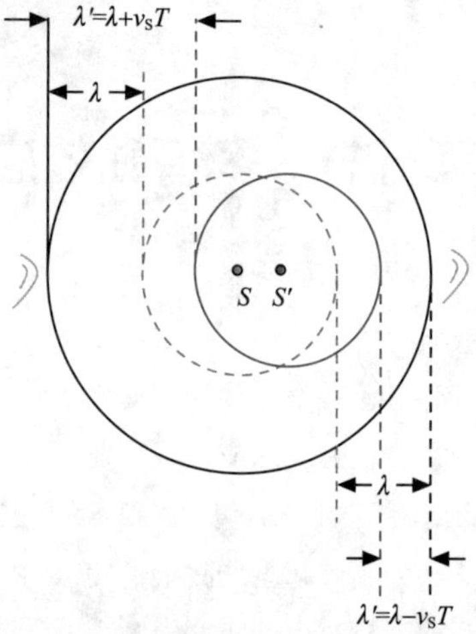

图 7-29　多普勒效应：观察者不动，波源向着观察者运动示意图

由于观察者静止，因此他接收到的频率就是波的频率，即

$$\nu_R = \nu_W = \frac{u}{u - v_S}\nu_S \tag{7-32}$$

此时观察者接收到的频率大于波源的频率。

当波源远离观察者运动时，介质中的实际波长

$$\lambda' = uT + v_S T = \frac{u + v_S}{\nu_S}$$

按类似的分析，可得观察者接收到的频率为

$$\nu_R = \nu_W = \frac{u}{u + v_S}\nu_S \tag{7-33}$$

这时观察者接收到的频率低于波源的频率。从图上可以清楚地看出，在波源运动的前方波长变短，后方波长变长。

三、观察者与波源同时相对介质运动

综合以上两种情况，可得当波源与观察者同时相对介质运动时，观察者所接收到的频率为

$$\nu_R = \frac{u \pm v_R}{u \mp v_S}\nu_S \tag{7-34}$$

（7-34）式中，当波源和观察者相向运动时，v_R 前取正号，v_S 前取负号；当波源和观察者相背运动时，v_R 前取负号，v_S 前取正号。

综上可知，不论是波源运动还是观察者运动，或是两者同时运动，可以定性地说：只要两者相

互接近，接收到的频率就高于原来波源的频率；两者相互远离，接收到的频率就低于原来波源的频率。

如果波源和观察者是沿着它们的垂直方向运动，则不难推知 $v_R = v_S$，即没有多普勒效应发生。又如果波源和观察者的运动是任意方向的，那么只要将速度在连线上的分量代入上述公式即可，不过随着两者的运动，在不同时刻 v_S 和 v_R 的分量也不同，这种情况下接收到的频率将随着时间变化。

不仅机械波有多普勒效应，电磁波（包括光波）也有多普勒效应。因为电磁波的传播不依赖弹性介质，所以波源和观测者之间的相对运动速度决定了接收到的频率。电磁波以光速传播，在涉及相对运动时必须考虑相对论时空变换关系，观察者接收频率公式与机械波的频率公式有所不同，但是“波源与观察者相互靠近时，频率变大；相互远离时，频率变小”的结论，仍然是相同的。

在日常生活中，多普勒效应可以用于测定车速、液体的流速；在医学上可以用于医学诊断，如通过测定血液流速判断心脏和血管健康程度、彩色 B 超成像；在移动通信中用于解决接收频率相对于基站运动变化问题等；在天文观测中发现观测光谱的红移现象（频率变小）是“宇宙大爆炸”理论及“宇宙在不断膨胀”推测的有力证据。

* 四、冲击波

当波源运动的速度 v_S 超过波的速度 u 时，（7-32）式的计算结果（$v_R < 0$）将没有意义。这时波源将位于波前的前方，如图 7-30 所示。当波源在 A 位置时，在其后 t 时刻的波阵面为半径等于 ut 的球面，但此时刻波源已前进了 $v_S t$ 的距离到达 B 位置。在整个 t 时间内，波源发出的波的各波前的切面形成一个圆锥面。在这个圆锥面上，波的能量已被高度集中，容易造成极大的破坏，这种波称为**冲击波**或**激波**。当飞机、炮弹等以超音速飞行时，以及火药爆炸、核爆炸时，都会在空气中激起冲击波。冲击波到达的地方，空气压强突然增大，足以损伤耳膜和内脏，震碎窗玻璃，甚至摧毁建筑物，这种现象称为**声爆**或**声震**，如图 7-31 所示。

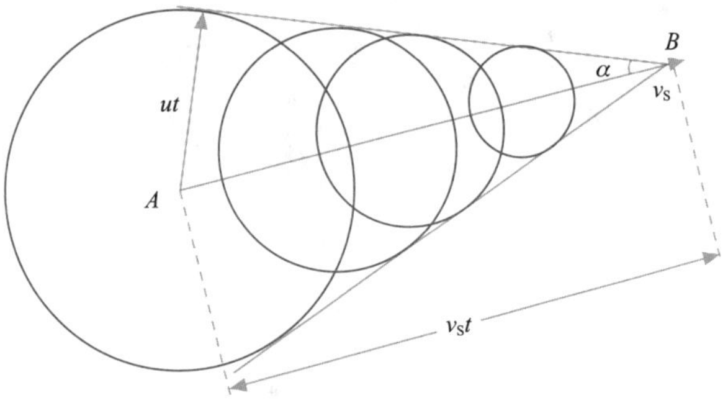

图 7-30 冲击波形成原理图

类似的现象在水面上也能看到。当船速超过水面上水波的波速时，也会激起以船为顶端的 V 型波，称为**舷波**或**冲击波**，如图 7-32 所示。地球在太阳风中航行，地磁场被压缩成流线型，于是，像快艇在水面上一样，地球也会产生**舷波**或艏波，如图 7-33 所示。

图 7-31　超音速飞机形成的声爆现象

图 7-32　舷波

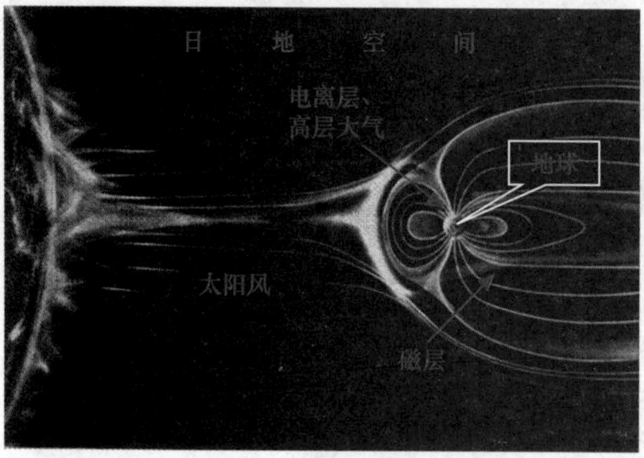

图 7-33　地球磁层前的艏波

当带电粒子在介质中以超过介质中光速（小于真空中光速 c）的速度运动时，就会激发锥形的电磁辐射，这种辐射称为**切连科夫辐射**。

例 7-8　汽车驶过车站时，车站上的观测者测得汽笛声频率由 1 200Hz 变为 1 000Hz，设空气中声速为 330m · s^{-1}，求汽车的速率。

解　设汽车的速度为 v_S，汽车在驶进车站时，车站收到的频率为

$$\nu_1 = \frac{u}{u - v_S}\nu_0$$

汽车驶离车站时，车站收到的频率为$\nu_2=\dfrac{u}{u+v_S}\nu_0$。

联立以上两式，得

$$v_S=u\frac{\nu_1-\nu_2}{\nu_1+\nu_2}=300\times\frac{1\,200-1\,000}{1\,200+1\,000}\mathrm{m\cdot s^{-1}}=30\mathrm{m\cdot s^{-1}}$$

例 7-9 两列火车分别以 $72\mathrm{km\cdot h^{-1}}$ 和 $54\mathrm{km\cdot h^{-1}}$ 的速度相向而行，第一列火车发出一个 600Hz 的汽笛声，若声速为 $340\mathrm{m\cdot s^{-1}}$，求第二列火车上的观测者听见该声音的频率在相遇前和相遇后分别是多少？

解 设鸣笛火车的车速为 $v_1=20\mathrm{m\cdot s^{-1}}$，接收鸣笛的火车车速为 $v_2=15\mathrm{m\cdot s^{-1}}$，则两者相遇前收到的频率为

$$\nu_1=\frac{u+v_2}{u-v_1}\nu_0=\frac{340+15}{340-20}\times600\mathrm{Hz}=665\mathrm{Hz}$$

两车相遇之后收到的频率为

$$\nu_1=\frac{u-v_2}{u+v_1}\nu_0=\frac{340-15}{340+20}\times600\mathrm{Hz}=541\mathrm{Hz}$$

本章小结

1. 平面简谐波的表达式

（1）表达式：$y=A\cos\left[\omega\left(t\mp\dfrac{x}{u}\right)+\varphi_0\right]$。

（2）各量关系：周期 $T=\dfrac{2\pi}{\omega}=\dfrac{1}{\nu}$；波数 $k=\dfrac{2\pi}{\lambda}$；相速 $u=\dfrac{\lambda}{T}=\lambda\nu$：横波 $u=\sqrt{\dfrac{G}{\rho}}$，纵波 $u=\sqrt{\dfrac{Y}{\rho}}$。

2. 波的能量

（1）平均能量密度：$\bar{w}=\dfrac{1}{2}\rho A^2\omega^2$。

（2）平均能流密度（即波强）：$\bar{I}=\bar{w}u=\dfrac{1}{2}\rho uA^2\omega^2$。

3. 波的叠加和干涉

（1）惠更斯原理：波动传播到的各点都可以看作发射子波的新的波源；其后任一时刻，这些子波的包迹就是新的波阵面。

（2）叠加原理：几列波在同一介质中传播并相遇时，各列波均保持原来的特性（频率、波长振动方向、传播方向）传播，在相遇点各质点的振动是各列波单独到达该处引起的振动

的合成。

（3）波的干涉——一种稳定的叠加图样。

① 相干条件：两列波频率相同、振动方向相同、在相遇点有恒定的相位差。

② 干涉相长与相消的条件如下。

若 $\varphi_1=\varphi_2$，则当波程差

$\delta=r_2-r_1=\pm k\lambda(k=0,1,2,\cdots)$ 时相长干涉，

$\delta=r_2-r_1=\pm(2k+1)\dfrac{\lambda}{2}(k=0,1,2,\cdots)$ 时相消干涉。

若 $\varphi_1\neq\varphi_2$，则在相遇点的相位差

$\Delta\varphi=\varphi_2-\varphi_1-2\pi\dfrac{r_2-r_1}{\lambda}=\pm 2k\pi(k=0,1,2,\cdots)$ 时相长干涉，

$\Delta\varphi=\varphi_2-\varphi_1-2\pi\dfrac{r_2-r_1}{\lambda}=\pm(2k+1)\pi(k=0,1,2,\cdots)$ 时相消干涉。

（4）驻波——两列振幅相同、相向传播的相干波在介质中叠加后形成的稳定的分段振动形式。

① 波节与波腹：相邻两个波节（腹）间距为 $\dfrac{\lambda}{2}$，相邻波节波腹间距为 $\dfrac{\lambda}{4}$；相邻两波腹间各质点振幅随 x 按余弦规律变化。

② 相位分布特点：相邻两个波节之间所有质点振动相位相同，同步振动；任一波节两侧的质点振动相位相反，相差为 π。

③ 半波损失（亦称相位突变）：波动在反射时发生的相位突变的现象；条件是正入射，且由波疏介质入射到波密介质上反射；当有半波损失时，界面一定形成波节。

4. 多普勒效应

接收器的接收频率有赖于接收器和波源运动的现象，表达式为

$$\nu_R=\frac{u\pm v_R}{u\mp v_S}\nu_S$$

相互远离时取下面的一组符号，$\nu\downarrow$；相互靠近时取上面的一组符号，$\nu\uparrow$。

习题

1. 横波以波速 u 沿 x 轴负方向传播。t 时刻波形曲线如图 7-34 所示，则该时刻（　　）。

（A）A 点振动速度大于零　　（B）B 点静止不动

（C）C 点向下运动　　（D）D 点振动速度小于零

2. 若一平面简谐波的表达式为 $y=A\cos(Bt-Cx)$，式中 A、B、C 为正值常量，则（　　）。

（A）波速为 C　　（B）周期为 $1/B$　　（C）波长为 $2\pi/C$　　（D）角频率为 $2\pi/B$

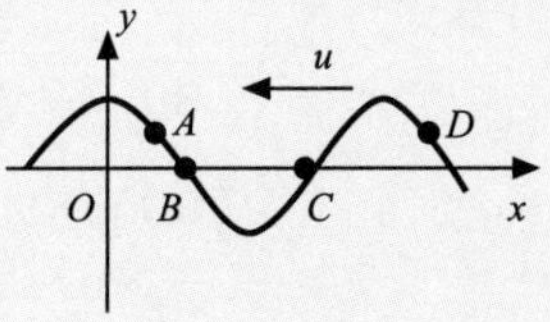

图 7-34　第 1 题图

3. 一横波沿 x 轴负方向传播，若 t 时刻波形曲线如图 7-35 所示，则在 $t+T/4$ 时刻 x 轴上点 1、2、3 的振动位移分别是（　　）。

（A）A、0、$-A$　　（B）$-A$、0、A　　（C）0、A、0　　（D）0、$-A$、0

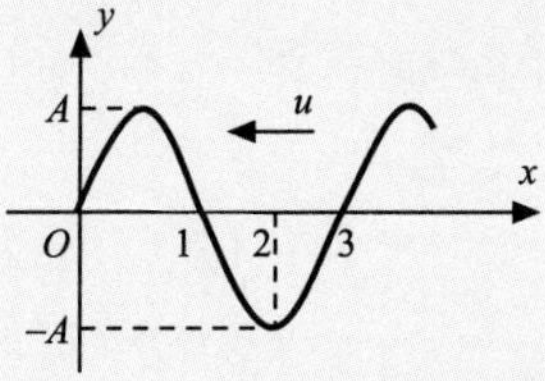

图 7-35　第 3 题图

4. 已知一平面简谐波的表达式为 $y=A\cos(at-bx)$（a、b 为正值常量），则（　　）。

（A）波的频率为 a　　（B）波的传播速率为 b/a

（C）波长为 π/b　　（D）波的周期为 $2\pi/a$

5. 一平面简谐波以速率 u 沿 x 轴正方向传播，在 $t=t'$ 时波形曲线如图 7-36 所示，则坐标原点 O 的振动方程为（　　）。

（A）$y=a\cos\left[\frac{u}{b}(t-t')+\frac{\pi}{2}\right]$　　（B）$y=a\cos\left[2\pi\frac{u}{b}(t-t')-\frac{\pi}{2}\right]$

（C）$y=a\cos\left[\pi\frac{u}{b}(t+t')+\frac{\pi}{2}\right]$　　（D）$y=a\cos\left[\pi\frac{u}{b}(t-t')-\frac{\pi}{2}\right]$

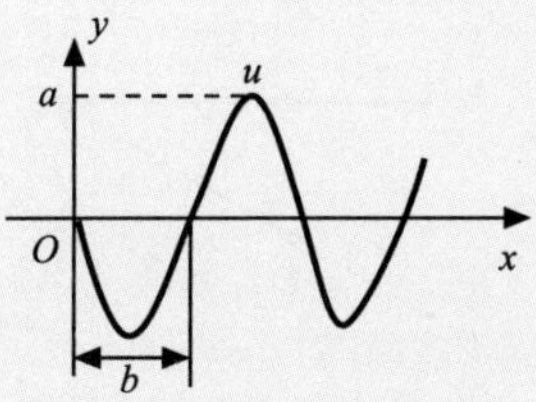

图 7-36　第 5 题图

6. 一平面简谐波，沿 x 轴负方向传播。角频率为 ω，波速为 u。设 $t = T/4$ 时刻的波形如图 7-37 所示，则该波的表达式为（　　）。

（A）$y = A\cos\omega(t - xu)$　　（B）$y = A\cos\left[\omega(t - x/u) + \frac{1}{2}\pi\right]$

（C）$y = A\cos[\omega(t + x/u)]$　　（D）$y = A\cos[\omega(t + x/u) + \pi]$

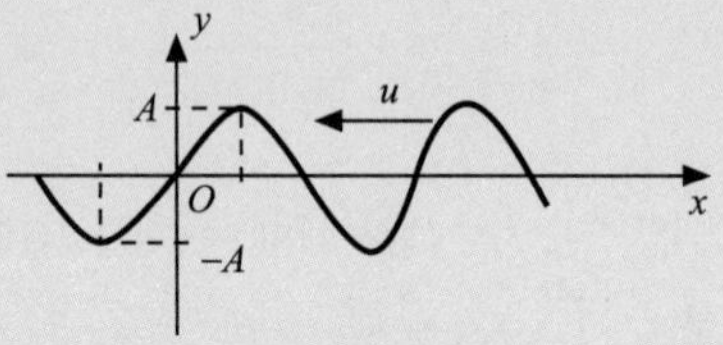

图 7-37　第 6 题图

7. 一平面简谐波在弹性介质中传播时，某一时刻介质中某质元在负的最大位移处，则它的能量是（　　）。

（A）动能为零，势能最大　　（B）动能为零，势能为零

（C）动能最大，势能最大　　（D）动能最大，势能为零

8. 一平面简谐波在弹性介质中传播，在介质质元从最大位移处回到平衡位置的过程中（　　）。

（A）它的势能转换成动能

（B）它的动能转换成势能

（C）它从相邻的一段介质质元获得能量，其能量逐渐增加

（D）它把自己的能量传给相邻的一段介质质元，其能量逐渐减小

9. 如图 7-38 所示，两列波长为 λ 的相干波在 P 点相遇。波在 S_1 点振动的初相是 φ_1，S_1 到 P 点的距离是 r_1；波在 S_2 点的初相是 φ_2，S_2 到 P 点的距离是 r_2。以 k 代表零或正、负整数，则 P 点是干涉极大的条件为（　　）。

（A）$r_2 - r_1 = k\lambda$　　（B）$\varphi_2 - \varphi_1 = 2k\pi$

（C）$\varphi_2 - \varphi_1 + 2\pi(r_2 - r_1)/\lambda = 2k\pi$　　（D）$\varphi_2 - \varphi_1 + 2\pi(r_1 - r_2)/\lambda = 2k\pi$

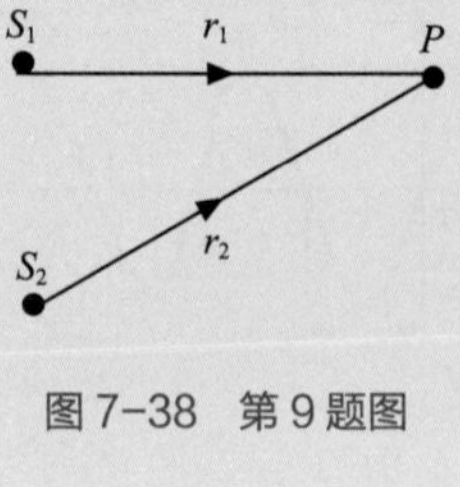

图 7-38　第 9 题图

10. 在驻波中，两个相邻波节间各质点的振动（　　）。

（A）振幅相同，相位相同　　（B）振幅不同，相位相同

（C）振幅相同，相位不同　　（D）振幅不同，相位不同

11. 在波长为 λ 的驻波中，两个相邻波腹之间的距离为（　　）。

（A）$\lambda/4$　　（B）$\lambda/2$　　（C）$3\lambda/4$　　（D）λ

12. 在波长为 λ 的驻波中两个相邻波节之间的距离为（　　）。

（A）λ　　（B）$3\lambda/4$　　（C）$\lambda/2$　　（D）$\lambda/4$

13. 一机车汽笛频率为 750Hz，机车以 90km/h 的速率远离静止的观察者。观察者听到的声音的频率是（设空气中声速为 340m/s）（　　）。

（A）810Hz　　（B）699Hz　　（C）805Hz　　（D）695Hz

14. 一声纳装置向海水中发出超声波，其波的表达式为 $y=1.2\times10^{-3}\cos(3.14\times10^{5}t-220x)$ (SI)，则此波的频率 $\nu=$_______，波长 $\lambda=$_______，海水中声速 $u=$_________。

15. 设沿弦线传播的一入射波的表达式为 $y_1=A\cos\left[\omega t-2\pi\dfrac{x}{\lambda}\right]$，波在 $x=L$ 处（B 点）发生反射，反射点为自由端（见图 7-39）。设波在传播和反射过程中振幅不变，则反射波的表达式是 $y_2=$______________________。

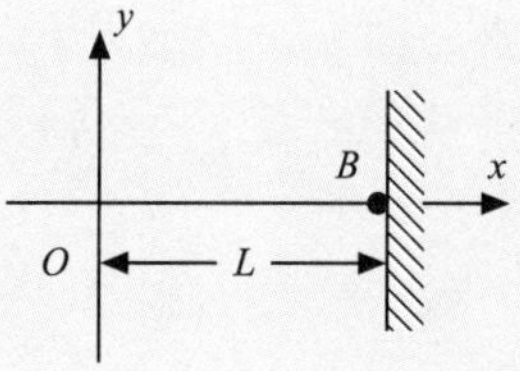

图 7-39　第 15、16 题图

16. 设沿弦线传播的一入射波的表达式为 $y_1=A\cos\left[2\pi\left(\dfrac{t}{T}-\dfrac{x}{\lambda}\right)+\varphi\right]$，波在 $x=L$ 处（B 点）发生反射，反射点为固定端（见图 7-39）。设波在传播和反射过程中振幅不变，则反射波的表达式为 $y_2=$______________________。

17. 两个相干点波源 S_1 和 S_2，它们的振动方程分别是 $y_1=A\cos\left(\omega t+\dfrac{1}{2}\pi\right)$ 和 $y_2=A\cos\left(\omega t-\dfrac{1}{2}\pi\right)$。波从 S_1 传到 P 点经过的路程等于 2 个波长，波从 S_2 传到 P 点的路程等于 7/2 个波长。设两波波速相同，在传播过程中振幅不衰减，则两波传到 P 点的振动的合振幅为__________。

18. 两相干波源 S_1 和 S_2 的振动方程分别是 $y_1=A\cos(\omega t+\varphi)$ 和 $y_2=A\cos(\omega t+\varphi)$，$S_1$ 距 P 点 3 个波长，S_2 距 P 点 4.5 个波长。设波传播过程中振幅不变，则两波同时传到 P 点时的合

振幅是 ________________。

19. 一列火车以 20m/s 的速率行驶，若机车汽笛的频率为 600Hz，一静止观测者在机车前和机车后所听到的声音频率分别为 ____________ 和 ____________（设空气中声速为 340m/s）。

波动光学篇

光学的发展，大体上可以分为 5 个时期——萌芽时期、几何光学时期、波动光学时期、量子光学时期和现代光学时期。

在萌芽时期，我国先秦典籍里记载了影的定义和生成现象，如战国时期的《墨经》，北宋时期沈括的《梦溪笔谈》也有相关记载。古希腊欧几里得（Euclid，约公元前 330—275）研究了光的反射现象，得到光的反射角等于入射角。约公元 100—170 年，托勒密研究了光的折射现象。中世纪阿拉伯人阿勒·哈增（965—1038）著有《光学》。从 15 世纪末到 16 世纪初，凹面镜、凸面镜、眼镜、透镜以及暗箱和幻灯等光学元件相继出现。

几何光学时期，是光学真正成为一门科学的时期。从 16 世纪末到 17 世纪初，詹森发明了显微镜。1609 年，荷兰人汉斯·利伯谢发明了第一架望远镜。光学仪器的相继问世，给光学的研究插上了助推器。17 世纪初，开普勒创设大气折射理论，提出天体望远镜原理。从 15 世纪中叶到 17 世纪，菲涅尔、笛卡尔和费马等经过一系列研究总结出的光的反射定律和折射定律，基本奠定了几何光学的基础。此后，在 17 世纪中后叶，牛顿发现太阳光折射光谱和“牛顿环”，创立了光的“微粒说”。但从 17 世纪开始，光的直线传播原理已经不能解释一些实验现象：意大利人格里马首先观察到了光的衍射现象，随后胡克和波义耳各自研究了薄膜所产生的彩色条纹干涉。自此，光学逐渐步入波动时期。

虽然在 1690 年，惠更斯就提出了光的波动说，建立了惠更斯原理，但直至 1801 年，托马斯·杨完成双缝干涉实验，才证明光以波动形式存在。菲涅尔于 1818 年以子波干涉思想补充了惠更斯原理，由此形成了今天为人们所熟知的惠更斯 - 菲涅尔原理，用它可圆满地解释光的干涉和衍射现象，也能解释光的直线传播。1860 年前后，麦克斯韦指出光是一种电磁波现象，这个结论在 1888 年被赫兹的实验证实。到了 1896 年，洛伦兹创立电子论，解释了发光和物质吸收光的现象及光在物质中传播的各种特点，然而对于像炽热黑体的辐射中能量按波长分布这样重要的问题，洛伦兹理论还不能给出令人满意的解释。量子光学的大门随之被打开。

1900 年普朗克提出了量子假说，认为各种频率的电磁波（包括光），只能像微粒似地以一定最小份的能量发生（它称为能量子，正比于频率），成功地解释了黑体辐射问题，开启了量子光学时期。1905 年爱因斯坦发展了普朗克的能量子假说，把量子论贯穿到整个辐射和吸收过程中，提出了杰出的光量子（光子）理论，圆满解释了光电效应，并为后来的许多实验例如康普顿效应所证实。但这里所说的光子不同于牛顿微粒说中的粒子，光子是和光的频率（波动特性）联系的，光同时具有微粒和波动两种特性。

至此人们一方面从光的干涉、衍射和偏振等光学现象证实了光的波动性；另一方面从黑体辐射、光电效应和康普顿效应等又证实了光的量子性——粒子性。为了将有关光的本性的两个完全不同的概念统一，人们进行了大量的探索工作，1924 年德布罗意创立了物质波学说，他设想每一物质的粒子都和一定的波相联系，这一假设在 1927 年被戴维孙和革末的电子束衍射实验所证实。事实上，不仅光具有波动性和微粒性（也就是所谓波粒二象性），而且一切习惯概念上的实物粒子都具有这种二重性。

从 20 世纪 60 年代起，随着新技术的出现，新的理论也不断发展，光学开始进入了一个新的时期，逐步形成了许多新的分支学科或边缘学科。光学的应用十分广泛。几何光学本来就是为设计各种光学仪器而发展起来的专门学科，随着科学技术的进步，波动光学也越来越显示出它的威力，例如光的干涉目前仍是精密测量中无可替代的手段，衍射光栅则是重要的分光仪器。光谱在人类认识物质的微观结构（如原子结构、分子结构等）方面曾起了关键性的作用，人们把数学、信息论与光的衍射结合起来，发展起一门新的学科——傅里叶光学，把它应用到信息处理、像质评价、光学计算等技术中去。特别是 1960 年激光的发明，可以说是光学发展史上的一个革命性的里程碑。由于激光具有强度大、单色性好、方向性强等一系列独特的性能，它甫一问世，就很快被运用到材料加工、精密测量、通信、测距、全息检测、医疗、农业等极为广泛的技术领域，取得了优异的成绩。此外，激光还为同位素分离、储化，信息处理、受控核聚变，以及军事上的应用展现了光辉的前景。

本篇主要介绍光的波动学说，包括光的干涉、衍射以及偏振现象等内容。

“由于牛顿的权威而使波动理论受到的待遇就是一个教训。”

——玻尔兹曼

8 第八章 光的干涉

干涉现象是一切波动过程的基本特征之一。历史上关于光的本性是粒子还是波的问题争论持续了很久。早期的波动理论缺乏数学基础，且很不完善。1678 年惠更斯把光振动类比于声振动，光被看成是“以太”中的弹性脉冲，但是光是波的观点长期以来也缺乏实验证据。相反，由于牛顿力学的成功，以符合力学规律的粒子行为来描述光学现象，被认为是唯一合理的理论。因此，直到 18 世纪末，关于光的本性的认识占统治地位的依然是以牛顿观点为代表的微粒学说。

1801 年，托马斯 · 杨（Thomas Young，1773—1829）发展了惠更斯的波动理论，设计了著名的杨氏双缝干涉实验，成功地解释了光的波动性。1807 年，托马斯 · 杨在他的论文中描述了他的双缝实验，他写道：“使一束单色光照射一块屏，屏上面开有两个小洞或狭缝，可认为这两个洞或缝就是光的发散中心，光通过它们向各个方向绕射……比较各次实验，看来空气中极红端的波的宽度约为三万六千分之一英寸，而极紫端则为六万分之一英寸。”所谓“波的宽度”就是波长，这些结果与近代的精确值近似相等。

光的干涉在科学技术中的应用非常广泛。如光谱学技术、精密计量技术、光学检验、光学镀膜等。自激光问世以来，由于其极好的相干性，干涉的应用范围进一步扩大。

本章主要内容：光源、光波、光的相干性；光波的叠加、光程与光程差；分波阵面干涉；分振幅干涉；迈克尔逊干涉仪；光的时间和空间相干性。

第一节 光源 光波 光的相干性

一、光源

物理上，物体在不同温度下都能向外辐射电磁波，能发射可见光的物体统称为一般意义上的光源。光源可分为自然光源和人造光源。光源的产生机理大致有 3 种：①由热能激发的热光源（如燃烧的物体、白炽灯、太阳、恒星等）；②原子跃迁发光，由化学能、电能或光能激发的光源（如日光灯、气体放电管、LED）等；③带电粒子加速运动时所产生的光，如同步加速器（synchrotron）工作时发出的同步辐射光。

各种光源的激发方式不同，辐射机理也不相同。在热光源中，大量分子和原子在热能的激发下处于高能量的激发态，当它从激发态返回到较低能量状态时，就把多余的能量以波的形式辐射出来，这便是热光源的发光。这些分子或原子间歇地向外发光，发光时间极短，仅持续 $10^{-10} \sim 10^{-8}$s，因而它们发出的光波是在时间上很短、在空间中为有限长的一串串波列。由于各个分子或原子的发光参差不齐、彼此独立、互不相关，因而在同一时刻，各个分子或原子发出波列的频率、振动方向和相位都不相同，如图 8-1 所示。即使是同一个分子或原子，在不同时刻所发出的波列的频率、振动方向和相位也不尽相同。

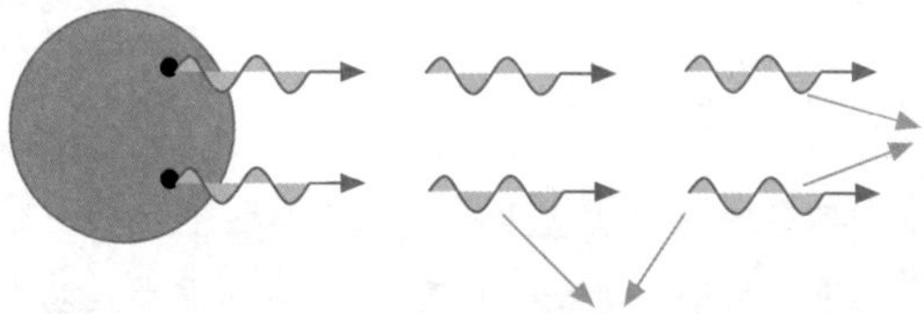

图 8-1　普通光源的各原子或分子所发出的光是不相干的波列，彼此完全独立

二、光波

1. 颜色与光谱

光源发出的光是由一序列波列所组成的光波。通常我们所说的光，其波长范围为 1nm ~ 1mm，包括紫外线、可见光和红外线。

可见光是人眼可以看到的各种颜色的光波，在真空中的波长范围为 390 ~ 760nm，频率范围为 $7.7\times10^{14} \sim 3.9\times10^{14}$Hz，其颜色与光的频率（或波长）有关。它们的对应关系如表 8-1 所示。

表 8-1　可见光颜色与频率（波长）的对应关系

颜色	频率 /Hz	波长 /nm
紫	$7.7\times10^{14} \sim 6.9\times10^{14}$	390 ~ 435
蓝	$6.9\times10^{14} \sim 6.7\times10^{14}$	435 ~ 450
青	$6.7\times10^{14} \sim 6.3\times10^{14}$	450 ~ 492
绿	$6.3\times10^{14} \sim 5.5\times10^{14}$	492 ~ 577
黄	$5.5\times10^{14} \sim 5.0\times10^{14}$	577 ~ 597
橙	$5.0\times10^{14} \sim 4.7\times10^{14}$	597 ~ 622
红	$4.7\times10^{14} \sim 3.9\times10^{14}$	622 ~ 760

只含单一波长的光，称作单色光。然而，严格的单色光在实际中是不存在的，一般光源发出的

光都包含有多种波长成分，称为复色光。如果光波中包含波长成分的范围很窄，则这种光称为准单色光，也就是我们通常所说的单色光。

利用光谱仪可以把光源所发出的光按波长不同的成分彼此分开，所有的波长成分就组成了光谱，如图 8-2 所示。波长成分范围 $\Delta\lambda$ 越窄，其单色性越好。对于准单色光而言，中心波长 λ 对应的颜色即是其对外呈现的视觉颜色。

2. 光强

光波是电磁波。电磁波是横波，由两个相互垂直的振动矢量（电场强度 $\boldsymbol{E}$ 和磁场强度 $\boldsymbol{H}$）来表示，而 $\boldsymbol{E}$ 和 $\boldsymbol{H}$ 都与电磁波的传播方向垂直，如图 8-3 所示。

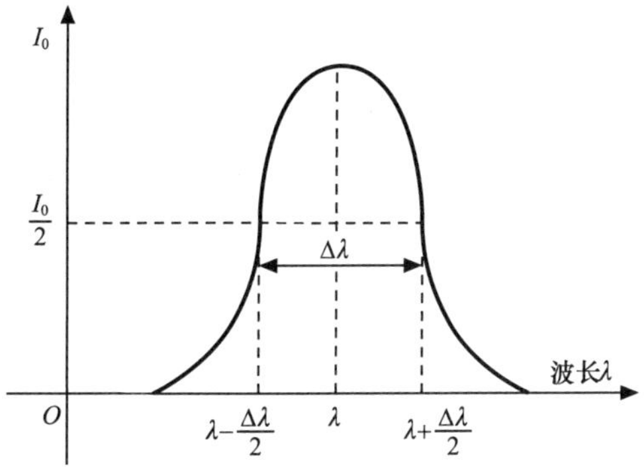

图 8-2　光谱线及其宽度

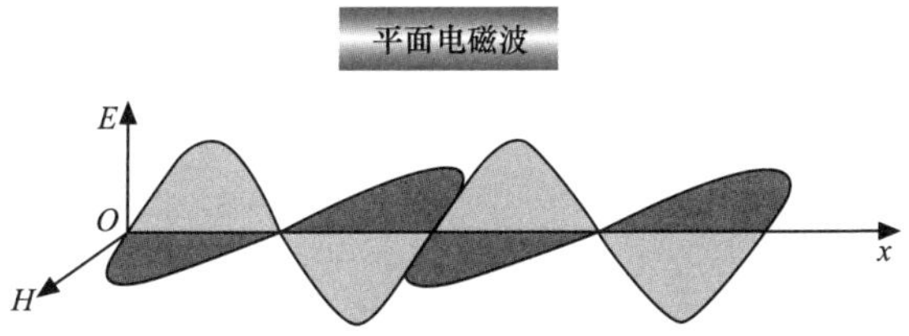

图 8-3　平面电磁波波形示意

实验证明，光波中能对人眼和仪器产生感光作用或生理作用的是电场，而不是磁场。因此，通常直接把电矢量 $\boldsymbol{E}$ 称为光矢量，把 $\boldsymbol{E}$ 的振动称为光振动，$\boldsymbol{E}$ 的振幅 E_0 称为光振幅。

光波的强度（平均能流密度）称作光强。光强是人眼和感光仪器所检测到的表示光的强弱的量。通过机械波的学习，我们知道波强正比于波振幅的平方，在光波中，光强正比于光振幅的平方，即

$$I \propto E_0^2$$

通常我们关心的是光强度的相对分布，可设比例系数为 1，即

$$I = E_0^2 \tag{8-1}$$

三、光的相干性

根据波动理论，要使两列波相遇产生干涉现象，这两列波必须是相干波，满足相干条件：频率相同、振动方向相同、相遇点相位差恒定。满足相干条件的光波称为相干光。只有相干光叠加才能产生光的干涉现象。

事实证明，两个频率相同的音叉发出的声波可能产生干涉现象；然而，从两个独立的光源（如钠光灯）发出的频率相同的光波却不能产生光干涉。这是由光源的发光机理决定的。由于分子或原子发光的间歇性和随机性，每个原子或分子先后辐射的不同波列，以及不同原子或分子辐射的各个

波列，其振动方向和初相位都是随机的，彼此之间毫无联系。可以想象，当这些彼此独立的断续波列到达空间任一点 P 相遇时，其相位差与振动方向也是随机的、瞬息万变的，不能满足相干条件，因此也就不能产生干涉现象，此类叠加称为非相干叠加。

那么，怎样才能利用普通光源获得相干光呢？

如果将光源发出的同一光波设法分成两部分，然后再使这两部分相遇叠加，由于这两部分光实际上都来自同一列光波，属于同一原子或分子的同一次发光，虽然它们振动方向和相位是随机的，但是两者的变化是同样的，从而使得它们在相遇点满足相位差恒定、同振动方向和同频率的相干条件而成为相干光，它们的相遇则形成相干叠加，产生干涉现象。

获得相干光的传统方法有两种：分波阵面法和分振幅法。分波阵面法是把光源发出的同一波阵面的不同部分分为两束光，让两束光经历不同路程汇聚产生干涉，著名的杨氏双缝干涉就属于分波阵面法干涉，如图 8-4（a）所示；分振幅法是将光源上同一点发出的光的能量利用反射或折射等方法“一分为二”，再相遇产生干涉。由于光的能量与振幅有关，所以这种产生相干光的方法称为分振幅法，薄膜干涉就属于此类干涉，如图 8-4（b）所示。

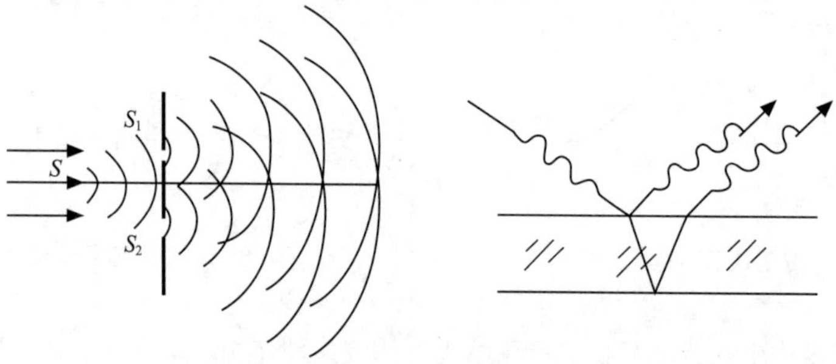

（a）　　（b）

图 8-4　相干光的获取：（a）分波阵面干涉；（b）分振幅干涉

需要指出的是，以上关于独立光源发光的非相干性和获得相干光的方法，建立在“普通”光源发光的前提下，而现代的干涉实验多用激光光源。激光光源所发出的光具有良好的相干性，其发光面（即激光管的输出端面）上各点发出的光是频率相同、振动方向相同而且同相的相干光波。因此使一个激光光源的发光面的两部分发出的光直接叠加起来，甚至使两个同频率的激光光源发出的光经历不同路程直接叠加，即可产生明显的干涉现象。

第二节　光波的叠加 光程与光程差

一、光波的叠加

根据波动理论，波的干涉实际上是满足一定条件的波的叠加，因此，在系统地讨论光的干涉之前，有必要对有关光波叠加的知识进行简单介绍。

设两个相干光源 S_1 和 S_2 所发出波长为 λ 的光，光振幅和光强分别为 E_{10}、E_{20} 和 I_1、I_2，初相位为 φ_{10}、φ_{20}，它们分别传播 r_1 和 r_2 的距离在空间 P 处相遇，如图 8-5 所示，则两光波在 P 点的光振动方程为

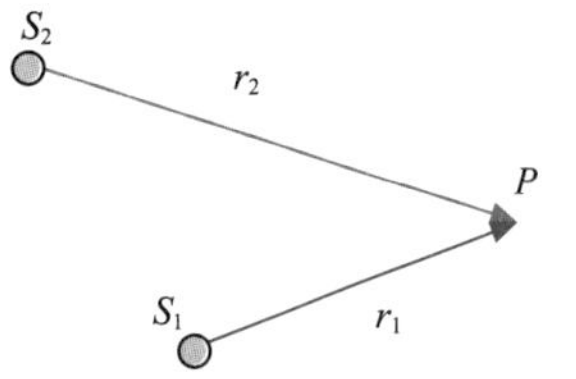

图 8-5　两相干光源叠加

$$E_1 = E_{10}\cos\left(\omega t + \varphi_{10} - \frac{2\pi}{\lambda}r_1\right)$$

$$E_2 = E_{20}\cos\left(\omega t + \varphi_{20} - \frac{2\pi}{\lambda}r_2\right)$$

根据振动叠加理论，P 点合成光振动的振幅 E_0 和光强 I 可表示为

$$E_0^2 = E_{10}^2 + E_{20}^2 + 2E_{10}E_{20}\cos\Delta\varphi \qquad (8\text{-}2)$$

$$I = I_1 + I_2 + 2\sqrt{I_1 I_2}\cos\Delta\varphi \qquad (8\text{-}3)$$

式中 $\Delta\varphi$ 为两光振动在 P 点的相位差，即

$$\Delta\varphi = \varphi_{20} - \varphi_{10} - \frac{2\pi}{\lambda}(r_2 - r_1) \qquad (8\text{-}4)$$

由上一节讨论，我们知道两束光波在空间某点相遇时有两种情况：非相干叠加和相干叠加。下面分两种情况对（8-3）式的合光强 I 进行讨论。

1. 非相干叠加

非相干叠加即两光源不满足相干条件，由于分子或原子发光的间歇性和随机性，相位差 $\Delta\varphi$ 随时间“瞬息万变”，无法保持恒定值，此时，空间相遇点的合光强 I 也随时间快速变化。由于人眼和感光仪器不能在这种极短的变化时间内对光强做出响应，因此，我们所感受到的光强 I 实际是在较长时间 τ 内的平均值，即

$$\begin{aligned} I &= \frac{1}{\tau}\int_0^\tau (I_1 + I_2 + 2\sqrt{I_1 I_2}\cos\Delta\varphi)\mathrm{d}t \\ &= I_1 + I_2 + 2\sqrt{I_1 I_2}\frac{1}{\tau}\int_0^\tau \cos\Delta\varphi \mathrm{d}t \end{aligned} \qquad (8\text{-}5)$$

$\Delta\varphi$ 可以取 0 ~ 2π 的一切可能值，且机会均等，因而 $\cos\Delta\varphi$ 对时间的平均值 $\frac{1}{\tau}\int_0^\tau \cos\Delta\varphi \mathrm{d}t = 0$，则

$$I = I_1 + I_2 \qquad (8\text{-}6)$$

（8-6）式表明，两束光进行非相干叠加，叠加后的光强等于两束光单独照射时的光强 I_1 和 I_2 之和，在光的叠加区域内，观察不到干涉现象。这一特点给我们的生活带来了便利，如日常生活中，室内常常使用多个独立光源进行照明，在照明叠加区域，并不会出现明暗相间的干涉条纹以致影响生活。

2. 相干叠加

若两列光波是相干光，则它们的相位差 $\Delta\varphi$ 在空间中指定点各有恒定值，以满足相干条件。此

时，$I=I_1+I_2+2\sqrt{I_1I_2}\cos\Delta\varphi$ 不再随时间变化，其合光强的大小由相位差 $\Delta\varphi$ 决定。在两光波相遇区域的不同位置有不同的相位差，因此，不同的位置有不同的光强度。式中 $2\sqrt{I_1I_2}\cos\Delta\varphi$ 称为干涉项。

依据以上的结论，对于光的相干叠加，光强取决于 I_1、I_2 及在相遇点的相位差 $\Delta\varphi=\varphi_{20}-\varphi_{10}-\frac{2\pi}{\lambda}(r_2-r_1)$。因为相遇区域点的位置不同，相位差一般不同，因此有些地方的光振动始终加强，有些地方的光振动始终减弱，形成光强在空间的稳定分布，即明暗相间的干涉条纹。由合光强表示式可知

（1）若 $\Delta\varphi=\pm 2k\pi(k=0,1,2,\cdots)$，则

$I=I_{max}=I_1+I_2+2\sqrt{I_1I_2}$，这些位置的光强最大，称为干涉加强或干涉相长，形成明纹中心。若 $I_1=I_2$，则 $I_{max}=4I_1$。

（2）若 $\Delta\varphi=\pm(2k+1)\pi(k=0,1,2,\cdots)$，则

$I=I_{min}=I_1+I_2-2\sqrt{I_1I_2}$，这些位置的光强最小，称为干涉减弱或干涉相消，形成暗纹中心。若 $I_1=I_2$，则 $I_{min}=0$。

综上所述，光强 I 随相位差 $\Delta\varphi$ 变化的情况如图 8-6 所示。

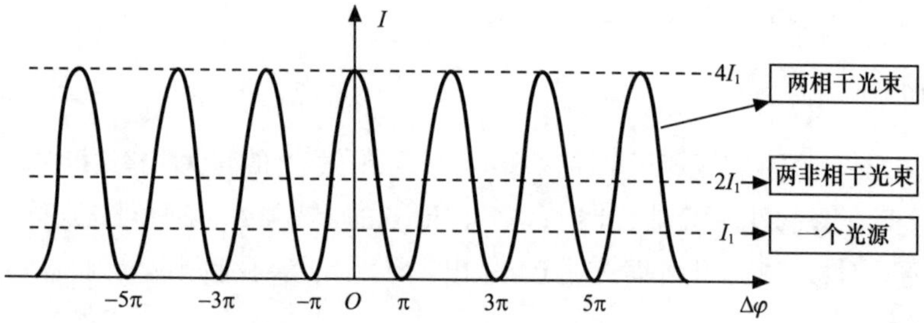

图 8-6　两束光相遇叠加的光强分布

二、光程与光程差

1. 光程与光程差的概念

根据光波叠加理论，我们知道，光干涉现象的产生取决于两束相干光波的相位差。当两相干光都在同一均匀介质如空气中传播时，它们相遇处叠加时的相位差，仅取决于两光之间的路程差 r_2-r_1，即

$$\Delta\varphi=\varphi_{20}-\varphi_{10}-\frac{2\pi}{\lambda}(r_2-r_1)$$

然而，当两束相干光通过不同的介质时，两相干光之间的相位差就不能单纯地由它们的几何路程差来决定。为此，需要引入光程与光程差的概念。

我们知道，单色光在各向同性无色散、无吸收介质中传播时，由波源频率 ν 决定；波速由传播介质决定。由频率、波速与波长的关系可知，若光在真空中的传播速度为 c，则真空中的波长为 $\lambda=\dfrac{c}{\nu}$，而在介质中的传播速度 $u=\dfrac{c}{n}$（n 为介质折射率）。所以真空中波长为 λ 的光传播到折射率为 n 的介质中，波长 $\lambda_n=\dfrac{u}{\nu}=\dfrac{c}{n\nu}=\dfrac{\lambda}{n}$。由于光每穿过一个波长的距离，相位变化为 2π，因此若光在介质中传播的几何路程为 r，那么相应的相位变化为 $\dfrac{2\pi}{\lambda_n}r=\dfrac{2\pi}{\lambda}nr$。

由此可见，光波在折射率为 n 的介质中经历 r 的几何路程所引起的相位变化与真空中的几何路程 nr 所引起的相位变化相同。它实际上是将光在介质中通过的路程按相位变化折合到真空中的路程。这样折合的好处是可以统一地用光在真空中的波长 λ 来计算光的相位变化。光在介质中经过的几何路程 r 与该介质的折射率 n 的乘积 nr 叫作光程，即

$$\text{光程}=nr \tag{8-7}$$

当光束经过 i 种不同介质时，则

$$\text{光程}=\sum_i n_i r_i \tag{8-8}$$

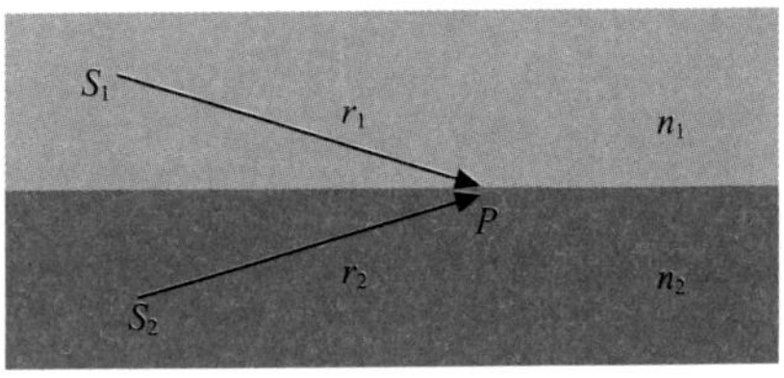

图 8-7　相干光束经不同介质传播叠加

设初相位 φ_{10}、φ_{20} 的两相干光源 S_1 和 S_2 发出的相干光分别在折射率为 n_1 和 n_2 的介质中传播，相遇点 P 与光源 S_1 和 S_2 的距离分别为 r_1 和 r_2（如图 8-7 所示）。则两束光到达 P 点相干叠加时的相位差为

$$\begin{aligned}\Delta\varphi&=\left(\varphi_{20}-\frac{2\pi}{\lambda}n_2r_2\right)-\left(\varphi_{10}-\frac{2\pi}{\lambda}n_1r_1\right)\\&=\varphi_{20}-\varphi_{10}-\frac{2\pi}{\lambda}(n_2r_2-n_1r_1)\end{aligned} \tag{8-9}$$

（8-9）式表明，两相干光束通过不同介质到达空间 P 点，相遇叠加时的相位差取决于两光束的光程之差 nr_2-nr_1，用 $\varDelta$ 表示光程差，则有

$$\varDelta=n_2r_2-n_1r_1 \tag{8-10}$$

若两光束分别经过 i 和 j 种不同介质，则

$$\varDelta=\sum_i n_ir_i-\sum_j n_jr_j \tag{8-11}$$

图 8-8 所示有两种介质，折射率分别为 n 和 n'，由两光源发出的光到达 P 点所经过的光程分别是 $n'r_1$ 和 $n'(r_2-d)+nd$，它们的光程差 $\varDelta=n'(r_2-d)+nd-n'r_1$，在 P 点的相位差为

$$\Delta\varphi=\varphi_{20}-\varphi_{10}-\frac{2\pi}{\lambda}\varDelta$$

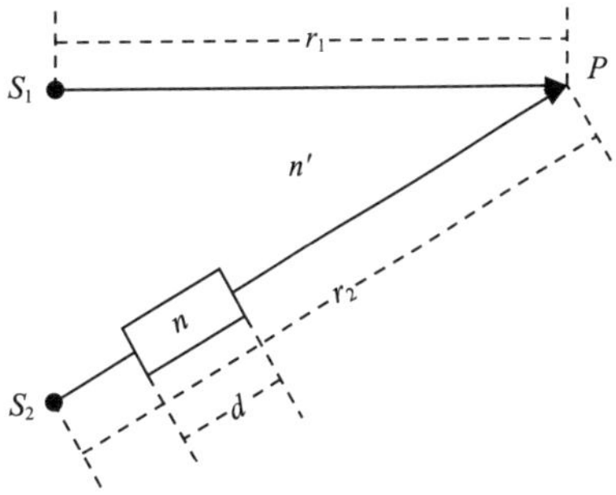

图 8-8　光程与光程差的计算

通常情况下，由于两相干光波来自同一光源的同一部分，因此其初相位差 $\varphi_{20}-\varphi_{10}=0$（同相相干光源），则有

$$\Delta\varphi = -\frac{2\pi}{\lambda}\varDelta \text{ 或 } \Delta\varphi = \frac{2\pi}{\lambda}\varDelta$$

根据干涉加强与减弱的相位差条件有

$$\Delta\varphi = \begin{cases} \pm 2k\pi & (k=0,1,2,\cdots) \text{ 加强（明条纹）} \\ \pm(2k+1)\pi & (k=0,1,2,\cdots) \text{ 减弱（暗条纹）} \end{cases} \tag{8-12}$$

可以导出，对于同相相干光源发出的两相干光，其干涉加强与减弱条件可由光程差 $\varDelta$ 决定，即：

$$\varDelta = \begin{cases} \pm k\lambda & (k=0,1,2,\cdots) \text{ 加强（明条纹）} \\ \pm(2k+1)\dfrac{\lambda}{2} & (k=0,1,2\cdots) \text{ 减弱（暗条纹）} \end{cases} \tag{8-13}$$

2. 附加光程差

若两相干光在传播过程中除了所经历光程引起的相位改变，还存在其他因素引起的相位改变，则传播到 P 点的相位差为

$$\Delta\varphi = \frac{2\pi}{\lambda}\varDelta + \varphi$$

式中，φ 为传播过程中光程以外的因素引起的相位改变。此时，根据两束光干涉加强与减弱的相位差条件，有

$$\frac{2\pi}{\lambda}\varDelta + \varphi = \begin{cases} \pm 2k\pi & (k=0,1,2,\cdots) \text{ 加强（明条纹）} \\ \pm(2k+1)\pi & (k=0,1,2,\cdots) \text{ 减弱（暗条纹）} \end{cases}$$

$$\Rightarrow \varDelta + \frac{\lambda}{2\pi}\varphi = \begin{cases} \pm k\lambda & (k=0,1,2,\cdots) \text{ 加强（明条纹）} \\ \pm(2k+1)\dfrac{\lambda}{2} & (k=0,1,2,\cdots) \text{ 减弱（暗条纹）} \end{cases}$$

我们注意到，此时判断干涉加强与减弱的条件仍然可由光程差 $\varDelta$ 决定。令 $\varDelta' = \varDelta + \frac{\lambda}{2\pi}\varphi$ 为新的光程差的计算式，其中 $\frac{\lambda}{2\pi}\varphi$ 项可看作引起相位改变的其他因素造成的附加光程差。例如，两相干光其中一束在传播过程中由于反射时存在半波损失而引起 π 的相位跃变，则因半波损失而产生的附加光程差为 $\frac{\lambda}{2\pi}\pi = \frac{\lambda}{2}$，实际光程差可计作 $\varDelta' = \varDelta + \frac{\lambda}{2}$。

3. 透镜的等光程性

在干涉和衍射装置中，经常要用到各种透镜。根据透镜成像实验，当一束平行光向凸透镜入射时，经过透镜后将汇聚于透镜焦平面上的一点 F（或 F'）形成亮点（如图 8-9 所示）。从光波的干涉理论来看，平行光中的各光波在点 F（或 F'）是同相位的，这使得各光波叠加干涉加强。平行光的波阵面是垂直于光线的平面，所以从入射平行光中任一波阵面算起，直到汇聚点 F，各光线所经历的光程都相等。例如图 8-9 中，从 a、b、c 到 F（或 F'）或者从 A、B、C 到 F（或 F'）的 3 条光线

都是等光程的。这就是说透镜只改变光的传播方向，但不引起附加的光程差，这称为透镜的等光程性。这一性质也叫作透镜不引起附加的光程差。

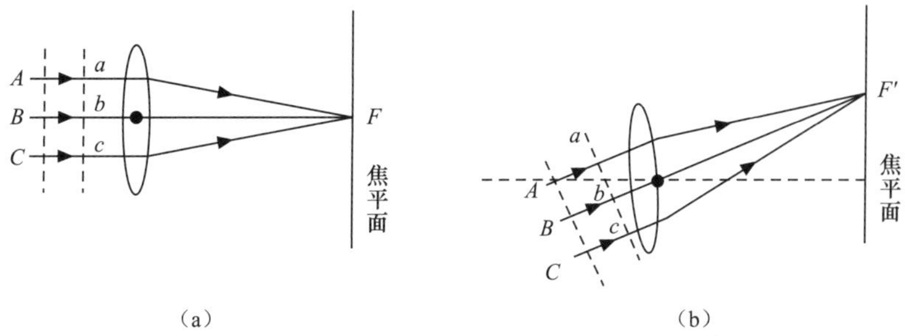

图 8-9　平行光通过透镜后各光线的光程相等

对透镜的等光程性可作如下解释：虽然光线 *AaF*（或 *AaF'*）比光线 *BbF*（或 *BbF'*）经过的几何路程长，但 *BbF*（或 *BbF'*）在透镜中经过的路程比 *AaF*（或 *AaF'*）长，由于透镜折射率大于空气的折射率，所以折算成光程后，*AaF*（或 *AaF'*）的光程与 *BbF*（或 *BbF'*）的光程相等。需要注意的是，透镜的等光程性并不是说透镜不改变各光线的光程，事实上在光路中放入透镜之后，各光线的光程都增大了，只是各光线的光程增加是相同的，各光线之间没有产生附加的光程差，这才是透镜等光程性的真实含义。

第三节　分波阵面干涉

杨氏双缝干涉

一、杨氏双缝干涉

杨氏双缝干涉是分波阵面干涉的典型例子。1801 年，托马斯·杨（如图 8-10 所示）首先用实验获得了两相干的光波，观察到了光的干涉现象。实验装置如图 8-11 所示，由光源 *L* 发出的光照在单缝 *S* 上（*S* 缝光源），在 *S* 后面放置两个相距很近的狭缝 S_1 和 S_2，且 S_1、S_2 与 *S* 的距离相等。显然，S_1、S_2 是由同一光源 *S* 形成，处于 *S* 光源发出光波的同一波阵面上，它们的相位永远保持相同，成为同相相干光源。此时若在距离狭缝 S_1 和 S_2 较远的地方放置一个接收屏，在接收屏上即能观测到干涉图样。需要指出的是，单缝 *S* 的作用是获取同一子光源发光的波阵面以提高相干性。当激光问世以后，利用激光相干性好的特点，单缝 *S* 可以撤去，直接用激光束照射双缝，即可在接收屏上获得清晰明亮的干涉条纹。

图 8-10　托马斯·杨

下面对双缝干涉条纹的位置做定量分析。图 8-12 所示的 S_1 和 S_2

之间的距离为 d，双缝所在平面与接收屏之间的距离为 D，O_1O 是 S_1、S_2 的中垂线。在接收屏上任取一点 P，设 P 点到 O 点的距离为 x，P 点到 S_1、S_2 的距离分别为 r_1、r_2，$\angle PO_1O=\theta$。从 S_1 与 S_2 发出的光到达 P 点的光程差为

$$\Delta = r_2 - r_1 \approx d\sin\theta \tag{8-14}$$

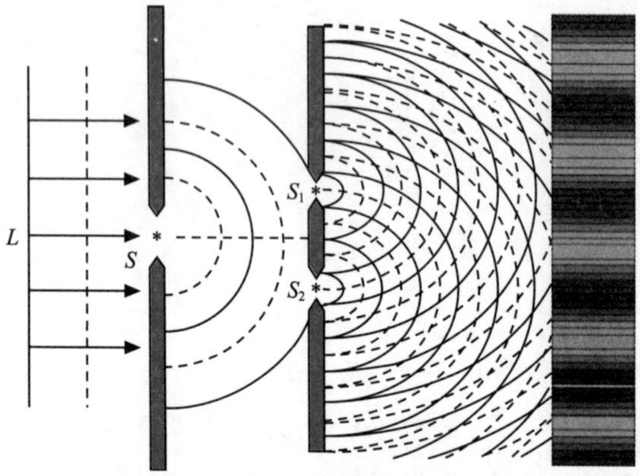

图 8-11　杨氏双缝干涉实验

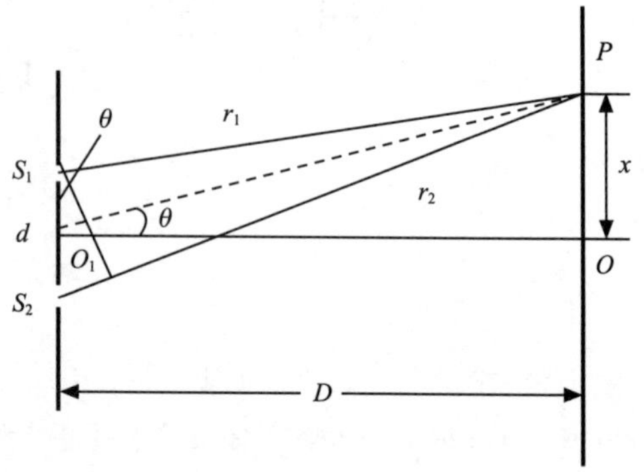

图 8-12　杨氏双缝干涉条纹的计算

由（8-13）式干涉加强与干涉减弱的条件，有

$$\Delta = d\sin\theta = \begin{cases} k\lambda & (k=0,\pm1,\pm2,\cdots)\ \text{干涉加强（明条纹）} \\ (2k+1)\dfrac{\lambda}{2} & (k=0,\pm1,\pm2,\cdots)\ \text{干涉减弱（暗条纹）} \end{cases} \tag{8-15}$$

即 P 点到双缝的光程差为波长整数倍时，P 点将出现明条纹；光程差为半波长奇数倍时，P 点将出现暗条纹；光程差为其他值的各点，光强介于明与暗之间。其中 k 为干涉级数。为了对杨氏双缝明暗条纹级数描述方便，通常将（8-15）式改写为

$$\Delta = d\sin\theta = \begin{cases} \pm k\lambda & (k=0,1,2,\cdots)\ \text{干涉加强（明条纹）} \\ \pm(2k-1)\dfrac{\lambda}{2} & (k=1,2,\cdots)\ \text{干涉减弱（暗条纹）} \end{cases} \tag{8-16}$$

这样，k=0 的明条纹称为零级明纹或中央明纹；k=1，2，…对应的明条纹分别称第 1 级明纹、第 2 级明纹……；k=1，2，…对应的暗条纹分别称第 1 级暗纹、第 2 级暗纹……

在实验中，一般 $D>>d$，因此 θ 很小，$\sin\theta \approx \tan\theta = \dfrac{x}{D}$，代入明暗条纹判定条件，可得明条纹中心在屏上的位置为

$$x = \pm k\lambda\frac{D}{d} \qquad (k=0,1,2,\cdots) \tag{8-17}$$

暗纹中心的位置为

$$x = \pm(2k-1)\frac{\lambda}{2}\frac{D}{d} \qquad (k=1,2,\cdots) \tag{8-18}$$

任意两相邻明纹或暗纹之间的距离（条纹间距）为

$$\Delta x = x_{k+1} - x_k = \frac{D}{d}\lambda \tag{8-19}$$

综上所述，可对杨氏双缝干涉条纹特点做如下讨论。

（1）条纹对称地分布于屏幕中心 O 点两侧且平行于狭缝方向，明暗条纹交替排列。O 处为中央明条纹。

（2）条纹间距 Δx 的大小与入射光波长 λ 及缝屏间距 D 成正比，与双缝间距 d 成反比，与干涉级数 k 无关。任意相邻明纹或暗纹的间距相等，各条纹等间距排列。Δx 的精确测量，可用于推算单色光的波长 $\lambda = \frac{d}{D}\Delta x$。

（3）如果用白光作为光源，在屏幕上除中央明纹因各单色光重合而显示白色外，其他各级条纹因各单色光出现明纹的位置不同而形成彩色条纹。利用中央明纹即光程差 $\varDelta=0$ 的位置，可以方便地找出等光程点，判断条纹移动。

（4）若将整个装置放置在折射率为 n 的介质中，此时明纹位置对应光程差应满足条件

$$\varDelta' = nr_2' - nr_1' \approx nd\sin\theta' = nd\frac{x'}{D} = \pm k\lambda$$

于是，明纹位置为

$$x' = \pm\frac{k\lambda}{n}\frac{D}{d}$$

条纹间距为

$$\Delta x' = \frac{D}{d}\frac{\lambda}{n}$$

暗纹穿插于每两条明纹之间，与明纹具有同样的分布特点，因此不必再另行分析。由以上明纹位置和间距表达式可见，在介质中，条纹向中央位置靠拢，条纹间距变小，条纹变密。

（5）若将杨氏双缝干涉装置其中一条光路中插入厚度为 e、折射率为 n（n>1）的薄膜介质，如图 8-13 所示，则此时明纹产生条件为

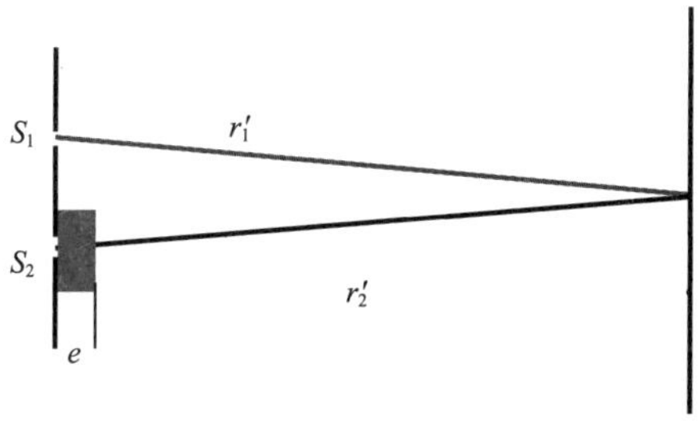

图 8-13　杨氏双缝干涉光路中插入介质

$$\Delta' = ne + (r_2' - e) - r_1'$$
$$= (n-1)e + (r_2' - r_1') \approx (n-1)e + d\frac{x'}{D} = \pm k\lambda$$

明纹位置为

$$x' = [\pm k\lambda - (n-1)e]\frac{D}{d}$$

条纹间距为

$$\Delta x' = \frac{D}{d}\lambda$$

可见，杨氏双缝装置其中一条光路插入介质后，条纹位置将整体向下（或向上）偏移，但条纹间距保持不变。

例 8-1 双缝干涉实验装置如图 8-14 所示。双缝与屏之间的距离 D=120cm，两缝之间的距离 d=0.50mm，用波长 λ=500nm 的单色光垂直照射双缝。

（1）求原点 O 上方的第 5 级明条纹的坐标 x。

（2）如果用厚度 $e=1.0\times10^{-2}$mm，折射率 n=1.58 的透明薄膜覆盖在图中的 S_1 缝后面，求上述第 5 级明条纹的坐标 x'。

（3）若已知介质折射率 n=1.58，厚度未知，插入介质后观测到的零级明纹移到了原来的第 7 级明纹处，求该介质的厚度 e。

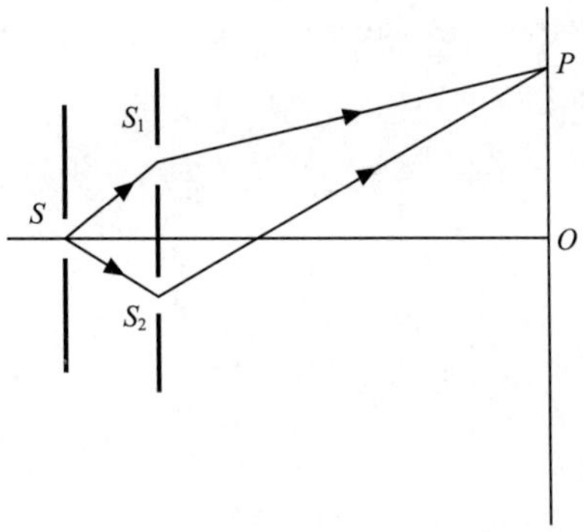

图 8-14　双缝干涉实验

解

（1）根据明条纹位置表示式，O 上方的第 5 级明条纹，k 取 5，x 取正值，则

$$x = 5\lambda\frac{D}{d} = 5\times5\times10^{-4}\times\frac{1\,200}{0.5}\text{mm} = 6\text{mm}$$

（2）用透明薄膜覆盖在 S_1 后面，则 O 上方第 5 级明纹产生的条件为

$$\Delta' = r_2' - [ne + (r_1' - e)]$$
$$= (r_2' - r_1') - (n-1)e \approx d\frac{x'}{D} - (n-1)e = 5\lambda$$
$$\Rightarrow x' = [5\lambda + (n-1)e]\frac{D}{d}$$
$$= [5\times5\times10^{-4} + (1.58-1)\times10^{-2}]\times\frac{1\,200}{0.5}\text{mm}$$
$$= 19.92\text{mm}$$

（3）插入介质前，第 7 级明纹所在位置的光程差应满足条件

$$\Delta = r_2 - r_1 = d\frac{x}{D} = 7\lambda$$

插入介质后，现零级明纹所在位置应满足

$$\Delta' = r_2' - [ne + (r_1' - e)] = d\frac{x'}{D} - (n-1)e = 0$$

由题意，现零级明纹与之前的第 7 级明纹处在同一位置，即 $x=x'$，结合上述两式，可得

$$e = \frac{7\lambda}{n-1} = \frac{7\times 5\times 10^{-4}}{1.58-1} = 0.6\times 10^{-2}\,\text{mm}$$

二、菲涅尔双面镜

在杨氏双缝干涉实验中，要求狭缝 S、S_1、S_2 都很窄，保证 S_1、S_2 处的振动有相同的相位，这样就使得通过双缝的光很弱，同时因为缝窄，干涉条纹不够清晰，后来菲涅尔（A. J. Fresnel）等人又通过大量实验设计出了其他几种分波阵面干涉装置。菲涅尔双面镜干涉实验就是其中之一。

图 8-15 所示的实验中，由狭缝光源 S 发出的光波经平面反射镜 M_1 和 M_2 反射，成为两束相干光波，射在接收屏上叠加形成干涉。这里 M_1 和 M_2 之间的夹角 θ 很小，所以 S 在双面镜中所形成的虚像 S_1 和 S_2 之间的距离也很小。从 M_1 和 M_2 反射的两束光，可等效看作从 S_1 和 S_2 发出。在实际计算中，常将 S_1 和 S_2 作为发出相干光的虚光源，也就是说，虚像 S_1 和 S_2 相当于杨氏双缝干涉装置中的双缝，因此可利用杨氏双缝干涉的有关公式来计算菲涅尔双面镜干涉条纹的位置及条纹间距。

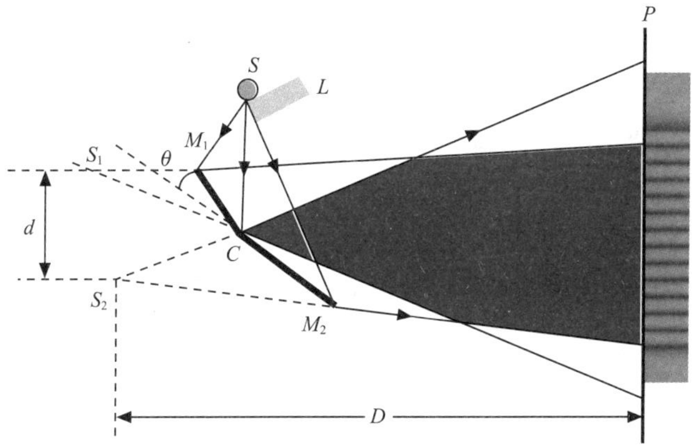

图 8-15 菲涅尔双面镜干涉实验

三、洛埃镜

洛埃（H. Lloyd）镜是另一种分波阵面法实现光干涉的装置。图 8-16 所示的实验中，从狭缝 S_1 发出的光，一部分直接射向屏 P，另一部分以近似 90° 的入射角投射到平面镜 M 上，再经平面镜反射到屏幕 P 上。S_2 是 S_1 在镜中的虚像，反射光可看成是虚光源 S_2 发出的，它和 S_1 构成一对相干光源，于是在屏上叠加区域内出现明暗相间的等间距的干涉条纹。

由洛埃镜实验可观察到一个重要的物理现象：把观察屏向 M 镜靠近，直到屏与镜的边缘 L 接触，

这时屏与镜面接触点处恒为暗纹。从光程上分析，该点的入射光和反射光的光程相等，光程差为零，此处应该是亮纹，但事实与此相反。这是因为，光从折射率较小的光疏介质射向折射率较大的光密介质表面而发生反射时，反射光会产生π的相位跃变，从光程的角度来看，相当于附加了半个波长的光程，这一现象称为半波损失。在洛埃镜实验中，狭缝光源 S_1 发出的一部分光从空气（光疏介质）入射到镜面（光密介质）造成反射，因此，反射光产生了一个π的相位跃变，即附加了 $\frac{\lambda}{2}$ 的光程，使得 L 处反射光与直射光之间的光程差由 0 变为 $\frac{\lambda}{2}$，故干涉结果为暗纹。洛埃镜实验的事实是光在光疏介质至光密介质分界面上反射时产生半波损失（或π的相位突变）的最早的实验证明。

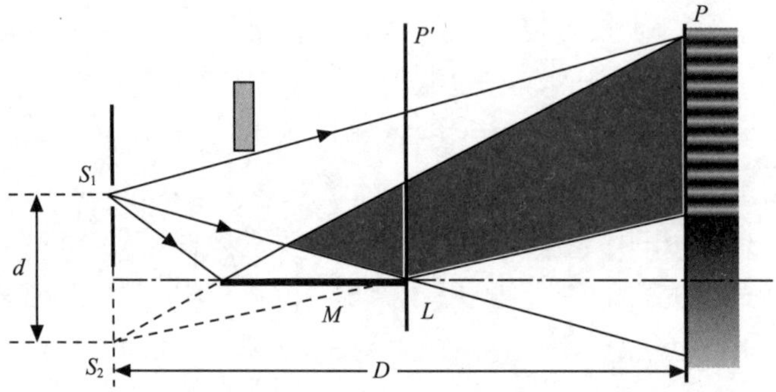

图 8-16　洛埃镜干涉实验

在光的波动理论中，需要注意以下几点。

（1）入射光由光疏介质射向光密介质界面时，只有在掠射（$i \approx 90°$）或正射（$i \approx 0$）两种情况下，才在反射过程中产生“半波损失”。

（2）光线倾斜地入射到两介质的界面时，反射光的相位变化是复杂的，它与界面两边介质的折射率及入射角有关，很难笼统地说是有“半波损失”。

（3）光从光密介质入射向光疏介质界面时，在反射中不产生“半波损失”。

（4）任何情况下，透射光均不考虑“半波损失”。

第四节　分振幅干涉

获得相干光的另一种方法是利用两部分的反射表面，产生两个反射光波（或两个透射光波），这种方法称为分振幅法。薄膜干涉就是一种分振幅干涉。人们在日常生活中会经常见到薄膜干涉现象，如阳光下五彩缤纷的肥皂泡，雨后马路边水面上油膜的彩色条纹等。薄膜干涉根据薄膜厚度特点又分为平行平面薄膜干涉（厚度均匀）、劈尖干涉（厚度均匀变化）和牛顿环（厚度不均匀变化）。本节用光程和光程差的概念对薄膜干涉进行讨论。

一、薄膜干涉

光线入射在厚度均匀的薄膜上产生的干涉即为平行平面薄膜干涉。图 8-17 所示的折射率为 n_1 的介质中，有一折射率为 n_2、厚度为 e 的平行平面透明介质薄膜。设 $n_2>n_1$，单色光源上一点发出的光线 a 以入射角 i 投射到薄膜上的 A 点。这时，光线 a 将分成两部分：一部分在 A 点反射，成为反射线 a_1；另一部分则以折射角 γ 折射入薄膜内，经下表面 C 点反射后到达 B 点，再经过上表面折射回原介质成为光线 a_2。a_1 和 a_2 两条光线因出自光源中的同一点，所以是相干光，显然它们彼此平行，但若在光路上放置一透镜使它们经过透镜汇聚在屏上，则可在屏上观察到干涉条纹，形成反射光的干涉。

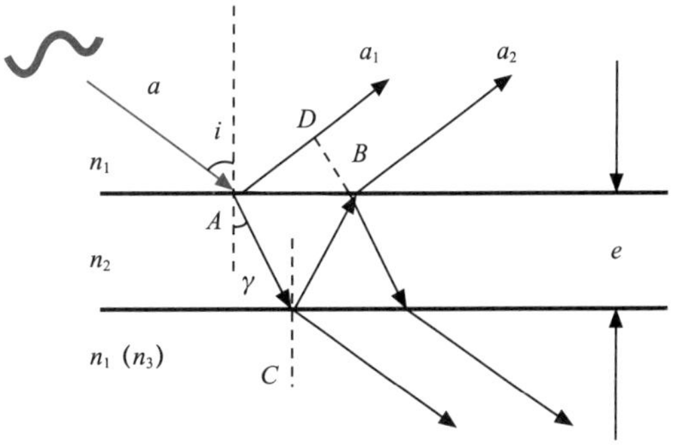

图 8-17　平行平面薄膜干涉

下面计算光线 a_1 和 a_2 的光程差。

光线 a 从 A 点开始分成两路光线 a_1 和 a_2。我们知道，a_1 和 a_2 后面放置的是聚焦透镜，因此，根据透镜的等光程性，过 B 点作 $BD\perp a_1$，BD 以后两路光是等光程的，两路光之间的光程差为

$$\Delta=n_2(AC+CB)-n_1AD+\frac{\lambda}{2} \tag{8-20}$$

式中 $\frac{\lambda}{2}$ 一项是光线在上表面反射时因半波损失而产生的附加光程差。$\frac{\lambda}{2}$ 存在与否，与界面上、下两介质折射率的相对大小有关。如果两条反射光在上、下两表面反射时都无或者都有半波损失（π 的相位突变），则整体效果是额外产生 0 或 2π 的相位差，而一个周期的相位改变不影响明暗条纹的判断，因此可以看作没有附加光程差；如果只有一条光线有半波损失，则两条光线的相位差额外增加了 π，则要在计算传播光程差的基础上相应加上 $\frac{\lambda}{2}$ 的附加光程差。

根据以上的知识，假设薄膜上下表面不是同种介质，上表面、薄膜、下表面的折射率分别 n_1、n_2 和 n_3。若 $n_1<n_2$，$n_3<n_2$(或 $n_1>n_2$，$n_3>n_2$)，一条光线从光密面上反射，另一条光线从光疏面上反射，只有一条光线有半波损失，则要附加一个 $\frac{\lambda}{2}$ 的光程差；若 $n_1<n_2<n_3$（或 $n_1>n_2>n_3$），两条光线都是在光密（或光疏）介质上反射，同时存在（或不存在）半波损失，可以不考虑附加光程差的影响。

综合以上两点可以看出，当薄膜上下表面为同种介质时，有且只有一条反射光线存在半波损失，在计算光程差时需加上 $\frac{\lambda}{2}$ 的附加光程差。下面对（8-20）式进一步计算。

$$AC=CB=\frac{e}{\cos\gamma}$$

$$AD=AB\sin i=2e\tan\gamma\sin i$$

折射定律为

$$n_1\sin i=n_2\sin\gamma$$

将上述 3 式代入 Δ，可得

$$\Delta = 2e\sqrt{n_2^2 - n_1^2 \sin^2 i} + \frac{\lambda}{2} \tag{8-21}$$

于是，a_1 和 a_2 两反射光线的干涉条件为

$$\Delta = 2e\sqrt{n_2^2 - n_1^2 \sin^2 i} + \frac{\lambda}{2} = \begin{cases} k\lambda & (k = 1,2,\cdots)\text{加强(明)} \\ (2k+1)\dfrac{\lambda}{2} & (k = 0,1,2,\cdots)\text{减弱(暗)} \end{cases} \tag{8-22}$$

同理，在透射光中也有干涉现象，（8-22）式对透射光同样适用。但应注意：透射光之间的附加光程差与反射光之间的附加光程差产生的条件恰好相反。若反射光之间有 $\frac{\lambda}{2}$ 的附加光程差，透射光之间则没有；反之，若反射光之间没有附加光程差，透射光之间则有 $\frac{\lambda}{2}$ 的附加光程差。因此，对同样的入射光来说，当反射方向的干涉加强时，透射方向的干涉就减弱。反之亦然。

从光程差 $\Delta = 2e\sqrt{n_2^2 - n_1^2 \sin^2 i} + \frac{\lambda}{2}$ 可见，对于厚度均匀的薄膜（e= 常数），光程差取决于光在薄膜上的入射角 i。所以，相同倾角的入射光所形成的反射光到达相遇点的光程差相同，必定处于同一干涉条纹级次 k 上，或者说，处于同一干涉条纹上的各个光点对应光源到薄膜倾角相同的入射光。故平行平面薄膜干涉也称等倾干涉，干涉条纹叫作等倾干涉条纹。若光线垂直入射（i=0），光程差计算式简化为 $\Delta = 2n_2 e + \frac{\lambda}{2}$。

利用薄膜干涉不仅可以测定波长或薄膜的厚度，在现代光学仪器中，还常用薄膜干涉的原理来提高光学仪器的透射或反射本领。

一般高级照相机的物镜由 6 个透镜组成，潜水艇上用的潜望镜约有 20 个透镜。若光学元件的一个玻璃面对入射光的反射损失是 4%，那么对于一个复杂的光学仪器系统，入射光能的损失将是很大的。为了减少光学仪器中光学元件表面上反射光的损失，一般在元件表面上都镀有一层厚度均匀的透明薄膜，它的作用就是利用光的干涉来减少反射。根据能量守恒定律，反射光干涉减弱，透射光就增强了，所以这种能减小反射光强度而增加透射光强度的薄膜称为“增透膜”。

另一方面，有些光学元器件则需要减少透射，增加反射。例如，氦氖激光器光学谐振腔中的反射镜，要求对波长 λ=632.8nm 光的反射率在 99% 以上，为此可以采用镀“增反膜”的方法，使反射光干涉加强，透射光干涉减弱。

利用反射光干涉加强（减弱）的增反（增透）原理，还可以采用多层镀膜制成干涉滤光片，使某一特定波长的光反射率或透射率高达 99% 以上，其他波长的光反射率或透射率趋近于 0。

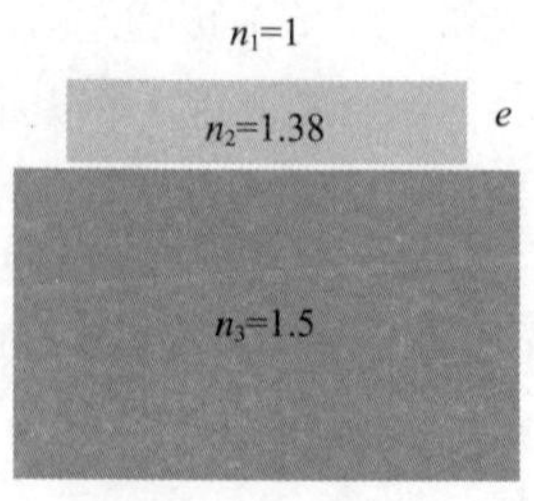

图 8-18　氟化镁薄膜

例 8-2　已知照相机镜头 n_3=1.5，其上涂一层 n_2=1.38 的氟化镁薄膜，光线垂直照射，示意图如图 8-18 所示。

（1）若要使得薄膜对 λ=550nm 的黄绿光增透，所镀的薄膜层至少应为多厚？

（2）最小厚度下，此增透膜在可见光范围内有没有增反？

解 （1）根据题意，要求介质膜对 λ=550nm 的黄绿光增透，即反射光干涉减弱，因为光线垂直照射（$i=0$），且 $n_1<n_2<n_3$，于是干涉减弱条件为

$$\varDelta = 2n_2e = (2k+1)\frac{\lambda}{2} \quad (k=0,1,2,\cdots)$$

薄膜厚度应满足

$$e = (2k+1)\frac{\lambda}{4n_2} \quad (k=0,1,2,\cdots)$$

当 k=0 时，薄膜厚度 e 最小，为

$$e_{\min} = \frac{\lambda}{4n_2} = \frac{550}{4\times 1.38}\text{nm} \approx 100\text{nm}$$

（2）增反即反射光干涉加强，厚度为 $e_{\min}$ 的膜反射光加强的条件为

$$\varDelta = 2n_2e_{\min} = k\lambda \quad (k=1,2,\cdots)$$

增反的应波长满足

$$\lambda = \frac{2n_2e_{\min}}{k} \quad (k=1,2,\cdots)$$

由题意

$$390\text{nm} \leqslant \lambda \leqslant 760\text{nm}$$

得到

$$0.36 \leqslant k \leqslant 0.71$$

k 无符合条件的整数取值，因此，此膜在可见光范围内没有增反。

二、劈尖干涉

劈尖干涉是光线入射在厚度不均匀的薄膜上所产生的干涉现象。图 8-19（a）所示为劈尖干涉的原理图。产生干涉的部件是一个劈尖形状膜，它由两块平面玻璃片组成，两块玻璃的一端互相叠合，另一端垫入一薄纸片或一细丝，使上玻璃片稍稍抬起，则在两玻璃片之间形成一个劈尖形状的空气薄层（$n_2\approx 1$），称之为空气劈尖。两玻璃片之间的夹角 θ 称为劈尖角，通常劈尖角很小，为 10^{-5} ~ 10^{-4} rad。两玻璃片叠合端的交线称为棱边，在平行于棱边的线上劈尖的厚度是相等的。

当然，构成劈尖形状的薄层介质也可能不是空气，而是折射率为 $n_2\neq 1$ 的其他透明物质，如液体、二氧化硅等。

当平行单色光垂直照射玻璃片时（i=0），就可在劈尖表面观察到明暗相间的干涉条纹。这是由劈尖膜的上、下表面反射出来的两列光波叠加干涉形成的。考虑劈尖上厚度为 e 处，由上、下表面反射的两相干光的光程差为

$$\Delta = 2n_2 e + \frac{\lambda}{2} \tag{8-23}$$

其中 $\frac{\lambda}{2}$ 为反射时半波损失引入的附加光程差。由此得到干涉图样明暗纹条件为

$$\Delta = 2n_2 e + \frac{\lambda}{2} = \begin{cases} k\lambda & (k = 1, 2, \cdots) \text{ 明条纹} \\ (2k+1)\dfrac{\lambda}{2} & (k = 0, 1, 2, \cdots) \text{ 暗条纹} \end{cases} \tag{8-24}$$

由以上的分析可知，对于垂直入射的劈尖，光程差仅由厚度决定，不同厚度处的光程差不同，因而有不同的干涉结果；但对同一厚度处，干涉效果相同，形成同一级干涉条纹。同级条纹对应同一个劈尖厚度，也就是说，劈尖中所有厚度相等的点的轨迹形成同一干涉条纹，这种干涉称为等厚干涉。因此，劈尖干涉也叫等厚干涉，干涉条纹称作等厚干涉条纹，是平行于棱边的一系列明暗相间的条纹，如图 8-19（b）所示。

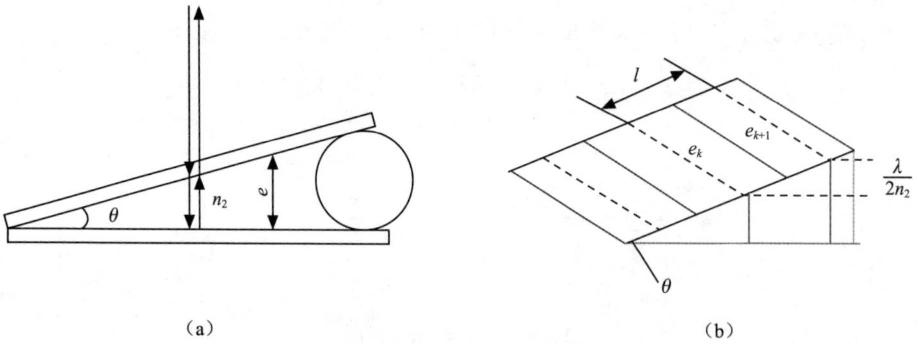

图 8-19　劈尖干涉

对应于两玻璃片相交处的棱边，此处 e=0，为暗纹。此时对于（8-24）式只有取 k=0 时公式成立，光程差为 $\frac{\lambda}{2}$，这是由于在两反射光线中有一束光存在半波损失。若设法改变劈尖及上下表面的折射率关系，使得两束反射光都没有半波损失或都有半波损失，即无 $\frac{\lambda}{2}$ 的附加光程差，那么在棱边处就应出现明条纹。

根据以上讨论，不难求出两相邻明纹（或暗纹）处劈尖的厚度差。设第 k 级明纹处劈尖的厚度为 e_k，第 k+1 级明纹处劈尖厚度为 e_{k+1}，由（8-24）式，很容易得到

$$\Delta e = e_{k+1} - e_k = \frac{\lambda}{2n_2} \tag{8-25}$$

于是，任意两条相邻明条纹（或暗条纹）之间的距离 l 应满足

$$l \sin\theta = \Delta e = \frac{\lambda}{2n_2} \tag{8-26}$$

显然，劈尖的倾角 θ 越小，l 越大，干涉条纹越稀疏；θ 越大，l 越小，干涉条纹越密集；θ 大到一定程度时，干涉条纹过密导致不能区分开来，也就观察不到干涉条纹。

例 8-3 利用劈尖干涉可以测量微小角度。折射率 n_2=1.4 的劈尖在某单色光的垂直照射下，测得两相邻明条纹之间的距离是 l=0.25cm。已知单色光在空气中的波长 λ=700nm，求此劈尖的顶角 θ。

解 由劈尖干涉条纹间距应满足的关系式为

$$l\sin\theta=\frac{\lambda}{2n_2}$$

得

$$\sin\theta=\frac{\lambda}{2n_2 l}=\frac{7\times10^{-5}}{2\times1.4\times0.25}=10^{-4}$$

由于 $\sin\theta$ 很小，所以 $\theta\approx\sin\theta=10^{-4}$(rad)。可见这是一个非常微小的角。

劈尖干涉在实践中有广泛的应用，不仅可用于测量微小角度，还可用于测量微小长度或位移的变化。

假设将劈尖的上玻璃片上移或下移 Δd 距离，使劈尖膜厚度改变，此时，原来第 k 级明纹处的膜厚度由 e_k 变为 $e_k\pm\Delta d$，上下表面反射光的光程差由 $\varDelta_1=2n_2e_k$ 变为 $\varDelta_2=2n_2(e_k\pm\Delta d)$，移动前此处出现明条纹的条件为

$$\varDelta_1=2n_2e_k=k_1\lambda$$

移动后此处出现明条纹的条件为

$$\varDelta_2=2n_2(e_k\pm\Delta d)=k_2\lambda$$

由于 $\varDelta_1\neq\varDelta_2$，明条纹级次 $k_1\neq k_2$。因此，移动过程中，将会观察到干涉条纹的移动现象，若总共观察到 N 级条纹移动，即 $k_2-k_1=\pm N$，可得如下关系式

$$\varDelta_2-\varDelta_1=2n_2\Delta d=N\lambda \tag{8-27}$$

(8-27)式表明，条纹移动 N 条时，对应的前后光程差变化量为 $N\lambda$，即条纹每移动一条对应的光程差变化为一个波长。利用劈尖干涉光程差变化量与条纹移动级数的对应关系，就可以测量样品微小位移的变化，干涉膨胀仪就是根据这一原理制成。

例 8-4 干涉膨胀仪如图 8-20 所示，一个石英圆柱环 B 放在台上，其热膨胀系数极小，可忽略不计。环上放一块玻璃板，并在环内放置一上表面磨得稍微倾斜的柱形待测样品，样品高度为 L。石英环和样品的上表面精确磨平，于是样品的上表面和平板玻璃的下表面构成一个空气劈尖（$n\approx1$），用波长为 λ 的单色光垂直照明，即可看到劈尖干涉条纹。若将干涉膨胀仪加热，使之升温 ΔT，在此过程中，通过视场某一刻线移动的条纹数目为 N，求样品的热膨胀系数 α。

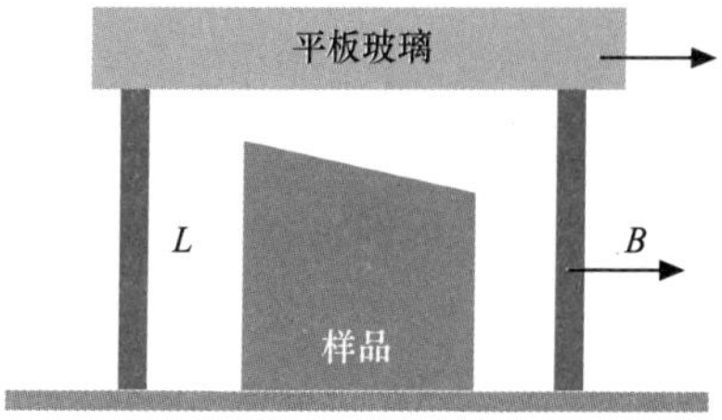

图 8-20 干涉膨胀仪

解 干涉膨胀仪被加热后，由于样品受热膨胀，因此样品上表面向上移动，其与玻璃下表面构成的空气劈尖膜厚度发生变化，前后光程差发生改变，使条纹发生移动。假设样品高度的增加值为 ΔL，条纹每移动一条对应的光程差改变为

λ，那么条纹移动 N 条，对应的光程差改变为

$$\varDelta_2-\varDelta_1=2\Delta L=N\lambda$$

得

$$\Delta L=N\frac{\lambda}{2}$$

根据热膨胀系数的定义得

$$\alpha=\frac{\Delta L}{L\Delta T}=\frac{N\lambda}{2L\Delta T}$$

例 8-5 劈尖干涉还可用来测量薄膜厚度。在半导体器件生产中，为精确地测定硅片上的 SiO_2 薄膜厚度，将薄膜一侧腐蚀成尖劈形状，如图 8-21 所示。用波长为 589.3nm 的钠黄光从空气中垂直照射到 SiO_2 薄膜的劈状边缘部分，共看到 5 条暗纹，且第 5 条暗纹恰位于图中 N 处，试求此 SiO_2 薄膜的厚度（Si 的折射率为 3.42，SiO_2 的折射率为 1.50）。

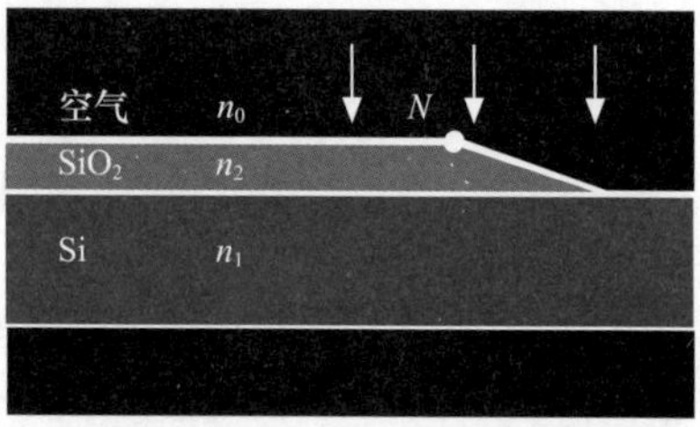

图 8-21　劈尖干涉测薄膜厚度

解　由题意，已知：n_0=1，n_2=1.5，n_1=3.42，劈尖介质为 SiO_2，n_2 为劈尖介质折射率。设薄膜厚度为 e，两反射光反射时都有半波损失，因此，干涉暗纹条件为

$$\varDelta=2n_2e=(2k+1)\frac{\lambda}{2}\quad(k=0,1,2\cdots)$$

在 N 处恰为第 5 条暗纹，则 N 处 k=4，于是有

$$2n_2e=\frac{9\lambda}{2}$$

可得

$$e=\frac{9\lambda}{4n_2}=\frac{9\times589.3}{4\times1.5}\text{nm}=883.95\text{nm}$$

利用劈尖干涉还可以检验精密加工件表面的质量，如图 8-22 所示。两玻璃平板形成劈尖干涉，其中一个为标准平板，其平面是理想的光学平面；另一个为待检验工件平板。由于劈尖干涉每一条明纹（或暗纹）都代表一条等厚线，若待检验工件的表面也是理想光学平面，其干涉条纹是一组等间距为 l 的平行直条纹；若待检验工件的表面凹凸不平，则干涉条纹将发生局部弯曲。根据某处条纹弯曲的方向，就可以判断待检验工件表面在该处是凹还是凸，并可由条纹弯曲程度估算出凹凸的不平整度。设某处条纹弯曲的最大畸变量为 Δl，则该处工件表面凹进去的深度或凸出来的高度 $h=\frac{\lambda}{2}\frac{\Delta l}{l}$。可见，这种测量方法的精度取决于 $\frac{\Delta l}{l}$ 的分辨率，一般情况下可轻易达到光波长的十分之一，远高于机械方法测量的精度。

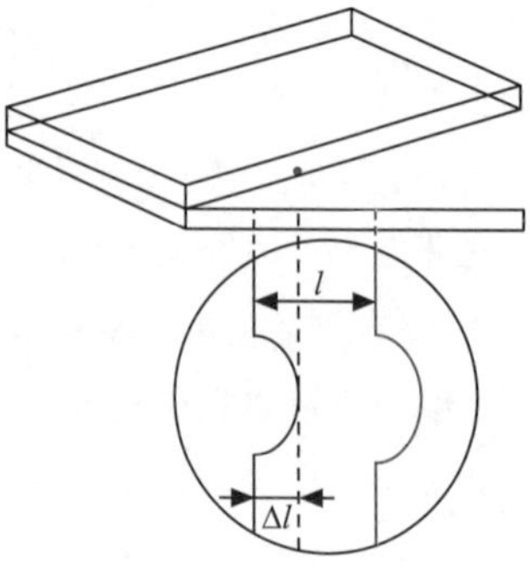

图 8-22　工件表面平整度检验

三、牛顿环

图 8-23（a）所示是牛顿环实验装置的示意图。一块曲率半径很大的平凸透镜 A 与一平板玻璃 B 相接触，构成一个上表面为球面、下表面为平面的空气劈尖。由单色光源 S 发出的光，经半透半反镜 M 反射后，垂直射向空气劈尖并在劈尖空气层的上下表面处反射，从而在上方的显微镜目场内可以观察到图 8-23（b）所示的干涉条纹图样。此现象最早由牛顿观察到，故称为牛顿环。牛顿环装置的干涉原理其实就是厚度不均匀变化的劈尖薄膜干涉，因此形成与劈尖干涉类似的等厚条纹。由于其空气劈尖的等厚轨迹是以接触点为圆心的一系列同心圆，所以干涉条纹的形状是明暗相间的同心圆。此外，牛顿环装置里的“劈尖角”随圆环半径的增大而增大，因此，与劈尖干涉的等间距条纹不同，牛顿环随着半径的增大条纹间距会变小，呈现出内疏外密的特点。

牛顿环

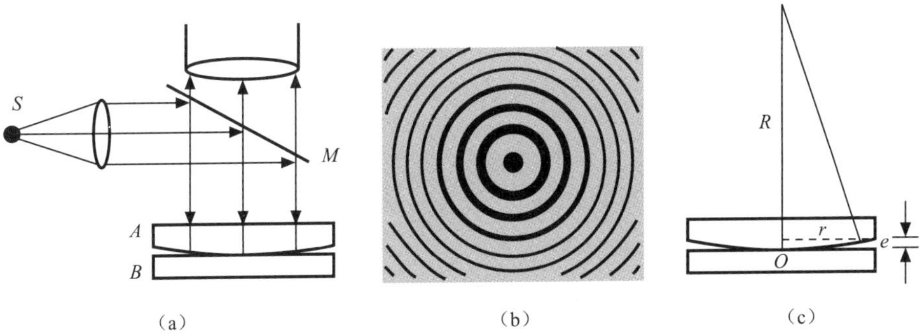

图 8-23　牛顿环实验装置示意图：（a）实验装置示意图；（b）牛顿环；（c）实验装置尺寸示意图

下面我们来求各明暗环的半径 r、波长 λ 及透镜曲率半径之间的关系。考虑到空气劈尖（$n\approx1$）小于上下部分玻璃的折射率，以及光垂直入射，可知在空气薄层任一厚度 e 处，上下表面反射光的光程差及相干条件为

$$\Delta = 2e + \frac{\lambda}{2} = \begin{cases} k\lambda & (k=1,2,\cdots)\text{加强 (明环)} \\ (2k+1)\dfrac{\lambda}{2} & (k=0,1,2,\cdots)\text{减弱 (暗环)} \end{cases} \tag{8-28}$$

由图 8-23（c）可得

$$r^2 = R^2 - (R-e)^2 = 2Re - e^2$$

已知 $R>>e$，可略去 e^2 项，于是

$$e = \frac{r^2}{2R} \tag{8-29}$$

代入干涉加强、减弱条件，可得明暗环半径分别为

$$r=\sqrt{(2k-1)\frac{\lambda}{2}R}\qquad (k=1,2,\cdots)\text{明环}$$
$$r=\sqrt{k\lambda R}\qquad (k=0,1,2,\cdots)\text{暗环}\tag{8-30}$$

在透镜与平板玻璃的接触处，e=0，两反射光的光程差 $\Delta=\frac{\lambda}{2}$（$\frac{\lambda}{2}$ 由光波反射时的半波损失造成），故观察反射光干涉图样时，牛顿环中心总是一个暗斑。由薄膜干涉知识可知，薄膜干涉现象对于透射光同样存在，且透射光干涉加强与减弱条件恰好与反射光相反，所以在上述牛顿环装置中，若观察透射光的干涉图样，中心则为一亮斑。实际情况中由于透射背景光太强，干涉条纹分辨不清，故透射光的牛顿环很少应用。

需要说明，式（8-30）为平凸透镜与平板玻璃构成空气劈尖（n≈1）情况下的明暗环公式，若劈尖介质折射率 n≠1，同理推导，可得明暗环半径公式为

$$r=\sqrt{(2k-1)\frac{\lambda}{2n}R}\qquad (k=1,2,\cdots)\text{明环}$$
$$r=\sqrt{\frac{k\lambda R}{n}}\qquad (k=0,1,2,\cdots)\text{暗环}$$

例 8–6 用氦氖激光器发出的波长为 632.8nm 的单色光做牛顿环实验，测得第 k 级暗环的半径为 5.63mm，第 k+5 级暗环的半径为 7.96mm，求平凸透镜的曲率半径。

解 根据牛顿环的暗环半径公式，有

$$r_k=\sqrt{k\lambda R}$$

$$r_{k+5}=\sqrt{(k+5)\lambda R}$$

上两式平方后相减，得

$$R=\frac{r_{k+5}^2-r_k^2}{5\lambda}=\frac{(7.96^2-5.63^2)\times10^{-6}}{5\times632.8\times10^{-9}}=10\text{m}$$

即平凸透镜的曲率半径为 10m。

在实验室中，牛顿环除了如上例所示用来测定平凸透镜的曲线半径，还可以在已知透镜曲率半径时用来测定光波的波长。在工业上则利用牛顿环来检测透镜的加工质量。

阅读材料

牛顿环，又称“牛顿圈”，光的一种干涉图样，是英国著名物理学家牛顿在 1675 年首先观察到的。牛顿在光学中的一项重要发现就是“牛顿环”。这是他在进一步考察胡克研究的肥皂泡薄膜的色彩问题时提出来的并做了精确的定量测定。事实上，这个实验倒可以成为光的波动说的有力证据之一。直到 19 世纪初，英国科学家托马斯·杨才用光的波动说圆满地解释了牛顿环实验。

第五节　迈克尔逊干涉仪

在现代科学技术中，广泛应用干涉原理来测量微小长度、角度等。迈克尔逊干涉仪就是一种典型的精密测量仪器，它是迈克尔逊于 1881 年为了研究光速问题而精心设计的一种干涉装置，许多重要的干涉仪器都是以它为基础的。利用它既可观察等倾干涉，也可观察等厚干涉。

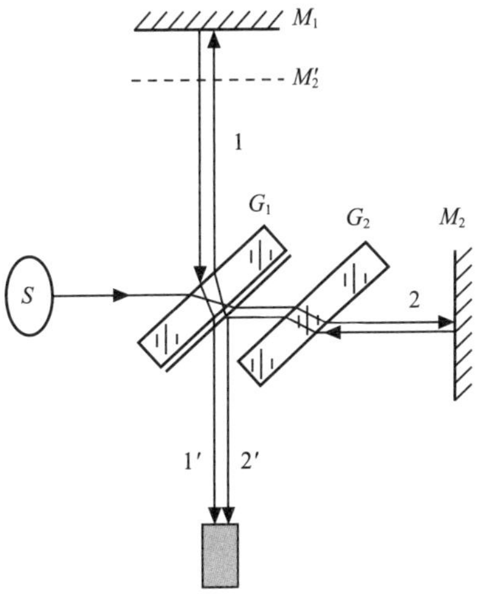

图 8-24　迈克尔逊干涉仪

其光路如图 8-24 所示。M_1 和 M_2 为两块平面反射镜。其中 M_2 是固定的，M_1 由一个精密螺杆控制，可在导轨上做微小移动。G_1 和 G_2 为两块厚度和折射率都相同的平面玻璃片，它们均与 M_1 和 M_2 成 45° 夹角，在 G_1 的背面镀有一层半透半反膜，使入射到 G_1 的光束一半反射一半透射，G_1 称为分光板。

来自光源 S 经过透镜变换后的一组平行光射向 G_1，在 G_1 的半反射膜上被分为光强几乎相等的两束，一束为反射光 1，另一束为透射光 2。反射光 1 垂直射向 M_1，经反射沿原路返回，再透过半反射膜形成光线 1′；透射光 2 垂直射向 M_2，经 M_2 反射后沿原路返回，再经半反射膜反射后形成光线 2′。显然光线 1′ 和 2′ 是由同一束光分得，故它们是相干光，因此可以观察到干涉条纹。G_2 表面没有镀膜，它的作用是为了使光束 2 和 1 一样，都 3 次穿过玻璃片，这样可以避免两束相干光因玻璃中经过的路程不等而引起较大的光程差，因此 G_2 称为补偿板。

设想 M_2' 是 M_2 经由 G_1 形成的虚像，那么从 M_2 处反射的光可以看成是从虚像 M_2' 发出来的，于是在 M_2' 和 M_1 之间就构成一个假想"空气薄膜"，从薄膜的两个表面 M_1 和 M_2' 反射的光束形成干涉。若 M_1 和 M_2 严格垂直，则 M_1 和 M_2' 之间形成厚度均匀的"空气薄膜"，发生平行平面薄膜干涉，干涉条纹为等倾条纹；若 M_1 和 M_2 不严格垂直，则 M_1 和 M_2' 之间形成的"空气膜"为劈尖状，这时迈克尔逊干涉仪发生劈尖干涉，干涉条纹为等厚条纹。

根据劈尖干涉理论，当调节 M_1 向上或向下移动时，将观察到条纹移动，且条纹每移动一条所对应的前后光程差变化为一个波长 λ。因此，若视场中移过的条纹数目为 N，则有

$$\Delta_2-\Delta_1=2\Delta d=N\lambda$$

式中，Δd 为 M_1 移动距离。可得

$$\Delta d=N\frac{\lambda}{2} \tag{8-31}$$

利用（8-31）式，若已知条纹移动数 N 和单色光波长 λ，即可算出 M_1 移动的距离，可用来测量微小位移或长度的变化，其精度可达光波长量级，比一般方法高得多。此外，若已知长度或位移大小，还可用来测定光的波长。

例 8-7 在迈克尔逊干涉仪的两臂中，分别引入长 l=10cm 的玻璃管 A、B，如图 8-25 所示，其中一个抽成真空，另一个充以一个大气压空气，充入空气的过程中观察到 107.2 条条纹移动，所用波长为 546nm。试求充入空气的折射率 n。

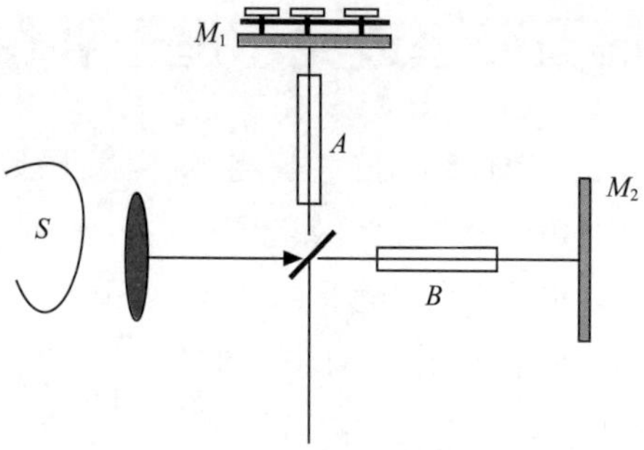

图 8-25 迈克尔逊干涉仪测量折射率

解 设玻璃管充入空气前，两臂之间的光程差为 Δ_1，充入空气后两臂之间的光程差为 Δ_2，根据题意，有

$$\Delta_2 - \Delta_1 = 2nl - 2l = 2(n-1)l$$

干涉条纹每移动一条对应的光程差变化为一个波长，因此，有 107.2 条条纹移动时，对应的光程差变化为

$$\Delta_2 - \Delta_1 = 2(n-1)l = 107.2\lambda$$

可得空气的折射率

$$n = \frac{107.2\lambda}{2l} + 1 = 1.000\,292\,7$$

由折射率与 1 的微小差别可看出迈克尔逊干涉仪测量的精确性。

* 第六节 光的时间和空间相干性

由于光源的每个发光原子或分子每次发出的波列持续时间 τ 很短，因此，每次发射波列的长度 L 有限（$L=c\cdot\tau$）。当光波在干涉装置中分成两束光时，每个波列都被分成两部分。严格来说，应保证某个发光原子或分子同一时刻发出的同一波列被分成两部分后再相遇，才能满足相干条件。若两路光的光程差 Δ 大于波列长度 L，则由同一波列分解出来的两波列不能相遇叠加，相互叠加的可能是前后两个时间发出的两个不同波列分解出来的波列，这时就不能发生干涉。L 称为相干长度，相应的传播时间 τ 称为相干时间。也就是说，两路相干光的光程差 Δ 沿传播方向有一个限制范围。

这就是薄膜干涉中要求薄膜很薄的原因，如果膜太厚或透明元件上下表面距离太远，则两束反射光光程差过大，将观察不到干涉现象。劈尖装置和牛顿环装置中上下光学透明元件的上下表面反射光线不用考虑干涉条件。迈克尔逊干涉仪中补偿板的作用也是如此，使两束相干光相遇时不致具有过大的光程差，从而可以发生干涉。这种由于光源发光的间歇性和随机性导致某些情况下干涉消失的特性，称为时间相干性。

此外，在光的干涉中，点光源或线光源的概念一直被强调。实际上，任何光源总有一定的宽度，这样的光源可看成由许多不相干的点光源组成，每一个点光源都会产生自己对应的干涉条纹，观察屏上的光强度是各点光源产生干涉条纹的非相干叠加。图 8-26 所示的 S 光源不是严格的点光源，其由点光源 S' 和 S'' 构成，S' 和 S'' 在接收屏上产生各自的干涉条纹且彼此错开，亮纹与暗纹重叠，将会使原本应该明暗相间的干涉条纹变得模糊甚至消失，这一特性称为光的空间相干性。

通过本章学习我们知道，获得相干光源方法之一是分波阵面法，如杨氏双缝干涉。在杨氏双缝干涉中，由于光场空间性的限制，如果普通光源 S 后方的狭缝线度不够小，或者双缝 S_1 和 S_2 的线度不够小，则在大于某个横向线度时，我们无法取出两个唯一的相干次波源，这时在屏幕上会由于多个相干次波源干涉图样的非相干叠加导致干涉现象减弱甚至消失；只有在所有小孔或缝小于一定线度时，才可观察到清晰的干涉图样。

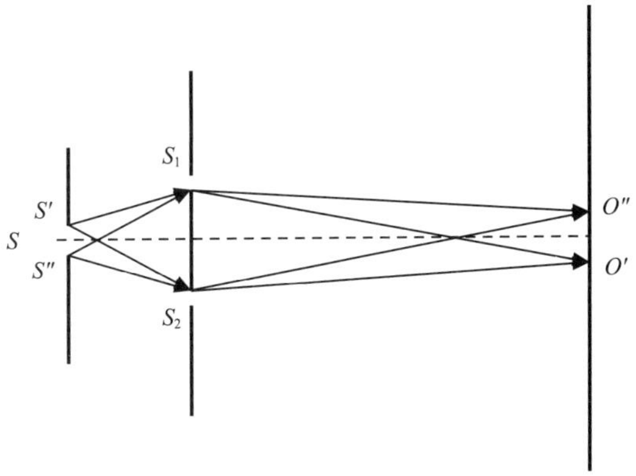

图 8-26 光的空间相干性

本章小结

1. 获得相干光的两种方法

（1）分波阵面法。

（2）分振幅法。

2. 光程与光程差

光在介质中经过的几何路程 r 与该介质的折射率 n 的乘积 nr 叫作光程。光程 $=\sum_i n_i r_i$，

光程差 $\Delta=\sum_i n_i r_i-\sum_j n_j r_j$。

3. 分波阵面——杨氏双缝干涉

明条纹位置 $x=\pm k\lambda\dfrac{D}{d}\qquad(k=0,1,2,\cdots)$。

暗条纹位置 $x=\pm(2k-1)\dfrac{\lambda}{2}\dfrac{D}{d}\qquad(k=1,2,\cdots)$。

相邻明（暗）条纹间距 $\Delta x=x_{k+1}-x_k=\dfrac{D}{d}\lambda$。

4. 分振幅——薄膜干涉

（1）等倾干涉——平行平面薄膜

对于厚度均匀的薄膜，光程差由入射角 i 决定，明暗纹条件为

$$\Delta = 2e\sqrt{n_2^2 - n_1^2 \sin^2 i} + \frac{\lambda}{2} = \begin{cases} k\lambda & (k=1,2,\cdots)\text{加强 (明)} \\ (2k+1)\dfrac{\lambda}{2} & (k=0,1,2,\cdots)\text{减弱 (暗)} \end{cases}$$

其中，$\frac{\lambda}{2}$ 是光线在上表面反射时因半波损失而产生的附加光程差。存在与否，与界面上、下两介质折射率的相对大小有关。若光线垂直入射，光程差计算式简化为

$$\Delta = 2n_2e + \frac{\lambda}{2}$$

（2）等厚干涉

① 劈尖

两束相干光的光程差 $\Delta = 2n_2e + \frac{\lambda}{2}$。

相邻明纹（或暗纹）对应的膜厚差 $\Delta e = \frac{\lambda}{2n_2}$。

相邻明纹（或暗纹）之间的距离 l 满足 $l\sin\theta = \Delta e = \frac{\lambda}{2n_2}$。

② 牛顿环

两相干光的光程差 $\Delta = 2e + \frac{\lambda}{2}$。

明环半径 $r = \sqrt{(2k-1)\frac{\lambda}{2}R}$　　$(k=1,2,\cdots)$。

暗环半径 $r = \sqrt{k\lambda R}$　　$(k=0,1,2,\cdots)$。

5. 迈克尔逊干涉仪

条纹每移动一条对应光程差变化为一个波长，即 $\Delta_2 - \Delta_1 = 2\Delta d = N\lambda$，可得

$$\Delta d = N\frac{\lambda}{2}$$

Δd 为其中一臂移动距离，N 为条纹移动数目。此式表明，对于迈克尔逊干涉仪而言，条纹每移动一条，相当于其中一臂移动了半个波长的距离。

习题

1. 在相同的时间内，一束波长为 l 的单色光在空气中和在玻璃中（　　）。

（A）传播的路程相等，走过的光程相等

（B）传播的路程相等，走过的光程不相等

（C）传播的路程不相等，走过的光程相等

（D）传播的路程不相等，走过的光程不相等

2. 如图 8-27 所示，S_1、S_2 是两个相干光源，它们到 P 点的距离分别为 r_1 和 r_2。路径 S_1P 垂直穿过一块厚度为 t_1，折射率为 n_1 的介质板，路径 S_2P 垂直穿过厚度为 t_2，折射率为 n_2 的另一介质板，其余部分可看作真空，这两条路径的光程差等于（　　）。

（A）$(r_2+n_2t_2)-(r_1+n_1t_1)$　　（B）$[r_2+(n_2-1)t_2]-[r_1+(n_1-1)t_1]$

（C）$(r_2-n_2t_2)-(r_1-n_1t_1)$　　（D）$n_2t_2-n_1t_1$

3. 如图 8-28 所示，平行单色光垂直照射到薄膜上，经上下两表面反射的两束光发生干涉，若薄膜的厚度为 e，并且 $n_1<n_2$，$n_2>n_3$，λ_1 为入射光在折射率为 n_1 的介质中的波长，则两束反射光在相遇点的相位差为（　　）。

（A）$2\pi n_2 e/(n_1\lambda_1)$　　（B）$[4\pi n_1 e/(n_2\lambda_1)]+\pi$

（C）$[4\pi n_2 e/(n_1\lambda_1)]+\pi$　　（D）$4\pi n_2 e/(n_1\lambda_1)$

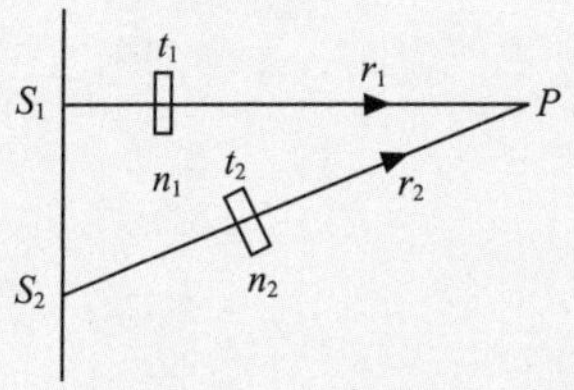

图 8-27　第 2 题图

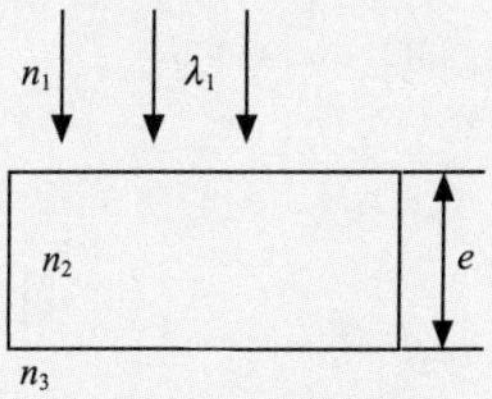

图 8-28　第 3 题图

4. 用白光光源进行双缝实验，若用一个纯红色的滤光片遮盖一条缝，用一个纯蓝色的滤光片遮盖另一条缝，则（　　）。

（A）干涉条纹的宽度将发生改变　　（B）产生红光和蓝光的两套彩色干涉条纹

（C）干涉条纹的亮度将发生改变　　（D）不产生干涉条纹

5. 在双缝干涉实验中，两条缝的宽度原来是相等的。若其中一缝的宽度略变窄（缝中心位置不变），则（　　）。

（A）干涉条纹的间距变宽　　（B）干涉条纹的间距变窄

（C）干涉条纹的间距不变，但原极小处的强度不再为零　　（D）不再发生干涉现象

6. 在双缝干涉实验中，为使屏上的干涉条纹间距变大，可以采取的办法是（　　）。

（A）使屏靠近双缝　　（B）使两缝的间距变小

（C）把两个缝的宽度稍微调窄　　（D）改用波长较小的单色光源

7. 在双缝干涉实验中，入射光的波长为 λ，用玻璃纸遮住双缝中的一个缝，若玻璃纸中光程比相同厚度的空气的光程大 2.5λ，则屏上原来的明纹处（　　）。

（A）仍为明条纹　　（B）变为暗条纹

（C）既非明纹也非暗纹　　　　　　　　（D）无法确定是明纹还是暗纹

8. 在双缝干涉实验中，若单色光源 S 到两缝 S_1、S_2 距离相等，则观察屏上中央明条纹位于图中 O 处。现将光源 S 向下移动到图 8-29 中的 S' 位置，则（　　）。

（A）中央明条纹也向下移动，且条纹间距不变

（B）中央明条纹向上移动，且条纹间距不变

（C）中央明条纹向下移动，且条纹间距增大

（D）中央明条纹向上移动，且条纹间距增大

9. 把双缝干涉实验装置放在折射率为 n 的水中，两缝间距离为 d，双缝到屏的距离为 D ($D>>d$)，所用单色光在真空中的波长为 λ，则屏上干涉条纹中相邻的明纹之间的距离是（　　）。

（A）$\lambda D/(nd)$　　（B）$n\lambda D/d$　　（C）$\lambda d/(nD)$　　（D）$\lambda D/(2nd)$

10. 在图 8-30 所示 3 种透明材料构成的牛顿环装置中，用单色光垂直照射，在反射光中看到干涉条纹，则在接触点 P 处形成的圆斑为（　　）。

（A）全明　　　　　　　　（B）全暗

（C）右半部明，左半部暗　　（D）右半部暗，左半部明

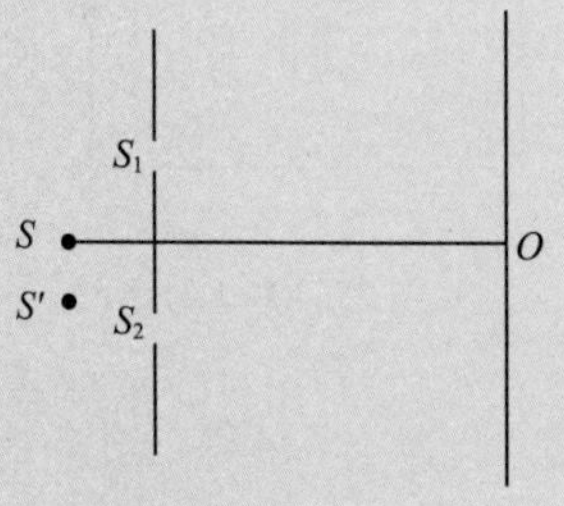

图 8-29　第 8 题图

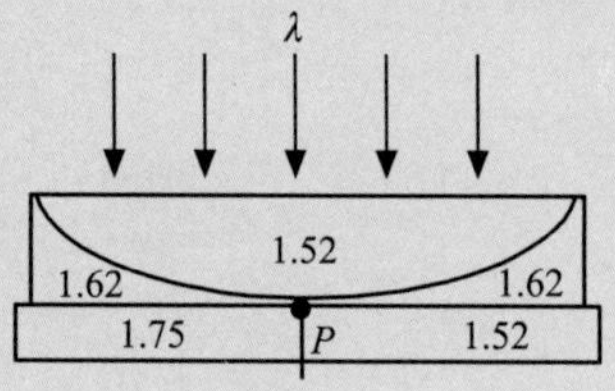

图 8-30　第 10 题图（图中数字为各处的折射率）

11. 一束波长为 λ 的单色光由空气垂直入射到折射率为 n 的透明薄膜上，透明薄膜放在空气中，要使反射光得到干涉加强，则薄膜最小的厚度为（　　）。

（A）$\lambda/4$　　（B）$\lambda/(4n)$　　（C）$\lambda/2$　　（D）$\lambda/(2n)$

12. 若把牛顿环装置（都是用折射率为 1.52 的玻璃制成的）由空气搬入折射率为 1.33 的水中，则干涉条纹（　　）。

（A）中心暗斑变成亮斑　　（B）变疏　　（C）变密　　（D）间距不变

13. 用劈尖干涉法可检测工件表面缺陷，当波长为 λ 的单色平行光垂直入射时，若观察到的干涉条纹如图 8-31 所示，每一条纹弯曲部分的顶点恰好与其左边条纹的直线部分的连线相切，则工件表面与条纹弯曲处对应的部分（　　）。

（A）凸起，且高度为 $\lambda/4$　　（B）凸起，且高度为 $\lambda/2$

（C）凹陷，且深度为 $\lambda/2$　　（D）凹陷，且深度为 $\lambda/4$

14. 如图 8-32 所示，平板玻璃和凸透镜构成牛顿环装置，全部浸入 n=1.60 的液体中，凸透镜可沿 OO' 移动，用波长 λ=500 nm(1nm=10^{-9}m) 的单色光垂直入射。从上向下观察，看到中心是一个暗斑，此时凸透镜顶点距平板玻璃的距离最少是（　　）。

（A）156.3 nm　　（B）148.8 nm　　（C）78.1 nm　　（D）74.4 nm　　（E）0

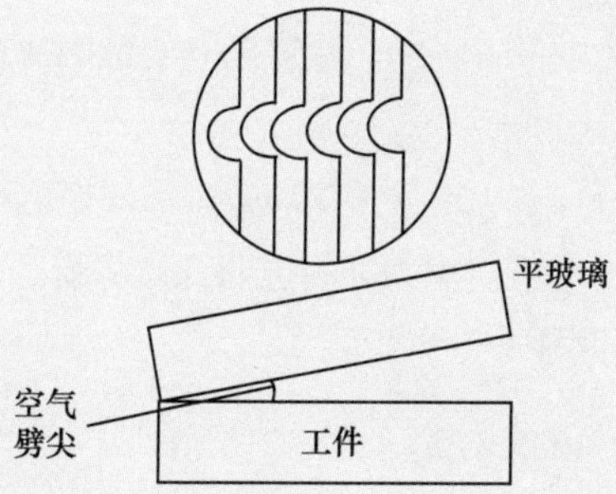

图 8-31　第 13 题图

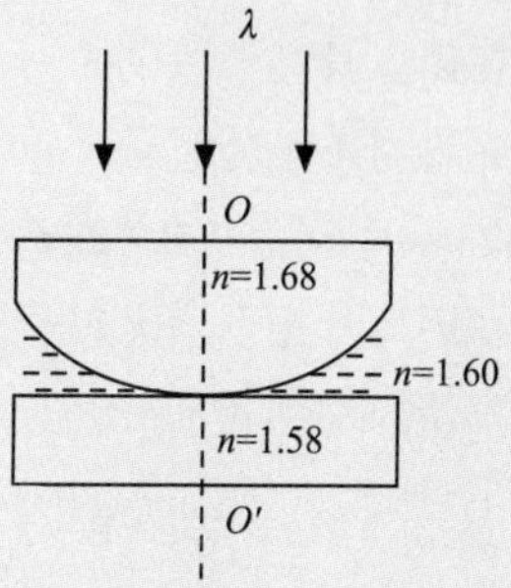

图 8-32　第 14 题图

15. 在牛顿环实验装置中，曲率半径为 R 的平凸透镜与平玻璃扳在中心恰好接触，它们之间充满折射率为 n 的透明介质，垂直入射到牛顿环装置上的平行单色光在真空中的波长为 λ，则反射光形成的干涉条纹中暗环半径 r_k 的表达式为（　　）。

（A）$r_k=\sqrt{k\lambda R}$　　（B）$r_k=\sqrt{k\lambda R/n}$　　（C）$r_k=\sqrt{kn\lambda R}$　　（D）$r_k=\sqrt{k\lambda/(nR)}$

16. 在玻璃（折射率 n_3=1.60）表面镀一层 MgF_2（折射率 n_2=1.38）薄膜作为增透膜。为了使波长为 500nm(1nm=10^9m) 的光从空气（n_1=1.00）正入射时尽可能少反射，MgF_2 薄膜的最少厚度应是（　　）。

（A）78.1nm　　（B）90.6nm　　（C）125nm　　（D）181nm　　（E）250nm

17. 把一平凸透镜放在平玻璃上，构成牛顿环装置。当平凸透镜慢慢地向上平移时，由反射光形成的牛顿环（　　）。

（A）向中心收缩，条纹间隔变小　　（B）向中心收缩，环心呈明暗交替变化

（C）向外扩张，环心呈明暗交替变化　　（D）向外扩张，条纹间隔变大

18. 两块平玻璃构成空气劈形膜，左边为棱边，用单色平行光垂直入射。若上面的平玻璃慢慢地向上平移，则干涉条纹（　　）。

（A）向棱边方向平移，条纹间隔变小　　（B）向棱边方向平移，条纹间隔变大

（C）向棱边方向平移，条纹间隔不变　　（D）向远离棱边的方向平移，条纹间隔不变

（E）向远离棱边的方向平移，条纹间隔变小

19. 两块平玻璃构成空气劈形膜，左边为棱边，用单色平行光垂直入射。若上面的平玻璃以棱边为轴，沿逆时针方向做微小转动，则干涉条纹的（　　）。

（A）间隔变小，并向棱边方向平移　　（B）间隔变大，并向远离棱边方向平移

（C）间隔不变，向棱边方向平移　　　　（D）间隔变小，并向远离棱边方向平移

20. 由两块玻璃片（n_1=1.75）所形成的空气劈形膜，其一端厚度为零，另一端厚度为0.002cm。现用波长为700nm (1nm=10^{-9}m) 的单色平行光，沿入射角为30° 的方向射在膜的上表面，则形成的干涉条纹数为（　　）。

（A）27　　（B）40　　（C）56　　（D）100

21. 在迈克耳逊干涉仪的一条光路中，放入一折射率为 n，厚度为 d 的透明薄片，放入后，这条光路的光程改变了（　　）。

（A）$2(n-1)d$　（B）$2nd$　（C）$2(n-1)d+\lambda/2$　（D）nd　（E）$(n-1)d$

22. 在迈克耳逊干涉仪的一支光路中，放入一片折射率为 n 的透明介质薄膜后，测出两束光的光程差的改变量为一个波长 λ，则薄膜的厚度是（　　）。

（A）$\lambda/2$　（B）$\lambda/(2n)$　（C）λ/n　（D）$\dfrac{\lambda}{2(n-1)}$

23. 波长为 λ 的单色光垂直照射图 8-33 所示的透明薄膜。膜厚度为 e，两束反射光的光程差 δ =____________。

24. 单色平行光垂直入射到双缝上。观察屏上 P 点到两缝的距离分别为 r_1 和 r_2，如图 8-34 所示。设双缝和屏之间充满折射率为 n 的介质，则 P 点处二相干光线的光程差为____________。

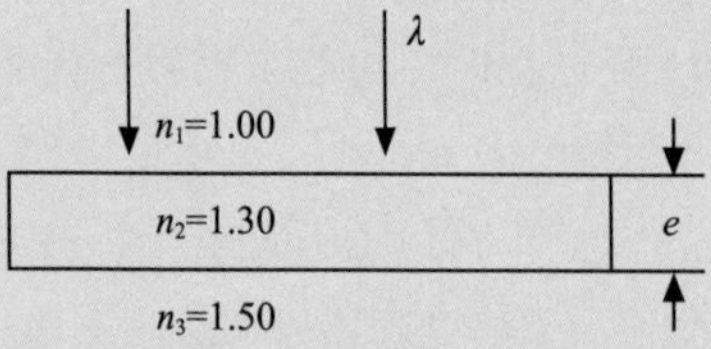

图 8-33　第 23 题图

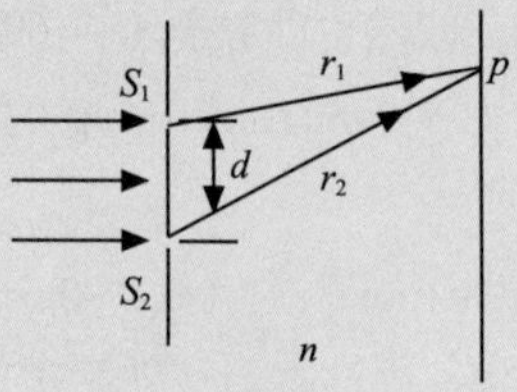

图 8-34　第 24 题图

25. 一双缝干涉装置，在空气中观察时干涉条纹间距为 1.0mm。若整个装置放在水中，干涉条纹的间距将变为____________mm。(设水的折射率为 4/3)

26. 在双缝干涉实验中，所用单色光波长为 λ=562.5nm (1nm=10^{-9}m)，双缝与观察屏的距离 D=1.2m，若测得屏上相邻明条纹间距为 Δx=1.5mm，则双缝的间距 d=__________。

27. 在双缝干涉实验中，所用光波波长 $\lambda=5.461\times10^{-4}$mm，双缝与屏间的距离 D=300mm，双缝间距为 d=0.134mm，则中央明条纹两侧的两个第三级明条纹之间的距离为________。

28. 在双缝干涉实验中，双缝间距为 d，双缝到屏的距离为 D (D>>d)，测得中央零级明条纹与第五级明条纹之间的距离为 x，则入射光的波长为____________。

29. 在双缝干涉实验中，若两缝的间距为所用光波波长的 N 倍，观察屏到双缝的距离为

D，则屏上相邻明条纹的间距为 ______________。

30. 在空气中有一劈形透明膜，其劈尖角 $\theta=1.0\times10^{-4}$rad，在波长 $\lambda=700$nm 的单色光垂直照射下，测得两相邻干涉明条纹间距 $\lambda=0.25$cm，由此可知此透明材料的折射率 $n=$_______。

31. 图 8-35 中 a 部分为一块光学平板玻璃与一个加工过的平面一端接触，构成的空气劈尖，用波长为 λ 的单色光垂直照射。看到反射光干涉条纹（实线为暗条纹）如 b 部分所示。则干涉条纹上 A 点处所对应的空气薄膜厚度为 $e=$_______。

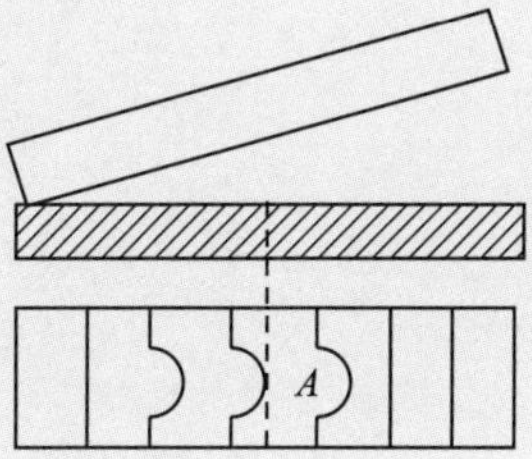

图 8-35　第 31 题图

32. 折射率分别为 n_1 和 n_2 的两块平板玻璃构成空气劈尖，用波长为 λ 的单色光垂直照射。如果将该劈尖装置浸入折射率为 n 的透明液体中，且 $n_2>n>n_1$，则劈尖厚度为 e 的地方两反射光的光程差的改变量是 ________________。

33. 用波长为 λ 的单色光垂直照射图 8-36 所示的折射率为 n_2 的劈形膜 ($n_1>n_2$，$n_3>n_2$)，观察反射光干涉。从劈形膜顶开始，第 2 条明条纹对应的膜厚度 $e=$___________。

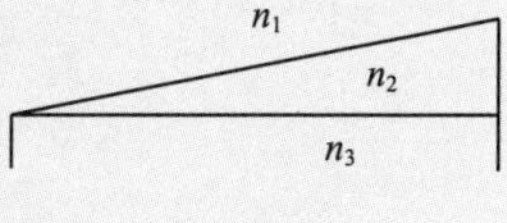

图 8-36　第 33 题图

34. 一平凸透镜，凸面朝下放在一平玻璃板上。透镜刚好与玻璃板接触。波长分别为 $\lambda_1=600$nm 和 $\lambda_2=500$nm 的两种单色光垂直入射，观察反射光形成的牛顿环。从中心向外数的两种光的第五个明环所对应的空气膜厚度之差为 ______nm。

35. 若在迈克耳逊干涉仪的可动反射镜 M 移动 0.620mm 过程中，观察到干涉条纹移动了 2300 条，则所用光波的波长为 ____________nm。(1nm=10^{-9}m)

36. 用迈克耳逊干涉仪测微小的位移。若入射光波波长 $\lambda=628.9$nm，当动臂反射镜移动时，干涉条纹移动了 2 048 条，反射镜移动的距离 $d=$_______。

37. 光强均为 I_0 的两束相干光相遇而发生干涉时，在相遇区域内有可能出现的最大光强是 __________________。

38. 在迈克耳逊干涉仪的一支光路上，垂直于光路放入折射率为 n、厚度为 h 的透明介质薄膜。与未放入此薄膜时相比较，两光束光程差的改变量为 __________。

39. 已知在迈克耳逊干涉仪中使用波长为 l 的单色光。在干涉仪的可动反射镜移动距离 d 的过程中，干涉条纹将移动 ______________ 条。

40. 在迈克耳逊干涉仪的可动反射镜移动了距离 d 的过程中，若观察到干涉条纹移动了 N 条，则所用光波的波长 l=____________。

9 第九章 光的衍射

法国科学院1818年开展了一次征文活动，竞赛的题目有：利用精密的实验确定光线的衍射效应；根据实验用数学归纳法推导出光线通过物体附近时的运动情况。竞赛的评奖委员会的著名科学家有比奥、拉普拉斯和泊松等，他们都是牛顿微粒说的拥护者。30岁的菲涅尔从横波观点出发，以严密的数学推理圆满地解释了光的偏振，并用半波带法定量地计算了圆孔、圆板等形状的障碍物所产生的衍射花纹，推出的结果与实验符合得很好。比奥赞赏道："菲涅尔从这个观点出发，严格地把所有衍射现象归于统一的观点，并用公式予以概括，从而永恒地确定了它们之间的相互关系。"

菲涅尔开创了光学研究的新阶段。他发展了惠更斯和托马斯·杨的波动理论，成为"物理光学的缔造者"。

本章的主要内容有：惠更斯 - 菲涅尔原理，夫琅禾费单缝衍射，菲涅尔半波带法，光栅衍射，圆孔衍射等。

第一节　光的衍射现象 惠更斯 - 菲涅尔原理

一、光的衍射现象

衍射（diffraction）指波遇到障碍物时偏离原来直线传播的现象。水波能绕过水面上的障碍物传播，无线电波能绕过山传播，说明了机械波和电磁波都有衍射现象。光作为一种电磁波，也有衍射现象。但是，通常看来光是沿直线传播的，遇到不透明的障碍物时，会投射出清晰的影子。究其原因，在于光波波长（可见光波长范围390 ~ 760nm）远小于一般障碍物或孔隙的线度。当障碍物的尺寸与波长差不多数量级时，光的衍射现象就变得明显起来。

图9-1所示的实验装置，一束激光照射一个可调节的狭缝 S，开始时缝宽比波长大得多，屏幕上的光斑宽度取决于缝宽。当狭缝 S 宽度逐渐缩小时，屏幕上光斑随之缩小，但仍符合光的直线传播规律。随着缝 S 宽度继续减小，屏幕上的光斑不但不缩小，反而增大起来，说明光波已经到达狭缝

的几何阴影区；同时，光波的光强分布也由开始的均匀分布变成了明暗相间的条纹。

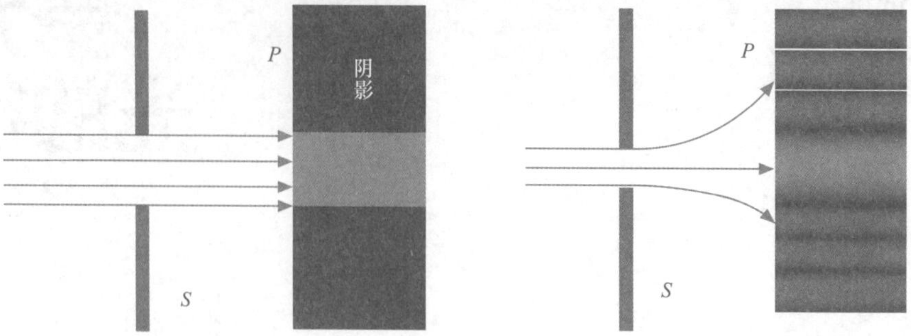

（a）缝宽比波长大得多时

（b）缝宽与波长可以相比时

图 9-1　光的直线传播与衍射

衍射光的分布一般与光孔或障碍物的形状和尺度是相关的，如图 9-2 所示。在日常生活中光的衍射现象是较为普遍的，如人眼在夜晚观察到的“星芒”或“灯芒”现象就是瞳孔的衍射效应造成的。

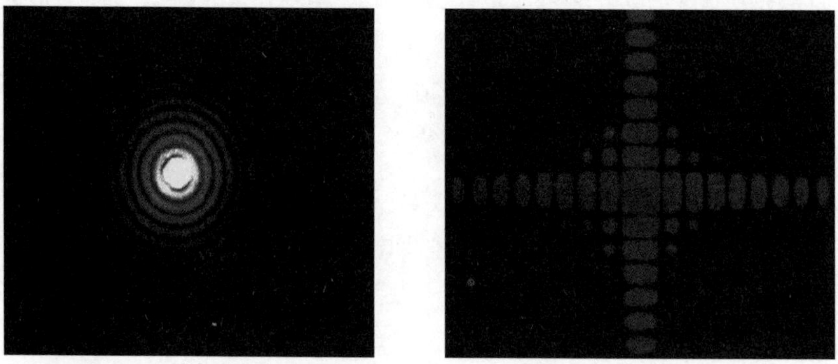

（a）

（b）

图 9-2　光的衍射：（a）圆形光孔衍射；（b）方形光孔衍射

在实验室观察衍射现象，衍射系统通常是由光源、衍射屏（或障碍物）和接收屏组成。按照三者的相对位置关系，通常把衍射现象分成两类，如图 9-3 所示：一类是光源或接收屏 P 到衍射屏 S

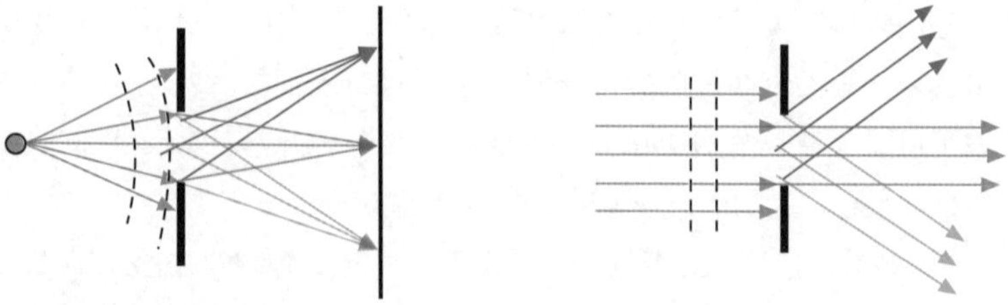

（a）菲涅尔衍射

（b）夫琅禾费衍射

图 9-3　衍射分类

的距离是有限远时的衍射，称为菲涅尔衍射；另一类是光源和接收屏到衍射屏的距离都是无限远时的衍射，称为夫琅禾费衍射。菲涅尔衍射在自然现象和日常生活中较为常见，但是数学分析较复杂；而夫琅禾费衍射在实际中用得较多，并且相应的理论计算也相对简单。本章我们仅讨论夫琅禾费衍射。在实验室中为了得到夫琅禾费衍射，通常使用两个透镜，光源放在透镜 L_1 的焦点上，接收屏放在透镜 L_2 的焦平面上，如图 9-4 所示。

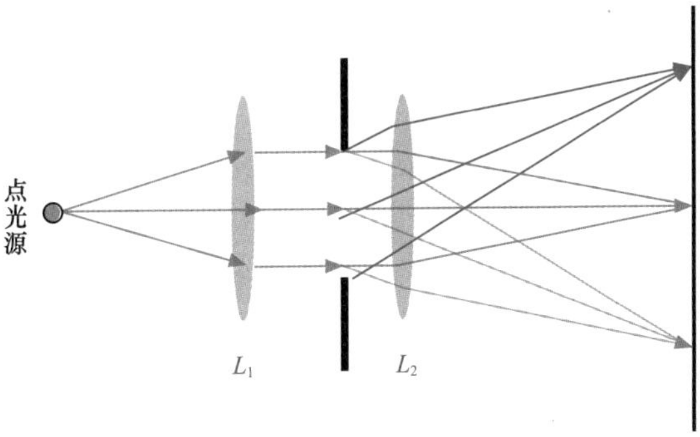

图 9-4　夫琅禾费衍射光路图

二、惠更斯 – 菲涅尔原理

前面我们曾用惠更斯原理定性地解释了机械波的衍射，在这里我们同样可以利用惠更斯的子波思想解释光的衍射现象。惠更斯原理假定子波只会朝前方传播，而不会朝后方传播，但是，惠更斯原理不能直接解释光的衍射图样中为什么出现衍射条纹，也不能得到条纹的位置以及光强的分布。菲涅尔注意到惠更斯原理的不足，在惠更斯原理基础之上，提出了“子波相干叠加”的设想。他认为，从同一波面上各点发出的子波在传播过程中相遇时，也能相互叠加而产生干涉现象，而空间各点波的强度由各子波在该点的相干叠加所决定，这称为惠更斯 - 菲涅尔原理。其实质是菲涅尔将干涉的本质引入到惠更斯原理，从而说明了衍射的本质是干涉。

惠更斯 - 菲涅尔原理是波动光学的基本原理，也是研究衍射问题的理论基础，能够定量地计算出各种衍射结果，但是其计算较为复杂。下一节中，我们采用菲涅尔提出的半波带法分析单缝夫琅禾费衍射现象。

第二节　夫琅禾费单缝衍射

一、夫琅禾费单缝衍射现象

夫琅禾费单缝衍射

图 9-5 所示为一夫琅禾费单缝衍射实验装置示意图。在衍射屏上开有一个细长狭缝，位于 L_1 透镜焦点处的单色点光源 S 经透镜 L_1 后成为一束平行光垂直入射到

单缝后产生衍射，衍射光线经透镜 L_2 汇聚到位于其焦平面上的接收屏上，形成一组平行于单缝的衍射条纹。

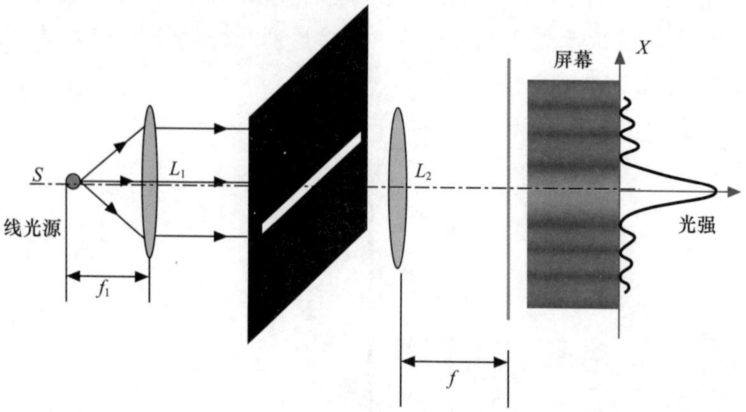

图 9-5　夫琅禾费单缝衍射实验

二、菲涅尔半波带法

接下来，我们基于图 9-5 所示的实验装置，分析衍射屏上的光强分布。为了方便分析，在此将单缝放大绘制，单缝宽度用 a 表示。接收屏距离透镜 L_2 的距离，即透镜 L_2 的焦距用 f 表示。

在平行单色光垂直照射下，单缝所在处的平面 AB 是入射光束的一个波阵面。按照惠更斯 - 菲涅尔原理，AB 波面上的各点都可以看成相干的子波源，它们都可以发射子波，并以球面波的形式向各方向传播。每一个子波源发出的光线无限多，每个可能的方向都有，这些光线被称为衍射光线，如图 9-6 所示（图中对每个子波源仅画了 3 个方向的光线示意）。接收屏上形成的明暗相间的条纹就是那些经过透镜 L_2 后汇聚到焦平面上的衍射角光线的干涉叠加。值得注意的是，接收屏上衍射光的干涉叠加的位置（分布）取决于不同的衍射角，如图 9-7 所示，可以想一想，这是为什么？

衍射光强分布如何呢？我们先来考虑图 9-7 中 P_0 点的光强情况。由于 P_0 点处在透镜的焦点上，因此只有那些平行于光轴的衍射光线才能汇聚于此，如图 9-7 中的光线（1）。这些衍射光线从 AB 面发出时的相位是相同的，而经过透镜又不会引起附加光程差，它们经透镜汇聚于 P_0 点时相位仍然相同，因此在 P_0 点处的光振动是相互加强的，于是在 P_0 处出现明条纹，为中央明纹中心。

其次，我们再来考虑接收屏上任一点 P 的光强情况，如图 9-7 所示。P 点的光强取决于所有汇聚到 P 点的衍射光线的干涉叠加情况。哪些衍射光线经过透镜后能够汇聚到 P 点呢？按照几何光学的知识，由于 P 点位于透镜的焦平面上，因此它所对应的入射到透镜上的衍射光线为一组平行光线［如图 9-7 中的光线（2）］，它们均平行于 P 点和透镜中心的连线，如图 9-7 虚线所示。这组平行光线与入射方向夹角 φ，称作**衍射角**。显然，光束（2）中各子波到达 P 的光程并不相等，所以它们在 P 点的相位也不相同。如果我们过 B 点作平面 BC 与衍射光线（2）垂直，由透镜不引起附加光程差知识可知，BC 面上各点到达 P 点的光程都相等，因此各衍射光线到达 P 点时的光程差就等于它

们从 AB 面到 BC 面的光程差。从而，汇聚到 P 点的各光线的最大光程差为 $AC=a\sin\varphi$。衍射角不同，最大光程差也不同，对应的汇聚点 P 点位置也不同。

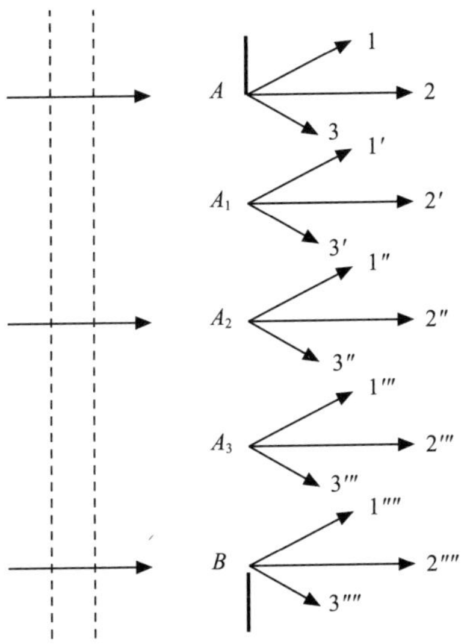

图 9-6　子波不同衍射角示意图

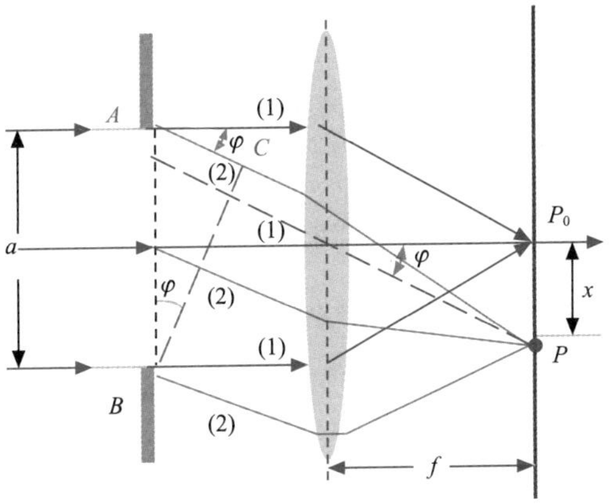

图 9-7　单缝衍射条纹位置

如何分析各子波在 P 点干涉叠加的结果呢？我们在此介绍菲涅尔提出的半波带法，不需任何数学推导，就能够知道衍射条纹分布的概貌。方法是：将 AC 用一系列平行于面 BC 的平面来划分，并使相邻平面间的距离等于入射单色光波长的一半，即 $\frac{\lambda}{2}$，如图 9-8 所示。这些平面同时将单缝处的波面 AB 分成 AA_1、A_1A_2、A_2A_3、A_3B 等宽度的波带，称为**半波带**。此时任意相邻的两个半波带上的对应点发出的光线在 P 点汇聚时对应的光程差均为半波长，从而相邻两个半波带所发出的光在 P 处叠加时将相互抵消。

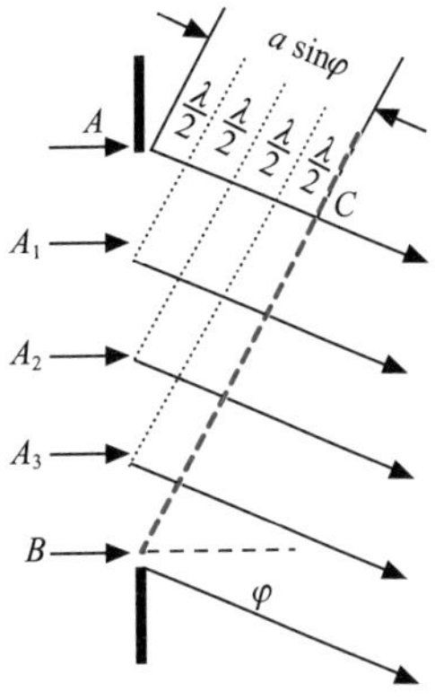

图 9-8　菲涅尔半波带法

若对某些衍射角，AC 恰好是半波长的偶数倍，单缝可分成偶数个半波带，所有半波带所发出的光在 P 点成对地相互抵消，从而 P 点形成暗条纹中心；若对某些衍射角，AC 恰好是半波长的奇数倍，单缝可分成奇数个半波带，每相邻半波带所发出的光在 P 点成对抵消后，还剩下一个半波带的光没有被抵消，则 P 点形成明条纹中心；若对某些衍射角，AC 不为半波长的整数倍，单缝不能分成整数个半波带，则 P 点的光强介于相邻的最亮和最暗之间。

综上所述，当平行单色光垂直单缝入射时，单缝夫琅禾费衍射明暗条纹的条件为

$$a\sin\varphi=\begin{cases}0 & \text{（中央明纹）}\\ \pm 2k\dfrac{\lambda}{2}=\pm k\lambda & \text{（干涉相消，暗纹），（}k=1,2,3,\cdots\text{）}\\ \pm(2k+1)\dfrac{\lambda}{2} & \text{（干涉加强，明纹）}\end{cases} \qquad (9\text{-}1)$$

其中 k 为衍射条纹的级数，取值不能为 0，正负号表示衍射条纹对称分布于中央明纹的两侧。

（9-1）式的前提是单色光垂直照射单缝。当平行单色光倾斜照射单缝时，要对该式进行修改：公式右边保持不变，公式左边修改为倾斜照射下单缝上下两边界发出的衍射角为 φ 的两对应光线汇聚到 P 点的光程差即可。

三、单缝夫琅禾费衍射条纹的特征

（9-1）式给出了明暗纹中心的条件。但是对于任意衍射角来说，单缝一般不能正好分成整数个半波带，即 $a\sin\varphi\neq k\dfrac{\lambda}{2}$，此时，对应于这些衍射角的衍射光经透镜汇聚后，在屏幕上的光强介于明和暗之间的中间区域。中央明纹是由 AB 上所有子波源发出的子波干涉加强形成的，所以光强最强。单缝夫琅禾费衍射的光强分布如图 9-9 所示。

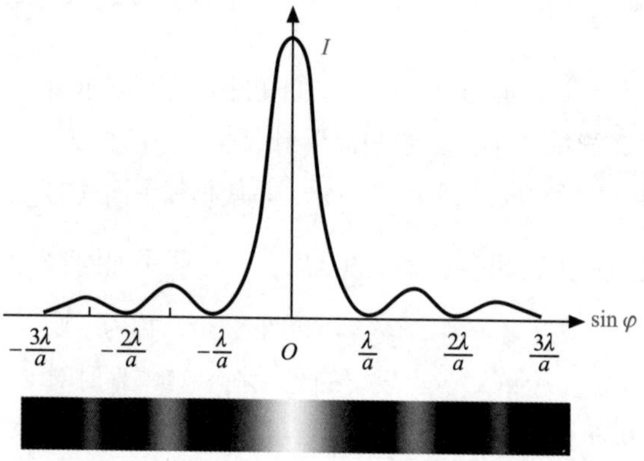

图 9-9　夫琅禾费单缝衍射的光强分布

图 9-9 中中央明纹最亮，条纹也最宽。我们把两个一级暗纹中心之间的距离定义为中央明纹宽度。若此时衍射角 φ 很小，由（9-1）式可以确定两个一级暗纹对应的衍射角 φ_0 满足 $\varphi_0\approx\sin\varphi_0=\pm\dfrac{\lambda}{a}$。因此，中央明纹的角宽度（中央明纹对透镜中心的张角）为 $2\varphi_0\approx 2\dfrac{\lambda}{a}$。有时也用半角宽度描述，即 $\varphi_0\approx\dfrac{\lambda}{a}$。在图 9-7 中，以 f 表示透镜的焦距，则可以得到在屏幕上形成的中央明纹的宽度为

$$\Delta x_0=2f\tan\varphi_0\approx 2\frac{\lambda}{a}f \qquad (9\text{-}2)$$

而其他各级次明纹宽度（相邻的两个暗纹中心之间的距离）为

$$\Delta x = f(\tan\varphi_{k+1} - \tan\varphi_k) \approx f(\sin\varphi_{k+1} - \sin\varphi_k) = \frac{\lambda}{a}f \qquad (9\text{-}3)$$

其中 φ_{k+1} 和 φ_k 分别是第 k+1 级暗纹和第 k 级暗纹的衍射角。可见，中央明纹宽度约为其他各级次明纹宽度的两倍。

当缝宽 a 一定时，对同一级衍射条纹，波长 λ 越大，则衍射角 φ 越大。因此，如果用白光照射单缝，除中央明纹的中部仍为白色外，其两侧将出现一系列由紫到红的彩色条纹，称为衍射光谱。

对波长 λ 一定的单色光来说，当单缝宽度 a 越小时，衍射图样越宽，光的衍射效应越明显。当 a 变大时，条纹将向中央明纹附近密集而逐渐分辨不清。当 a 很宽时，只能观察到一条明纹，它就是单缝的像，这时光可以看成是直线传播的。由此可见，中央明纹的中心就是几何光学的像点。在进行衍射实验时，可借助几何光学成像规律，快速确定中央明纹的位置。

例 9-1　用波长为 λ 的单色光照射狭缝，得到单缝的夫琅禾费衍射图样，第 3 级暗纹位于屏上的 P 处。

（1）若将狭缝宽度缩小一半，那么 P 处是明纹还是暗纹？

（2）若用波长为 1.5λ 的单色光照射狭缝，P 处是明纹还是暗纹？

解　利用半波带法求解。根据已知条件，在屏上 P 处出现第 3 级暗纹，所以对于位置 P，狭缝处对应的波阵面被分成 6 个半波带。

（1）缝宽缩小一半，对于 P 位置，狭缝处波阵面可以分成 3 个半波带，故 P 处此时为第 1 级明纹。

（2）改用波长 1.5λ 的光照射，则狭缝处的波阵面可划分的半波带数变为原来的 $\frac{1}{1.5}$，对于 P 点而言，半波带数变为 4 个，所以在 P 处为第 2 级暗纹。

例 9-2　在夫琅禾费单缝衍射实验中，如果缝宽 a 与入射光波长 λ 的比值分别为 1、10、100，试分别计算中央明条纹边缘的衍射角，再讨论计算结果说明什么问题。

解　由单缝衍射明暗纹条件，可得

（1）$a=\lambda$，$\sin\varphi = \frac{\lambda}{\lambda} = 1$，$\varphi = 90°$；

（2）$a=10\lambda$，$\sin\varphi = \frac{\lambda}{10\lambda} = 0.1$，$\varphi = 5°44'$；

（3）$a=100\lambda$，$\sin\varphi = \frac{\lambda}{100\lambda} = 0.01$，$\varphi = 34'$。

这说明，比值 $\frac{\lambda}{a}$ 变小的时候，所求的衍射角变小，中央明纹变窄（其他明纹也相应变得更靠近中心点），衍射效应越来越不明显。$\left(\frac{\lambda}{a}\right) \to 0$ 的极限情形即几何光学的情形：光线沿直传播，无衍射效应。

例 9-3　在单缝夫琅禾费衍射实验中，垂直入射的光有两种波长，λ_1=400nm，λ_2=760nm。已知单缝宽度 a=1.0×10^{-2}cm，透镜焦距 f=50cm，求两种光第 1 级衍射明纹中心之间的距离。

解 根据题意光线垂直入射单缝，因此可由单缝衍射明纹公式得

λ_1 对应的第 1 级衍射明纹满足 $a\sin\varphi_1 = \frac{(2k+1)\lambda_1}{2} = \frac{3\lambda_1}{2}$，

λ_2 对应的第 1 级衍射明纹满足 $a\sin\varphi_2 = \frac{(2k+1)\lambda_2}{2} = \frac{3\lambda_2}{2}$，

两波长对应的衍射明纹中心 x_1 和 x_2 同时满足（可参考图 9–7）

$$\tan\varphi_1 = \frac{x_1}{f}，\quad \tan\varphi_2 = \frac{x_2}{f}$$

由于
$$\sin\varphi_1 \approx \tan\varphi_1，\quad \sin\varphi_2 \approx \tan\varphi_2$$

所以
$$x_1 = \frac{3f\lambda_1}{2a}，\quad x_2 = \frac{3f\lambda_2}{2a}$$

则两个第 1 级明纹间距为
$$\Delta x = x_2 - x_1 = \frac{3f\Delta\lambda}{2a} = 0.27\text{（cm）}$$

第三节　衍射光栅

通过上一节的讨论，我们知道可以利用单色光通过单缝时所产生的衍射条纹来测定该单色光的波长。但是，为了测量得准确，要求衍射条纹必须分得很开，并且条纹应该既亮又窄。然而，对单缝衍射来说，这两个要求难以同时达到。因为，若缝较宽，明纹亮度虽然较强，但相邻条纹的间隔很窄而不易分辨；若缝很窄，条纹间隔虽然可以加宽，但是明纹的亮度却显著减小，明暗条纹的界限不清楚。

另一方面，通过前面单缝衍射问题的讨论，大家已经清楚：不同波长的光进行衍射时，由于同级衍射角不同，自然在接收屏上相干的位置也不同。光谱具有分光作用，其性质逐渐被人们认识，并受到了重视。许多人进行过光谱方面的实验，认识到发射光谱与光源的化学成分以及光源的激发方式有密切关系。正是基于对氢原子光谱的分析，人们才敲开了原子物理的大门，为量子物理的发展奠定了重要的基础。

当然，为使衍射效果明显，即形成光谱更有效的分离，物理上要求缝宽越小越好，同时透过的光强自然也会随缝宽变窄而变弱。为解决这一相互矛盾的问题，人们提出光栅的概念。德国物理学家夫琅禾费在光谱学上做过重大贡献，他发明了衍射光栅。夫琅禾费最初用银丝缠在两根螺杆上，做成光栅，后来建造了刻纹机，用金刚石在玻璃上刻痕，做成透射光栅。

一、光栅衍射现象

由大量等间距、等宽度的平行狭缝所组成的光学元件，称为衍射光栅。用于透射光衍射的叫透射光栅；用于反射光衍射的为反射光栅；当然，还有一类反射光栅，这里不作介绍。常用的透射光栅是在一块玻璃片上刻画出许多等间距、等宽度的平行刻痕，刻痕处相当于毛玻璃，不易透光，刻痕之间的部分可以透光，相当于一个单缝，如图 9-10 所示。刻痕宽度用 b 表示（不透光宽度），缝

的宽度用 a 表示（透光宽度），并且我们把 $a+b$（数量级一般在 $10^{-5} \sim 10^{-6}$m 范围内）称为光栅常数 d，$d=a+b$。现代用的衍射光栅，在 1cm 内可以刻成千上万条缝。光栅能将入射的复色光按其波长的不同展现在观察屏上，据此人们可以对入射光的波长成分进行分析，是近代物理实验中常用的一种重要的分光元件。

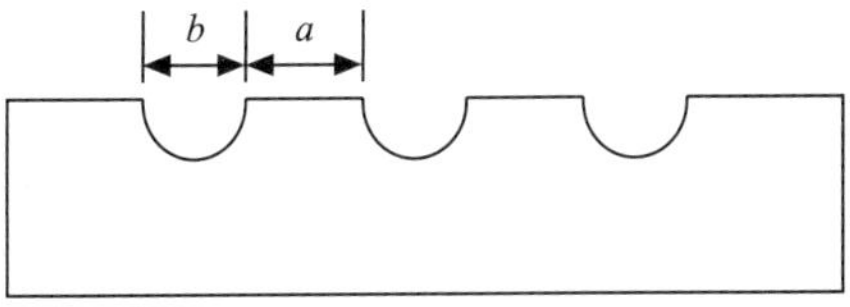

图 9-10　透射光栅

本节主要讨论平面透射光栅的夫琅禾费衍射，如图 9-11 所示。当平行单色光照射到光栅上时，每一狭缝都要产生衍射，而缝与缝之间透过的光又满足相干条件，所以他们通过透镜在接收屏上重叠时会产生干涉，并形成一组光栅衍射条纹，其特征是：明条纹窄而亮，相邻明纹间暗纹很宽，衍射图样很清晰。

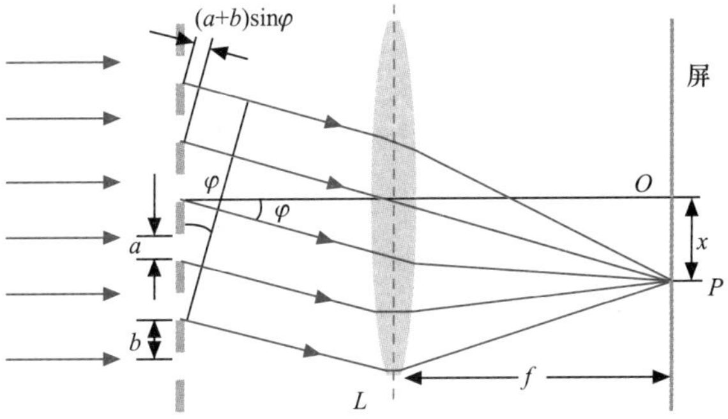

图 9-11　光栅夫琅禾费衍射

二、光栅衍射条纹

光栅由大量单缝所组成，每个缝都在屏幕上各自形成单缝衍射图样。由于各缝的宽度均为 a，因此，每个缝所对应的衍射图样完全相同，且在屏幕上完全重合。同时，由于各单缝的衍射光在屏幕上重叠时是相干光，缝与缝之间的衍射光将产生干涉，其干涉条纹的明暗取决于相邻两缝到汇聚点的光程差。光栅的衍射条纹是单缝衍射和多缝干涉的总效果。因此，光栅衍射的原理可以看成是多缝之间的干涉，其光强分布受到单缝衍射的调制。

1. 光栅方程（主极大条纹条件）

首先，我们来讨论明条纹的位置。当平行单色光垂直照射光栅时，每个缝均向各方向发出衍射光线，发自各缝具有相同衍射角的一组平行光都汇聚于接收屏上同一点，如图 9-11 中的 P 点，这些光波叠加彼此产生干涉，称多光束干涉。从图 9-11 中可以看出，任意相邻两缝对应点发出的衍射角为 φ 的两衍射光线到达 P 点时的光程差均为 $(a+b)\sin\varphi$，如果此值恰好是入射光波长 λ 的整数倍，则这两衍射光在 P 点满足相干加强条件。此时，其他任意两条狭缝沿该衍射角 φ 方向发出的两条衍射光，到达 P 点处的光程差也一定是波长 λ 的整数倍。因此，所有各缝沿该衍射角 φ 方向发出的衍射光在屏上汇聚时，均相互加强，形成明条纹。此时，P 点的合光强是来自一条缝的光强的 N^2 倍（N 为光栅缝总数）。所以，光栅的多光束形成的明条纹的亮度要比单缝衍射的明条纹亮度大得多。由此可知，光栅衍射的明条纹位置应满足

$$(a+b)\sin\varphi = k\lambda \qquad (k=0,\pm1,\pm2,\pm3,\cdots) \tag{9-4}$$

（9-4）式称作光栅方程，k 为明条纹级次。这些明条纹细窄而明亮，称为主极大条纹。k=0 为零级主极大，k=1 为第 1 级主极大，其他类推。正、负号表示各级主极大条纹对称分布在零级主极大两侧。

类似在单缝衍射中讨论的情况，（9-4）式是在单色平行光垂直照射光栅时的结论。如果单色平行光倾斜照射光栅，公式左边应该修改为任意相邻两缝发出的衍射角为 φ 的对应光线汇聚到 P 点的光程差。

2. 暗纹条件

在光栅衍射中，相邻两主极大之间还分布着一些暗条纹。这些暗条纹是由各缝发出的衍射光干涉相消形成的。可以证明，当衍射角 φ 满足下述条件

$$(a+b)\sin\varphi = \left(k+\frac{n}{N}\right)\lambda \qquad (k=0,\pm1,\pm2,\cdots) \tag{9-5}$$

时，出现暗条纹。式中，k 为主极大级次，N 为光栅缝总数，n 为正整数，取值为 n=1，2，…，N–1。由（9-5）式可知，在两个主极大之间，分布着 N–1 个暗条纹。显然，在这 N-1 个暗条纹之间的位置光强不为 0，但其强度比各级主极大的光强都要小得多，称为次级明纹。所以，在相邻两主极大之间分布着 N–1 个暗条纹和 N-2 个光强极弱的次级明纹，当光栅狭缝数量 N 较大时，这些明条纹几乎观察不到，因此实际上两个主极大之间是一连续暗区。当光栅缝总数 N 为 5 时，可以看到在两个主极大之间有 3 个次级明纹，4 个暗条纹，如图 9-12 所示；当 N 增大为 50 时，此时除了看到细而亮的主极大明纹之外，主极大之间是连续暗区。在实际应用中，光栅缝总数很大，所以不需要多考虑次级明纹。

3. 光栅衍射条纹的特征

刚才我们已经提到光栅的衍射条纹是单缝衍射和多缝干涉的总效果。多缝干涉时，由于没有考虑各单缝衍射对屏上条纹强度分布的影响，认为所得到的干涉条纹强度相等，如图 9-13（a）所示。实际上，由于单缝衍射，在不同的衍射角下衍射光的强度是不同的。也就是说，多缝干涉对应的明条纹要受到单缝衍射的调制。单缝衍射光强大的方向，明条纹的光强也大，单缝衍射光强小的方向，

明条纹的光强也小，如图 9-13（b）所示。

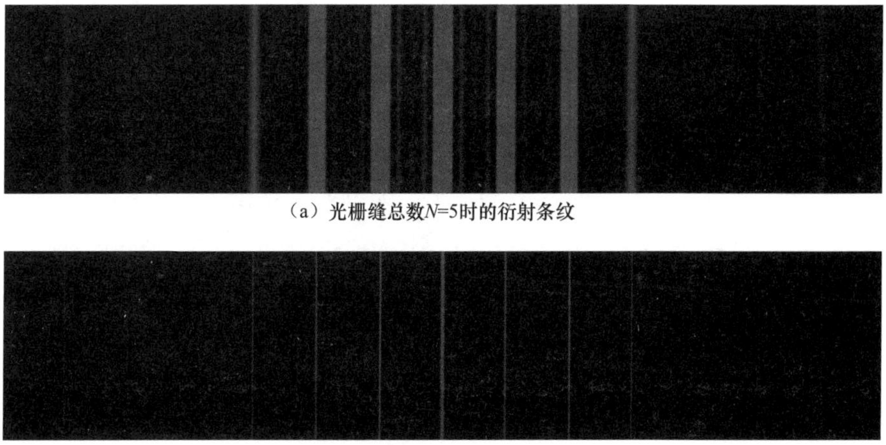

（a）光栅缝总数N=5时的衍射条纹

（b）光栅缝总数N=50时的衍射条纹

图 9-12　光栅衍射条纹分布

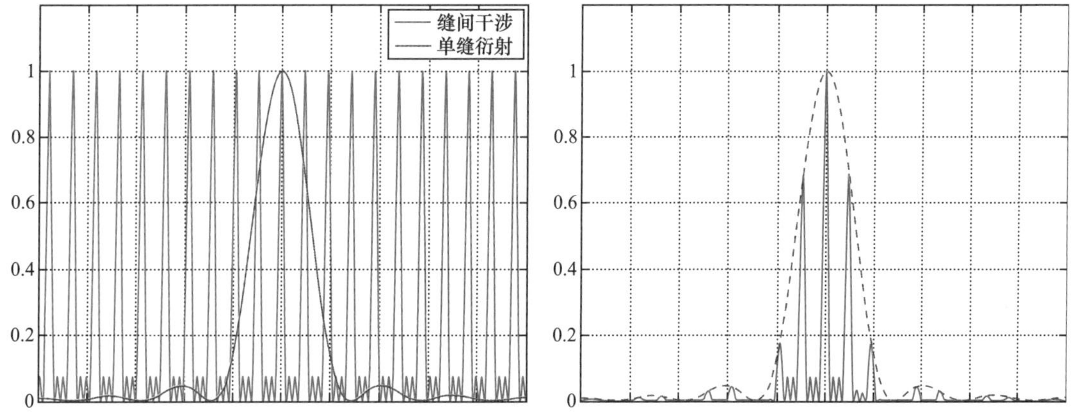

（a）多缝干涉和单缝衍射对应条纹光强分布　　（b）光栅衍射对应条纹分布

图 9-13　光栅衍射的强度分布

4. 缺级现象

根据光栅衍射的强度分析，在光栅衍射中存在一种特殊情况，即在某些衍射角下，多缝干涉对应主极大明纹，同时单缝衍射满足暗纹条件，从而接收屏上这一位置可以看成光强为 0 的干涉加强。所以从光栅方程计算出来应该出现 k 级主极大明纹的位置，实际上却是暗条纹，也就是说 k 级主极大明纹没有出现，我们把这种现象称为光栅的**缺级现象**。即某衍射角 φ 同时满足

多光束干涉明纹条件　　$(a+b)\sin\varphi = k\lambda \quad (k=0, \pm 1, \pm 2, \cdots)$

单缝衍射暗纹条件　　　　$a\sin\varphi = k'\lambda \quad (k' = \pm 1, \pm 2, \cdots)$

从而缺级条件为

$$k = \frac{k' \cdot (a+b)}{a} \quad (k' = \pm 1, \pm 2, \cdots) \tag{9-6}$$

一般只要 $\frac{(a+b)}{a}$ 为整数比时，对应的 k 级明条纹位置出现缺级现象。如 $\frac{(a+b)}{a}=3$ 时，则 $k=3k'$，由光栅方程计算得到的第 3,6,9,⋯级都为缺级，如图 9-13 所示。

三、光栅光谱

由光栅方程 $(a+b)\sin\varphi=k\lambda$ 可知，当光栅常数 $a+b$ 一定时，第 k 级明条纹衍射角 φ 的大小与入射光的波长有关。如果用白光照射光栅，各种不同波长的光将产生各自分开的主极大明条纹。屏幕上除零级主极大明条纹由各种波长的光混合仍为白光外，其两侧将形成各级由紫到红对称排列的彩色光带，这些光带的整体称为衍射光谱，如图 9-14 所示。对于同一级的条纹，由于波长短的光衍射角小，波长长的光衍射角大，因此光谱中紫光（图中以 V 表示）靠近零级主极大，红光（图中以 R 表示）则远离零级主极大。在第 2 级和第 3 级光谱中，发生了重叠，级次越高，重叠情况就越复杂，实际上很难区分。

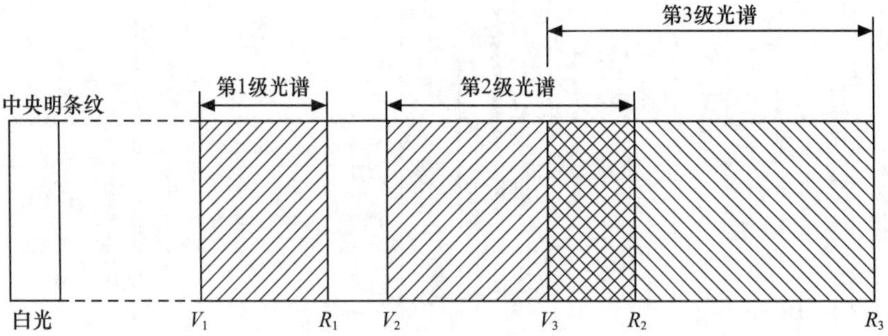

图 9-14　白光不同级次衍射光谱分布示意图

不同种类光源发出的光所形成的光谱是不相同的。炽热固体发射的光的光谱，是各色光连成一片的连续光谱；放电管中气体所发出的光谱，则是由一些具有特定波长的分立的明线构成的线状光谱；也有一些光谱由若干条明带组成，而每一明带实际上是一些密集的谱线，这类光谱叫带状光谱，是由分子发光产生的，所以也叫作分子光谱。

各自元素都有自已特定的光谱，所以测定光栅光谱中各谱线的波长及相对强度，可以确定发光物质的成分和含量。这种方法称为光谱分析，在科学研究和工程技术等领域已得到广泛的应用。

例 9-4　用白光（波长范围：400nm ～ 760nm）垂直照射光栅常数为 2.0×10^{-4}cm 的光栅，则第 1 级光谱的张角为多少？

解　由光栅方程 $(a+b)\sin\varphi = k\lambda$，$k=1$ 时，$\theta_1 = \sin^{-1}\frac{\lambda}{a+b}$。

$\lambda_V = 400\text{nm}, \quad \varphi_V = \sin^{-1}\dfrac{\lambda_V}{a+b} = 9.5°$

$\lambda_R = 760\text{nm}, \quad \varphi_R = \sin^{-1}\dfrac{\lambda_R}{a+b} = 18.3°$

则，第一级光谱张角：$V_\varphi = \varphi_R - \varphi_V = 8.8°$

例 9-5 波长为 680nm 的单色可见光垂直入射到缝宽为 a=1.25×10^{-4}cm 的透射光栅上，观察到第 4 级谱线缺级，透镜焦距 f=1m。求：

（1）求此光栅每厘米有多少条狭缝。

（2）求在屏上呈现的光谱线的全部级次和条纹数。

解 （1）缺级公式为 $k = \dfrac{a+b}{a}k'$，根据题意知，当 k'=1 时，k=4。所以光栅常数

$$a+b=4a=5\times10^{-4}\text{cm}$$

狭缝数

$$N = \frac{1}{a+b} = 2\,000\text{ 条 / 厘米}$$

（2）由光栅公式 $(a+b)\sin\theta = k\lambda$ 得 $k = \dfrac{(a+b)\sin\theta}{\lambda}$。当 $\theta = \dfrac{\pi}{2}$ 时对应于最高衍射级次 $k_{\max}$。将 λ=680nm 代入，得

$$k_{\max} = \frac{a+b}{\lambda} = \frac{5\times10^{-6}}{6.8\times10^{-7}} = 7.3$$

所以在屏上出现的光谱级数为 $0,\pm1,\pm2,\pm3,\pm5,\pm6,\pm7$，可看到共 13 条明纹。

第四节 圆孔衍射 光学仪器的分辨率

一、圆孔衍射

在单缝夫琅禾费衍射实验装置中，若用小圆孔代替狭缝，也会产生衍射现象，如图 9-15（a）所示。当单色平行光垂直照射小圆孔 K 时，在透镜 L 焦平面处的屏幕 E 上可以观察到圆孔夫琅禾费衍射图样，其中央是一明亮圆斑，周围为一组明暗相间的同心圆环。由第一暗环所围成的中央光斑称为艾里斑，艾里斑的直径为 d，其半径对透镜 L 光心的张角 θ 称为艾里斑的半角宽度。圆孔夫琅禾费衍射图样的光强分布如图 9-15（b）所示，其中艾里斑的光强约占整个入射光强的 80% 以上。根据理论计算，如图 9-15（c）所示，艾里斑的半角宽度 θ 与圆孔直径 D 及入射光波长 λ 的关系为

$$\theta_0 \approx \sin\theta_0 = 1.22\frac{\lambda}{D} = \frac{\frac{d}{2}}{f} \tag{9-7}$$

（9-7）式中，f 为透镜焦距。由（9-7）式可知，圆孔直径 D 越小，或 λ 越大，则衍射现象越明显。显然，结论与单缝衍射情况一致。

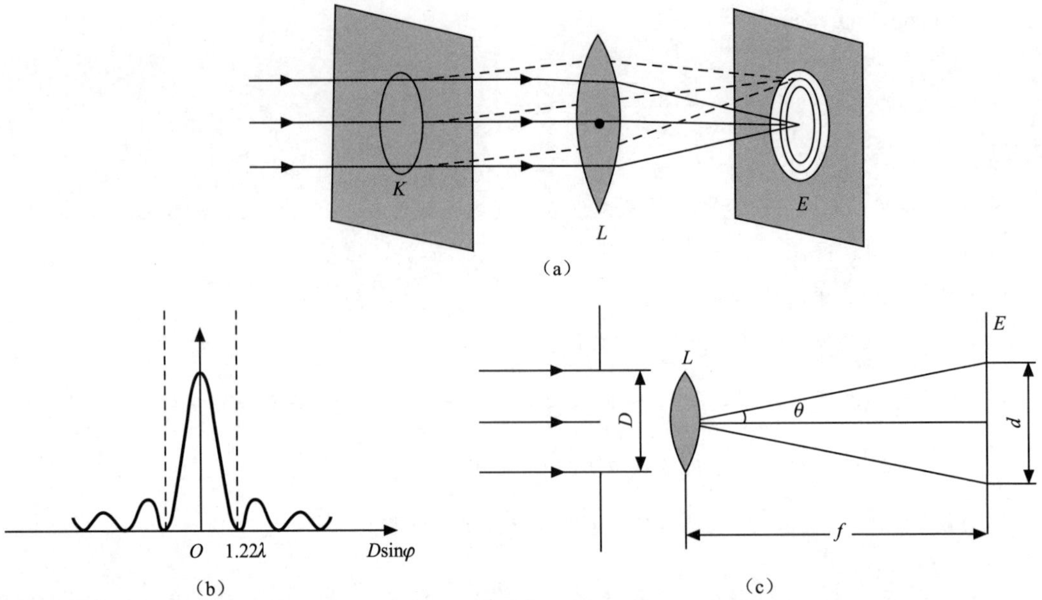

图 9-15　圆孔夫琅禾费衍射

二、光学仪器的分辨率

按照几何光学知识，物体通过透镜成像时，每一物点都有一个对应的像点。只要适当选择透镜的焦距，任何微小物体都可产生清晰的图像。然而，从波动光学来看，组成各种光学仪器的透镜等部件均相当于一个透光小孔，因此，我们在屏上见到的像是圆孔的衍射图样，粗略地说，见到的是一个具有一定大小的艾里斑。如果两个物点距离很近，其相对应的两个艾里斑很可能部分重叠而不易分辨，容易被看成是一个像点。这就是说，光的衍射现象限制了光学仪器的分辨能力。

在这里我们以透镜为例。当用透镜观察一个物体上的两个点时，从 a 和 b 发出的光经透镜成像，将形成两个艾里斑，分别对应 a 和 b 的像。如果这两个艾里斑分得较开，相互间没有重叠，或者重叠较小时，我们能够分辨出 a、b 两点的像，从而可判断原来物点是两个点，如图 9-16（a）所示。如果 a 和 b 两点靠得很近，以至两个艾里斑大部分重叠，这时我们将不能分辨出两个物点的像，即原有物点 a 和 b 不能被分辨，如图 9-16（c）所示。那么可分辨的标准是什么呢？瑞利指出，对于任何一个光学仪器，如果一个物点衍射图样的艾里斑中央最亮处恰好与另一个物点衍射图样的第一个最暗处相重合，则认为这两个物点恰好可以被光学仪器所分辨，如图 9-16（b）所示。此时，屏幕上的总光强分布可由两衍射图样的光强直接相加，其重叠部分中心的光强约为每一个艾里斑最大光强的 80%，一般人的眼睛刚好能够分辨出这种光强差异，因而判断出这两个物点的像。这时的两物点对透镜光心的张角称为光学仪器的最小分辨角，用 θ_0 表示。它正好等于每个艾里斑的半角宽度，即

$$\theta_0 = 1.22\frac{\lambda}{D} \tag{9-8}$$

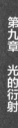

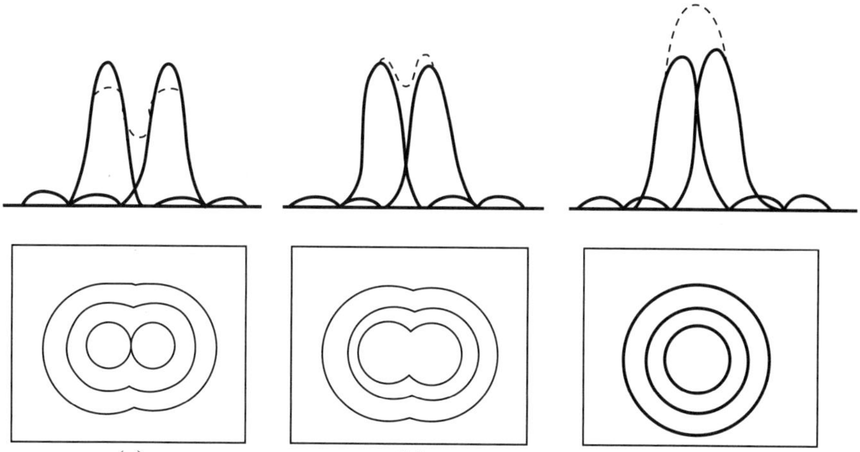

图 9-16　光学仪器的分辨能力

最小分辨角的倒数 $\frac{1}{\theta_0}$ 称为光学仪器的分辨率。由（9-8）式可知，光学仪器的分辨率与仪器的孔径 D 成正比，与光波长 λ 成反比。

由（9-8）式可知，要提高光学仪器的分辨本领，一是加大透镜的孔径，天文望远镜就采用大口径的物镜来提高分辨本领。

例 9-6　在迎面驶来的汽车上，两盏前灯相聚 120cm。试问在夜间人站在汽车前方多远的地方，眼睛恰能分辨这两盏前灯？设夜间人眼瞳孔直径为 5.0mm，入射光波长为 550nm，且仅考虑人眼瞳孔的衍射效应。

解　设两车灯间距为 ΔL，人车间距为 L，由（9-8）式得到人眼最小分辨角为

$$\theta_0 = 1.22\frac{\lambda}{D} = \frac{\Delta L}{L}$$

因此

$$L = \frac{\Delta L \cdot D}{1.22\lambda} = 8.9 \times 10^3 \text{m}$$

例 9-7　若在 160km 轨道上卫星的照相机要识别地面上汽车的牌照号码，假定牌照上的字母或数字笔画间距为 5cm，光的波长按 500nm 计算，问卫星上的相机孔径需要多大？

解　光路如图 9-17 所示，

相机最小分辨角为 $\theta_0 = \frac{5 \times 10^{-2}}{160\,000}\text{rad} = 3 \times 10^{-7}\text{rad}$，由（9-8）式可得到

$$D = 1.22\frac{\lambda}{\theta_0} = 2\text{m}$$

即相机的孔径需要至少 2m 才可以识别。

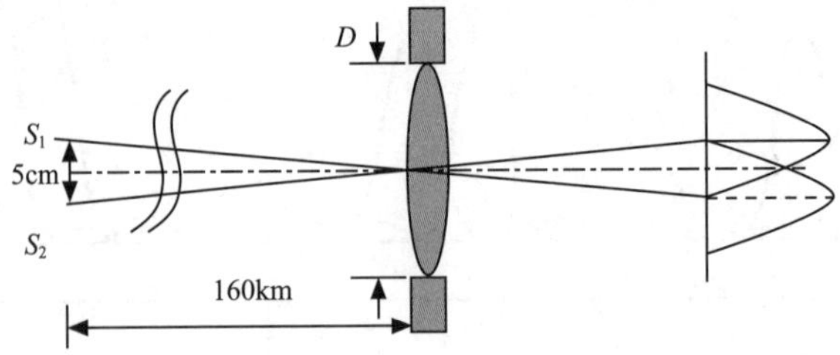

图 9-17　分辨视角示意图

阅读材料

中国天眼

“中国天眼”是 500 米口径球面射电望远镜（Five-hundred-meter Aperture Spherical radio Telescope），简称 FAST，如图 9-18 所示，由我国天文学家南仁东于 1994 年提出构想，历时 22 年建成，于 2016 年 9 月 25 日落成启用。是由中国科学院国家天文台主导建设，具有我国自主知识产权、世界最大单口径、最灵敏的射电望远镜。综合性能是著名的射电望远镜阿雷西博的 10 倍。

“中国天眼”的灵敏度是世界第二大射电望远镜的 2.5 倍以上，可有效探索的空间范围扩大 4 倍。2017 年 10 月“中国天眼”首次发现两颗脉冲星，截止 2019 年 11 月已公布发现 102 颗脉冲量，超过同期欧美多个团队发现数量的总和。

图 9-18　中国天眼 FAST

第五节　X 射线的衍射

X 射线是伦琴于 1895 年发现的，也被称为伦琴射线。它是一种人眼看不到的具有很强穿透能力的电磁波，波长在 0.01 ~ 10nm 之间。图 9-19 所示为 X 射线管的结构示意图。K 是发射电子的热阴极，A 是阳极（钨板）。两电极间加数万伏高压，阴极发射的电子在强电场作用下加速，高速电子撞击阳极而产生 X 射线。W_{in}、W_{out} 分别表示冷却液的进出端口。

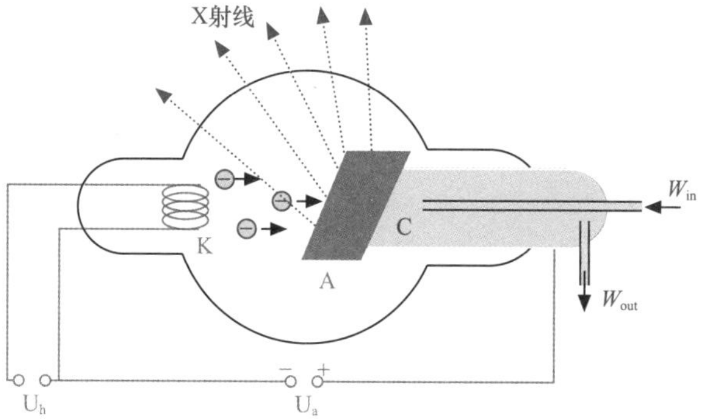

图 9-19　X 射线管示意图

X 射线既然是一种电磁波，也应该与可见光一样有干涉和衍射现象，但它的波长太短，用普通光栅观察不到 X 射线的衍射现象，而且也无法用机械方法制造出光栅常数与 X 射线波长相近的光栅。1912 年德国物理学家劳厄想到晶体内的原子是有规则排列的，天然晶体实际上就是光栅常数很小的天然三维空间光栅。利用晶体作为光栅，劳厄成功地进行了 X 射线衍射实验。他让一束 X 射线穿过铅板上的小孔照射到晶体上，如图 9-20 所示，结果晶体后面的感光胶片上形成了按一定规律分布的斑点，称为劳厄斑点。实验的成功既证明了 X 射线的波动性质，也证明了晶体内原子是按一定的间隔、规则排列的。从此，人们开始广泛利用 X 射线做晶体结构分析。

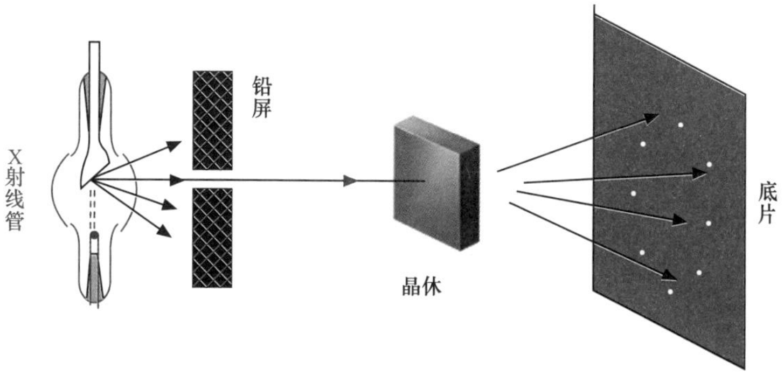

图 9-20　劳厄实验

1913 年，英国布拉格父子提出了另一种研究 X 射线的衍射方法。他们认为，晶体是一系列彼此相互平行的原子层构成的。当 X 射线照射晶体时，晶体点阵中的原子（或离子）便成为发射子波的波源，向各个方向发出衍射波。这些衍射波都是相干波，它们的叠加可分两种情况来研究：一是从同一原子层中各原子发出衍射波的相干叠加，即点间干涉；二是不同原子层中各原子发出衍射波的相干叠加，即面间干涉。布拉格父子证明了：只有在以晶面为镜面并满足反射定律的方向上，点间干涉和面间干涉才能同时满足衍射主极大。

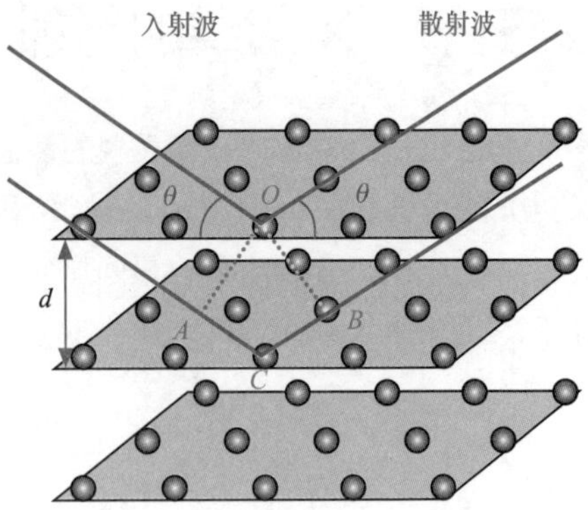

图 9-21　布拉格反射

如图 9-21 所示，设两原子层之间的距离为 d，即晶格常数。当一束平行相干的 X 射线以掠射角 φ 入射时，则相邻两原子层的反射线的光程差为

$$AC + BC = 2d\sin\varphi \tag{9-9}$$

显然，符合条件

$$2d\sin\varphi = k\lambda \qquad (k = 1,2,3,\cdots) \tag{9-10}$$

时，各层晶面的反射线都将相互加强，形成亮点。（9-10）式就是著名的布拉格公式。

从（9-10）式可知，如果已知 d 和 φ，则可算出 X 射线的波长；同理，若已知 X 射线的波长 λ 和 φ，则可计算出晶格常数 d。现在的 X 射线光谱分析法和 X 射线晶体结构分析法，无论在物质结构的研究中还是在工程技术上都有极大的应用价值。

X 射线衍射图样可以用于生物分子如蛋白质的分子结构。英国生物物理学家罗莎琳·富兰克林的 X 射线衍射研究对于美国分子生物学家詹姆斯·沃森和英国分子生物学家弗朗西斯·克里克在 1953 年发现 DNA 双螺旋结构起到了至关重要的作用。同步加速器中电子辐射出的 X 射线强光束已被用于研究病毒结构。

阅读材料

衍射与光刻

计算机中的 CPU 芯片中有大约 3×10^8 个晶体管，大量其他电路元件以及相互间的电路连接，全都集中在一个很小的元件中。实现制造这种芯片的技术叫作光刻，光刻是半导体芯片生产流程中最复杂、最关键的工艺步骤。半导体芯片生产的难点和关键点在于将电路图从掩模上转移至硅片上，这一过程通过光刻来实现，光刻的工艺水平直接决定芯片的制程水平和性能水平。在硅片上覆盖一层光敏材料，随后用紫外线通过一个模板照射在芯片上，模板上抠出需要的图案，这样硅片就被蚀刻了，流程图如图 9-22 所示。硅片上没有暴露于紫外光下的区域不受蚀刻影响。在那些暴露在紫外光下的区域，光敏材料以及部分衬底材料被消除。

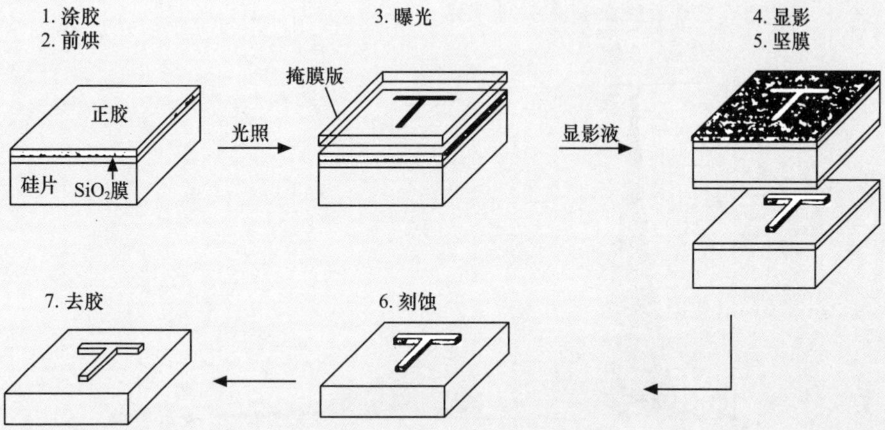

图 9-22　半导体器件光刻流程示意图

光刻过程依赖于模板上锐利阴影的构成，要在更小的芯片上包含越来越多的电子元件，模板上的线条就得尽可能细。但是如果线条太细，模板就会存在危险，衍射会使得透过模板的光散开。为了减小衍射效应的影响，波长必须小于模板的开口。紫外光波长比可见光短，所以模板开口可以做得比较小，X 射线光刻则可以允许开口的尺寸更小。研究人员正在开发一种 X 射线光刻以取代紫外光刻，实现更高密度的芯片制造。

光栅光谱仪

光谱分析是研究原子和分子结构的重要手段，现在有关原子结构的知识，大部分来自对各种原子光谱的研究。通过光谱研究，我们可以得到所研究物质中含有元素的组分和原子内部的能级结构及相互作用等方面的信息，这些广泛应用于颜色测量、化学成分的浓度测量或辐射度学分析、膜厚测量、气体成分分析等领域中。

光谱仪是利用折射或衍射产生色散的一类光谱测量仪器。光栅光谱仪是光谱测量中常用的仪器，它利用光栅作为色散元件，可用于产生单色光、光源的光谱分析或材料的光谱特性测量等。其结构如图 9-23 所示。

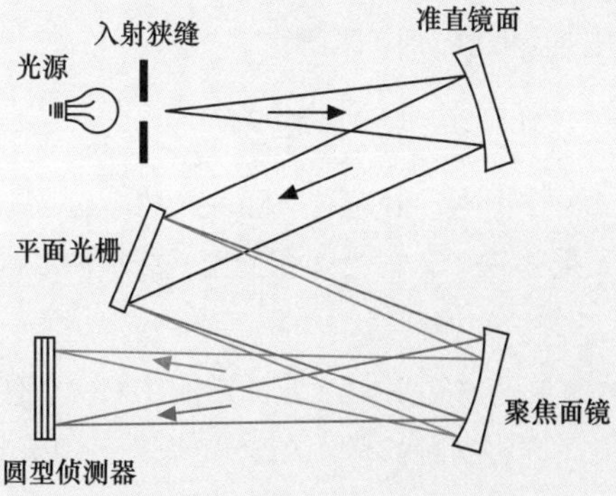

图 9-23　光栅光谱仪结构示意图

当一束复合光线进入仪器的入射狭缝，首先由光学准直镜汇聚成平行光，再通过衍射光栅（通常采用闪耀光栅——一种反射光栅）色散为分开的波长。利用每个波长离开光栅的角度不同，由聚焦反射镜再成像出射狭缝。用计算机控制可精确地改变出射波长，可以得到单色光或者入射光的光谱曲线，如图 9-24 所示。

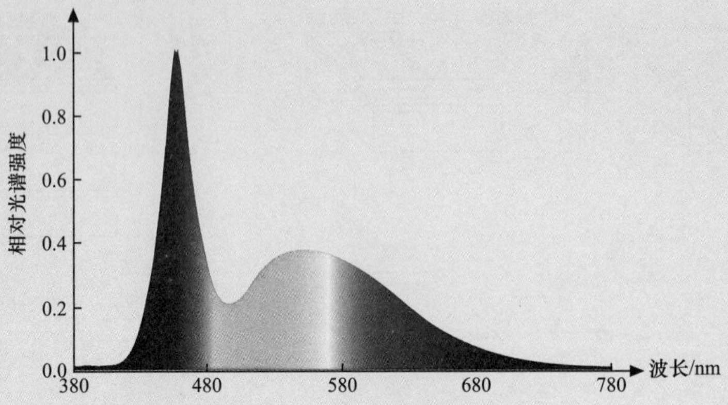

图 9-24　某白光 LED 的光谱图

本章小结

1. 光的衍射分类：菲涅尔衍射和夫琅禾费衍射。

2. 惠更斯 - 菲涅尔原理：子波相干叠加

从同一波面上各点发出的子波，在传播过程中相遇时，也能相互叠加而产生干涉现象。空间各点波的强度，由各子波在该点的相干叠加所决定。

（1）单缝夫琅禾费衍射：利用菲涅尔半波带法研究接收屏光强分布及特征。

（2）条纹特点：中央明纹最宽，约为其他各级明纹宽度的两倍；中央明纹最亮，其他各级明纹亮度递减。

（3）暗纹中心满足 $\varDelta_{max}=\pm k\lambda$，明纹中心满足 $\varDelta_{max}=\dfrac{\pm(2k+1)\lambda}{2}$，其中 $\varDelta_{max}$ 为最大光程差，并且 k 取值为 1,2,3,…。

（4）中央明纹区域满足 $-\lambda<\varDelta_{max}<\lambda$，中央明纹宽度 $\Delta x_0\approx\dfrac{2f\lambda}{a}$。

（5）当入射光线垂直入射时，$\varDelta_{max}=a\sin\theta$；倾斜入射时，$\varDelta_{max}=a(\sin\varphi\pm\sin\theta)$，式中的 ± 号取决于入射光线和衍射光线在法线同侧还是异侧，同侧取正，异侧取负。

3. 光栅衍射

特点：衍射明纹细且亮，且条纹具有明显间距。

光栅衍射方程：单色光垂直入射光栅，主极大明纹位置为 $(a+b)\sin\varphi=\pm k\lambda$，$k$ 取值为 0,1,2,3,…。

缺级条件：$k=\dfrac{k'\cdot(a+b)}{a}$ （$k'=\pm1,\ \pm2,\cdots$）。

4. 圆孔夫琅禾费衍射

衍射条纹的特点：明暗交替的圆环，光能主要集中在艾里斑区域。

艾里斑半角宽度：$\theta_0 = 1.22\dfrac{\lambda}{D}$。

5. 光学仪器的分辨本领

瑞利判据：对于任何一个光学仪器，如果一个物点衍射图样的艾里斑中央最亮处恰好与另一个物点衍射图样的第一个最暗处相重合，则认为这两个物点恰好可以被光学仪器所分辨。

光学仪器的分辨率与仪器的孔径 D 成正比，与光波长 λ 成反比。

6. X 射线衍射

布拉格公式：$2d\sin\varphi = k\lambda \qquad (k=1,2,3,\cdots)$。

习题

1．在单缝夫琅禾费衍射实验中，波长为 λ 的单色光垂直入射在宽度为 $a=4\lambda$ 的单缝上，对应于衍射角为 30° 的方向，单缝处波阵面可分成的半波带数目为（　　）。

（A）2 个　　（B）4 个　　（C）6 个　　（D）8 个

2．一束波长为 λ 的平行单色光垂直入射到一单缝 AB 上，装置如图 9-25 所示。在屏幕 D 上形成衍射图样，如果 P 是中央亮纹一侧第一个暗纹所在的位置，则 $\overline{BC}$ 的长度为（　　）。

（A）$\lambda/2$　　（B）λ　　（C）$3\lambda/2$　　（D）2λ

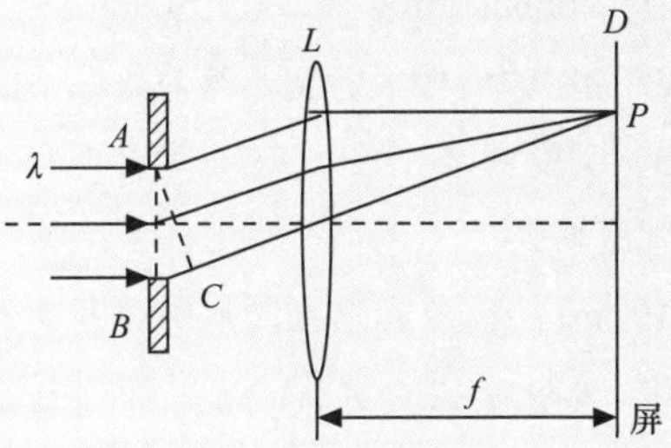

图 9-25　第 2 题图

3．在图 9-26 所示的单缝夫琅禾费衍射实验中，若将单缝沿透镜光轴方向向透镜平移，则屏幕上的衍射条纹（　　）。

（A）间距变大　　（B）间距变小　　（C）不发生变化

（D）间距不变，但明暗条纹的位置交替变化

4．根据惠更斯 - 菲涅尔原理，若已知光在某时刻的波阵面为 S，则 S 的前方某点 P 的光强度取决于波阵面 S 上所有面积元发出的子波各自传到 P 点的（　　）。

（A）振动振幅之和　　（B）光强之和

（C）振动振幅之和的平方　　（D）振动的相干叠加

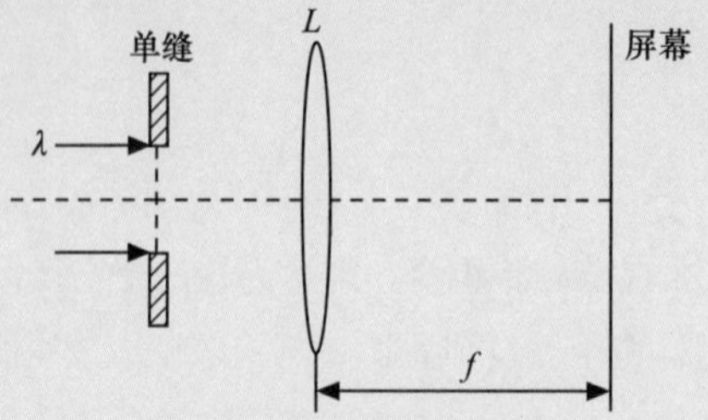

图 9-26　第 3 题图

5．波长为 λ 的单色平行光垂直入射到一狭缝上，若第一级暗纹的位置对应的衍射角为 $\theta=\pm\pi/6$，则缝宽的大小为（　　）。

（A）$\lambda/2$　　（B）λ　　（C）2λ　　（D）3λ

6．在单缝夫琅禾费衍射实验中，对于给定的入射单色光，当缝宽度变小时，除中央亮纹的中心位置不变外，各级衍射条纹（　　）。

（A）对应的衍射角变小　　（B）对应的衍射角变大

（C）对应的衍射角也不变　　（D）光强也不变

7．一单色平行光束垂直照射在宽度为 1.0mm 的单缝上，在缝后放一焦距为 2.0m 的汇聚透镜。已知位于透镜焦平面处的屏幕上的中央明条纹宽度为 2.0mm，则入射光波长约为（　　）。

（A）100nm　　（B）400nm　　（C）500nm　　（D）600nm

8．在单缝夫琅禾费衍射实验中，若增大缝宽，其他条件不变，则中央明条纹（　　）。

（A）宽度变小　　（B）宽度变大　　（C）宽度不变，且中心强度也不变

（D）宽度不变，但中心强度增大

9．波长 λ=500nm(1nm=10^{-9}m) 的单色光垂直照射到宽度 a=0.25mm 的单缝上，单缝后面放置一凸透镜，在凸透镜的焦平面上放置一屏幕，用以观测衍射条纹。现测得屏幕上中央明条纹一侧第三个暗条纹和另一侧第三个暗条纹之间的距离为 d=12mm，则凸透镜的焦距 f 为（　　）。

（A）2m　　（B）1m　　（C）0.5m　　（D）0.2m　　（E）0.1m

10．在图 9-27 所示的单缝夫琅禾费衍射装置中，将单缝宽度 a 稍稍变宽，同时使单缝沿 y 轴正方向做微小平移（透镜屏幕位置不动），则屏幕 C 上的中央衍射条纹将（　　）。

（A）变窄，同时向上移　　（B）变窄，同时向下移　　（C）变窄，不移动

（D）变宽，同时向上移　　（E）变宽，不移

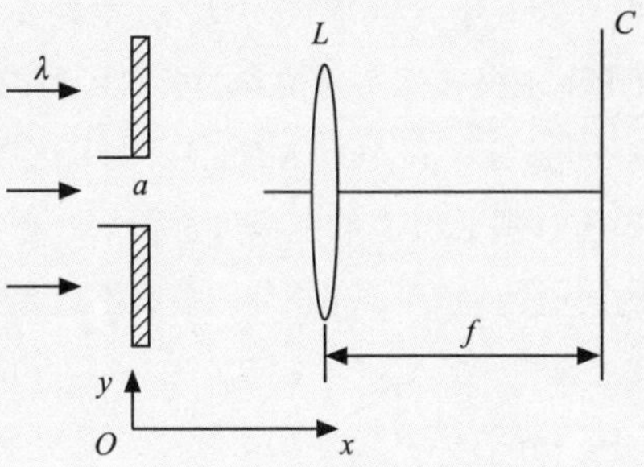

图 9-27　第 10 题图

11．在夫琅禾费衍射装置中，将单缝宽度 a 稍稍变窄，同时使汇聚透镜 L 沿 y 轴正方向做微小平移 (单缝与屏幕位置不动)，则屏幕 C 上的中央衍射条纹将（　　）。

（A）变宽，同时向上移动　（B）变宽，同时向下移动　（C）变宽，不移动

（D）变窄，同时向上移动　（E）变窄，不移动

12．在夫琅禾费衍射装置中，设中央明纹的衍射角范围很小。若使单缝宽度 a 变为原来的 3/2，同时使入射的单色光的波长 λ 变为原来的 3 / 4，则屏幕 C 上单缝衍射条纹中央明纹的宽度 Dx 将变为原来的（　　）。

（A）3 / 4 倍　（B）2 / 3 倍　（C）9 / 8 倍　（D）1 / 2 倍　（E）2 倍

13．测量单色光的波长时，下列方法中哪一种方法最为准确？（　　）。

（A）双缝干涉　（B）牛顿环　（C）单缝衍射　（D）光栅衍射

14．一束平行单色光垂直入射在光栅上，当光栅常数（$a + b$）为下列哪种情况时（a 代表每条缝的宽度），k=3、6、9 等级次的主极大均不出现？（　　）。

（A）$a+b=2a$　（B）$a+b=3a$　（C）$a+b=4a$　（D）$a+b=6a$

15．一束白光垂直照射在一光栅上，在形成的同一级光栅光谱中，偏离中央明纹最远的是（　　）。

（A）紫光　（B）绿光　（C）黄光　（D）红光

16．对某一定波长的垂直入射光，衍射光栅的屏幕上只能出现零级和一级主极大，欲使屏幕上出现更高级次的主极大，应该（　　）。

（A）换一个光栅常数较小的光栅　（B）换一个光栅常数较大的光栅

（C）将光栅向靠近屏幕的方向移动　（D）将光栅向远离屏幕的方向移动

17．某元素的特征光谱中含有波长分别为 l_1=450nm 和 l_2=750nm (1nm=10^{-9}m) 的光谱线。在光栅光谱中，这两种波长的谱线有重叠现象，重叠处 l_2 的谱线的级数将是（　　）。

（A）2，3，4，5，…　（B）2，5，8，11，…

（C）2，4，6，8，…　（D）3，6，9，12，…

18．波长为 l 的单色光垂直入射于光栅常数为 d、缝宽为 a、总缝数为 N 的光栅上。取 $k=0$，±1，±2，…，则决定出现主极大的衍射角 θ 的公式可写成（　　）。

（A）$Na\sin\theta=k\lambda$　　（B）$a\sin\theta=k\lambda$　　（C）$Nd\sin\theta=k\lambda$　　（D）$d\sin\theta=k\lambda$

19．在光栅光谱中，假如所有偶数级次的主极大都恰好在单缝衍射的暗纹方向上，因而实际上不出现，那么此光栅每个透光缝宽度 a 和相邻两缝间不透光部分宽度 b 的关系为（　　）。

（A）$a=b/2$　　（B）$a=b$　　（C）$a=2b$　　（D）$a=3b$

20．波长 $\lambda=550\text{nm}(1\text{nm}=10^{-9}\text{m})$ 的单色光垂直入射于光栅常数 $d=2\times10^{-4}\text{cm}$ 的平面衍射光栅上，可能观察到的光谱线的最大级次为（　　）。

（A）2　　（B）3　　（C）4　　（D）5

21．设光栅平面、透镜均与屏幕平行。则当入射的平行单色光从垂直于光栅平面入射变为斜入射时，能观察到的光谱线的最高级次 k（　　）。

（A）变小　　（B）变大　　（C）不变　　（D）改变情况无法确定

22．在真空中波长为 λ 的单色光，在折射率为 n 的透明介质中从 A 沿某路径传播到 B，若 A、B 两点相位差为 3p，则此路径 AB 的光程为（　　）。

（A）1.5λ　　（B）$1.5\lambda/n$　　（C）$1.5n\lambda$　　（D）3λ

23．在单缝的夫琅禾费衍射实验中，屏上第三级暗纹对应于单缝处波面可划分为_______个半波带，若将缝宽缩小一半，原来第三级暗纹处将是__________________纹。

24．在单缝夫琅禾费衍射实验中，设第一级暗纹的衍射角很小，若钠黄光（$\lambda_1\approx589\text{nm}$）中央明纹宽度为 4.0mm，则 $\lambda_2=442\text{nm}\ (1\text{nm}=10^{-9}\text{m})$ 的蓝紫色光的中央明纹宽度为_________。

25．平行单色光垂直入射在缝宽为 $a=0.15\text{mm}$ 的单缝上。缝后有焦距为 $f=400\text{mm}$ 的凸透镜，在其焦平面上放置观察屏幕。现测得屏幕上中央明条纹两侧的两个第三级暗纹之间的距离为 8mm，则入射光的波长为 $\lambda=$_____________。

26．将波长为 λ 的平行单色光垂直投射于一狭缝上，若对应于衍射图样的第一级暗纹位置的衍射角的绝对值为 θ，则缝的宽度等于_______________。

27．若对应于衍射角 $\varphi=30°$，单缝处的波面可划分为 4 个半波带，则单缝的宽度 $a=$____________________λ（λ 为入射光波长）。

28．在单缝夫琅禾费衍射实验中，波长为 λ 的单色光垂直入射在宽度 $a=5\lambda$ 的单缝上。对应于衍射角 φ 的方向上若单缝处波面恰好可分成 5 个半波带，则衍射角 $\varphi=$___________。

29．波长为 λ 的单色光垂直投射于缝宽为 a，总缝数为 N，光栅常数为 d 的光栅上，光栅方程（表示出现主极大的衍射角 φ 应满足的条件）为_______。

30．波长为 $500\text{nm}(1\text{nm}=10^{-9}\text{m})$ 的单色光垂直入射到光栅常数为 $1.0\times10^{-4}\text{cm}$ 的平面衍射光栅上，第一级衍射主极大所对应的衍射角 $\varphi=$________。

31．波长为 $\lambda=550\text{nm}(1\text{nm}=10^{-9}\text{m})$ 的单色光垂直入射于光栅常数 $d=2\times10^{-4}\text{cm}$ 的平面衍射

光栅上，可能观察到光谱线的最高级次为第 ________________ 级。

32．用波长为 λ 的单色平行光垂直入射在一块多缝光栅上，其光栅常数 d=3μm，缝宽 a=1μm，则在单缝衍射的中央明条纹中共有 ________ 条谱线（主极大）。

33．可见光的波长范围是 400 ～ 760nm。用平行的白光垂直入射在平面透射光栅上时，它产生的不与另一级光谱重叠的完整的可见光光谱是第 ________ 级光谱。（1nm =10^{-9}m）

10 第十章 光的偏振

从 17 世纪末到 19 世纪初，在这漫长的一百多年间，相信波动说的人们都将光波与声波相比较，无形中已把光视为纵波了，惠更斯也是如此，托马斯 · 杨早期也这样认为。1809 年，法国的马吕斯（Etienne Louis Malus，1775—1812）发现了光的偏振现象，显然与光是“纵波”的认识是相互矛盾的。经过几年的研究，托马斯 · 杨也进一步认识到要用光是横波的概念来代替光是纵波。菲涅尔当时也已独立地领悟到了这一思想，并运用横波理论解释了偏振光的干涉，并发展了光的波动理论。

1864 年，麦克斯韦由理论推断出电磁波的存在，其速度与光速相同。因此，光波被认为是一种电磁波。1888 年，赫兹证实了电磁波的存在，并证实电磁波与光波一样有衍射、折射、偏振等性质，最终确立了光的电磁理论。

本章的主要内容：自然光与偏振光，马吕斯定律，布儒斯特定律，光的双折射及旋光现象等。

第一节　自然光和偏振光

一、横波的偏振性

我们知道，波可以分为纵波和横波。横波的传播方向和质点的振动方向垂直，通过波的传播方向且包含振动矢量的那个平面称为振动面。显然，振动面与包含传播方向在内的其他平面不同，即波的振动方向相对传播方向没有对称性，这种不对称叫作**偏振**。实验表明，只有横波才有偏振现象，如图 10-1 所示。

光波是电磁波，光波中光矢量的振动方向总是和光的传播方向垂直。当光的传播方向确定以后，光振动在与光传播方向垂直的平面内的振动方向仍然是不确定的，光矢量可能有各种不同的振动状态，这种振动状态通常称为光的偏振态。按照光振动状态的不同，可以把光分为 5 类：自然光、线偏振光、部分偏振光、椭圆偏振光和圆偏振光。

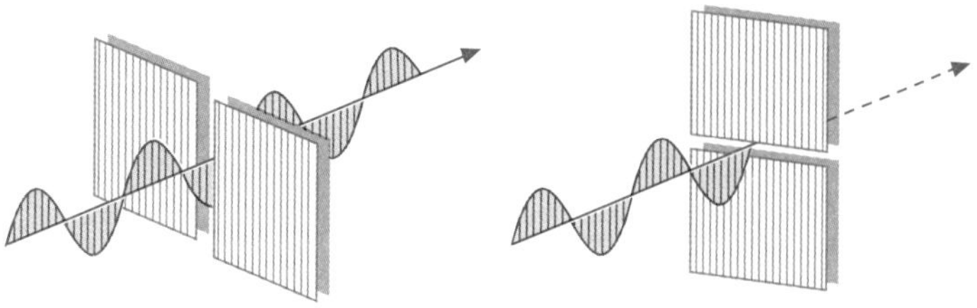

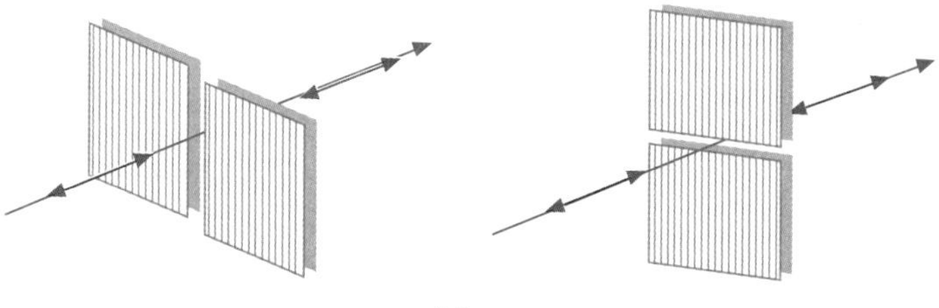

图 10-1　横波与纵波的偏振：(a) 横波具有偏振性；(b) 纵波没有偏振性

二、自然光

像太阳、电灯和烛光普通光源发出的光是大量原子或分子发光的总和，不同原子或同一原子不同时刻发出的光波不仅初相位彼此毫无关系，其振动方向也彼此互不相关、随机分布。从宏观上看，光源发出的光中包含了所有方向的光振动，没有哪一个方向的光振动比其他方向占优势。在垂直于光传播方向的平面内，沿各个方向振动的光矢量都有，平均来说，光振动对光的传播方向是轴对称而又均匀分布的；在各个方向上，光矢量对时间的平均值是相等的。也就是说，光振动的振幅在垂直于光波的传播方向上，既有时间分布的均匀性，又有空间分布的均匀性，具有这种特性的光就叫自然光，如图 10-2 (a) 所示。为方便研究问题，常把自然光中各个方向的光振动都分解为方向确定的两个相互垂直的分振动。这样，就可以将自然光表示成两个相互垂直的、振幅相等的、独立的光振动，如图 10-2 (b) 所示。这种分解不论在哪两个相互垂直的方向上进行，其分解的结果都是相同的，每一个独立光振动的光强都等于自然光强的一半。但应注意，由于自然光光振动的随机性，这

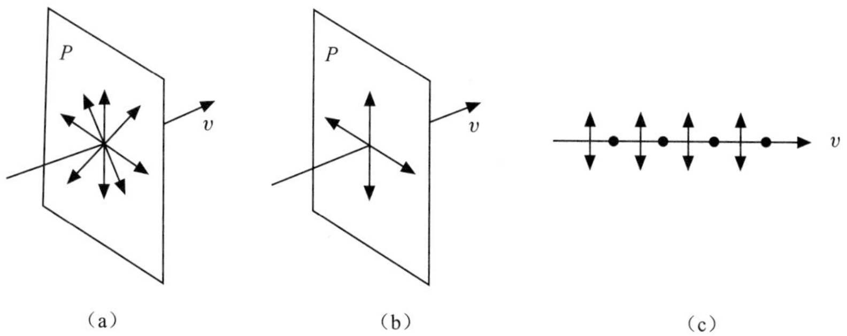

图 10-2　自然光

两个相互垂直的光矢量之间没有恒定的相位差，因而它们不符合相干条件。图 10-2（c）所示是自然光的表示法，图中用短线和点分别表示在纸面内和垂直纸面的光振动，点和短线交替均匀画出，表示光矢量对称且均匀分布。

三、线偏振光

如果光波的光矢量的方向始终不变，只沿一个固定方向振动，这种光称为线偏振光。因为线偏振光中沿传播方向各处的光矢量都在同一振动面内，故线偏振光也称为平面偏振光，简称偏振光。图 10-3 所示是线偏振光的示意图，图 10-3（a）表示光振动方向在纸面内的线偏振光，图 10-3（b）表示光振动方向垂直纸面的线偏振光。

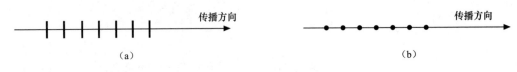

图 10-3　线偏振光

四、部分偏振光

除了上述讨论的自然光和线偏振光，还有一种介于两者之间的偏振光，这种光在垂直于光的传播方向的平面内，各方向的振动都有，但它们的振幅大小不相等，称为部分偏振光。部分偏振光可以看成是偏振光与自然光的混合，常将其表示成某一确定方向的光振动较强，与之垂直方向的光振动较弱，这两个方向光振动的强弱对比度越高，表明其越接近完全偏振光。图 10-4 所示是部分偏振光的表示法，图 10-4（a）表示在平行纸面方向的光振动强于垂直纸面方向振动，图 10-4（b）表示垂直纸面方向的光振动强于平行纸面方向的光振动。

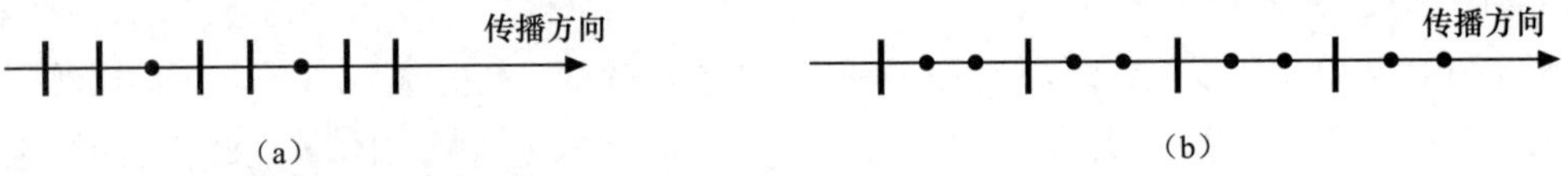

图 10-4　部分偏振光

第二节　起偏和检偏　马吕斯定律

普通光源发出的光大多是自然光。从自然光中获得偏振光的装置叫作起偏器，利用偏振片从自然光获取偏振光是最简单的方法。除此之外，利用光的反射和折射或晶体棱镜也可以获得偏振光。下面我们介绍几种产生和检验偏振光的方法。

一、偏振片的起偏和检偏

偏振片是在透明的基片上蒸镀一层某种物质（如碘化硫酸奎宁）晶粒制成的。这种晶粒对相互垂直的两个分振动光矢量具有选择吸收的性能，即对某一方向的光振动有强烈的吸收，而对与之垂直的光振动则吸收很少，晶粒的这种性质称为二向色性。因此偏振片基本上只允许某一特定方向的光振动通过，这一方向称为偏振片的偏振化方向，也叫透光轴。当自然光垂直照射偏振片 P_1 时，透过 P_1 的光就成为光振动方向平行于该透光轴方向的线偏振光，如图 10-5 所示，这一过程称为起偏。透过的线偏振光的光强只有入射自然光光强的一半。

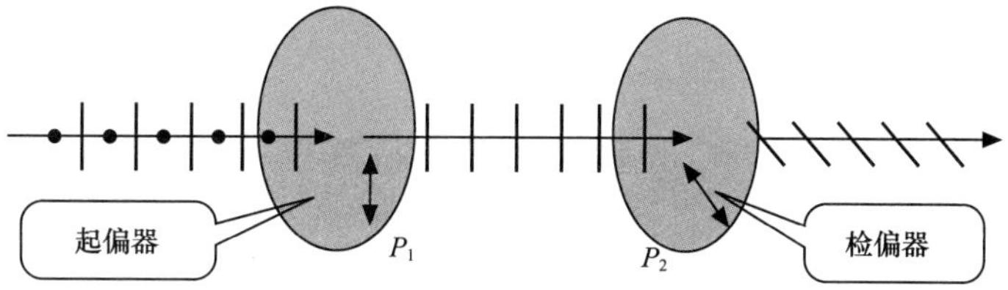

图 10-5　起偏与检偏

偏振片也可以用来检验某一光束是否为线偏振光，称为检偏。用作检验光的偏振状态的装置称为检偏器。图 10-5 中的偏振片 P_2 就是一种检偏器。当透过 P_1 所形成的线偏振光再垂直入射偏振片 P_2 时，如果 P_2 的透光轴与线偏振光的振动方向相同，则该线阵偏光可全部继续透过偏振片 P_2，在 P_2 的后面能观察到光；如果把偏振片 P_2 绕光的传播方向旋转 90°，即当 P_2 的透光轴与线偏振光的振动方向相互垂直时，由于线偏振光全部被吸收，在 P_2 的后面就观察不到光。如果让 P_2 绕入射线偏振光的传播方向缓慢转动一周，就会发现透过 P_2 的光强不断改变，并经历两次光强最大和两次光强为零的过程。如果入射到 P_2 上的是自然光，上述过程就不会出现；如果入射到 P_2 的是部分偏振光，只能观察到两次光强最强和两次光强最弱，但不会出现光强为 0 的状况。线偏振光透过 P_2 后，光强的变化是遵从马吕斯定律的。

二、马吕斯定律

1809 年马吕斯在研究线偏振光通过检偏器后的透射光光强时发现，如果入射线偏振光的光强为 I_0，透过检偏器后，透射光的光强 I 为

$$I = I_0 \cos^2 \alpha \qquad (10\text{-}1)$$

式中 α 是线偏振光的振动方向与检偏器的透光轴方向之间的夹角。(10-1) 式称为马吕斯定律。

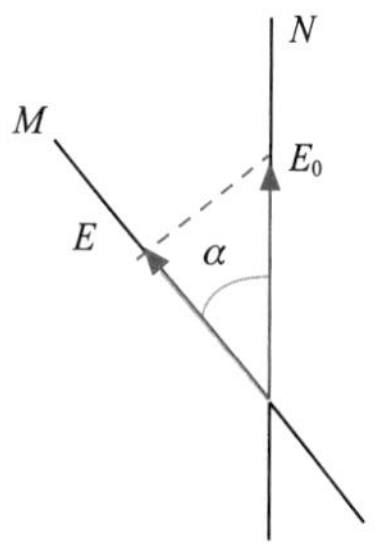

图 10-6　光振动矢量在偏振化方向上的分量

图 10-6 所示的 N 表示入射线偏振光的振动方向，M 表示检偏器的透光轴方向，两者的夹角为 α。入射线偏振光的光矢量振幅为 E_0，光矢量沿 M 方向矢量为 $E=E_0\cos\alpha$，E 平行于检偏器透光轴方向，M 可以透过检偏器。同

时，E_0 在与 M 相垂直的方向的光矢量分量 $E_0\sin\alpha$ 不能透过检偏器而被吸收。由于光强和振幅的平方成正比，因此透过检偏器的透射光强 I 和入射线偏振光的光强 I_0 之比为

$$\frac{I}{I_0}=\frac{(E_0\cos\alpha)^2}{E_0^2}=\cos^2\alpha$$

即
$$I=I_0\cos^2\alpha$$

从上式可看出，线偏振光透过偏振片后，光强随入射线偏振光的振动方向和偏振片的透光轴之间的夹角 α 的改变而改变。当夹角为 0° 时，$I=I_0$，透过偏振片的光强最大；当夹角为 90° 时，$I=0$，没有光透过偏振片。

例 10-1 某光束可以看出由线偏振光和自然光混合而成，当它通过偏振片时，发现透射光的光强最大值是最小值的 5 倍。求入射光束中两种光的相对光强之比。

解 设光束中线偏振光的强度为 I_1，自然光的强度为 I_0。不论偏振片的偏振化方向如何，自然光通过偏振片后得到的线偏振光的光强均变为自然光光强的一半，即为 $\frac{I_0}{2}$。线偏振光通过偏振片后，最大光强出现在偏振片的偏振化方向平行于入射线偏振光的振动方向时，并且最大光强为 I_1；线偏振光通过偏振片后，最小光强出现在偏振片的偏振化方向垂直于入射线偏振光的振动方向时，并且最小光强为 0。因此，透过偏振片的混合光强最大为 $\frac{I_0}{2}+I_1$，最小光强为 $\frac{I_0}{2}$，由题意得

$$\frac{\frac{I_0}{2}+I_1}{\frac{I_0}{2}}=5$$

可得 $I_1:I_0=2:1$。

例 10-2 用两偏振片平行放置构成起偏器和检偏器。当它们的偏振化方向成 30° 时，一束单色自然光穿过它们，出射光强为 I_1；当他们的偏振化方向夹角为 60° 时，另一束单色自然光穿过它们，出射光强为 I_2，且 $I_1=I_2$。求两束单色自然光的强度之比。

解 设前后两束自然光的光强分布为 I_{10}、I_{20}。它们通过起偏器后，均变为线偏振光，且强度均减为原来光强的一半。随后，它们又通过检偏器，此时利用马吕斯定律，可得

$$I_1=\frac{I_{10}}{2}\cos^2 30°=\frac{I_{20}}{2}\cos^2 60°=I_2$$

从而，两束自然光的强度之比 $I_{10}:I_{20}=1:3$。

第三节 反射与折射时光的偏振 布儒斯特定律

自然光在两种介质的分界面发生反射和折射时，在一般情况下，反射光和折射光都是部分偏振光。在反射光中垂直于入射面的光振动多于平行于入射面的光振动，而在折射光中平行于入射光的

光振动多于垂直于入射面的光振动，如图 10-7（a）所示。

自然光在两种介质的分界面发生反射和折射时，改变入射角 i，反射光的偏振化程度随之改变。实验发现，当入射角等于某一特定角 i_b 时，即 i_b 满足

$$\tan i_b = \frac{n_2}{n_1} \tag{10-2}$$

时，反射光中只有垂直于入射面的线偏振光，而折射光仍为部分偏振光，如图 10-7（b）所示。这个规律称为布儒斯特定律，i_b 称为布儒斯特角或起偏角，式中 n_1 和 n_2 为界面上、下介质的折射率。例如自然光从空气入射到折射率为 1.5 的玻璃片上，根据布儒斯特定律，可以求得起偏角为 56.3° 。可以证明，当入射角为起偏角 i_b 时，反射光与折射光相互垂直。

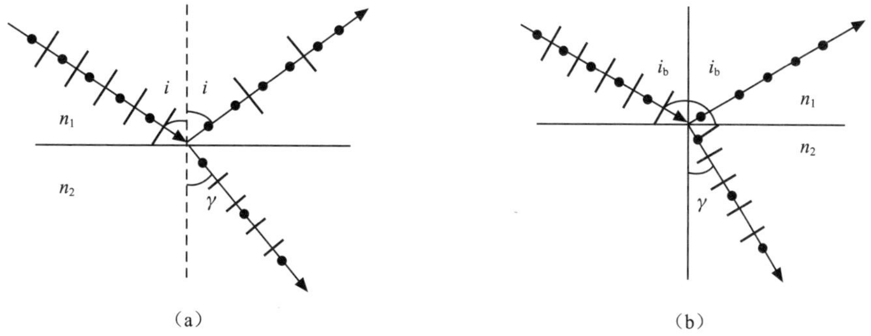

图 10-7　反射光和折射光的偏振：（a）反射光的偏振；（b）折射光的偏振

自然光以起偏角射向玻璃时，反射的线偏振光光强只占入射自然光中垂直入射面振动光强的 15% 左右，而折射光中含有全部平行振动分量和部分垂直振动分量的光强。显然，反射光虽然是线偏振光，但光强很弱；折射光光强较强，但偏振化程度较低。为了增强反射的线偏振光的强度和折射光的偏振化程度，可以将许多相互平行的玻璃片叠起来，称为玻璃片堆。自然光以起偏角入射到玻璃片堆上，不仅光从空气入射到玻璃片的各层界面上时反射光都是垂直于入射面的光振动，而且在光从玻璃片入射到空气的各界面上时，因为此时的入射角 $\gamma = \frac{\pi}{2} - i_b$，即

$$\tan\gamma = \tan\left(\frac{\pi}{2} - i_b\right) = \cot i_b = \frac{n_1}{n_2} \tag{10-3}$$

所以对这个界面来说，γ 又是起偏角，即光从玻璃片入射到空气层各界面上时反射光也都是垂直于入射面的光振动，如图 10-8 所示。这样，折射光中的垂直于入射面的振动因多次反射而不断减弱，因而其偏振化程度将会逐渐增强。如果玻璃片足够多，最后透射出来的折射光就几乎是光振动方向平行于入射面的线偏振光。

例 10-3　已知介质 A 对介质 B 的全反射临界角为 60° 。现使一束自然光由介质 B 入射到介质 A，欲获得全偏振的反射光，则入射角 i_0 应为多少？

解　设介质 A、B 的折射率分别为 n_1、n_2，如图 10-9 所示。

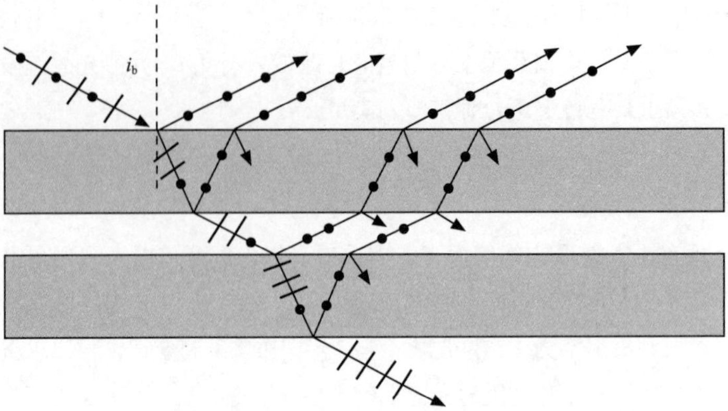

图 10-8　光在玻璃片堆上的反射

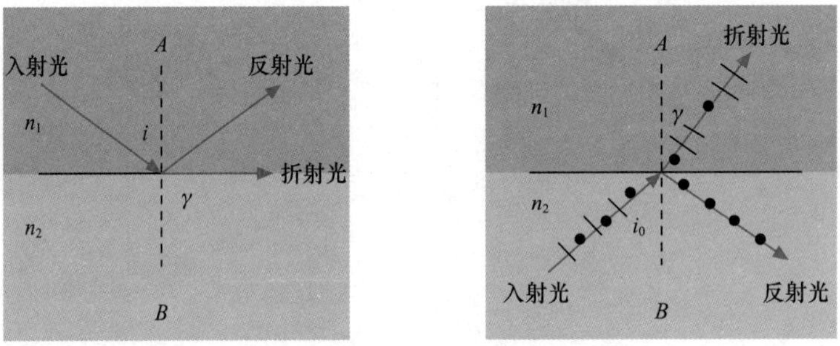

图 10-9　自然光的反射与折射

已知介质 A 对介质 B 的全反射临界角为 60°，由折射定律可以得到

$$n_1\sin 60° = n_2\sin 90° \qquad ①$$

由布儒斯特定律，可得从介质 B 入射到介质 A，且获取全偏振的反射光的条件为

$$\tan i_0 = \frac{n_1}{n_2} \qquad ②$$

联立①②式可以得到，此时的入射角 i_0 为 49.1°。

例 10-4　测得从池塘水面反射出来的太阳光是线偏振光，已知水的折射率为 1.35，求此时太阳相对地平线的仰角。

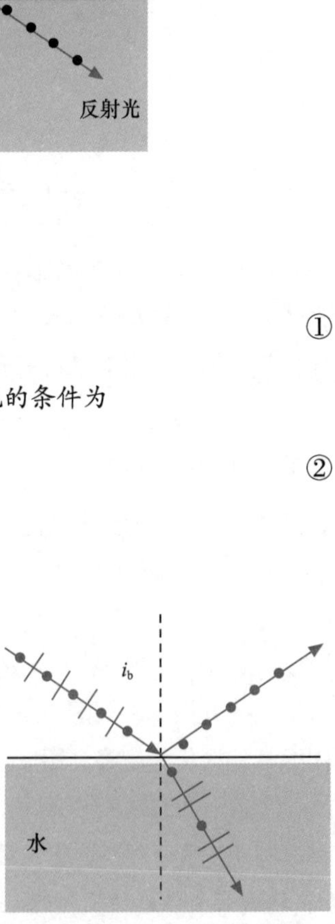

图 10-10　水面反射太阳光

解　图 10-10 所示为水面发出的太阳光，由布儒斯特定律

$\tan i_b = \dfrac{n_2}{n_1} = 1.35$，可得反射光为完全线偏振光的布儒斯特角为

$$i_b = \tan^{-1}1.35$$

因此，可以得到太阳相对于地平线的仰角 θ，即

$$\theta = 90° - i_b = 36.53°$$

第四节　光的双折射

一、光的双折射现象

当一束光射到各向同性介质的表面时，它将按折射定律沿某一方向折射，且光速一定，与传播方向无关，这就是一般常见的折射现象。但是，如果光射到各向异性介质（如方解石）中时，折射光可能分成两束，它们将沿着不同的方向行进。从晶体透射出来时，由于方解石相对的两个表面互相平行，这两束光的传播方向仍然不变。如果入射光束足够细，同时晶体足够厚，则透射出来的两束光可以完全分开。同一束入射光折射后分成两束的现象称为双折射，如图 10-11 所示。许多透明晶体（如石英）都会产生双折射现象。

图 10-11　双折射现象

二、寻常光和非常光

一束入射光在各向异性介质的界面折射时，由于产生双折射现象分成两束，如图 10-12 所示。其中一束折射光始终在入射面内，且遵守折射定律，称为寻常光，简称 *o* 光。另一束折射光不遵守折射定律，不一定在入射面内，而且入射角改变时，入射角和折射角的正弦值之比不是一个常数，称为非常光，简称 *e* 光。甚至在入射光垂直入射界面时，寻常光沿原方向前进，而非常光一般不沿原方向前进。如果用一个检偏器对双折射光进行检查，就会发现 *o* 光和 *e* 光都是线偏振光。

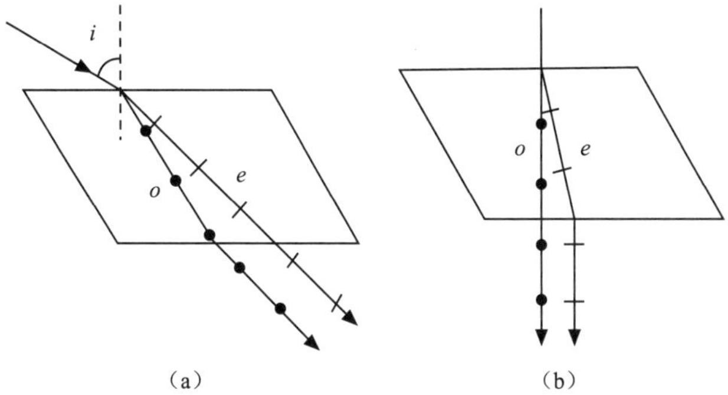

图 10-12　寻常光和非常光

三、光轴　主平面　主截面

改变入射光的方向时，可以发现晶体内存在着一些特殊的方向，沿着这些方向传播的光并不发生双折射，这些方向称为**晶体的光轴**。光轴仅标志一定的方向，并不限于某一条特殊的直线，在晶体内平行于上述光轴方向的直线都是光轴。

只有一个光轴的晶体叫作单轴晶体，有两个光轴的晶体叫作双轴晶体。光沿着晶体光轴方向传播，不产生双折射现象，即 *o* 光和 *e* 光传播速度和传播方向都一样。方解石和石英是最常见的单轴晶体，其他许多晶体，如云母、硫黄、黄玉等都是双轴晶体。光通过双轴晶体时，观察到的现象较复杂，本小节中我们讨论的仅限于单轴晶体。

晶体中任一已知光线与晶体的光轴所组成的平面称为该光线的主平面。*o* 光和 *e* 光各有自己的主平面。实验发现，*o* 光的光振动垂直于 *o* 光的主平面，*e* 光的光振动在 *e* 光的主平面内。一般情况下，*o* 光和 *e* 光的主平面并不重合，它们之间有一不大的夹角。只有当光线沿光轴和晶体表面法线所组成的平面入射时，这两个主平面才严格重合且就在入射面内，这时 *o* 光和 *e* 光的光振动方向相互垂直。这个由光轴和晶体表面法线方向组成的平面称为晶体的主截面。在实际应用中，一般都令光线沿主截面入射，以简化双折射现象的研究。

四、人为双折射现象

上面介绍的是光通过天然晶体时所产生的双折射现象。用人工的方法，也可使某些物质呈现双折射现象，这就是人为双折射现象。

1. 克尔效应

有些各向同性的透明介质，在外加电场的作用下，会显示出各向异性，从而能产生双折射现象，这种现象称为克尔效应。这是苏格兰物理学家克尔于 1875 年首先发现的。

克尔效应的延迟时间极短，在加上和撤去外电场在 10^{-9}s 内即出现变化。因此，可以利用克尔效应制成驰豫时间极短的电控光开关，这已广泛应用于电影、电视和激光通信等许多领域。

2. 光弹效应

有些各向同性的透明材料（如玻璃、塑料等），如果内部存在应力，它就会呈现出各向异性，当光线入射时，也会产生双折射现象，这就是光弹效应。在存在应力的透明介质中，*o* 光和 *e* 光对应的折射率之差与应力分布有关。厚度均匀应力不同的地方，会引起 *o* 光和 *e* 光间不同的相位差，于是在观察干涉图样的平面上就会呈现出反映应力差别情况的干涉条纹（属于偏振光的干涉，本书中不作具体阐述）。因此，可以通过检测干涉条纹来分析材料中是否存在应力。材料中某处的应力越大，则该处材料的各向异性越厉害，干涉条纹也就越细密。

若对各向同性的透明材料施加外力，也会引起材料的各向异性，从而产生光弹效应。光测弹性仪就是利用光弹效应测量应力分布的装置，在工程技术中应用很广。试验时可用透明材料制成待测工件的模型，按照实际情形对模型施力，通过检测模型显示的干涉条纹，分析出实际工件内部的应力分布情况。

对于成像光学元件，局部折射率的微小变化也会对光学元件的成像质量产生负面影响，从而影响其功能。此外，双折射改变了透射光的偏振状态，这在诸如计量等应用方面是有害的。因此，在光学材料及元件的制造中，精确确定应力及其空间分布是极其重要的。

第五节 旋光现象

1811 年，阿拉果发现，当线偏振光通过某种透明物质时，线偏振光的振动面将旋转一定的角度，这种现象称为振动面的旋转，也称为旋光现象。能使振动面旋转的物质称为旋光物质，如石英晶体、糖和酒石酸等溶液都是旋光物质。实验证明，振动面旋转的角度取决于旋光物质的性质、厚度或浓度以及入射光的波长等。

图 10-13 所示是观察偏振光振动面旋转的装置。图中 K 是旋光物质，当旋光物质放在偏振化方向相正交的偏振片 P_1 和 P_2 之间时，可看到视场由原来的暗变亮。若将 P_2 以光的传播方向为轴旋转某一角度 θ，视场又重新变暗。这说明线偏振光透过旋光物质后仍为线偏振光，只是振动面旋转了 θ 角。

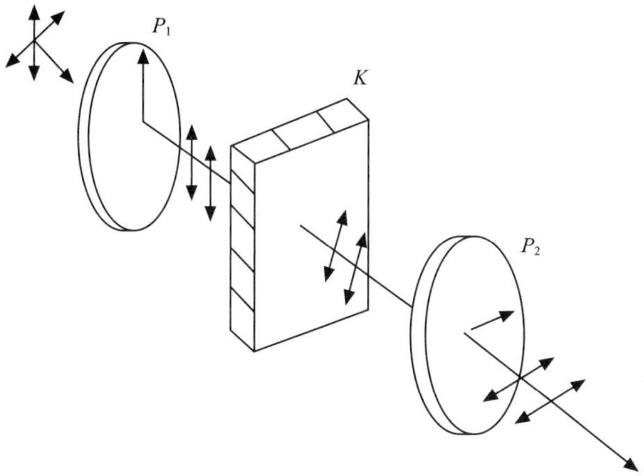

图 10-13 旋光实验

实验证明了以下 3 点。

（1）不同的旋光物质可以使线偏振光的振动面向不同方向旋转。迎着光的传播方向看，使振动面沿顺时针方向旋转的物质称为右旋物质，使振动面沿逆时针方向旋转的物质称为左旋物质。石英晶体由于结晶形态的不同，具有右旋和左旋两种类型。

（2）对于固体旋光物质，振动面转过的角度 θ 正比于光在旋光物质内通过的距离 l，可表示为

$$\theta = \alpha l \tag{10-4}$$

式中 α 是比例系数，称为旋光物质的旋光率，与物质的性质、入射光的波长等有关。

（3）对于液体旋光物质，振动面转过的角度 θ 可表示为

$$\theta = \alpha c l \tag{10-5}$$

式中 α 和 l 的意义与固体旋光相同，c 是旋光物质的浓度。在制糖工业中，测定糖溶液浓度的糖量计就是利用这一原理制成的。

本章小结

1. 偏振

波的振动方向相对传播方向的不对称性。

2. 自然光、线偏振光

在垂直于光波的传播方向上，光矢量在各方向的振幅都相等的光是自然光，光矢量仅处在一条直线上的的光是线偏振光。

3. 起偏和检偏

将其他类型的光变为线偏振光的过程称为起偏。偏振片既可以用作起偏器也可以用作检偏器。

4. 马吕斯定律

$I = I_0 \cos^2 \alpha$（前提：I_0 为线偏振光）。

5. 布儒斯特定律

入射角满足 $\tan i_b = \frac{n_2}{n_1}$ 时，反射光为线偏振光，且光振动方向与入射面垂直。i_b 称为布儒斯特角。

6. 光的双折射

同一束入射光折射后分成两束的现象。一束折射光始终在入射面内，且遵守折射定律，称为寻常光（o 光）。另一束折射光不遵守折射定律，不一定在入射面内，而且入射角改变时，入射角和折射角的正弦值之比不是一个常数，称为非常光（e 光）。

7. 旋光现象

当线偏振光通过某种透明物质时，线偏振光的振动面将旋转一定的角度。

习题

1. 一束光是自然光和线偏振光的混合光，让它垂直通过一偏振片。若以此入射光束为轴旋转偏振片，测得透射光强度最大值是最小值的 5 倍，那么入射光束中自然光与线偏振光的光强比值为（　　）。

（A）1 / 2　　（B）1 / 3　　（C）1 / 4　　（D）1 / 5

2. 一束光强为 I_0 的自然光垂直穿过两个偏振片，且两偏振片的偏振化方向成 45° 角，则穿过两个偏振片后的光强 I 为（　　）。

（A）$I_0 / 4\sqrt{2}$　　（B）$I_0 / 4$　　（C）$I_0 / 2$　　（D）$\sqrt{2}\ I_0 / 2$

3. 如果两个偏振片堆叠在一起，且偏振化方向之间夹角为 60°，光强为 I_0 的自然光垂直入射在偏振片上，则出射光强为（　　）。

（A）$I_0/8$　　（B）$I_0/4$　　（C）$3I_0/8$　　（D）$3I_0/4$

4. 自然光以 60° 的入射角照射到某两介质交界面时，反射光为完全线偏振光，则知折射光为（　　）。

（A）完全线偏振光且折射角是 30°

（B）部分偏振光且只是在该光由真空入射到折射率为 $\sqrt{3}$ 的介质时，折射角是 30°

（C）部分偏振光，但须知两种介质的折射率才能确定折射角

（D）部分偏振光且折射角是 30°

5. 自然光以布儒斯特角由空气入射到一玻璃表面上，反射光是（　　）。

（A）在入射面内振动的完全线偏振光

（B）平行于入射面的振动占优势的部分偏振光

（C）垂直于入射面振动的完全线偏振光

（D）垂直于入射面的振动占优势的部分偏振光

6. 一束自然光从空气投射到玻璃表面上（空气折射率为 1），当折射角为 30° 时，反射光是完全偏振光，则此玻璃板的折射率等于 ________。

7. 自然光以布儒斯特角 i_0 从第一种介质（折射率为 n_1）入射到第二种介质（折射率为 n_2）内，则 $\tan i_0$=__________。

8. 使光强为 I_0 的自然光依次垂直通过 3 块偏振片 P_1、P_2 和 P_3。P_1 与 P_2 的偏振化方向成 45° 角，P_2 与 P_3 的偏振化方向成 45° 角。则透过 3 块偏振片的光强 I 为 __________。

9. 当一束自然光以布儒斯特角 i_0 入射到两种介质的分界面（垂直于纸面）上时，画出图 10-14 中反射光和折射光的光矢量振动方向。

10. 有 3 个偏振片叠在一起，已知第一个与第三个的偏振化方向相互垂直。一束光强为 I_0 的自然光垂直入射在偏振片上，问：第二个偏振片与第一个偏振片的偏振化方向之间的夹角为多大时，该入射光连续通过 3 个偏振片之后的光强为最大？

11. 在水（折射率 n_1=1.33）和一种玻璃（折射率 n_2=1.56）的交界面上，自然光从水中射向玻璃，求起偏角 i_0。若自然光从玻璃中射向水，再求此时的起偏角 i_0'。

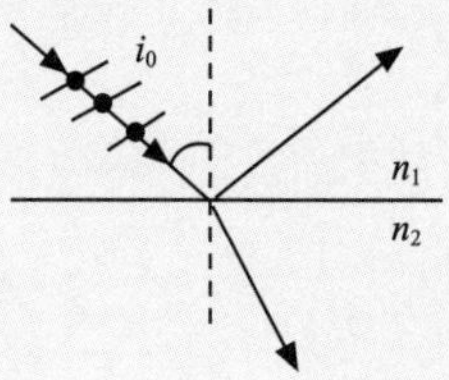

图 10-14　第 9 题图

附录 1 速率统计平均值积分计算

1. 积分

$$I=\int_{-\infty}^{\infty}\mathrm{e}^{-x^2}\mathrm{d}x$$

先计算 I^2，

$$I^2=\int_{-\infty}^{\infty}\mathrm{e}^{-x^2}\mathrm{d}x\int_{-\infty}^{\infty}\mathrm{e}^{-y^2}\mathrm{d}y=\int_{-\infty}^{\infty}\int_{-\infty}^{\infty}\mathrm{e}^{-(x^2+y^2)}\mathrm{d}x\mathrm{d}y$$

上式是 xOy 平面上的积分，可以利用平面极坐标将 I^2 表示为

$$I^2=\int_0^{2\pi}\int_0^{\infty}\mathrm{e}^{-r^2}r\mathrm{d}r\mathrm{d}\theta=2\pi\int_0^{\infty}\mathrm{e}^{-r^2}r\mathrm{d}r=\pi$$

由此得到

$$I=\int_{-\infty}^{\infty}\mathrm{e}^{-x^2}\mathrm{d}x=\sqrt{\pi}$$

注意被积函数是偶函数，故有

$$\int_0^{\infty}\mathrm{e}^{-x^2}\mathrm{d}x=\frac{\sqrt{\pi}}{2}$$

2. 积分

$$I(n)=\int_0^{\infty}\mathrm{e}^{-ax^2}x^n\mathrm{d}x\quad（n\text{ 是非负整数，}a>0）$$

做变量代换，$y=\sqrt{a}x$，可得

$$I(0)=a^{-1/2}\int_0^{\infty}\mathrm{e}^{-y^2}\mathrm{d}y=\frac{\sqrt{\pi}}{2a^{1/2}}$$

$$I(1)=a^{-1}\int_0^{\infty}\mathrm{e}^{-y^2}y\mathrm{d}y=\frac{1}{2a}$$

而其他的 $I(n)$ 则可以通过求 $I(0)$ 或者 $I(1)$ 对 a 的导数而得到，

$$I(n) = -\frac{\partial}{\partial a}\int_0^{\infty} e^{-ax^2} x^{n-2}\,dx = -\frac{\partial}{\partial a} I(n-2)$$

例如

$$I(2) = \int_0^{\infty} e^{-ax^2} x^2 dx = \frac{\sqrt{\pi}}{4a^{3/2}}$$

$$I(3) = \int_0^{\infty} e^{-ax^2} x^3 dx = \frac{1}{2a^2}$$

$$I(4) = \int_0^{\infty} e^{-ax^2} x^4 dx = \frac{3\sqrt{\pi}}{8a^{5/2}}$$

附录 2
本书中物理量的名称、符号和单位

量的名称	符号	单位名称	单位符号	备注
长度	L,S	米	m	
面积	S	平方米	m^2	
体积	V	立方米	m^3	1L(升)=$10^{-3}m^3$
时间	t	秒	s	
位移	$s,\Delta r$	米	m	
速度	v,u	米每秒	m/s	
加速度	a	米每二次方秒	m/s^2	
角位移	θ	弧度	rad	
角速度	ω	弧度每秒	rad/s	
角加速度	β	弧度每二次方秒	rad/s^2	
质量	m	千克	kg	
力	F	牛顿	N	$1N=1kg\cdot m/s^2$
重力	G	牛顿	N	
功	W,A	焦耳	J	$1J=1N\cdot m$
能量	E,W	焦耳	J	
动能	E_k	焦耳	J	
势能	E_p	焦耳	J	
功率	P	瓦特	W	1W=1J/s
摩擦因数	μ			
动量	p	千克米每秒	$kg\cdot m/s$	
冲量	I	牛顿秒	$N\cdot s$	
力矩	M	牛顿米	$N\cdot m$	

续表

量的名称	符号	单位名称	单位符号	备注
转动惯量	J,I	千克二次方米	$kg\cdot m^2$	
角动量（动量矩）	L	千克二次方米每秒	$kg\cdot m^2/s$	
压强	P	帕斯卡	Pa	$1Pa=1N/m^2$
热力学温度	T	开尔文	K	
摄氏温度	t	摄氏度	℃	$t=T-273.15$
摩尔质量	M	千克每摩尔	kg/mol	
分子质量	m_0	千克	kg	
分子有效直径	d	米	m	
分子平均自由程	$\bar{\lambda}$	米	m	
分子平均碰撞频率	$\bar{Z}$	次每秒	1/s	
分子数密度	n	每立方米	$1/m^3$	
热量	Q	焦耳	J	
比热容	c	焦耳每千克开尔文	$J/(kg\cdot K)$	
质量热容	C	焦耳每开尔文	J/K	
摩尔定容热容	$C_{V,m}$	焦耳每摩尔开尔文	$J/(mol\cdot K)$	
摩尔定压热容	$C_{P,m}$	焦耳每摩尔开尔文	$J/(mol\cdot K)$	
比热容比	γ			
黏度	η	帕秒	$Pa\cdot s$	
热导率	k	瓦每米开尔文	$W/(m\cdot K)$	
扩散系数	D	二次方米每秒	m^2/s	
熵	S	焦耳每开尔文	J/K	
电流	I	安培	A	
电荷量	Q,q	库仑	C	
电荷线密度	λ	库仑每米	C/m	
电荷面密度	σ	库仑每平方米	C/m^2	
电荷体密度	ρ	库仑每立方米	C/m^3	
电场强度	E	伏特每米	V/m,N/C	1V/m=1N/C
电势	U	伏特	V	
电势差、电压	U	伏特	V	
电容率	ε	法拉每米	F/m	

续表

量的名称	符号	单位名称	单位符号	备注
真空电容率	ε_0	法拉每米	F/m	
相对电容率	ε_r			
电偶极矩	p, p_e	库仑米	C·m	
电极化强度	P	库仑每平方米	C/m^2	
电极化率	χ_e			
电位移	D	库仑每平方米	C/m^2	
电位移通量	Ψ	库仑	C	
电容	C	法拉	F	1F=1C/V
电流密度	j	安培每平方米	A/m^2	
电动势	ε	伏特	V	
电阻	R	欧姆	Ω	1Ω=1V/A
电导	G	西门子	S	1S=1A/V
电阻率	ρ	欧姆米	Ω·m	
电导率	γ	西门子每米	S/m	
磁感应强度	B	特斯拉	T	$1T=1Wb/m^2$
磁导率	μ	亨利每米	H/m	
真空磁导率	μ_0	亨利每米	H/m	
相对磁导率	μ_r			
磁通量	Φ_m	韦伯	Wb	1Wb=1V·s
磁化强度	M	安培每米	A/m	
磁化率	χ_m			
磁场强度	H	安培每米	A/m	
线圈的磁矩	P_m, m	安培平方米	$A\cdot m^2$	
自感	L	亨利	H	1H=1Wb/A
互感	M	亨利	H	
电场能量	W_e	焦耳	J	
磁场能量	W_m	焦耳	J	
磁能密度	w_m	焦耳每立方米	J/m^3	